浙江省新型重點專業智庫

寧波大學東海戰略研究院資助成果

漢唐海洋文獻輯錄

Ancient Literature of Marine History of Han and Tang Dynasties

（下）

尚永琪 編著

中国社会科学出版社

目　　録

（下册）

附　録

《新唐書》

廣州市舶使呂太一反

廣德元年十一月壬寅，廣州市舶使呂太一反，逐其節度使張休。

——《新唐書》卷6《本紀第六·代宗》，第169頁。

舶賈獻沈香亭材

李漢字南紀，少事韓愈，通古學，屬辭雄蔚，爲人剛，略類愈。愈愛重，以子妻之。擢進士第，遷累左拾遺。

敬宗侈宮室，舶賈獻沈香亭材，帝受之，漢諫曰："以沈香爲亭，何異瑤臺瓊室乎?"是時，王政謬僻，漢言切，多所救補。

——《新唐書》卷78《列傳第三·宗室·李漢》，第3519頁。

市舶使周慶立造奇器以進

開元中，轉殿中侍御史，監嶺南選。時市舶使、右威衛中郎將周慶立造奇器以進，澤上書曰："'不見可欲，使心不亂'，是知見可欲而心必亂矣。慶立雕製詭物，造作奇器，用浮巧爲珍玩，以譎怪爲異寶，乃治國之巨蠹，明王所宜嚴罰者也。昔露臺無費，明君不忍；象箸非大，忠臣憤歎。慶立求媚聖意，搖蕩上心。陛下信而使之乎，是宣淫於天下；慶立矯而爲之乎，是禁典之所無赦。陛下新即位，固宜昭宣菲薄，廣示節儉，豈可以怪好示四方哉!”書奏，玄宗稱善。歷遷太子右庶子。爲鄭州刺史，未行，卒，贈兵部侍郎。

——《新唐書》卷 112《列傳第三十七・柳澤》，第 4176—4177 頁。

崑崙舶酋忿殺南海都督路元叡

王綝字方慶，以字顯。其先自丹楊徙雍咸陽。父弘直，爲漢王元昌友。王好畋游，上書切諫，王稍止，然益疏斥。終荆王友。方慶起家越王府參軍，受司馬遷、班固二史於記室任希古，希古它遷，就卒其業。武后時，遷累廣州都督。南海歲有崑崙舶市外區琛琲，前都督路元叡冒取其貨，舶酋不勝忿，殺之。方慶至，秋毫無所索。始，部中首領沓墨，民詣府訴，府曹素相餉謝，未嘗治。方慶約官屬不得與交通，犯者痛論以法，境内清畏。

——《新唐書》卷 116《列傳第四十一・王綝》，第 4223 頁。

南海太守盧奂廉治市舶

盧奂早修整，爲吏有清白稱。歷御史中丞，出爲陝州刺史。開元二十四年，帝西還，次陝，嘉其美政，題贊於聽事曰：“專城之重，分陝之雄，亦既利物，内存匪躬，斯爲國寶，不墜家風。”尋召爲兵部侍郎。天寶初，爲南海太守。南海兼水陸都會，物產瓌怪，前守劉巨鱗，彭杲皆以贓敗，故以奂代之。汙吏斂手，中人之市舶者亦不敢干其法，遠俗爲安。時謂自開元後四十年，治廣有清節者，宋璟、李朝隱、奂三人而已。終尚書右丞。弈見忠義傳。

——《新唐書》卷 126《列傳第五十一・盧奂》，第 4418 頁。

西南夷舶歲至四十餘柁

李勉字玄卿，鄭惠王元懿曾孫……尋拜嶺南節度使。番禺賊馮崇道、桂叛將朱濟時等負險爲亂，殘十餘州，勉遣將李觀率容州刺史王翃討斬之，五嶺平。西南夷舶歲至纔四五，譏視苛謹。勉既廉絜，又不暴征，明年至者乃四十餘柁。居官久，未嘗抆飾器用車服。後召歸，至石門，盡搜家人所蓄犀珍投江中。時人謂可繼宋璟、盧奐、李朝隱；部人叩闕請立碑頌德，代宗許之。進工部尚書，封汧國公。

——《新唐書》卷 131《列傳第五十六・宗室宰相・李勉》，第 4507—4508 頁。

路嗣恭誅戮舶商沒財百萬私有

路嗣恭字懿範，京兆三原人，始名劍客，以世蔭爲鄰尉。……大曆八年，嶺南將哥舒晃殺節度使呂崇賁，五嶺大擾。詔嗣恭兼嶺南節度使，封冀國公。嗣恭募勇敢士八千人，以流人孟瑤、敬冕爲才，擢任之。使瑤督大軍當其衝，冕率輕兵由間道出不意，遂斬晃及支黨萬餘，築尸爲京觀。俚洞魁宿爲惡者，皆族夷之。還爲檢校兵部尚書，復知省事。嗣恭起州縣吏，以課治進至顯官，及晃事株戮舶商，沒其財數百萬私有之，代宗惡焉，故賞不酬功。德宗立，陰賕宰相楊炎，炎錄前効，更拜兵部尚書、東都留守。俄加懷鄭汝陝河陽三城節度、東都畿觀察使。卒，年七十一，贈左僕射。

——《新唐書》卷 138《列傳第六十三・路嗣恭》，第 4623—4624 頁。

海舶賈至不取象犀明珠

韋正貫，字公理，少孤，皋謂能大其門，名曰臧孫。……宣宗立，以治當最，拜京兆尹、同州刺史。俄擢嶺南節度使。南海舶賈始至，大帥必取象犀明珠，上珍而售以下直，正貫既至，無所取，吏咨其清。南方風俗右鬼，正貫毀淫祠，教民毋妄祈。會海水溢，人爭咎撤祠事，以爲神不厭，正貫登城沃酒以誓曰："不當神意，長人任其咎，無逮下民。"俄而水去，民乃信之。居鎮三歲，既病，遺令無厚葬，無用鼓吹，無請謚。

——《新唐書》卷 158《列傳第八十三·韋正貫》，第 4937 頁。

罷明州歲貢蚶菜與禁絕蕃舶下碇税

孔戣字君嚴，擢進士第。……明州歲貢淡菜蚶蛤之屬，戣以爲自海抵京師，道路役凡四十三萬人，奏罷之。歷大理卿、國子祭酒。

會嶺南節度使崔詠死，帝謂裴度曰："嘗論罷蚶菜者誰歟？今安在？是可往，爲朕求之。"度以戣對，卽拜嶺南節度使。既至，免屬州逋負十八萬緡、米八萬斛、黃金税歲八百兩。先是，屬刺史俸率三萬，又不時給，皆取部中自衣食。戣乃倍其俸，約不得爲貪暴，稍以法繩之。南方鬻口爲貨，掠人爲奴婢，戣峻爲之禁。親吏得嬰兒於道，收育之，戣論以死。由是閭里相約不敢犯。士之斥南不能北歸與有罪之後百餘族，才可用用之，稟無告者，女子爲嫁遣之。蕃舶泊步有下碇税，始至有閲貨宴，所餉犀琲，下及僕隸。戣禁絕，無所求索。舊制，海商死者，官籍其貲，滿三月無妻子詣府，則沒入。戣以海道歲一往復，苟有驗者不爲限，悉推與。

——《新唐書》卷 163《列傳第八十八·孔戣》，第 5008—5009 頁。

蕃舶日十餘艘盡有其税

王鍔字昆吾，自言太原人。始隸湖南團練府爲裨將，楊炎道潭，與語，異其才。嗣曹王皋爲團練使，俾鍔誘降武岡叛將王國良，以功擢邵州刺史。……遷嶺南節度使。廣人與蠻雜處，地征薄，多牟利於市，鍔租其廛，榷所入與常賦埒，以爲時進，裒其餘悉自入。諸蕃舶至，盡有其稅，於是財蓄不貲，日十餘艘載皆犀象珠琲，與商賈雜出于境。數年，京師權家無不富鍔之財。

——《新唐書》卷170《列傳第九十五·王鍔》，第5169頁。

帥府爭先賤售海道商舶珍寶

盧鈞字子和，系出范陽，徙京兆藍田。舉進士中第，……擢嶺南節度使。海道商舶始至，異時帥府爭先往，賤售其珍，鈞一不取，時稱絜廉。專以清靜治。蕃獠與華人錯居，相婚嫁，多占田營第舍，吏或橈之，則相挺爲亂，鈞下令蕃華不得通婚，禁名田產，闔部肅壹無敢犯。

——《新唐書》卷182《列傳第一百七·盧鈞》，第5367頁。

大秦海人乘大舶縶網絞出珊瑚

拂菻，古大秦也，居西海上，一曰海西國。去京師四萬里，……俗喜酒，嗜乾餅。多幻人，能發火于顏，手爲江湖，口幡旄舉，足墮珠玉。有善醫能開腦出蟲以愈目眚。土多金、銀、夜光璧、明月珠、大貝、車渠、碼碯、木難、孔翠、虎魄。織水羊毛爲布，曰海西布。海中有珊瑚洲，海人乘大舶，墮鐵網水底。珊瑚初生磐石上，白如菌，一歲而黃，三歲赤，枝格交錯，高三四尺。鐵發其根，縶網舶上，絞而出之，失時不取即腐。西海有市，貿易不相見，置直物旁，名鬼市。有獸名𧲣，大如狗，獷惡而力。北邑有羊，生土中，臍屬地，割必死，俗介馬而走，擊鼓以驚之，羔臍絕，即逐水草，不能羣。

——《新唐書》卷221《列傳第一百四十六下·西域下·拂菻》，第6260—6261頁。

羅越商賈歲乘船至廣州

羅越者，北距海五千里，西南哥谷羅。商賈往來所湊集，俗與墮羅鉢底同。歲乘船至廣州，州必以聞。

——《新唐書》卷 222 下《列傳第一百四十七下・南蠻下・單單》，第 6306 頁。

驃國海行五月至佛代國

驃，古朱波也，自號突羅朱，闍婆國人曰徒里拙。在永昌南二千里，去京師萬四千里。東陸眞臘，西接東天竺，西南墮和羅，南屬海，北南詔。地長三千里，廣五千里，東北袤長，屬羊苴咩城。……海行五月至佛代國。有江，支流三百六十。其王名思利些彌他。有川名思利毗離芮。土多異香。北有市，諸國估舶所湊，越海卽闍婆也。十五日行，踰二大山，一曰正迷，一曰射鞮，有國，其王名思利摩訶羅闍，俗與佛代同。經多茸補邏川至闍婆，八日行至婆賄伽盧，國土熱，衢路植椰子、檳榔，仰不見日。

——《新唐書》卷 222 下《列傳第一百四十七下・南蠻下・驃》，第 6306—6308 頁。

南海市舶利不貲

黃巢陷桂管，進寇廣州，詒節度使李迢書，求表爲天平節度，又脅崔璆言于朝，宰相鄭畋欲許之，盧攜、田令孜執不可。巢又丐安南都護、廣州節度使，書聞，右僕射于琮議：“南海市舶利不貲，賊得益富，而國用屈。”乃拜巢率府率。巢見詔大詬，急攻廣州，執李迢，自號“義軍都統”，露表告將入關，因詆宦豎柄朝，垢蠹紀綱，指諸臣與中人賂遺交構狀，銓貢失才，禁刺史殖財產，縣令犯贓者族，皆當時極敝。

——《新唐書》卷225下《列傳第一百五十下·逆臣下·黄巢》，第6454—6455頁。

閻立德造浮海大航五百艘

閻讓字立德，以字行，京兆萬年人。父毗，爲隋殿内少監，本以工藝進，故立德與弟立本皆機巧有思。武德初，爲秦王府士曹参軍，從平東都。遷尚衣奉御，制衮冕六服、腰輿、傘扇咸有典法。貞觀初，歷將作少匠、大安縣男。護治獻陵，拜大匠。文德皇后崩，攝司空，營昭陵，坐弛職免。起爲博州刺史。太宗幸洛陽，詔立德按爽塏建離宫清暑，乃度地汝州西山，控汝水，睨廣成澤，號襄城宫，役凡百餘萬。宫成，煩燠不可居，帝廢之，以賜百姓，坐免官。

未幾，復爲大匠，即洪州造浮海大航五百艘，遂從征遼，攝殿中監，規築土山，破安市城。師還，至遼澤，亙二百里，淖不可通，立德築道爲橋梁，無留行。帝悦，賜予良厚。又營翠微、玉華二宫，擢工部尚書。帝崩，復攝司空，典陵事，以勞進爵大安縣公。永徽五年，高宗幸萬年宫，留守京師，領徒四萬治京城。卒，贈吏部尚書、并州都督，陪葬昭陵，謚曰康。

——《新唐書》卷100《列傳第二十五·閻立德》，第3941頁。

征高麗所備吴船劍南大船和偶舫大艎

會新羅遣使者上書言："高麗、百濟聯和，將見討。謹歸命天子。"帝問："若何而免？"使者曰："計窮矣，惟陛下哀憐！"……新羅數請援，乃下吴船四百柁輸糧，詔營州都督張儉等發幽、營兵及契丹、奚、靺鞨等出討。會遼溢，師還。莫離支懼，遣使者内金，帝不納。使者又言："莫離支遣官五十入宿衛。"帝怒責使者曰："而等委質高武，而不伏節死義，又爲逆子謀，不可赦。"悉下之獄。……

二十二年，詔右武衛大將軍薛萬徹爲青丘道行軍大總管，右衛將軍裴行方副之，自海道入。部將古神感與虜戰曷山，虜潰；虜乘暝襲我舟，伏兵破之。萬徹度鴨淥，次泊灼城，拒四十里而舍。虜懼，皆棄邑居去。大酋所夫孫拒戰，萬徹擊斬之，遂圍城，破其援兵三萬，乃還。帝與長孫无忌計曰："高麗困吾師之入，戶亡耗，田歲不收，蓋蘇文築城增陴，下飢臥死溝壑，不勝敝矣。明年以三十萬衆，公爲大總管，一舉可滅也。"乃詔劍南大治船，蜀人願輸財江南，計直作舟，舟取縑千二百，巴、蜀大騷，邛、眉、雅三州獠皆反，發隴西、峽內兵二萬擊定之。始，帝決取虜，故詔陝州刺史孫伏伽、萊州刺史李道裕儲糧械於三山浦、烏胡島，越州都督治大艎偶舫以待。會帝崩，乃皆罷。藏遣使者奉慰。

——《新唐書》卷 220《列傳第一百四十五·東夷·高麗》，第 6189、6195 頁。

吳艘五百泛海趨平壤征高麗

於是帝欲自將討之，召長安耆老勞曰："遼東故中國地，而莫離支賊殺其主，朕將自行經略之，故與父老約：子若孫從我行者，我能拊循之，毋庸卹也。"即厚賜布粟。羣臣皆勸帝毋行，帝曰："吾知之矣，去本而就末，捨高以取下，釋近而之遠，三者爲不祥，伐高麗是也。然蓋蘇文弒君，又戮大臣以逞，一國之人延頸待救，議者顧未亮耳。"於是北輸粟營州，東儲粟古大人城。帝幸洛陽，乃以張亮爲平壤道行軍大總管，常何、左難當副之，冉仁德、劉英行、張文幹、龐孝泰、程名振爲總管，帥江、吳、京、洛募兵凡四萬，吳艘五百，泛海趨平壤。

——《新唐書》卷 220《列傳第一百四十五·東夷·高麗》，第 6189 頁。

征高麗造舡劍南引諸獠叛

貞觀十四年，羅、竇諸獠叛，以廣州都督党仁弘爲竇州道行軍總管擊之，虜男女七千餘人。太宗再伐高麗，爲舡劍南，諸獠皆半役，雅、邛、眉三州獠不堪其擾，相率叛，詔發隴右、峽兵二萬，以茂州都督張士貴爲雅州道行軍總管，與右衛將軍梁建方平之。

——《新唐書》卷 222 下《列傳第一百四十七下・南蠻下・南平獠》，第 6327 頁。

白江口焚倭人戰艦四百艘

時賊守眞峴城，仁軌夜督新羅兵薄城扳堞，比明，入之，遂通新羅饟道。而豐果襲殺福信，遣使至高麗、倭丐援。會詔遣右威衛將軍孫仁師率軍浮海而至，士氣振。於是，諸將議所向，或曰：“加林城水陸之衝，盍先擊之?”仁軌曰：“兵法避實擊虛。加林險而固，攻則傷士，守則曠日。周留城，賊巢穴，羣凶聚焉。若克之，諸城自下。”於是仁師、仁願及法敏帥陸軍以進，仁軌與杜爽、扶餘隆繇熊津白江會之。遇倭人白江口，四戰皆克，焚四百艘，海水爲丹。扶餘豐脫身走，獲其寶劍。僞王子扶餘忠勝、忠志等率其衆與倭人降，獨酋帥遲受信據任存城未下。

——《新唐書》卷 108《列傳第三十三・劉仁軌》，第 4082—4083 頁。

劉仁軌焚倭人舟四百艘

龍朔二年七月，仁願等破之熊津，拔支羅城，夜薄眞峴，比明入之，斬首八百級，新羅餉道乃開。仁願請濟師，詔右威衛將軍孫仁師爲熊津道行軍總管，發齊兵七千往。福信顓國，謀殺豐，豐率親信斬福信，與高麗、倭連和。仁願已得齊兵，士氣振，乃與新羅王金法敏率步騎，而遣劉仁軌率舟師，自熊津江偕進，趨周留城。豐衆屯白江口，四遇皆克，火四百艘，豐走，不知所在。僞王子扶餘忠勝、忠志率殘衆及倭人請命，諸城皆復。仁願勒軍還，留仁軌代守。

——《新唐書》卷220《列傳第一百四十五·東夷·百濟》，第6201頁。

括州青州廣陵杭州密州越州海溢

貞觀二十一年八月，河北大水，泉州海溢，驩州水。……

顯慶元年七月，宣州涇縣山水暴出，平地四丈，溺死者二千餘人。九月，括州暴風雨，海水溢，壞安固、永嘉二縣。

總章二年六月，括州大風雨，海溢，壞永嘉、安固二縣，溺死者九千七十人。

上元三年八月，青州大風，海溢，漂居人五千餘家；齊、淄等七州大水。

開元十四年秋，天下州五十，水，河南、河北尤甚，河及支川皆溢，懷、衛、鄭、滑、汴、濮人或巢或舟以居，死者千計；潤州大風自東北，海濤沒瓜步。

天寶四載九月，河南、淮陽、睢陽、譙四郡水。十載，廣陵大風駕海潮，沈江口船數千艘。十三載九月，東都瀍、洛溢，壞十九坊。

大曆十年七月，杭州海溢。

十一年五月，京畿大雨水，昭應尤甚；衢州山水害稼，深三丈，毀州郭，溺死百餘人。六月，密州大風雨，海溢，毀城郭；饒州浮梁、樂平二縣暴雨，水，漂沒四千餘戶；潤、常、潮、陳、許五州及京畿水，害稼。

大和二年夏，京畿及陳、滑二州水，害稼；河陽水，平地五尺；河決，壞棣州城；越州大風，海溢。

——《新唐書》卷36《志第二十六·五行三·水不潤下》，第927—934頁。

泉州海溢

貞觀二十一年八月，泉州海溢。壬戌，停封泰山。

——《新唐書》卷 2《本紀第二・太宗》，第 46 頁。

括州海溢

顯慶元年九月庚辰，括州海溢。癸未，程知節及賀魯戰于怛篤城，敗之。……總章二年九月庚寅，括州海溢。壬寅，如岐州。乙巳，赦岐州，賜高年粟帛。十月丁巳，至自岐州。……

——《新唐書》卷 3《本紀第三・高宗》，第 57、67 頁。

青州海溢

儀鳳元年八月庚子，避正殿，減膳，撤樂，損食粟馬，慮囚，詔文武官言事。甲子，停南北中尚、梨園、作坊，減少府雜匠。是月，青州海溢。……

——《新唐書》卷 3《本紀第三・高宗》，第 73 頁。

廣陵海溢

天寶十載八月，范陽節度副大使安祿山及契丹戰于吐護眞河，敗績。乙卯，廣陵海溢。丙辰，武庫災。

——《新唐書》卷 5《本紀第五・玄宗》，第 148 頁。

杭州海溢

大曆十年七月己未，杭州海溢。

——《新唐書》卷 6《本紀第六・代宗》，第 178 頁。

密州海溢

元和十一年六月，密州海溢。甲辰，唐鄧節度使高霞寓及吳元濟戰于鐵城，敗績。

——《新唐書》卷 7《本紀第七・憲宗》，第 216 頁。

越州海溢

太和二年六月乙卯，晉王普薨。己巳，大風拔木。乙亥，峯州刺史王昇朝反，伏誅。是夏，河溢，壞棣州城；越州海溢。

——《新唐書》卷 8《本紀第八・文宗》，第 230—231 頁。

海州海冰

長慶二年正月庚子，魏博軍潰于南宮。癸卯，魏博節度使田布自殺，兵馬使史憲誠自稱留後。海州海冰。

——《新唐書》卷 8《本紀第八・穆宗》，第 224 頁。

海州海水冰

長慶元年二月，海州海水冰，南北二百里，東望無際。

——《新唐書》卷 36《第二十六・五行三・常寒》，第 936 頁。

浙西大雪江海冰

天復三年三月，浙西大雪，平地三尺餘，其氣如煙，其味苦。十二月，又大雪，江海冰。

——《新唐書》卷36《第二十六・五行三・常寒》，第937頁。

海賊吳令光寇永嘉郡

天寶二年十二月壬午，海賊吳令光寇永嘉郡。

——《新唐書》卷5《本紀第五・玄宗》，第143頁。

海瀆祭於其廟

嶽鎮、海瀆祭於其廟，無廟則爲之壇於坎，廣一丈，四向爲陛者，海瀆之壇也。……五星、十二次、二十八宿、五方之岳鎮、海瀆、山林、川澤、丘陵、墳衍、原隰、井泉各在其方之壇，龍、麟、朱鳥、騶虞、玄武、鱗、羽、羸、毛、介、水墉、坊、郵表畷、於菟、貓各在其方壇之後。夏至祭皇地祇，以高祖配，五方之岳鎮、海瀆、原隰、丘陵、墳衍在内壝之内，各居其方，而中岳以下在西南。……嶽鎮、海瀆，以山尊實醍齊。……嶽鎮、海瀆，皆太牢。

——《新唐書》卷12《志第二・禮樂二》，第326—329頁。

東海南海祭祀地

其五岳、四鎮，歲一祭，各以五郊迎氣日祭之。東岳岱山於兗州，東鎮沂山於沂州，南岳衡山於衡州，南鎮會稽於越州，中岳嵩高於河南，西岳華山於華州，西鎮吳山於隴州，北岳常山於定州，北鎮醫無閭於營州，東海於萊州，淮於唐州，南海於廣州，江於益州，西海及河於同州，北海及濟於河南。

——《新唐書》卷 15《志第五·禮樂五》，第 380 頁。

天子祭海嶽之服

凡天子之服十四：大裘冕者，祀天地之服也。……毳冕者，祭海嶽之服也。七旒，五章：宗彝、藻、粉米在衣；黼、黻在裳。

——《新唐書》卷 24《志第十四·車服》，第 514—515 頁。

交州八月海中望老人星

《周禮大司徒》："以土圭之法測土深。日至之景，尺有五寸，謂之地中。"鄭氏以爲"日景於地，千里而差一寸。尺有五寸者，南戴日下萬五千里，地與星辰四游升降於三萬里內，是以半之，得地中，今潁川陽城是也"。宋元嘉中，南征林邑，五月立表望之，日在表北，交州影在表南三寸，林邑九寸一分。交州去洛，水陸之路九千里，蓋山川回折使之然，以表考其弦當五千乎。開元十二年，測交州，夏至，在表南三寸三分，與元嘉所測略同。使者大相元太言："交州望極，纔高二十餘度。八月海中望老人星下列星粲然，明大者甚衆，古所未識，迺渾天家以爲常沒地中者也。大率去南極二十度已上之星則見。"又鐵勒、回紇在薛延陀之北，去京師六千九百里，其北又有骨利幹，居瀚海之北，北距大海，晝長而夜短，既夜，天如曛不暝，夕胹羊髀纔熟而曙，蓋近日出沒之所。太史監南宮說擇河南平地，設水準繩墨植表而以引度之，自滑臺始白馬，夏至之晷，尺五寸七分。又南百九十八里百七十九步，得浚儀岳臺，晷尺五寸三分。又南百六十七里二百八十一步，得扶溝，晷尺四寸四分。又南百六十里百一十步，至上蔡武津，晷尺三寸六分半。大率五百二十六里二百七十步，晷差二寸餘。而舊說，王畿千里，影差一寸，妄矣。

——《新唐書》卷 31《志第二十一·天文一》，第 812—813 頁。

日月朝夕浮于巨海

古人所以恃句股術，謂其有證於近事。顧未知目視不能及遠，遠則微差，其差不已，遂與術錯。譬游於大湖，廣袤不盈百里，見日月朝夕出入湖中；及其浮于巨海，不知幾千萬里，猶見日月朝夕出入其中矣。若於朝夕之際，俱設重差而望之，必將大小同術，無以分矣。横既有之，縱亦宜然。

——《新唐書》卷31《志第二十一・天文一》，第815頁。

天文分野中的負海之國

河源自北紀之首，循雍州北徼，達華陰，而與地絡相會，並行而東，至太行之曲，分而東流，與涇、渭、濟瀆相爲表裏，謂之“北河”。江源自南紀之首，循梁州南徼，達華陽，而與地絡相會，並行而東，及荆山之陽，分而東流，與漢水、淮瀆相爲表裏，謂之“南河”。

故於天象，則弘農分陕爲兩河之會，五服諸侯在焉。……自南河下流，北距岱山爲鄒、魯，南涉江、淮爲吴、越。皆負海之國，貨殖之所阜也。自河源循塞垣北，東及海，爲戎狄。自江源循嶺徼南，東及海，爲蠻越。觀兩河之象，與雲漢之所始終，而分野可知矣。……故其分野，自南河下流，窮南紀之曲，東南負海，爲星紀；自北河末派，窮北紀之曲，東北負海，爲析木。負海者，以其雲漢之陰也。唯陬訾内接紫宫，在王畿河、濟間。降婁、玄枵與山河首尾相遠，隣顓頊之墟，故爲中州負海之國也。……其分野，自南河以負海，亦純陽地也。壽星在天關内，故其分野，在商、亳西南，淮水之陰，北連太室之東，自陽城際之，亦巽維地也。

夫雲漢自坤抵艮爲地紀，北斗自乾攜巽爲天綱，其分野與帝車相直，皆五帝墟也。究咸池之政而在乾維内者，降婁也，故爲少昊之墟。叶北宫之政而在乾維外者，陬訾也，故爲顓頊之墟。成攝提之政而在巽維内者，壽星也，故爲太昊之墟。布太微之政，而在巽維外者，鶉尾也，故爲列山氏之墟。得四海中承太階之政者，軒轅也，故爲有熊氏之墟。木、金得天地之微氣，其神治於季月；水、火得天地之章氣，其神治於孟月。故章道存乎至，微道存乎終，皆陰陽變化之際也。若微者沈潛而不及，章者高明而過亢，皆非上帝之居也。

斗杓謂之外廷，陽精之所布也。斗魁謂之會府，陽精之所復也。杓以治外，故鶉尾爲南方負海之國。魁以治内，故陬訾爲中州四戰之國。其餘列舍，在雲漢之陰者八，爲負海之國。在雲漢之陽者四，爲四戰之國。降婁、玄枵以負東海，其神主於岱宗，歲星位焉。星紀、鶉尾以負南海，其神主於衡山，熒惑位焉。鶉首、實沈以負西海，其神主於華山，太白位焉。大梁、析木以負北海，其神主於恆山，辰星位焉。鶉火、大火、壽星、豕韋爲中州，其神主於嵩丘，鎮星位焉。……奎、婁，降婁也。初，奎二度，餘千二百一十七，秒十七少。中，婁一度。終，胃三度。自蛇丘、肥成，南屆鉅野，東達梁父，循岱岳衆山之陽，以負東海。

——《新唐書》卷 31《志第二十一・天文一》，第 817—821 頁。

負海之國大水

天復元年五月自丁酉至于己亥，太白晝見經天，在井度。十月，大角五色散搖，煌煌如火。占曰："王者惡之。"二年五月甲子，太白襲熒惑在軒轅后星上，太白遂犯端門，又犯長垣中星。占曰："賊臣謀亂，京畿大戰。"十月甲戌，太白夕見在斗，去地一丈而墜。占曰："兵聚其下。"又曰："山摧石裂，大水竭。"庚子，辰星見氐中，小而不明。占曰："負海之國大水。"是歲，鎮星守虛。三年二月始去虛。十一月丙戌，太白在南斗，去地五尺許，色小而黃，至明年正月乃高十丈，光芒甚大。是冬，熒惑徘徊于東井間，久而不去。京師分也。

——《新唐書》卷 33《志第二十三・天文三・月五星淩犯及星變》，第 864 頁。

六丈大魚自海入淮

開成二年三月壬申，有大魚長六丈，自海入淮，至濠州招義，民殺之。近魚孽也。

——《新唐書》卷 36《志第二十六・五行三・魚孽》，第 938 頁。

明州土貢海味

明州餘姚郡，上。開元二十六年，採訪使齊澣奏以越州之鄮縣置，以境有四明山爲名。土貢：吳綾、交梭綾、海味、署預、附子。戶四萬二千二百七，口二十萬七千三十二。縣四。鄮，奉化，慈溪，象山。

——《新唐書》卷 41《志第三十一・地理五・江南道》，第 1061—1062 頁。

福州長樂郡土貢海蛤

福州長樂郡，中都督府。本泉州建安郡治，武德六年別置，景雲二年曰閩州，開元十三年更州名，天寶元年更郡名。土貢：蕉布、海蛤、文扇、茶、橄欖。戶三萬四千八十四，口七萬五千八百七十六。縣十。

——《新唐書》卷 41《志第三十一・地理五・江南道》，第 1064 頁。

餘杭郡鹽官有百里捍海塘隄

鹽官，武德四年隸東武州，七年省入錢塘，貞觀四年復置。有鹽官。有捍海塘隄，長百二十四里，開元元年重築。

——《新唐書》卷41《志第三十一·地理五·江南道》，第1059頁。

會稽有防海塘

會稽，望。有南鎮會稽山，有祠。東北四十里有防海塘，自上虞江抵山陰百餘里，以畜水溉田，開元十年令李俊之增脩，大曆十年觀察使皇甫溫、大和六年令李左次又增脩之。

——《新唐書》卷41《志第三十一·地理五·江南道》，第1061頁。

福州長樂郡閩縣有海隄

福州長樂郡閩，望。東五里有海隄，大和二年令李茸築。先是，每六月潮水鹹鹵，禾苗多死，隄成，瀦溪水殖稻，其地三百戶皆良田。

——《新唐書》卷41《志第三十一·地理五·江南道》，第1064頁。

福州長樂郡長樂縣有海隄

長樂，上。本新寧，武德六年析閩置，尋更名。元和三年省入福唐，五年復置。有鹽。東十里有海隄，大和七年令李茸築，立十斗門以禦潮，旱則瀦水，雨則洩水，遂成良田。

——《新唐書》卷41《志第三十一·地理五·江南道》，第1064頁。

泉州至流求國航程

泉州清源郡，上。……自州正東海行二日至高華嶼，又二日至鼅鼊嶼，又一日至流求國。

——《新唐書》卷41《志第三十一·地理五·江南道》，第1065頁。

登州海行入高麗渤海航程

唐置羈縻諸州，皆傍塞外，或寓名於夷落。而四夷之與中國通者甚衆，若將臣之所征討，敕使之所慰賜，宜有以記其所從出。天寶中，玄宗問諸蕃國遠近，鴻臚卿王忠嗣以西域圖對，纔十數國。其後貞元宰相賈耽考方域道里之數最詳，從邊州入四夷，通譯于鴻臚者，莫不畢紀。其入四夷之路與關戍走集最要者七：一曰營州入安東道，二曰登州海行入高麗渤海道，三曰夏州塞外通大同雲中道，四曰中受降城入回鶻道，五曰安西入西域道，六曰安南通天竺道，七曰廣州通海夷道。其山川聚落，封略遠近，皆概舉其目。州縣有名而前所不錄者，或夷狄所自名云。……

登州東北海行，過大謝島、龜歆島、末島、烏湖島三百里。北渡烏湖海，至馬石山東之都里鎮二百里。東傍海壖，過青泥浦、桃花浦、杏花浦、石人汪、橐駝灣、烏骨江八百里。乃南傍海壖，過烏牧島、貝江口、椒島，得新羅西北之長口鎮。又過秦王石橋、麻田島、古寺島、得物島，千里至鴨淥江唐恩浦口。乃東南陸行，七百里至新羅王城。自鴨淥江口舟行百餘里，乃小舫泝流東北三十里至泊汋口，得渤海之境。又泝流五百里，至丸都縣城，故高麗王都。又東北泝流二百里，至神州。又陸行四百里，至顯州，天寶中王所都。又正北如東六百里，至渤海王城。

——《新唐書》卷 43《志第三十三下・地理七・嶺南道》，第 1146—1147 頁。

廣州通海夷航程與導航燈塔

唐置羈縻諸州，皆傍塞外，或寓名於夷落。而四夷之與中國通者甚衆，若將臣之所征討，敕使之所慰賜，宜有以記其所從出。天寶中，玄宗問諸蕃國遠近，鴻臚卿王忠嗣以西域圖對，纔十數國。其後貞元宰相賈耽考方域道里之數最詳，從邊州入四夷，通譯于鴻臚者，莫不畢紀。其入四夷之路與關戍走集最要者七：一曰營州入安東道，二曰登州海行入高麗渤海道，三曰夏州塞外通大同雲中道，四曰中受降城入回鶻道，五曰安西入西域道，六曰安南通天竺道，七曰廣州通海夷道。其山川聚落，封略遠近，皆概舉其目。州縣有名而前所不錄者，或夷狄所自名云。……

廣州東南海行，二百里至屯門山，乃帆風西行，二日至九州石。又南二日至象石。又西南三日行，至占不勞山，山在環王國東二百里海中。又南二日行至陵山。又一日行，至門毒國。又一日行，至古笪國。又半日行，至奔陀浪洲。又兩日行，到軍突弄山。又五日行至海硤，蕃人謂之“質”，南北百里，北岸則羅越國，南岸則佛逝國。佛逝國東水行四五日，至訶陵國，南中洲之最大者。又西出硤，三日至葛葛僧祇國，在佛逝西北隅之別島，國人多鈔暴，乘舶者畏憚之。其北岸則箇羅國。箇羅西則哥谷羅國。又從葛葛僧祇四五日行，至勝鄧洲。又西五日行，至婆露國。又六日行，至婆國伽藍洲。又北四日行，至師子國，其北海岸距南天竺大岸百里。又西四日行，經沒來國，南天竺之最南境。又西北經十餘小國，至婆羅門西境。又西北二日行，至拔罗國。又十日行，經天竺西境小國五，至提罗國，其國有彌蘭太河，一曰新頭河，自北渤崑國來，西流至提罗國北，入于海。又自提罗國西二十日行，經小國二十餘，至提羅盧和國，一曰羅和異國，國人於海中立華表，夜則置炬其上，使舶人夜行不迷。又西一日行，至烏剌國，乃大食國之弗利剌河，南入于海。小舟泝流，二日至末羅國，大食重鎮也。又西北陸行千里，至茂門王所都縛達城。

自婆羅門南境，從沒來國至烏剌國，皆緣海東岸行；其西岸之西，皆大食國，其西最南謂之三蘭國。自三蘭國正北二十日行，經小國十餘，至設國。又十日行，經小國六七，至薩伊瞿和竭國，當海西岸。又西六七日行，經小國六七，至沒巽國。又西北十日行，經小國十餘，至拔離謌磨難國。又一日行，至烏剌國，與東岸路合。

——《新唐書》卷 43《志第三十三下·地理七下·嶺南道》，第 1146、1153—1154 頁。

路由大海者給祈羊豕與入海程糧

主客郎中、員外郎，各一人，掌二王後、諸蕃朝見之事。二王後子孫視正三品，酅公歲賜絹三百，米粟亦如之，介公減三之一。殊俗入朝者，始至之州給牒，覆其人數，謂之邊牒。蕃州都督、刺史朝集日，視品給以衣冠、袴褶。乘傳者日四驛，乘驛者六驛。供客食料，以四時輸鴻臚，季終句會之。客初至及辭設會，第一等視三品，第二等視四品，第三等視五品，蕃望非高者，視散官而減半，参日設食。路由大海者，給祈羊豕皆一。西南蕃使還者，給入海程糧；西北諸蕃，則給度磧程糧。蕃客請宿衛者，奏狀貌年齒。突厥使置市坊，有貿易，錄奏，爲質其輕重，太府丞一人涖之。蕃王首領死，子孫襲初授官，兄弟子降一品，兄弟子代攝者，嫡年十五還以政。使絕域者還，上聞見及風俗之宜、供饋贈貺之數。

——《新唐書》卷 46《志第三十六・百官一・尚書省・禮部》，第 1195—1196 頁。

繇海路朝者廣州擇首領一人入朝

凡四夷君長，以蕃望高下爲簿，朝見辨其等位，第三等居武官三品之下，第四等居五品之下，第五等居六品之下，有官者居本班。御史察食料。二王後、夷狄君長襲官爵者，辨嫡庶。諸蕃封命，則受册而往。海外諸蕃朝賀進貢使有下從，留其半於境；繇海路朝者，廣州擇首領一人、左右二人入朝；所獻之物，先上其數於鴻臚。凡客還，鴻臚籍衣齎賜物多少以報主客，給過所。蕃客奏事，具至日月及所奏之宜，方別爲狀，月一奏，爲簿，以副藏鴻臚。獻馬，則殿中、太僕寺湓閱，良者入殿中，駑病入太僕。獻藥者，鴻臚寺驗覆，少府監定價之高下。鷹、鶻、狗、豹無估，則鴻臚定所報輕重。凡獻物，皆客執以見，駝馬則陳于朝堂，不足進者州縣留之。皇帝、皇太子爲五服親及大臣發哀臨弔，則卿贊相。大臣一品葬，以卿護；二品，以少卿；三品，以丞。皆司儀示以禮制。

——《新唐書》卷 48《志第三十八・百官三・鴻臚寺》，第 1257—1258 頁。

負海州鹽價鹽稟與鹽場

唐有鹽池十八，井六百四十，皆隸度支。……負海州歲免租爲鹽二萬斛以輸司農。青、楚、海、滄、棣、杭、蘇等州，以鹽價市輕貨，亦輸司農。

天寶、至德間，鹽每斗十錢。乾元元年，鹽鐵、鑄錢使第五琦初變鹽法，就山海井竈近利之地置監院，游民業鹽者爲亭戶，免雜傜。盜鬻者論以法。及琦爲諸州榷鹽鐵使，盡榷天下鹽，斗加時價百錢而出之，爲錢一百一十。……吳、越、揚、楚鹽廩至數千，積鹽二萬餘石。有漣水、湖州、越州、杭州四場，嘉興、海陵、鹽城、新亭、臨平、蘭亭、永嘉、大昌、候官、富都十監，歲得錢百餘萬緡，以當百餘州之賦。自淮北置巡院十三，曰揚州、陳許、汴州、廬壽、白沙、淮西、甬橋、浙西、宋州、泗州、嶺南、兗鄆、鄭滑，捕私鹽者，姦盜爲之衰息。然諸道加榷鹽錢，商人舟所過有稅。晏奏罷州縣率稅，禁堰埭邀以利者。晏之始至也，鹽利歲纔四十萬緡，至大曆末，六百餘萬緡。天下之賦，鹽利居半，宮闈服御、軍饟、百官祿俸皆仰給焉。明年而晏罷。

——《新唐書》卷 54《志第四十四·食貨四》，第 1378 頁。

《海岱志》

崔蔚祖海岱志十卷

——《新唐書》卷 58《志第四十八·藝文二》，第 1480 頁。

海南苦吏侵

丘和，河南洛陽人，後徙家郿。少重氣俠，閑弓馬，長乃折節自將。仕周開府儀同三司。入隋爲右武衛將軍，……大業末，海南苦吏侵，數怨畔。帝以和所莅稱淳良，而黄門侍郎裴矩亦薦之，遂拜交阯太守，撫接盡情，荒憬安之。

——《新唐書》卷 90《列傳第十五·丘和》，第 3777 頁。

李敬業欲入海逃高麗

李敬業，少從勣征伐，有勇名。歷太僕少卿，襲英國公，爲眉州刺史。……時武后既廢中宗，又立睿宗，實亦囚之。諸武擅命，唐子孫誅戮，天下憤之。敬業等乘人怨，謀起兵……有烏羣噪敬業營上，監軍御史魏眞宰曰："賊其敗乎！風順荻乾，火攻之利也。"固請戰，遂度谿擊之。敬業置陣久，士疲，皆顧望不正列，孝逸乘風縱火逼其軍，軍稍却。敬業麾精兵居前，弱者在後，陣亂不能制，乃敗，斬七千餘級。敬業與敬猷、之奇、求仁、賓王輕騎遁江都，悉焚其圖籍，擕妻子奔潤州，潛蒜山下，將入海逃高麗，抵海陵，阻風遺山江中，其將王那相斬之，凡二十五首，傳東都，皆夷其家。中宗反正，詔還勳官封屬籍，葺完塋冢焉。

——《新唐書》卷93《列傳第十八·李敬業》，第3823—3824頁。

自東萊浮海襲破沙卑城

張亮，鄭州滎陽人。起畎畝，志趣奇譎，雖外敦厚而內不情。……帝將伐高麗，亮頻諫，不納，因自請行，詔爲平壤道行軍大總管。引兵自東萊浮海，襲破沙卑城，進至建安，營壁未立，賊奄至，亮不知所爲，踞胡牀直視無所言，衆謂其勇，得自安。於是副將張金樹鼓于軍，士奮擊，因破賊。及從帝還，至并州，乃得罪。

——《新唐書》卷94《列傳第十九·張亮》，第3828—3829頁。

獻《海鷗賦》以諷

湜字澄瀾。少以文詞稱。第進士，擢累左補闕，稍遷考功員外郎。時桓彥範等當國，畏武三思碁構，引湜使陰汋其姦。……玄宗在東宮，數至其第申款密。湜陰附主，時人危之，爲寒毛。門下客獻《海鷗賦》以諷，湜稱善而不自悛。帝將誅蕭至忠等，召湜示腹心。弟澄諫曰："上有所問，慎無隱。"湜不從。及見，對問失旨。至忠等誅，湜徙嶺外。時雍州長史李晉亦坐誅，歎曰："此本湜謀，今我死而湜生，何也？"又宮人元稱嘗與湜謀進酖於帝。追及荊州賜死，年四十三。

——《新唐書》卷99《列傳第二十四·崔湜》，第3922頁。

鑿平虜渠以罷海運

姜師度，魏州魏人。擢明經，調丹陵尉、龍崗令，有清白稱。神龍初，試爲易州刺史、河北道巡察，兼支度營田使。好興作，始廝溝於薊門，以限奚、契丹，循魏武帝故迹，並海鑿平虜渠，以通餉路，罷海運，省功多。遷司農卿。

——《新唐書》卷100《列傳第二十五・姜師度》，第3945—3946頁。

南海多穀紙繕補殘書

蕭廩，字富侯。第進士，遷尚書郎。倣領南海，解官往侍。爲人退約少合。南海多穀紙，倣敕諸子繕補殘書。廩諫曰："州距京師且萬里，書成不可露齎，必貯以囊笥，貪者伺望，得無薏苡嫌乎?"倣曰："善，吾思不及此。"乃止。廣明初，以諫議大夫知制誥，請厲止夜行以備賊諜，出太倉粟賤估以濟貧民。俄遷京兆尹。

——《新唐書》卷101《列傳第二十六・蕭廩》，第3960頁。

馮業三百人浮海歸晉留番禺

馮盎字明達，高州良德人，本北燕馮弘裔孫。弘不能以國下魏，亡奔高麗，遣子業以三百人浮海歸晉。弘已滅，業留番禺，至孫融，事梁爲羅州刺史。子寶，聘越大姓冼氏女爲妻，遂爲首領，授本郡太守，至盎三世矣。隋仁壽初，盎爲宋康令，潮、成等五州獠叛，盎馳至京師，請討之。文帝詔左僕射楊素與論賊形勢，素奇之，曰："不意蠻夷中乃生是人!"卽詔盎發江、嶺兵擊賊，平之，拜漢陽太守。從煬帝伐遼東，遷左武衛大將軍。

——《新唐書》卷110《列傳第三十五・諸夷蕃將・馮盎》，第4112頁。

南海舟師持酒脯請福

王義方，泗州漣水人，客于魏。孤且窶，事母謹甚。淹究經術，性謇特，高自標樹。舉明經，……素善張亮，亮抵罪，故貶吉安丞。道南海，舟師持酒脯請福，義方酌水誓曰："有如忠獲戾，孝見尤，四維廓氛，千里安流。神之聽之，無作神羞。"是時盛夏，濤霧蒸湧，既祭，天雲開露。人壯其誠。吉安介蠻夷，梗悍不馴，義方召首領，稍選生徒，爲開陳經書，行釋奠禮，清歌吹籥，登降跽立，人人悅順。久之，徙洹水丞。而亮兄子皎自朱崖還，依義方。將死，諉妻子，願以尸歸葬，義方許之。以皎妻少，故與之誓於神，使奴負柩，輟馬載皎妻，身步從之。既葬皎原武，歸妻其家，而告亮墓乃去。遷雲陽丞。

——《新唐書》卷112《列傳第三十七·王義方》，第4159—4160頁。

馮元常率士卒航海討安南酋領

馮元常，相州安陽人，其先蓋長樂信都著姓。……元常舉明經及第，調浚儀尉。高宗時，擢累監察御史、劍南道巡察使……轉廣州都督，詔便驛走官。安南酋領李嗣仙殺都護劉延祐，劫州縣，詔元常討之。率士卒航海，馳檄先示禍福，賊黨多降，元常縱兵斬首惡而還。雖有功，猶以拂旨見怨，不錄功。

——《新唐書》卷112《列傳第三十七·馮元常》，第4178—4179頁。

陸元方涉海使嶺外

陸元方字希仲，蘇州吳人。陳給事黃門侍郎琛之曾孫。伯父東之，善書名家，官太子司議郎。元方初明經，後舉八科皆中。累轉監察御史。武后時，使嶺外，方涉海，風濤驚壯，舟人懼，元方曰："吾受命不私，神豈害我?"趣使濟，而風訖息。使還，除殿中侍御史，擢鳳閣舍人、秋官侍郎。

——《新唐書》卷116《列傳第四十一·陸元方》，第4235頁。

海之蜃蛤魚鹽水旱皆免

景龍中，宗楚客、紀處訥、武延秀、韋温等封戶多在河南、河北，諷朝廷詔兩道蠶產所宜，雖水旱得以蠶折租。廷珪謂："兩道倚大河，地雄奥，股肱走集，宜得其歡心，安可不恤其患而殫其力？若以桑蠶所宜而加別税，則隴右羊馬、山南椒漆、山之銅錫鉛鍇、海之蜃蛤魚鹽，水旱皆免，寧獨河南、北外於王度哉？願依貞觀、永徽故事，準令折免。"詔可。在官有威化。

——《新唐書》卷118《列傳第四十三·張廷珪》，第4264頁。

李德裕居海上病無湯劑

姚勖字斯勤。長慶初擢進士第，數爲使府表辟，進監察御史，佐鹽鐵使務。累遷諫議大夫，更湖、常二州刺史。爲宰相李德裕厚善。及德裕爲令狐綯等譖逐，擿索支黨，無敢通勞問；既居海上，家無資，病無湯劑，勖數饋餉候問，不傅時爲厚薄。

——《新唐書》卷124《列傳第四十九·姚勖》，第4388—4389頁。

宋慶禮罷營州海運

宋慶禮，洺州永年人。擢明經，補衛尉。……俄兼營州都督，開屯田八十餘所，追拔漁陽、淄青沒戶還舊田宅，又集商胡立邸肆。不數年，倉廥充，居人蕃輯。卒，贈工部尚書。慶禮爲政嚴，少私，吏畏威不敢犯。太常博士張星以好巧自是，謚曰“專”。禮部員外郎張九齡申駁曰：“慶禮國勞臣，在邊垂三十年。往城營州，士纔數千，無甲兵彊衛，指期而往，不失所慮，遂罷海運，收歲儲，邊亭晏然。其功可推，不當醜謚。”慶禮兄子辭玉亦自詣闕訴。改謚曰敬。

——《新唐書》卷 130《列傳第五十五・宋慶禮》，第 4494 頁。

南海物產陳於連檣挾艣

漢有運渠，起關門，西抵長安，引山東租賦，汔隋常治之。堅爲使，乃占咸陽，壅渭爲堰，絕灞、滻而東，注永豐倉下，復與渭合。初，滻水銜苑左，有望春樓，堅于下鑿爲潭以通漕，二年而成。帝爲升樓，詔羣臣臨觀。堅豫取洛、汴、宋山東小斛舟三百首貯之潭，篙工柁師皆大笠、侈袖、芒屩，爲吳、楚服。每舟署某郡，以所產暴陳其上。若廣陵則錦、銅器、官端綾繡；會稽則羅、吳綾、絳紗；南海瑇瑁、象齒、珠琲、沈香；豫章力士甆飲器、茗鐺、釜；宣城空青、石綠；始安蕉葛、蚺膽、翠羽；吳郡方文綾。船皆尾相銜進，數十里不絕。關中不識連檣挾艣，觀者駭異。

——《新唐書》卷 134《列傳第五十九・韋堅》，第 4560 頁。

置常豐堰於楚州禦海潮

李承，趙州高邑人。幼孤，其兄曄養之。既長，以悌聞。擢明經，遷累大理評事，爲河南採訪使判官。尹子奇陷汴州，拘承送洛陽，覘得賊謀，皆密啓諸朝。兩京平，例貶臨川尉。不三月，除德清令。尋擢監察御史，累遷吏部郎中，淮南西道黜陟使。奏置常豐堰於楚州，以禦海潮，漑屯田塉鹵，收常十倍它歲。

——《新唐書》卷 143《列傳第六十八・李承》，第 4686 頁。

外蕃歲以瑇瑁文犀浮海至

徐申字維降，京兆人。擢進士第，累遷洪州長史。……踰年，進嶺南節度使。前使死，吏盜印，署府職百餘員，畏事泄，謀作亂。申覺，殺之，詿誤一不問。遠俗以攻劫相矜，申禁切，無復犯。外蕃歲以珠、瑇瑁、香、文犀浮海至，申於常貢外，未嘗賸索，商賈饒盈。劉闢反，表請發卒五千，循馬援故道，繇爨蠻抵蜀，擣闢不備。詔可，加檢校禮部尚書，封東海郡公。

——《新唐書》卷 143《列傳第六十八・徐申》，第 4694—4695 頁。

侯希逸拔軍二萬浮海入青州

侯希逸，營州人。長七尺，豐下鋭上。天寶末爲州裨將，……有詔就拜節度使，兼御史大夫。與賊确，數有功。然孤軍無援，又爲奚侵掠，乃拔其軍二萬，浮海入青州據之，平盧遂陷。肅宗因以希逸爲平盧、淄青節度使。自是淄青常以平盧冠使。寶應初，與諸軍討平史朝義，加檢校工部尚書，賜實戶，圖形凌煙閣。

——《新唐書》卷 144《列傳第六十九・侯希逸》，第 4703 頁。

從侯希逸浮海入青州

邢君牙，瀛州樂壽人。少從幽薊、平盧軍，以戰功歷果毅、折衝郎將。安祿山反，從侯希逸涉海入青州。田神功爲兗鄆節度使，使君牙將兵屯好畤防盛秋。吐蕃犯京師，代宗出陝，以扈從功，累封河間郡公。

——《新唐書》卷 156《列傳第八十一・邢君牙》，第 4908 頁。

田神功李忠臣浮海入青州

陽惠元，平州人。以趫勇奮，事平盧軍。從田神功、李忠臣浮海入青州。詔以兵隸神策，爲京西兵馬使，鎮奉天。

——《新唐書》卷156《列傳第八十一·陽惠元》，第4899頁。

弔祭册立新羅使海道風濤舟壞

歸崇敬字正禮，蘇州吴人。治禮家學，多識容典，擢明經。……大曆初，授倉部郎中，充弔祭册立新羅使。海道風濤，舟幾壞，衆驚，謀以單舸載而免，荅曰："今共舟數十百人，我何忍獨濟哉?"少選，風息。先是，使外國多齎金帛，貿舉所無，崇敬囊橐惟衾衣，東夷傳其清德。還，授國子司業、兼集賢學士。八年，遣祀衡山，未至，而哥舒晃亂廣州，監察御史憚之，請望祀而還，崇敬正色曰："君命豈有畏邪?"遂往。

——《新唐書》卷164《列傳第八十九·歸崇敬》，第5036頁。

置"飛雪將"舟運海鹽

杜中立，字無爲，以門廕歷太子通事舍人。……京兆尹缺，宣宗將用之，宰相以年少，欲歷試其能，更出爲義武節度使。舊傜車三千乘，歲輓鹽海瀕，民苦之。中立置"飛雪將"數百人，具舟以載，自是民不勞，軍食足矣。大中十二年，大水汎徐、兗、青、鄆，而滄地積卑，中立自按行，引御水入之毛河，東注海，州無水災。卒，年四十八，贈工部尚書。

——《新唐書》卷172《列傳第九十七·杜中立》，第5206頁。

韓愈寫漲海颶風鱷魚

韓愈字退之，鄧州南陽人……貶潮州刺史。既至潮，以表哀謝曰：“臣以狂妄戇愚，不識禮度，陳佛骨事，言涉不恭，正名定罪，萬死莫塞。陛下哀臣愚忠，恕臣狂直，謂言雖可罪，心亦無它，特屈刑章，以臣爲潮州刺史，既免刑誅，又獲禄食，聖恩寬大，天地莫量，破腦刳心，豈足爲謝！臣所領州，在廣府極東，過海口，下惡水，濤瀧壯猛，難計期程，颶風鱷魚，患禍不測。州南近界，漲海連天，毒霧瘴氛，日夕發作。臣少多病，年纔五十，髮白齒落，理不久長。加以罪犯至重，所處遠惡，憂惶慚悸，死亡無日。單立一身，朝無親黨，居蠻夷之地，與魑魅同羣，苟非陛下哀而念之，誰肯爲臣言者？……當此之際，所謂千載一時不可逢之嘉會，而臣負罪嬰釁，自拘海島，戚戚嗟嗟，日與死迫，曾不得奏薄伎於從官之內、隸御之間，窮思畢精，以贖前過。懷痛窮天，死不閉目，伏惟陛下天地父母哀而憐之。”

帝得表，頗感悔，欲復用之，持示宰相曰：“愈前所論是天愛朕，然不當言天子事佛乃年促耳。”皇甫鎛素忌愈直，即奏言：“愈終狂疏，可且內移。”乃改袁州刺史。

——《新唐書》卷 176《列傳第一百一・韓愈》，第 5262 頁。

韓愈祝鱷魚文

初，愈至潮，問民疾苦，皆曰：“惡溪有鱷魚，食民畜産且盡，民以是窮。”數日，愈自往視之，令其屬秦濟以一羊一豚投谿水而祝之曰：“……潮之州，大海在其南，鯨鵬之大，蝦蟹之細，無不容歸，以生以食，鱷魚朝發而夕至也。今與鱷魚約：‘盡三日，其率醜類南徙于海，以避天子之命吏。三日不能，至五日；五日不能，至七日。七日不能，是終不肯徙也，是不有刺史、聽從其言也。不然，則是鱷魚冥頑不靈，刺史雖有言，不聞不知也。夫傲天子之命吏，不聽其言，不徙以避之，與頑不靈而爲民物害者，皆可殺。刺史則選材技民，操彊弓毒矢，以與鱷魚從事，必盡殺乃止，其無悔!'”祝之夕，暴風震電起谿中，數日水盡涸，西徙六十里，自是潮無鱷魚患。

——《新唐書》卷 176《列傳第一百一・韓愈》，第 5263 頁。

峙食汎舟餉南海

楊收字藏之，自言隋越國公素之裔，世居馮翊。……懿宗時，擢累中書舍人、翰林學士承旨，以中書侍郎同中書門下平章事。始，南蠻自大中以來，火邕州，掠交趾，調華人往屯，涉氛瘴死者十七，戰無功，蠻勢益張。收議豫章募士三萬，置鎮南軍以拒蠻。悉教蹋張，戰必注滿，蠻不能支。又峙食汎舟餉南海。天子嘉其功，進尚書右僕射，封晉陽縣男。

——《新唐書》卷 184《列傳第一百九・楊收》，第 5394 頁。

歲煑海取鹽直四十萬緡

鄭畋字台文，系出滎陽。……僖宗立，内徙郴、絳二州，以右散騎常侍召還。……交、廣、邕南兵，舊取嶺北五道米往餉之，船多敗沒。畋請以嶺南鹽鐵委廣州節度使韋荷，歲煑海取鹽直四十萬緡，市虔、吉米以贍安南，罷荆、洪等漕役，軍食遂饒。後以王師甫爲嶺南供軍副使，師甫請兼總兵，而歲加獻錢二十萬緡。

——《新唐書》卷 185《列傳第一百一十・鄭畋》，第 5402 頁。

南海以寶産富天下

乾符六年，黃巢勢寖盛，據安南，騰書求天平節度使。帝令羣臣議，咸請假節以紓難。……僕射于琮言：“南海以寶産富天下，如與賊，國藏竭矣。”

——《新唐書》卷 185《列傳第一百一十・鄭畋》，第 5403 頁。

張郁領兵三百戍海上

周寶字上珪，平州盧龍人。……鎮海將張郁以擊毬事寶。光啓初，劇賊剽崑山，寶遣郁領兵三百戍海上，郁醉而叛。王藴謂州兵還休，不設備，郁遂大掠，藴嬰城守。寶遣將拓拔從討定之。郁保常熟，因攻常州，刺史劉革迎降，衆稍集。寶遣將丁從實督兵攻之，郁走海陵，依鎮遏使高霸，從實遂據常州。及董昌徙義勝軍節度使，寶承制擢杭州都將錢鏐領州事。

——《新唐書》卷 186《列傳第一百一十一・周寶》，第 5416 頁。

“天成軍”戰艦千餘匿海中

張雄，泗州漣水人。與里人馮弘鐸皆爲武寧軍偏將。弘鐸爲吏辱，雄爲辯數，并見疑於節度使時溥。二人懼禍，乃合兵三百度江，壁白下，取蘇州據之。稍稍嘯會，戰艦千餘，兵五萬，乃自號“天成軍”。

鎮海節度使周寶之敗，奔常州，聞高駢將徐約兵鋭甚，誘之使擊雄，與之蘇州。雄匿衆海中，使别將趙暉據上元，資以舟械。寶兵散，多降暉，衆數萬。雄卽以上元爲西州。負其才，欲治臺城爲府，旌旗衣服僭王者。

楊行密圍揚州，畢師鐸厚齎寶幣，啖雄連和。雄率軍浮海屯東塘。是時揚州圍久，皮囊革帶食無餘，軍中殺人代糧，纔千錢。聞雄至，間道挾珍走軍，以銀二斤易斗米，逮糠籺以差爲直。雄軍富過所欲，卽不戰去。暉數剽江道，雄擊殺之，坑其衆，自屯上元。大順初，以上元爲昇州，詔授雄刺史。未幾卒。雄善馭衆，人思之，爲立廟。弘鐸代爲刺史。

弘鐸善騎射，侃侃若儒者。行密已得淮南，弘鐸納好。然倚兵艦完利，謀取潤州，遣客尙公迺進說行密，行密不從。客曰：“公不見聽，未知勝幾樓船?”時行密大將田頵在宣州，陰圖弘鐸，募工治艦。工曰：“上元爲舟，市木遠方，堅緻可勝數十歲。”頵曰：“我爲舟於一用，不計其久，取木於境可也。”弘鐸介宣、揚間，不自安，而州數有怪。天復二年，大風發屋，巨木飛舞，州人駭曰：“州且易主。”大將馮暉等勸弘鐸悉軍南嚮，聲言討鍾傳，實襲頵。行密知之，遣客說止，不聽。頵逆擊於曷山，弘鐸大敗，收殘士欲入海。行密懼復振，遣人迎犒東塘，好謂曰：“兵有勝負，今衆尙彊，乃自棄于海，奈何? 吾府雖隘，尙可以居。若欲揚州，我且讓公。”弘鐸舉軍盡哭。行密挐飛艫，不持兵入其軍，執弘鐸手尉勉，遂以歸，表爲淮南節度副使。見尙公迺曰：“頗憶爲馮公求潤州否? 何多尙邪?”謝曰：“臣爲君，恨其未遂。”行密笑曰：“吾得君，尙何憂?”

徐約者，曹州人。已得蘇州，有詔授刺史。錢鏐遣弟銶攻之，約驅民墨鑱其耏曰：“願戰南都。”從事或曰：“都者，國稱，杭終有國乎?”約後寖窘，與其下哭而別，入海死。鏐使沈粲守蘇州。約衆降潤州阮結，結不能定。鏐以成及討之，盡殲其衆。

——《新唐書》卷190《列傳第一百一十五·張雄》，第5489—5491頁。

請奇兵三千浮海擣萊淄

高沐者，渤海人……令守濮州，沐上書盛夸山東負海之饒，得其地可以富國。師道謀皆露。後英奏事京師，脅邸史言沐以誠款結天子。師道怒，誅沐，而囚旴濮州，守衛苛嚴，凡十年。

吳元濟拒命，師道引兵攻彭城，敗蕭、沛數縣而還，以緩王師。旴爲繒書藏衣絮間，使郭航間道走武寧軍見李愿，請奇兵三千浮海擣萊、淄，賊倚海不爲備，且居皆罪人，無與守。始，旴畏事泄，署師道所信吏劉諒名以遣，愿白諸朝，議者疑師道使爲之，不得報。航不敢循故道，間關回遠還昈所。未幾，師道召航，昈疑事露，欲引決，航曰："事覺，吾獨死，君無患。"航卒自殺，遂絕。及王師討師道，諸節度兵四入，而彭城兵下魚臺金鄉、李聽軍取海州若拾遺，頗用昈策。

——《新唐書》卷 193《列傳第一百一十八・忠義下・高沐》，第 5557 頁。

吴筠南游天台觀滄海

吴筠字貞節，華州華陰人。通經誼，美文辭，舉進士不中。性高鯁，不耐沈浮於時，去居南陽倚帝山。

天寶初，召至京師，請隸道士籍，乃入嵩山依潘師正，究其術。南游天台，觀滄海，與有名士相娛樂，文辭傳京師。玄宗遣使召見大同殿，與語甚悅，敕待詔翰林，獻玄綱三篇。帝嘗問道，對曰："深於道者，無如老子五千文，其餘徒喪紙札耳。"復問神仙治鍊法，對曰："此野人事，積歲月求之，非人主宜留意。"筠每開陳，皆名教世務，以微言諷天子，天子重之。

——《新唐書》卷 196《列傳第一百二十一・隱逸・吴筠》，第 5604 頁。

舟輕不可越海取石爲重

陸氏在姑蘇，其門有巨石，遠祖績嘗事吴爲鬱林太守，罷歸無裝，舟輕不可越海，取石爲重，人稱其廉，號"鬱林石"，世保其居云。

——《新唐書》卷 196《列傳第一百二十一・隱逸・陸龜蒙》，第 5613 頁。

董秦泛海略定滄棣等州

李惠登，營州柳城人，爲平盧軍裨將。安祿山亂，從董秦泛海，略定滄、棣等州。輕兵遠鬭，賊不支，戰輒北。史思明反，惠登陷賊，以計挺身走山南，依來瑱，表試金吾衛將軍。

——《新唐書》卷 197《列傳第一百二十二・循吏・李惠登》，第 5627 頁。

帝戒曰海夷重學

朱子奢，蘇州吳人，從鄉人顧彪授左氏春秋，善文辭。隋大業中，爲直祕書學士。天下亂，辭疾還鄉里。後從杜伏威入朝，授國子助教。

太宗貞觀初，高麗、百濟同伐新羅，連年兵不解。新羅告急，帝假子奢員外散騎侍郎，持節諭旨，平三國之憾。子奢有儀觀，夷人尊畏之。二國上書謝罪，贈遺甚厚。初，子奢行，帝戒曰："海夷重學，卿爲講大誼，然勿入其幣，還當以中書舍人處卿。"子奢唯唯。至其國，爲發春秋題，納其美女。帝責違旨，而猶愛其才，以散官直國子學，累轉諫議大夫、弘文館學士。

——《新唐書》卷 198《列傳第一百二十三・儒學上・朱子奢》，第 5647 頁。

王勃度海溺水

王勃字子安，絳州龍門人。六歲善文辭，九歲得顏師古注漢書讀之，作指瑕以擿其失。……勃既廢，客劍南。嘗登葛憒山曠望，慨然思諸葛亮之功，賦詩見情。聞虢州多藥草，求補參軍。倚才陵藉，爲僚吏共嫉。官奴曹達抵罪，匿勃所，懼事洩，輒殺之。事覺當誅，會赦除名。父福畤，繇雍州司功參軍坐勃故左遷交阯令。勃往省，度海溺水，痵而卒，年二十九。

——《新唐書》卷201《列傳第一百二十六·文藝上·王勃》，第5739頁。

符鳳妻自沈於南海

符鳳妻某氏，字玉英，尤姝美。鳳以罪徙儋州，至南海，爲獠賊所殺，脅玉英私之，對曰："一婦人不足事衆男子，請推一長者。"賊然之。乃請更衣，有頃，盛服立於舟，罵曰："受賊辱，不如死!"自沈於海。

——《新唐書》卷205《列傳第一百三十·列女·符鳳妻玉英》，第5822頁。

北狄渤海率海賊攻登州

渤海，本粟末靺鞨附高麗者，姓大氏。高麗滅，率衆保挹婁之東牟山，地直營州東二千里，南比新羅，以泥河爲境，東窮海……玄宗開元七年，祚榮死，其國私謚爲高王。子武藝立……後十年，武藝遣大將張文休率海賊攻登州，帝馳遣門藝發幽州兵擊之，使太僕卿金思蘭使新羅，督兵攻其南。會大寒，雪袤丈，士凍死過半，無功而還。武藝望其弟不已，募客入東都狙刺於道，門藝格之，得不死。河南捕刺客，悉殺之。

——《新唐書》卷219《列傳第一百四十四·北狄·渤海》，第6181頁。

俗所貴者南海之昆布

俗所貴者，曰太白山之菟，南海之昆布，栅城之豉，扶餘之鹿，鄚頡之豕，率賓之馬，顯州之布，沃州之緜，龍州之紬，位城之鐵，盧城之稻，湄沱湖之鯽。果有九都之李，樂游之梨。餘俗與高麗、契丹略等。幽州節度府與相聘問，自營、平距京師蓋八千里而遠。後朝貢至否，史家失傳，故叛附無考焉。

——《新唐書》卷219《列傳第一百四十四·北狄·渤海》，第6183頁。

唐舟師自東萊帆海趨平壤

高麗，本扶餘別種也。地東跨海距新羅，南亦跨海距百濟，西北度遼水與營州接，北靺鞨。……有馬訾水出靺鞨之白山，色若鴨頭，號鴨淥水，歷國內城西，與鹽難水合，又西南至安市，入于海。而平壤在鴨淥東南，以巨艫濟人，因恃以爲塹。……隋末，其王高元死，異母弟建武嗣。武德初，再遣使入朝。高祖下書脩好，約高麗人在中國者護送，中國人在高麗者敕遣還。……久之，遣太子桓權入朝獻方物，帝厚賜賚，詔使者陳大德持節答勞，且觀疊。大德入其國，厚餉官守，悉得其纖曲。見華人流客者，爲道親戚存亡，人人垂涕，故所至士女夾道觀。建武盛陳兵見使者。大德還奏，帝悅。大德又言："聞高昌滅，其大對盧三至館，有加禮焉。"帝曰："高麗地止四郡，我發卒數萬攻遼東，諸城必救，我以舟師自東萊帆海趨平壤，固易。然天下甫平，不欲勞人耳。"……於是帝欲自將討之，……乃以張亮爲平壤道行軍大總管，常何、左難當副之，冉仁德、劉英行、張文幹、龐孝泰、程名振爲總管，帥江、吳、京、洛募兵凡四萬，吳艘五百，泛海趨平壤。……又明年三月，詔左武衛大將軍牛進達爲青丘道行軍大總管，右武衛將軍李海岸副之，自萊州度海……二十二年，詔右武衛大將軍薛萬徹爲青丘道行軍大總管，右衛將軍裴行方副之，自海道入。……乾封元二年，郭待封以舟師濟海，趨平壤。三年二月，勣率仁貴拔扶餘城，它城三十皆納款。同善、偘守新城，男建遣兵襲之，仁貴救偘，戰金山，不勝。高麗鼓而進，鋭甚。仁貴橫擊，大破之。

——《新唐書》卷220《列傳第一百四十五·東夷·高麗》，第6185、6187、6189、6194、6195、6196頁。

唐師乘潮帆以進趨眞都城

永徽六年，新羅訴百濟、高麗、靺鞨取北境三十城。顯慶五年，乃詔左衛大將軍蘇定方爲神丘道行軍大總管，率左衛將軍劉伯英、右武衛將軍馮士貴、左驍衛將軍龐孝泰發新羅兵討之，自城山濟海。百濟守熊津口，定方縱擊，虜大敗，王師乘潮帆以進，趨眞都城一舍止。虜悉衆拒，復破之，斬首萬餘級，拔其城。義慈挾太子隆走北鄙，定方圍之。次子泰自立爲王，率衆固守，義慈孫文思曰："王、太子固在，叔乃自王，若唐兵解去，如我父子何?"與左右縋而出，民皆從之，泰不能止。定方令士超堞立幟，泰開門降，定方執義慈、隆及小王孝演、酋長五十八人送京師，平其國五部、三十七郡、二百城，戶七十六萬。乃析置熊津、馬韓、東明、金漣、德安五都督府，擢酋渠長治之，命郎將劉仁願守百濟城，左衛郎將王文度爲熊津都督。九月，定方以所俘見，詔釋不誅。義慈病死，贈衛尉卿，許舊臣赴臨，詔葬孫皓、陳叔寶墓左，授隆司稼卿。文度濟海卒，以劉仁軌代之。

——《新唐書》卷220《列傳第一百四十五·東夷·百濟》，第6200頁。

張保皋、鄭年鎭淸海

有張保皋、鄭年者，皆善鬬戰，工用槍。年復能沒海，履其地五十里不噎，角其勇健，保皋不及也。年以兄呼保皋，保皋以齒，年以藝，常不相下。自其國皆來爲武寧軍小將。後保皋歸新羅，謁其王曰："遍中國以新羅人爲奴婢，願得鎭淸海，使賊不得掠人西去。"

清海，海路之要也。王與保臯萬人守之。自大和後，海上無鬻新羅人者。保臯既貴於其國，年飢寒客漣水，一日謂戍主馮元規曰："我欲東歸，乞食於張保臯。"元規曰："若與保臯所負何如？奈何取死其手？"年曰："飢寒死，不如兵死快，況死故鄉邪！"年遂去。至，謁保臯，飲之極歡。飲未卒，聞大臣殺其王，國亂無主。保臯分兵五千人與年，持年泣曰："非子不能平禍難。"年至其國，誅反者，立王以報。王遂召保臯爲相，以年代守清海。會昌後，朝貢不復至。

——《新唐書》卷220《列傳第一百四十五·東夷·新羅》，第6206頁。

新羅貢物海豹皮

玄宗開元中，數入朝，獻果下馬、朝霞紬、魚牙紬、海豹皮。又獻二女，帝曰："女皆王姑姊妹，違本俗，别所親，朕不忍留。"厚賜還之。又遣子弟入太學學經術。帝間賜興光瑞文錦、五色羅、紫繡紋袍、金銀精器，興光亦上異狗馬、黄金、美髢諸物。

——《新唐書》卷220《列傳第一百四十五·東夷·新羅》，第6204—6205頁。

靺鞨兵浮海略新羅南境

咸亨五年，納高麗叛衆，略百濟地守之，帝怒，詔削官爵，以其弟右驍衛員外大將軍、臨海郡公仁問爲新羅王，自京師歸國。詔劉仁軌爲鷄林道大總管，衛尉卿李弼、右領軍大將軍李謹行副之，發兵窮討。上元二年二月，仁軌破其衆於七重城，以靺鞨兵浮海略南境，斬獲甚衆。

——《新唐書》卷220《列傳第一百四十五·東夷·新羅》，第6204頁。

蝦蛦人居海島中

永徽初，其王孝德卽位，改元曰白雉，獻虎魄大如斗，碼碯若五升器。時新羅爲高麗、百濟所暴，高宗賜璽書，令出兵援新羅。未幾孝德死，其子天豐財立。死，子天智立。明年，使者與蝦蛦人偕朝。蝦蛦亦居海島中，其使者鬚長四尺許，珥箭於首，令人戴瓠立數十步，射無不中。天智死，子天武立。死，子總持立。咸亨元年，遣使賀平高麗。後稍習夏音，惡倭名，更號日本。使者自言，國近日所出，以爲名。或云日本乃小國，爲倭所幷，故冒其號。使者不以情，故疑焉。又妄夸其國都方數千里，南、西盡海，東、北限大山，其外卽毛人云。

——《新唐書》卷220《列傳第一百四十五・東夷・日本》，第6208頁。

日本在海中島居行程

日本，古倭奴也。去京師萬四千里，直新羅東南，在海中，島而居，東西五月行，南北三月行。國無城郛，聯木爲柵落，以草茨屋。左右小島五十餘，皆自名國，而臣附之。……太宗貞觀五年，遣使者入朝，帝矜其遠，詔有司毋拘歲貢。遣新州刺史高仁表往諭，與王爭禮不平，不肯宣天子命而還。久之，更附新羅使者上書。

——《新唐書》卷220《列傳第一百四十五・東夷・日本》，第6207—6208頁。

日本朝臣真人慕華

長安元年，其王文武立，改元曰太寶，遣朝臣眞人粟田貢方物。朝臣眞人者，猶唐尚書也。冠進德冠，頂有華蘤四披，紫袍帛帶。眞人好學，能屬文，進止有容。武后宴之麟德殿，授司膳卿，還之。文武死，子阿用立。死，子聖武立，改元曰白龜。開元初，粟田復朝，請從諸儒受經，詔四門助教趙玄默卽鴻臚寺爲師，獻大幅布爲贄，悉賞物貿書以歸。其副朝臣仲滿慕華不肯去，易姓名曰朝衡，歷左補闕，儀王友，多所該識，久乃還。聖武死，女孝明立，改元曰天平勝寶。天寶十二載，朝衡復入朝，上元中，擢左散騎常侍、安南都護。新羅梗海道，更繇明、越州朝貢。孝明死，大炊立。死，以聖武女高野姬爲王。死，白壁立。建中元年，使者眞人興能獻方物。眞人，蓋因官而氏者也。興能善書，其紙似繭而澤，人莫識。貞元末，其王曰桓武，遣使者朝。其學子橘免勢、浮屠空海願留肄業，歷二十餘年，使者高階眞人來請免勢等俱還，詔可。

——《新唐書》卷 220《列傳第一百四十五·東夷·日本》，第 6208—6209 頁。

新羅梗海道由明州朝貢

天寶十二載，朝衡復入朝，上元中，擢左散騎常侍、安南都護。新羅梗海道，更繇明、越州朝貢。孝明死，大炊立。死，以聖武女高野姬爲王。死，白壁立。建中元年，使者眞人興能獻方物。眞人，蓋因官而氏者也。興能善書，其紙似繭而澤，人莫識。

——《新唐書》卷 220《列傳第一百四十五·東夷·日本》，第 6209 頁。

日本東海嶼中三小王

（日本）其東海嶼中又有邪古、波邪、多尼三小王，北距新羅，西北百濟，西南直越州，有絲絮、怪珍云。

——《新唐書》卷 220《列傳第一百四十五·東夷·日本》，第 6209 頁。

東南航海行至流鬼儋羅

流鬼去京師萬五千里，直黑水靺鞨東北，少海之北，三面皆阻海，其北莫知所窮。人依嶼散居，多沮澤，有魚鹽之利。地蚤寒，多霜雪，以木廣六寸、長七尺系其上，以踐冰，逐走獸。土多狗，以皮爲裘。俗被髮，粟似莠而小，無蔬蓏它穀。勝兵萬人。南與莫曳靺鞨鄰，東南航海十五日行，乃至。貞觀十四年，其王遣子可也余莫貂皮更三譯來朝，授騎都尉，遣之。

龍朔初，有儋羅者，其王儒李都羅遣使入朝，國居新羅武州南島上，俗朴陋，衣大豕皮，夏居革屋，冬窟室。地生五穀，耕不知用牛，以鐵齒杷土。初附百濟，麟德中，酋長來朝，從帝至太山，後附新羅。

——《新唐書》卷 220《列傳第一百四十五·東夷·流鬼》，第 6209—6210 頁。

波斯從大食襲廣州浮海走

開元、天寶間，遣使者十輩獻碼碯牀、火毛繡舞筵。乾元初，從大食襲廣州，焚倉庫廬舍，浮海走。大曆時復來獻。

——《新唐書》卷 221《列傳第一百四十六下·西域下·波斯》，第 6259 頁。

海行三千里到環王

環王，本林邑也，一曰占不勞，亦曰占婆。直交州南，海行三千里。地東西三百里而贏，南北千里。西距眞臘霧温山，南抵奔浪陀州。其南大浦，有五銅柱，山形若倚蓋，西重巖，東涯海，漢馬援所植也。又有西屠夷，蓋援還，留不去者，才十戶，隋末孳衍至三百，皆姓馬，俗以其寓，故號“馬留人”，與林邑分唐南境。其地冬温，多霧雨，產虎魄、猩猩獸、結遼鳥。以二月爲歲首，稻歲再熟，取檳榔瀋爲酒，椰葉爲席。

——《新唐書》卷 222 下《列傳第一百四十七下·南蠻下·環王》，第 6297 頁。

自交州到赤土丹丹婆利等國航程

婆利者，直環王東南，自交州汎海，歷赤土、丹丹諸國乃至。地大洲，多馬，亦號馬禮。袤長數千里。多火珠，大者如鷄卵，圓白，照數尺，日中以艾藉珠，輒火出。產瑇瑁、文螺；石坩，初取柔可治，既鏤刻即堅。有舍利鳥，通人言。俗黑身，朱髮而拳，鷹爪獸牙，穿耳傅璫，以古貝橫一幅繚于腰。……其東即羅刹也，與婆利同俗。隋煬帝遣常駿使赤土，遂通中國。赤土西南入海，得婆羅。

總章二年，其王旃達鉢遣使者與環王使者偕朝。環王南有殊柰者，汎交趾海三月乃至，與婆羅同俗。貞觀二年，使者上方物。九年，甘棠使者入朝，國居海南。十二年，僧高、武令、迦乍、鳩密四國使者朝貢。僧高直水眞臘西北，與環王同俗。其後鳩密王尸利鳩摩又與富那王尸利提婆跋摩等遣使來貢。僧高等國，永徽後爲眞臘所幷。

——《新唐書》卷 222 下《列傳第一百四十七下·南蠻下·環王》，第 6299 頁。

自交州海行到盤盤哥羅拘蔞蜜國航程

盤盤，在南海曲，北距環王，限少海，與狼牙脩接，自交州海行四十日乃至。王曰楊粟翨。其民瀕水居，比木爲柵，石爲矢鏃。王坐金龍大榻，諸大人見王，交手抱肩以跽。其臣曰勃郎索濫，曰崑崙帝也，曰崑崙勃和，曰崑崙勃諦索甘，亦曰古龍。古龍者，崑崙聲近耳。在外曰那延，猶中國刺史也。有佛、道士祠，僧食肉，不飲酒，道士謂爲貪，不食酒肉。貞觀中，再遣使朝。

其東南有哥羅，一曰箇羅，亦曰哥羅富沙羅。王姓矢利波羅，名米失鉢羅。累石爲城，樓闕宮室茨以草。州二十四。其兵有弓矢稍殳，以孔雀羽飾纛。每戰，以百象爲一隊，一象百人，鞍若檻，四人執弓矟在中。賦率輸銀二銖。無絲紵，惟古貝。畜多牛少馬。非有官不束髮。凡嫁娶，納檳榔爲禮，多至二百盤。婦已嫁，從夫姓。樂有琵琶、横笛、銅鈸、鐵鼓、蠡。死者焚之，取燼貯金罌沈之海。

東南有拘蔞蜜，海行一月至。南距婆利，行十日至。東距不述，行五日至。西北距文單，行六日至。與赤土、墮和羅同俗。永徽中，獻五色鸚鵡。

——《新唐書》卷 222 下《列傳第一百四十七下・南蠻下・盤盤》，第 6300 頁。

自交州海行到曇陵航程

訶陵，亦曰社婆，曰闍婆，在南海中。東距婆利，西墮婆登，南瀕海，北眞臘。木爲城，雖大屋亦覆以栟櫚。象牙爲牀若席。出瑇瑁、黄白金、犀、象，國最富。……山上有郎卑野州，王常登以望海。夏至立八尺表，景在表南二尺四寸。貞觀中，與墮和羅、墮婆登皆遣使者入貢，太宗以璽詔優答。墮和羅丐良馬，帝與之。……墮和羅，亦曰獨和羅，南距盤盤，北迦邏舍弗，西屬海，東眞臘。自廣州行五月乃至。國多美犀，世謂墮和羅犀。有二屬國，曰曇陵、陀洹。曇陵在海洲中。陀洹，一曰耨陀洹，在環王西南海中，與墮和羅接，自交州行九十日乃至。

——《新唐書》卷 222 下《列傳第一百四十七下・南蠻下・訶陵》，第 6302—6303 頁。

自廣州海行到投和航程

投和，在眞臘南，自廣州西南海行百日乃至。王姓投和羅，名脯邪迄遙。官有朝請將軍、功曹、主簿、贊理、贊府，分領國事。分州、郡、縣三等。州有參軍，郡有金威將軍，縣有城、有局，長官得選僚屬自助。民居率樓閣，畫壁。王宿衛百人，衣朝霞，耳金鐶，金綖被頸，寶飾革履。頻盜者死，次穿耳及頰而劗其髮，盜鑄者截手。無賦稅，民以地多少自輸。王以農商自業。銀作錢，類榆莢。民乘象及馬，無鞍靮，繩穿頰御之。親喪，斷髮爲孝，焚尸斂灰于罌，沈之水。貞觀中，遣使以黄金函内表，並獻方物。

——《新唐書》卷 222 下《列傳第一百四十七下·南蠻下·投和》，第 6304 頁。

千支甘畢等海上諸國

瞻博，或曰瞻婆。北距兢伽河。多野象羣行。顯慶中，與婆岸、千支弗、舍跋若、磨臘四國並遣使者入朝。千支在西南海中，本南天竺屬國，亦曰半支跋，若唐言五山也，北距多摩萇。又有哥羅舍分、脩羅分、甘畢三國貢方物。甘畢在南海上，東距環王；王名旃陀越摩，有勝兵五千。哥羅舍分者，在南海南，東墮和羅。脩羅分者，在海北，東距眞臘。其風俗大略相類，有君長，皆栅郛。二國勝兵二萬，甘畢才五千。又有多摩萇，東距婆鳳，西多隆，南千支弗，北訶陵。地東西一月行，南北二十五日行。其王名骨利，詭云得大卵，剖之，獲女子，美色，以爲妻。俗無姓，婚姻不別同姓。王坐常東向。勝兵二萬，有弓刀甲矟，無馬。果有波那婆、宅護遮菴摩、石榴。其國經薩盧、都訶盧、君那盧、林邑諸國，乃得交州。顯慶中貢方物。

——《新唐書》卷 222 下《列傳第一百四十七下·南蠻下·瞻博》，第 6304—6305 頁。

兵三千自雍奴桴葦絕海

李忠臣，本董秦也，幽州薊人。少籍軍，以材力奮，事節度使薛楚玉、張守珪、安祿山等，甄勞至折衝郎將。平盧軍先鋒使劉正臣殺僞節度呂知晦，擢秦兵馬使，攻長楊，戰獨山，襲榆關、北平，殺賊將申子貢、榮先欽，執周釗送京師。從正臣赴難，復敗李歸仁、李咸、白秀芝等。潼關失守，秦整軍北還。奚王阿篤孤初引衆與正臣合，已而紿約皆攻范陽，至后城，夜乘間襲秦，秦接戰，敗之，追奔至温泉山，禽首領阿布離，斬以釁鼓。至德二載，節度使王玄志使秦率兵三千自雍奴桴葦絕海，擊賊將石帝廷、烏承洽，轉戰累日，拔魯城、河間、景城，收糧貲以實軍。又與田神功下平原、樂安，禽僞刺史以獻。於是防河招討使李銑承制假秦德州刺史。

——《新唐書》卷 224 下《列傳第一百四十九下·叛臣下·李忠臣》，第 6387—6388 頁。

高駢始築安南城、開海道

高駢字千里，南平郡王崇文孫也。家世禁衛，幼頗脩飭，折節爲文學，與諸儒交，硜硜譚治道，兩軍中人更稱譽之。事朱叔明爲司馬。有二鵰並飛，駢曰："我且貴，當中之。"一發貫二鵰焉，衆大驚，號"落鵰侍御"。……

咸通中，帝將復安南，拜駢爲都護，召還京師，見靈臺殿。於是容管經略使張茵不討賊，更以茵兵授駢。駢過江，約監軍李維周繼進。維周擁衆壁海門，駢次峯州，大破南詔蠻，收所獲贍軍，維周忌之，匿捷書不奏。朝廷不知駢問百餘日，詔問狀，維周劾駢玩敵不進，更命右武衛將軍王晏權往代駢。俄而駢拔安南，斬蠻帥段酋遷，降附諸洞二萬計。晏權方挾維周發海門，檄駢北歸。而駢遣王惠贊傳酋遷首京師，見艟艫甚盛，乃晏權等，惠贊懼奪其書，匿島中，間關至京師。天子覽書，御宣政殿，羣臣皆賀，大赦天下。進駢檢校刑部尚書，仍鎮安南，以都護府爲静海軍，授駢節度，兼諸道行營招討使。始築安南城。由安南至廣州，江漕梗險，多巨石，駢募工劚治，由是舟濟安行，儲餉畢給。又使者歲至，乃鑿道五所，置兵護送。其徑青石者，或傳馬援所不能治。既攻之，有震碎其石，乃得通，因名道曰“天威”云。加檢校尚書右僕射。

——《新唐書》卷224下《列傳第一百四十九下·叛臣下·高駢》，第6391—6392頁。

《舊五代史》

福州貢玳瑁海味

開平二年九月甲午，太原步騎數萬攻逼晉、絳，踰旬不克，知大軍至，乃自焚其寨，至夕而遁。福州貢玳瑁琉璃犀象器，并珍玩、香藥、奇品、海味，色類良多，價累千萬。

——《舊五代史》卷4《梁書四·太祖紀第四》，第65頁。

廣州貢獻舶上薔薇水

開平四年七月壬子，宴宰臣、河南尹、翰林學士、兩街使于甘水亭。丙辰，宴羣臣於宣威殿，賜物有差。劉知俊攻逼夏州。以宣化軍留後李思安爲東北面行營都指揮使，陝州節度使楊師厚爲西路行營招討使。福州貢方物，獻桐皮扇；廣州貢犀玉，獻舶上薔薇水。時陳、許、汝、蔡、潁五州境内有蝝爲災，俄而許州上言，有野禽羣飛蔽空，旬日之間，食蝝皆盡，是歲乃大有秋。

——《舊五代史》卷5《梁書五·太祖紀第五》，第84頁。

安南使進貢龍腦鬱金及各類海貨

乾化元年十二月，兩浙進大方茶二萬斤，琢畫宮衣五百副。廣州貢犀象奇珍及金銀等，其估數千萬。安南兩使留後曲美，進筒中蕉五百匹，龍腦、鬱金各五瓶，他海貨等有差。又進南蠻通好金器六物、銀器十二并乾陁綾花縐越岘等雜織奇巧者各三十件。福建進戶部所支榷課葛三萬五千匹。

——《舊五代史》卷6《梁書六·太祖紀第六》，第100頁。

司馬鄴高帆遠引海中漂至躭羅國

司馬鄴，字表仁，其先河內溫人也。祖德璋，仕唐爲杞王傅。父諲，左武衛大將軍。鄴資蔭出身，頗知書，累官至大列。唐天復初，韓建用爲同州節度留後。昭宗之幸鳳翔也，太祖引兵入關，前鋒至左馮翊，鄴持印鑰迎謁道左。太祖以兵圍華州，命入城招諭韓建，建果出降。及大軍在岐下，遣奏事於昭宗，再入復出。又使于金州，說其帥馮行襲，俾堅攀附。後歷宣武、天平等軍從事。開平元年，拜右武衛上將軍。三年，使于兩浙。時淮路不通，乘馹者迂迴萬里，陸行則出荆、襄、潭、桂入嶺，自番禺泛海至閩中，達于杭、越。復命則備舟楫，出東海，至於登、萊。而揚州諸步多賊船，過者不敢循岸，必高帆遠引海中，謂之“入陽”，以故多損敗。鄴在海逾年，漂至躭羅國，一行俱溺。後詔贈司徒。

——《舊五代史》卷20《梁書二十·列傳第十·司馬鄴》，第270—271頁。

東丹王攜高美人載書浮海歸唐

長興元年十一月甲申，日南至，帝御文明殿受朝賀。丙戌，以給事中鄭韜光爲左散騎常侍。青州奏，得登州狀，契丹阿保機男東丹王突欲越海來歸國。（案《遼史·太宗紀》：十一月戊寅，東丹奏：“人皇王浮海適唐。”又《義宗傳》：“太宗既立，見疑。唐明宗聞之，遣人跨海持書密召倍，倍因畋海上。使再至，倍立木海上，刻詩曰：‘小山壓大山，大山全無力；羞見故鄉人，從此投外國。’攜高美人載書浮海而去。”薛史不載明宗密召之事，當日人皇王自以見疑出奔，當不待明宗之召也。《契丹國志》：時東丹王失職怨望，因率其部四十餘人越海歸唐。）

——《舊五代史》卷41《唐書十七·明宗紀第七》，第571頁。

張文寶奉使浙中泛海船壞

張文寶，昭宗朝諫議大夫顗之子也。文寶初依河中朱友謙爲從事，莊宗卽位於魏州，以文寶知制誥，歷中書舍人、刑部侍郎、左散騎常侍、知貢舉，遷吏部侍郎。文寶性雅淡稽古。長興初，奉使浙中，泛海船壞，水工以小舟救，文寶與副使吏部郎中張絢信風至淮南界，（案：《通鑑》作風飄至天長。胡三省注，疑天長地不通海。薛史作淮南界爲得其實。《舊五代史考異》案：《通鑑》作風飄至天長，從者二百人，所存者五人。胡三省云：天長縣在揚州西一百一十里，其地北不至淮，東不至海，豈小舟隨風所能至。通州海門縣崇明鎮東海中有大洲，謂之天賜鹽場，舟人揚帆遇順東南可以徑至明州定海，西南可以至許浦、達蘇州，恐是此處。）僞吳楊溥禮待甚至，兼厚遺錢幣、食物。文寶受其食物，反其錢幣，吳人善之，送文寶等復至杭州宣國命，還青州，卒。

——《舊五代史》卷68《唐書四十四·列傳第二十·張文寶》，第905—906頁。

青州海凍百餘里

天福六年春正月辛酉朔，帝御崇元殿受朝賀，仗衛如式。刑部員外郎李象上二舞賦，帝覽而嘉之，命編諸史册。甲子，同州指揮使成殷謀亂事洩，伏誅。時節度使宋彦筠御下無恩，旣貪且鄙，故殷與子彦璋陰搆部下爲亂，會有告者，遂滅其黨。乙丑，青州奏，海凍百餘里。丙寅，遣供奉官張澄等領兵二千，發幷、鎭、忻、代四州山谷吐渾，令還舊地。

——《舊五代史》卷 79《晉書五·高祖紀第五》，第 1044—1045 頁。

佛牙泛海而至

天福六年六月丙申，以前衛尉卿趙延乂爲司天監。丁酉，詔："今後藩侯郡守，凡有善政，委倅貳官條件聞奏，百姓官吏等不得遠詣京闕。"壬寅，右領衛上將軍李頃卒，贈太師。甲辰，迦葉彌陁國僧啌哩以佛牙泛海而至。丙午，高麗國王王建加開府儀同三司、檢校太師，食邑一萬戶。

——《舊五代史》卷 79《晉書五·高祖紀第五》，第 1047—1048 頁。

蠶鹽與海鹽收鹽價錢

天福六年十一月辛丑，以右金吾衛大將軍、權判三司董遇爲三司使。詔："州郡稅鹽，過稅斤七錢，住稅斤十錢，州府鹽院並省司差人勾當。"先是，諸州府除蠶鹽外，每年海鹽界分約收鹽價錢一千七萬貫，高祖以所在禁法，抵犯者衆，遂開鹽禁，許通商，令州郡配徵人戶食鹽錢，上戶千文，下戶二百，分爲五等，時亦便之。至是掌賦者欲增財利，難於驟變前法，乃重其關市之征，蓋欲絕其興販歸利於官也。其後鹽禁如故，鹽錢亦徵，至今爲弊焉。是日，詔："天地宗廟社稷及諸祠祭等，訪聞所司承管，多不精潔。宜令三司預支一年禮料物色，於太廟置庫收貯，差宗正丞主掌，委監察使監當，祭器祭服等未備者修製。

——《舊五代史》卷 81《晉書七·少帝紀第一》，第 1073 頁。

大霧中白虹相偶爲海浮

開運元年春正月甲午，以北京留守劉知遠爲幽州道行營招討使，以恆州節度使杜威副之，定州節度使馬全節爲都虞候，其職員將校委招討使便宜署置。乙未，大霧中有白虹相偶，占者曰："斯爲海浮，其下必將有戰。"詔率天下公私之馬以資騎軍。丙申，契丹攻黎陽，遣右武衛上將軍張彥澤等率勁騎三千以禦之。

——《舊五代史》卷82《晉書八・少帝紀第二》，第1085—1086頁。

戍登州小校劫海客

方太，字伯宗，青州千乘人也。少隸本軍爲小校，嘗戍登州，劫海客，事洩，刺史淳于晏匿之，遇赦免。事定州節度使楊光遠，光遠領兵赴晉陽。本州軍亂，太與馬萬、盧順密等擒之，使太縛送至闕。尋從杜重威破張從賓於汜水，以功除趙州刺史。從楊光遠平范延光於鄴，移刺萊州，遷安州防禦使。

——《舊五代史》卷94《晉書二十・列傳第九・方太》，第1244頁。

孔崇弼泛海使杭越海中船壞

孔崇弼，初仕後唐，自吏部郎中授給事中，時族兄昭序繇給事中改左常侍，兄弟同居門下，時論榮之。崇弼，天福中遷左散騎常侍。無他才，但能談笑，戲玩人物，揚眉抵掌，取悅於人。五年，詔令泛海使於杭越。先是，浙中贈賄，每歲恆及萬緡，時議者曰："孔常侍命奇薄，何消盈數，有命卽無財，有財卽無命。"明年使還，果海中船壞，空手而歸。

——《舊五代史》卷96《晉書二十二・列傳第十一・孔崇弼》，第1271頁。

海賊攻蒙州城

乾祐三年八月辛亥，以蒙州城隍神爲靈感王，從湖南請也。時海賊攻州城，州人禱於神，城得不陷，故有是請。辛酉，給事中陶穀上言，請停五日内殿轉對，從之。壬戌，以兵部侍郎于德辰爲御史中丞，邊蔚爲兵部侍郎。

——《舊五代史》卷 103《漢書五・隱帝紀下》，第 1368 頁。

止兩浙進細酒海味

廣順元年春正月庚辰，故樞密使、左僕射、平章事楊邠追封恆農郡王，故宋州節度使兼侍衛親軍都指揮使史弘肇追封鄭王，故三司使、檢校太尉、平章事王章追封瑯琊郡王。是日，詔曰：

朕以眇末之身，託於王公之上，懼德弗類，撫躬靡遑，豈可化未及人而過自奉養，道未方古而不知節量。與其耗費以勞人，曷若儉約而克己。昨者所頒赦令，已述至懷。宫闈服御之所須，悉從減損；珍巧纖奇之厥貢，並使寢停。尚有未該，再宜條舉。應天下州府舊貢滋味食饌之物，所宜除減。其兩浙進細酒、海味、薑瓜，湖南枕子茶、乳糖、白沙糖、橄欖子，鎮州高公米、水梨，易、定栗子，河東白杜梨、米粉、菉豆粉、玉屑粯子麪，永興御田紅秔米、新大麥麪，興平蘇栗子，華州麝香、羚羊角、熊膽、獺肝、朱柿、熊白，河中樹紅棗、五味子、輕餳，同州石鏊餅，晉、絳葡萄、黃消梨，陝府鳳栖梨，襄州紫薑、新筍、橘子，安州折粳米、糟味，青州水梨，河陽諸雜果子，許州御李子，鄭州新筍、鵝梨，懷州寒食杏仁，申州蘘荷，亳州萆薢，沿淮州郡淮白魚，如聞此等之物，雖皆出於土產，亦有取於民家，未免勞煩，率皆糜費。加之力役負荷，馳驅道途，積於有司之中，甚爲無用之物，今後並不須進奉。諸州府更有舊例所進食味，其未該者，宜奏取進止。

——《舊五代史》卷 110《周書一・太祖紀第一》，第 1463—1464 頁。

温美奉使祭海便道歸家被黜

廣順三年秋七月戊戌，衛尉少卿李温美責授房州司戶參軍。温美奉使祭海，便道歸家，家在壽光縣，爲縣吏馮勳所訟，故黜之。供奉官武懷贇棄市，坐盜馬價入己也。壬寅，以鴻臚少卿趙脩己爲司天監。

——《舊五代史》卷 113《周書四 · 太祖紀第四》，第 1498 頁。

於吳越乘舟汎海風濤起

段希堯，河内人也。祖約，定州戶掾，贈太常少卿。……明年，晉祖將舉義於太原，召賓佐謀之，希堯極言以拒之，晉祖以其純朴，弗之咎也。晉祖龍飛，霸府舊僚皆至達官，唯希堯止授省郎而已。天福中，稍遷右諫議大夫，尋命使於吳越。及乘舟汎海，風濤暴起，檝師僕從皆相顧失色，希堯謂左右曰："吾平生履行，不欺暗室，昭昭天鑒，豈無祐乎！汝等但以吾爲托，必當無患。"言訖而風止，乃獲利涉。使迴，授萊州刺史、檢校尚書右僕射，未赴任，改懷州。

——《舊五代史》卷 128《周書十九 · 列傳第八 · 段希堯》，第 1691 頁。

航海渤澥睹水色如墨

司徒詡，字德普，清河郡人也。……詡善談論，性嗜酒，喜賓客，亦信浮屠之教。漢乾祐中，嘗使于吳越，航海而往，至渤澥之中，睹水色如墨，舟人曰："其下龍宫也。"詡因炷香興念曰："龍宫珍寶無用，俟迴棹之日，當以金篆佛書一帙，用伸贊獻。"洎復經其所，遂以經一函投於海中。俄聞梵唄絲竹之音，喧於船下，舟人云：

“此龍王來迎其經矣。”同舟百餘人皆聞之，無不嘆訝焉。

——《舊五代史》卷128《周書十九·列傳第八·司徒詡》，第1692頁。

李知損求爲過海使

李知損，字化機，大梁人也。少輕薄，利口無行。梁朝時，以牒刺篇詠出入於內臣之門，繇是浪得虛譽，時人目之爲“李羅隱”。後累爲藩鎮從事，入朝拜左補闕，歷刑兵二員外、度支判官、右司郎中。坐受榷鹽使王景遇厚賂，謫於均州。漢初歸朝，除右司郎中，兼侍御史知雜事。廣順中，拜右諫議大夫。時王峻爲樞密使，知損以與峻有舊，遂詣峻求使於江浙，峻爲上言。太祖素聞知損所爲，甚難之。峻曰：“此人如或辱命，譴之可也。”太祖重違其請，遂可之。知損既受命，大恣其荒誕之意，遂假貲於人，廣備行李。及卽路，所經州郡，無不強貸。又移書於青州符彥卿，借錢百萬。及在郵亭，行止穢雜。王峻聞而復奏之，乃責授棣州司馬。世宗卽位，切於求人，素聞知損狂狷，好上封事，謂有可采，且欲聞外事，卽命徵還，遽與復資。數月之間，日貢章疏，多斥譾貴近，自謀進取，又上章求爲過海使。世宗因發怒，仍以其醜行日彰，故命除名，配沙門島。知損將行，謂所親曰：“余嘗遇善相者，言我三逐之後，當居相位，余自此而三矣，子姑待我。”後歲餘，卒於海中，其庸誕也如此。

——《舊五代史》卷131《周書二十二·列傳第十一·李知損》，第1732頁。

錢鏐加封爵於海中夷落

鏐於唐昭宗朝，位至太師、中書令、本郡王，食邑二萬戶。梁祖革命，以鏐爲尚父、吳越國王。梁末帝時，加諸道兵馬元帥。同光中，爲天下兵馬都元帥、尚父、守尚書令，封吳越國王，賜玉册、金印。初，莊宗至洛陽，鏐厚陳貢奉，求爲國王，及玉册詔下，有司詳議，羣臣咸言："玉簡金字，唯至尊一人，錢鏐人臣，不可。又本朝以來，除四夷遠藩，羈縻册拜，或有國王之號，而九州之内亦無此事。"郭崇韜尤不容其僭，而樞密承旨段徊，姦倖用事，能移崇韜之意，曲爲鏐陳情，崇韜僶俛從之。鏐乃以鎮海、鎮東軍節度使名目授其子元瓘，自稱吳越國王，命所居曰宫殿，府署曰朝廷，其參佐稱臣，僭大朝百僚之號，但不改年號而已。僞行制册，加封爵於新羅、渤海，海中夷落亦皆遣使行封册焉。

——《舊五代史》卷 133《世襲列傳第二·錢鏐》，第 1768 頁。

錢塘江海潮逼州城

鏐在杭州垂四十年，窮奢極貴。錢塘江舊日海潮逼州城，鏐大庀工徒，鑿石填江，又平江中羅刹石，悉起臺榭，廣郡郭周三十里，邑屋之繁會，江山之雕麗，實江南之勝概也。鏐學書，好吟咏。江東有羅隱者，有詩名，聞於海内，依鏐爲參佐。鏐嘗與隱唱和，隱好譏諷，嘗戲爲詩，言鏐微時騎牛操梃之事，鏐亦怡然不怒，其通恕也如此。鏐雖季年荒恣，然自唐朝，於梁室，莊宗中興以來，每來揚帆越海，貢奉無闕，故中朝亦以此善之。

——《舊五代史》卷 133《世襲列傳第二·錢鏐》，第 1771 頁。

兩浙里俗稱錢鏐"海龍王"

鏐以長興三年三月二十八日薨，年八十一。制曰："故天下兵馬都元帥、尚父、吳越國王錢鏐，累朝元老，當代勳賢，位已極於人臣，名素高於簡册，贈典既無其官爵，易名宜示其優崇，宜令所司定謚，以王禮葬，仍賜神道碑。"謚曰武肅。鏐初事董昌，時年甫壯室，性尚剛烈。時有儒士謁於主帥，已進刺矣，見鏐稍怠，鏐怒，投之羅刹江，及典謁者將召，鏐詐云："客已拂衣去矣。"及爲帥時，有人獻詩云："一條江水檻前流。"鏐不悦，以爲譏己，尋害之。洎於晚歲，方愛人下士，留心理道，數十年間，時甚歸美。鏐尤恃崇盛，分兩浙爲數鎮，其節制署而後奏。左右前後皆兒孫甥姪，軒陛服飾，比於王者，兩浙里俗咸曰"海龍王"。梁開平中，浙民上言，請爲鏐立生祠，梁太祖許之，令翰林學士李琪撰生祠堂碑以賜之，至今蒸黎饗之，子孫保之，斯亦近代之名王也。

——《舊五代史》卷 133《世襲列傳第二・錢鏐》，第 1771—1772 頁。

吴越王航海所入歲貢百萬

錢佐，字玄祐，元瓘薨，遂襲其位。晉天福末，制授檢校太師、兼中書令、吴越王，仍篆玉爲册以賜之。前代玉册，册夷王有之，僞梁時欲厚於鏐，首爲式例，故因而不改。俄授開府儀同三司、守太尉。時以建安爲淮寇所攻，授東南面兵馬都元帥，佐尋遣舟師進討，淮人大敗，以功加守太師。漢高祖入汴，佐首獻琛賮，表率東道，漢祖嘉之，授諸道兵馬都元帥。佐居列土凡七年，境内豐阜，祖父三世皆爲元帥，時以爲榮。漢初，以疾卒於位，謚曰忠獻。佐幼好書，性温恭，能爲五七言詩，凡官屬遇雪月佳景，必同宴賞，由此士人歸心。其班品亦有丞相已下名籍，而禄給甚薄，罕能自濟，每朝廷降吏，則去其僞官，或與會則公府助以僕馬，處事齷齪，多如此類。然航海所入，歲貢百萬，王人一至，所遺至廣，故朝廷寵之，爲羣藩之冠。佐有子昱，年五歲，未任庶務，乃以其弟倧襲位。

——《舊五代史》卷 133《世襲列傳第二・錢佐》，第 1773—1774 頁。

兩浙貢賦自海路而至青州

俶，元瓘之子，倧之異母弟也。倧既爲軍校所幽，時俶爲温州刺史，衆以無帥，遂迎立之，時漢乾祐元年正月十五日也。其年八月，始授檢校太師、兼中書令，充鎮海鎮東等軍節度使、東南面兵馬都元帥。周廣順中，累官至守尚書令、中書令、吳越國王。皇朝建隆初，復加天下兵馬大元帥，其後事具皇朝日曆。（《永樂大典》卷四千六百九十二。《五代史補》：錢鏐封吳越國王後，大興府署，版築斤斧之聲，晝夜不絕，士卒怨嗟，或有中夜潛用白土大書於門曰："沒了期，侵早起，抵暮歸。"鏐一見欣然，遽命書吏亦以白土書數字於其側曰："沒了期，春衣纔罷又冬衣。"時人以爲神輔，自是怨嗟頓息矣。僧昭者，通於術數，居兩浙，大爲錢塘錢鏐所禮，謂之國師。一旦謁鏐，有宮中小兒嬉於側，墜下錢數十文，鏐見，謂之曰："速收，慮人恐踏破汝錢。"昭師笑曰："汝錢欲踏破，須是牛即可。"鏐喜，以爲社稷堅牢之義。後至曾孫俶，舉族入朝，因而國除。俶年屬丑爲牛，可謂牛踏錢而破矣。錢鏐末年患雙目，有醫人不知所從來，自云累世醫內外障眼，其術善於用針，無不效者。鏐聞，召而使觀之，醫人曰："可治，然大王非常人，患殆天與之，若醫，是違天理也，恐無益於壽，幸思之。"鏐曰："吾起自行伍，跨有方面，富貴足矣，但得兩眼見物，爲鬼不亦快乎!"既而下手，莫不應手豁然。鏐喜，所賜動以萬計，醫人皆辭不受。明年，鏐卒。僧契盈，閩中人。通內外學，性尤敏速。廣順初，遊戲錢塘，一旦，陪吳越王遊碧浪亭，時潮水初滿，舟楫輻輳，望之不見其首尾。王喜曰："吳越地去京師三千餘里，而誰知一水之利有如此耶!"契盈對曰："可謂三千里外一條水，十二時中兩度潮。"時人謂之佳對。時江南未通，兩浙貢賦自海路而至青州，故云三千里也。）

——《舊五代史》卷 133《世襲列傳第二・錢俶》，第 1774—1775 頁。

閩王朝貢汎海至登萊

王審知，字信通，光州固始人。父恁，世爲農民。唐廣明中，黃巢犯闕，江淮盜賊蜂起，有賊帥王緒者，自稱將軍，陷固始縣。審知兄潮……審知爲觀察副使，有過，潮猶加捶撻，審知無怨色。潮寢疾，舍其子延興、延虹、延豐、延休，命審知知軍府事。十二月丁未，潮薨，審知以讓其兄審邽，審邽以審知有功，辭不受。審知自稱福建留後，表於朝廷。唐末，爲威武軍節度、福建觀察使，累遷檢校太保，封瑯琊郡王。梁朝開國，累加中書令，封閩王。是時，楊氏據江、淮，故閩中與中國隔越，審知每歲朝貢，汎海至登萊抵岸，往復頗有風水之患，漂沒者十四五。後唐莊宗即位，遣使奉貢，制加功臣，進爵邑。

——《舊五代史》卷 134《僭僞列傳第一・王審知》，

第 1791—1792 頁。

《新五代史》

吳越錢鏐使者常泛海至中國

是時，江淮不通，吳越錢鏐使者常泛海以至中國。而濱海諸州皆置博易務，與民貿易。民負失期者，務吏擅自攝治，置刑獄，不關州縣。而前爲吏者，納其厚賂，縱之不問。民頗爲苦，銖乃一切禁之。然銖用法，亦自爲刻深。民有過者，問其年幾何，對曰若干，卽隨其數杖之，謂之“隨年杖”。每杖一人，必兩杖俱下，謂之“合歡杖”。又請增民租，畝出錢三十以爲公用，民不堪之。隱帝患銖剛暴，召之，懼不至。是時，沂州郭淮攻南唐還，以兵駐青州，隱帝乃遣符彥卿往代銖。銖顧禁兵在，莫敢有異意，乃受代還京師。

——《新五代史》卷30《漢臣傳第十八·劉銖》，第335—336頁。

江淮不通凡使吳越者皆泛海

段希堯，河內人也。晉高祖爲河東節度使，以希堯爲判官。……高祖入立，希堯比諸將吏，恩澤最薄。久之，稍遷諫議大夫，使于吳越。是時，江、淮不通，凡使吳越者皆泛海，而多風波之患。希堯過海，遭大風，左右皆恐懼，希堯曰：“吾平生不欺，汝等恃吾，可無恐也！”已而風亦止。歷萊、懷、棣三州刺史。出帝時，爲吏部侍郎，判東、西銓事，累遷禮部尚書。卒，年七十九，贈太子少保。

——《新五代史》卷57《雜傳第四十五·段希堯》，第658—659頁。

使于閩爲海風飄至錢塘

裴羽字用化，其父贊，相唐僖宗，官至司空。羽以一品子爲河南壽安尉。事梁爲御史臺主簿，改監察御史。唐明宗時，爲吏部郎中，與右散騎常侍陸崇使于閩，爲海風所飄至錢塘。是時，吳越王錢鏐與安重誨有隙，唐方絕鏐朝貢，羽等被留經歲，而崇以疾卒。後鏐遣羽還，羽求載崇尸與俱歸。鏐初不許，羽以語感動鏐，鏐惻然許之，因附羽表自歸。明宗得鏐表大喜，由是吳越復通於中國。羽護崇喪至京師，及其橐裝還其家，士人皆多羽之義。

——《新五代史》卷57《雜傳第四十五·裴羽》，第663頁。

逆戰海口植鐵橛海中

貞明三年，龑卽皇帝位，國號大越，改元曰乾亨。……龑性聰悟而苛酷，爲刀鋸、支解、刳剔之刑，每視殺人，則不勝其喜，不覺朵頤，垂涎呀呷，人以爲眞蛟蜃也。又好奢侈，悉聚南海珍寶，以爲玉堂珠殿。……十年，交州牙將皎公羨殺楊廷藝自立，廷藝故將吳權攻交州，公羨來乞師。龑封洪操交王，出兵白藤以攻之。龑以兵駐海門，權已殺公羨，逆戰海口，植鐵橛海中，權兵乘潮而進，洪操逐之，潮退舟還，轢橛者皆覆，洪操戰死，龑收餘衆而還。

——《新五代史》卷65《南漢世家第五·劉隱·劉龑》，第813頁。

巨艦指揮使以兵入海掠商人

劉晟，初名洪熙，封晉王。既弑玢，遂自立，改元曰應乾，……

九年冬，又遣内侍潘崇徹攻郴州，李景兵亦在，與崇徹遇，戰，大敗景兵於宜章，遂取郴州。晟益得志，遣巨艦指揮使暨彦贇以兵入海，掠商人金帛作離宮遊獵，故時劉氏有南宫、大明、昌華、甘泉、玩華、秀華、玉清、太微諸宫，凡數百，不可悉紀。宦者林延遇、宫人盧瓊仙，内外專恣爲殺戮，晟不復省。常夜飲大醉，以瓜置伶人尚玉樓項，拔劍斬之以試劍，因并斬其首。明日酒醒，復召玉樓侍飲，左右白已殺之，晟歎息而已。

——《新五代史》卷65《南漢世家第五·劉隱·劉晟》，第816頁。

劉鋹以海舶十餘載珍寶將入海

劉鋹，初名繼興，封衛王……十三年，詔潭州防禦使潘美出師，師次白霞。鋹遣龔澄樞守賀州、郭崇岳守桂州、李托守韶州以備。是歲秋，潘美平賀州，十月平昭州，又平桂州，十一月平連州。鋹喜曰："昭、桂、連、賀，本屬湖南，今北師取之，足矣，其不復南也。"其愚如此！十二月平韶州。開寶四年正月，平英、雄二州，鋹將潘崇徹先降。師次瀧頭，鋹遣使請和，求緩師。二月，師度馬逕，鋹遣其右僕射蕭漼奉表降。漼行，鋹惶迫，復令整兵拒命。美等進師，鋹遣其弟祥王保興率文武詣美軍降，不納。龔澄樞、李托等謀曰："北師之來，利吾國寶貨爾，焚爲空城，師不能駐，當自還也。"乃盡焚其府庫、宫殿。鋹以海舶十餘，悉載珍寶、嬪御，將入海，宦官樂範竊其舟以逃歸。師次白田，鋹素衣白馬以降。獻俘京師，赦鋹爲左千牛衛大將軍，封恩赦侯。其後事具國史。

——《新五代史》卷65《南漢世家第五·劉隱·劉鋹》，第819頁。

施堅實等以舟兵屯望海

中和四年，僖宗遣中使焦居璠爲杭、越通和使，詔昌及漢宏罷兵，皆不奉詔。漢宏遣其將朱褒、韓公玫、施堅實等以舟兵屯望海。鏐出平水，成及夜率奇兵破褒等於曹娥埭，進屯豐山，施堅實等降，遂攻破越州。漢宏走台州，台州刺史執漢宏送於鏐，斬于會稽，族其家。鏐乃奏昌代漢宏，而自居杭州。

——《新五代史》卷 67《吳越世家第七・錢鏐》，第 836—837 頁。

徐約敗走入海

光啓三年，拜鏐左衛大將軍、杭州刺史，昌越州觀察使。是歲，畢師鐸囚高駢，淮南大亂，六合鎮將徐約攻取蘇州。潤州牙將劉浩逐其帥周寶，寶奔常州，浩推度支催勘官薛朗爲帥。鏐遣都將成及、杜稜等攻常州，取周寶以歸，鏐具軍禮郊迎，館寶於樟亭，寶病卒。稜等進攻潤州，逐劉浩，執薛朗，剖其心以祭寶。然後遣其弟銶攻徐約，約敗走入海，追殺之。

——《新五代史》卷 67《吳越世家第七・錢鏐》，第 837 頁。

錢鏐始由海路入貢京師

乾化元年，加鏐守尚書令，兼淮南、宣潤等道四面行營都統。立生祠於衣錦軍。鏐弟鏢居湖州，擅殺戍將潘長，懼罪奔于淮南。二年，梁郢王友珪立，册尊鏐尚父。末帝貞明三年，加鏐天下兵馬都元帥，開府置官屬。四年，楊隆演取虔州，鏐始由海路入貢京師。龍德元年，賜鏐詔書不名。

——《新五代史》卷 67《吳越世家第七・錢鏐》，第 840 頁。

朝廷遣使皆由登萊泛海

吳越自唐末有國，而楊行密、李昪據有江淮。吳越貢賦，朝廷遣使，皆由登、萊泛海，歲常飄溺其使。顯德四年，詔遣左諫議大夫尹日就、吏部郎中崔頌等使于俶，世宗諭之曰："朕此行決平江北，卿等還當陸來也。"五年，王師征淮，正月克靜海軍，而日就等果陸還。世宗已平淮南，遣使賜俶兵甲旗幟、橐駝羊馬。

——《新五代史》卷 67《吴越世家第七·錢俶》，第 843 頁。

錢氏多掠得嶺海商賈寶貨

錢氏兼有兩浙幾百年，其人比諸國號爲怯弱，而俗喜淫侈，偷生工巧，自鏐世常重斂其民以事奢僭，下至鷄魚卵鷇，必家至而日取。每笞一人以責其負，則諸案史各持其簿列于廷，凡一簿所負，唱其多少，量爲笞數，以次唱而笞之，少者猶積數十，多者至笞百餘，人尤不勝其苦。又多掠得嶺海商賈寶貨。當五代時，常貢奉中國不絕，及世宗平淮南，宋興，荆、楚諸國相次歸命，俶勢益孤，始傾其國以事貢獻。太祖皇帝時，俶嘗來朝，厚禮遣還國，俶喜，益以器服珍奇爲獻，不可勝數。太祖曰："此吾帑中物爾，何用獻爲！"太平興國三年，詔俶來朝，俶舉族歸于京師，國除。其後事具國史。

——《新五代史》卷 67《吴越世家第七·錢俶》，第 843—844 頁。

招來海中蠻夷商賈開甘棠港

是時，楊行密據有江淮，審知歲遣使泛海，自登、萊朝貢于梁，使者入海，覆溺常十三四。審知雖起盜賊，而爲人儉約，好禮下士。王淡，唐相溥之子；楊沂，唐相涉從弟；徐寅，唐時知名進士，皆依審知仕宦。又建學四門，以教閩士之秀者。招來海中蠻夷商賈。海上黄崎，波濤爲阻，一夕風雨雷電震擊，開以爲港，閩人以爲審知德政所致，號爲甘棠港。

——《新五代史》卷 68《閩世家第八·王審知》，第 846 頁。

東丹王突欲自扶餘泛海奔唐

初，阿保機死，長子東丹王突欲當立，其母述律遣其幼子安端少君之扶餘代之，將立以爲嗣。然述律尤愛德光。德光有智勇，素已服其諸部，安端已去，而諸部希述律意，共立德光。突欲不得立，長興元年，自扶餘泛海奔于唐。明宗因賜其姓爲東丹，而更其名曰慕華。以其來自遼東，乃以瑞州爲懷化軍，拜慕華懷化軍節度、瑞慎等州觀察處置等使。其部曲五人皆賜姓名，罕只曰罕友通，穆葛曰穆順義，撒羅曰羅賓德，易密曰易師仁，蓋禮曰蓋來賓，以爲歸化、歸德將軍郎將。

——《新五代史》卷72《四夷附錄第一》，第891頁。

《唐會要》

唐代四海祭祀时间

舊儀：每祭，籩豆之數各異。至顯慶二年，始一例，大祀籩豆各十二，中祀每十，小祀各八。

舊儀注：大祀中祀，並前七日十日，小祀並前五日。筮日，皆於太廟南門之外，卜吉而往之。其遇廢務日，並不迴避。貞元十五年十二月一日，太常卿齊抗等奏，每年大中小祀，都七十祭。其四立二分二至臘上辛吉亥等日，蓋爲氣節也。其後寅後申後亥後丑等日，蓋謂星次也。伏以氣行有時刻，星位有次舍。或定用日，或定用辰。不可改移，請依舊制。其或有別禱祭，卽是太卜署擇日。並請准四月六日勅，廢務日不用。遂爲故典。……

正月一十二祭，上辛祈穀，祀昊天上帝於圜丘。祀前二日，祭高祖一室。立春日，祀青帝於東郊。亥日享先農於東郊。立春後丑日，祀風師於國城東北。立春日祭東岳天齊王、東鎮東安公、東海廣德王、東瀆長源公。以上准祠令著定日。……

四月十祭，立夏日，祀赤帝於南郊。立夏後申日，祀雨師雷師於國城西南。立夏日，祀南岳司天王、南鎮永興公、南海廣利王、南瀆廣利公。……

七月八祭，立秋日，祭白帝於西郊。立秋後辰日，祀靈星於國城西南。立秋日，祭西岳金天王、西鎮成德公、西海廣潤王、西瀆靈源公。……

十月十祭，立冬，祀黑帝於北郊。立冬後亥日，祀司中司命司民司祿，於國城西北。立冬日，祭北岳安天王、北鎮廣寧公、北海廣澤王、北瀆清源公。

——《唐會要》卷 23《緣祀裁製》，第 440—442 頁。

括州海水翻上溺死人

總章二年七月，益州大雨，壞居人屋宇，凡一萬四千二百九十家，害田四千四百九十六頃。九月十八日括州海水翻上，壞永嘉安固二縣百姓廬舍六千八百四十三家，溺死人九千七十，牛五百頭，田四千一百五十頃。咸亨四年七月二十七日，婺州暴雨，山川泛溢，溺死者五千人。

——《唐會要》卷 43《水災上》，第 779 頁。

東海有魚虬尾似鴟

開元十五年七月四日，雷震興教門兩鴟吻，欄檻及柱災。蘇氏駁曰："東海有魚，虬尾似鴟，因以爲名。以噴浪則降雨，漢柏梁災，越巫上厭勝之法。乃大起建章宮，遂設鴟魚之像於屋脊，畫藻井之文於梁上，用厭火祥也。今呼爲鴟吻，豈不誤矣哉。

——《唐會要》卷 44《雜災變》，第 792 頁。

褚遂良歿于海上

咸通九年正月五日，安南觀察使高駢奏，愛州日南郡北五里，有故中書令河南元忠公褚遂良墓。前都護崔耿，大中六年，因訪邱墳，別立碑記云，顯慶三年，歿于海上，殯于此地，二男一孫袝焉。伏乞尋訪苗裔，護喪歸葬。從之。仍勑嶺南各委本道搜訪，如有褚氏事跡相類者，尋訪聞奏，當加優恤。

——《唐會要》卷45《功臣》，第813頁。

四海封王

十載正月二十三日，封東海爲廣德王，南海爲廣利王，西海爲廣潤王，北海爲廣澤王。封沂山爲東安公，會稽山爲永興公，嶽山爲成德公，霍山爲應聖公，醫巫閭山爲廣寧公。

——《唐會要》卷47《封諸嶽瀆》，第834頁。

海上神仙

元和五年八月，上謂宰臣曰："神仙長生之說，可信乎?"李藩對曰："神仙之說，出於道家。然道之所宗，以元元五千言爲本。按其文，皆去華尚樸，絕棄健羨，以執柔見素爲道，少思寡欲爲貴。其言皆於六經符協，是故歷代寶之，以爲治國治心之要，未曾有神仙不死之說。後代虛誕之徒，假託聖賢之言，爲怪譎之論，末流漸廣。及秦始皇漢武帝，志求長生，延召方士，於是有盧生韓生少君欒大之類，售其欺詐。以爲禱祠神仙，可求不死。二主溺信之。始皇遣方士入海，求三山靈藥，遂外匿不歸。漢武以女妻方士欒大，後亦無驗。欒大竟坐腰斬。此則前代帝皇，惑於虛說者。著在前史，其事甚明。貞觀末年，有胡僧自天竺至中國，自言能治長生之藥。文皇帝頗信待之。數年藥成，文皇帝因試服之，遂致暴疾。及大漸之際，羣臣知之，遂欲戮胡僧，慮爲外夷所笑而止。載在國史，實爲至誡。古人云，服食求神仙，多爲藥所誤。誠哉是言也。君人者，據宇宙之廣，撫億兆之衆。但當嚴恭夙夜，務爲治安。則四海樂推，無思不服。天命所祐，自知延長，不可聽誘惑之虛說。陛下春秋鼎盛，方志昇平，倘能深鑒流弊，斥遠方士，則百福自生，坐臻永年。伏願詳考古今，以保至正。則天下幸甚。"

——《唐會要》卷52《識量下》，第899頁。

安南都護造疾飛艨艟舟

開元二十四年正月，廣州寶安縣新置屯門鎮，領兵二千人，以防海口。貞元七年五月，置柔遠軍於安南都護府。

元和四年八月，安南都護奏，破環王國僞號愛州都統三萬餘人，及獲王子五十九人，器械戰船戰象等稱之。其年九月，安南都知兵馬使兼押衙安南副都護杜英策等五十人狀，舉本管經略招討處置等使兼安南都護張舟到任已來政績事。安南羅城，先是經略使伯夷築，當時百姓猶甚陸梁，纔高數尺，又甚湫隘。自張舟到任，因農隙之後，奏請新築，今城高二丈二尺，都開三門，各有樓。其東西門各三間，其南門五間，更置鼓角。城内造左右隨身十宮。前經略使裴泰時，驩愛城池，被環王崑崙燒燬並盡。自張舟到任後，前年築驩州城，去年築愛州城。裴泰時，軍城不守，軍中器械卻失並盡。趙昌到任日近，旋除廣州。自張舟到任，諸道求市，每月造成器械八千事，四年以來，都計造成四十餘萬事。於大廳左右，起甲仗樓四十間收貯。安南戎寇，難利鬬戰。先有戰船，不過十數隻，又甚遲鈍，與賊船不過相接。張舟自創新意，造艨艟舟四百餘隻。每船戰手二十五人，掉手三十二人，車弩一支，兩弓弩一支。掉出船内，迴船向背，皆疾如飛。勅旨。宜付所司。

寶歷元年五月，安南都護李元善奏，移都護府於江北岸。……

咸通六年十二月，安南都護高駢，自海門進軍破蠻軍，收復安南府。自李琢失政，交阯陷沒十年。蠻軍北寇，邕容界人不聊生，至是方復故地。

——《唐會要》卷 73《安南都護府》，第 1321—1322 頁。

海賊誸掠新羅良口爲奴婢

元和四年閏三月勅，嶺南黔中福建等道百姓，雖處遐俗，莫非吾民，多罹掠奪之虞，豈無親愛之戀。緣公私掠賣奴婢，宜令所在長吏切加捉搦，并審細勘責，委知非良人百姓，乃許交關。有違犯者，準法處分。八年九月詔，自嶺南諸道，輒不得以良口餉遺販易，及將諸處博易。又有求利之徒，以良口博馬，並勅所在長吏，嚴加捉搦。如長吏不任勾當，委御史臺訪察聞奏。

長慶元年三月，平盧軍節度使薛苹奏，應有海賊詃掠新羅良口，將到當管登萊州界，及緣海諸道，賣爲奴婢者。伏以新羅國雖是外夷，常稟正朔，朝貢不絕，與內地無殊。其百姓良口等，常被海賊掠賣，於理實難。先有制勅禁斷，緣當管久陷賊中，承前不守法度。自收復已來，道路無阻，遞相販鬻，其弊尤深。伏乞特降明勅，起今已後，緣海諸道，應有上件賊詃賣新羅國良人等，一切禁斷。請所在觀察使嚴加捉搦，如有違犯，便準法斷。勅旨，宜依。

三年正月，新羅國使金柱弼進狀，先蒙恩勅，禁賣良口，使任從所適。有老弱者栖栖無家，多寄傍海村鄉，願歸無路。伏乞牒諸道傍海州縣，每有船次，便賜任歸，不令州縣制約。勅旨，禁賣新羅。尋有正勅，所言如有漂寄，固合任歸，宜委所在州縣，切加勘會。責審是本國百姓情願歸者，方得放回。

寶歷二年十一月勅，朝官及節度觀察使，自今已後，並不許更置私白身驅使。

太和二年十月勅，嶺南福建桂管邕管安南等道百姓，禁斷掠買餉遺良口。前後制勅，處分重疊，非不明白。衞中行李元志等，雖云買致，數實過多，宜各令本道施行。准元和四年閏三月五日，及八年九月十八日勅文，切加約勒。仍逐管各差判官奏當司應管諸司所有官戶奴婢等，據要典及令文，有免賤從良條。近年雖赦勅，諸司皆不爲論，致有終身不霑恩澤。今請諸司諸使，各勘官戶奴婢，有廢疾及年近七十者，請准各令處分。其新羅奴婢，伏准長慶元年三月十一日勅，應有海賊詃掠新羅良口，將到緣海諸道，賣爲奴婢。並禁斷者，雖有明勅，尚未止絕。伏請申明前勅，更下諸道切加禁止。勅旨，宜依。

——《唐會要》卷 86《奴婢》，第 1570—1572 頁。

海運大船一隻可致千石

咸通三年五月，南蠻陷交趾，徵諸道兵赴嶺南。詔湖南水運自湘江入澪渠，並江西水運，以饋行營諸軍。湘澪泝運，功役艱難，軍屯廣州乏食。潤州人陳磻石詣闕上書，言江西湖南泝流，運糧不濟軍期。臣有奇計，以饋南軍。帝召見，因奏，臣弟聽思昔曾任雷州刺史，家人隨海船至福建往來，大船一隻，可致千石，自福建不一月至廣州。得船數十艘，便可致三五萬石。又引劉裕海路進軍破盧循故事。乃以磻石爲鹽鐵巡官，往揚子縣專督海運，于是軍不闕供。八年三月，安南都護高駢奏，安南至邕管水路湍險，已令工人鑿去巨石，漕船無滯。詔褒美之。

——《唐會要》卷 87《漕運》，第 1599 頁。

唐征高麗水軍七萬沉海溺死數百

貞觀十八年二月，太宗謂侍臣曰，高麗莫離支賊殺其主，盡誅大臣，用刑有同坑穽。夫出師弔伐，須有其名，因其殺虐下人，取之爲易。……至十一月十六日，以刑部尚書張亮爲平壤道行軍大總管，自萊州泛海趨平壤。又以特進李勣爲遼東道行軍大總管，趨遼東。兩軍合勢，以其月之三十日，征遼之兵，集於幽州。

十九年四月，李勣攻拔蓋牟城，獲口二萬，以其城置蓋州。五月，上渡遼水，詔撤橋梁，以堅士卒之心。上親率甲騎，與李勣攻遼東城，拔之，以其城爲州。六月，攻拔白巖城，以其城爲巖州。遂引軍次安市城，進兵以攻之。會高麗北部耨薩高延壽、南部高惠眞，率靺鞨之衆十五萬來援，於安市城東南八里，依山爲陣。上令所司張授降幕於朝堂之側曰，明日午時，納降虜於此。上夜召文武，躬自指麾。是夜，有流星墜賊營中。明日，及戰，大破之，延壽惠眞率三萬六千八百人來降。上以酋首三千五百人，授以戎秩，遷之內地。餘三萬人悉放還平壤城。收靺鞨三千三百人，並坑之。獲馬五萬匹，牛五萬頭，甲一萬領。因名所幸山爲駐蹕山。命許敬宗爲文勒石，以紀其迹。遂移軍於安市城南，久不剋。九月，遂班師。先遣遼蓋二州戶口渡遼，乃召兵馬，歷于城下而旋。城主昇城拜辭，太宗嘉其堅守，賜縑百疋，以勵事君者。十一月，至幽州，初入遼也，將十萬人，各有八馱，兩軍戰馬四萬匹。及還，死者一千二百人，八馱及戰死者十七八。張亮水軍七萬人，沉海溺死數百人。凡徙遼蓋巖二州戶口入內地，前後七萬餘人。二十一年，李勣復大破高麗於南蘇，班師至頗利城。

——《唐會要》卷95《高句麗》，第1705—1706頁。

四國使浮海西還

新羅者，本弁韓之地。其風俗衣服，與高麗百濟略同。……永徽元年，新羅王金眞德大破百濟，遣使金法敏來朝，仍織錦作五言太平詩以獻。……麟德二年八月，法敏與熊津都督扶餘隆盟于百濟之熊津城，其盟書藏于新羅之廟。于是帶方州刺史劉仁軌領新羅、百濟、躭羅、倭人四國使，浮海西還。

——《唐會要》卷95《新羅》，第1710—1711頁。

交趾海行三月殊柰國

殊柰，崑崙人也，在林邑南，去交趾海行三月餘日。習俗文字與婆羅門同，絕遠未嘗朝中國。貞觀二年十月，使至朝貢。

——《唐會要》卷98《殊柰國》，第1754頁。

海行萬里婆利國

婆利者，南荒之國也，在林邑東南，海行可萬里。地延袤數千里，暑熱恆如中國盛夏時，穀一歲再熟。王姓剎利邪伽，名護路那婆，世有其位。人皆黑色，穿耳附璫。其王服花冠，飾以眞珠瓔珞，身坐金牀。行則駕象，鳴鼓吹蠡。

貞觀四年四月，使至婆利界。有羅刹國，其人極陋，朱髮黑身，獸牙鷹爪，時與林邑人作市，市以夜而自掩其面。其國出火珠，狀如水晶。日正午時，以珠承影，取艾承之，卽火出。其年，林邑國來獻，云羅刹得之。或云出獅子國，國在西南海中，有稜伽山，出奇寶。人到初無所見，但署寶物價值，賣於洲上商舶，依價貨之而去。其國以能馴養獅子，故以爲國名。

——《唐會要》卷 99《婆利國》，第 1769 頁。

甘棠在大海之南

甘棠，在大海之南，崑崙人也。貞觀十年，與朱俱波國朝貢同日至，太宗謂羣臣曰："南荒西域，自遠而至，其故何哉？"房玄元齡曰："當中國乂安，帝德遐被也。"太宗曰："誠如公言。向使中國不安，何緣而至？朕何以堪之。觀此蕃使，益懷畏懼，所望公等匡朕不逮也。"

——《唐會要》卷 99《甘棠國》，第 1775—1776 頁。

耨陀洹國海行五月至廣州

耨陀洹國，墮和羅西北。其王姓察失利，名婆那子婆末。其國海行五月至廣州。土無蠶桑，以白氎朝霞布爲衣。穀有稻麥，俗皆樓居，謂之干欄。父母死，停喪在室，輒數日不食，燔屍之後，男女並剔髮臨池，先浴然後進食。貞觀十八年，遣使來朝貢，又獻婆律膏，白鸚鵡，首有十紅毛，齊於翅。

——《唐會要》卷 99《耨陀洹國》，第 1779 頁。

訶陵在眞臘之南海中洲

訶陵國，訶陵在眞臘之南海中洲。王之所居，竪木爲城，造大屋重閣，以象爲牀。以椰花椰子爲酒，飲之亦醉。有毒女，與常人居止宿處，卽令身上生瘡，與之交會卽死，若旋液霑著草木卽枯。貞觀二十二年。朝貢使至。

——《唐會要》卷100《訶陵國》，第1782頁。

海行二月婆登國

婆登，在林邑之南，海行二月。東與訶陵，西與迷黎連接，北鄰大海。風俗與訶陵國同。種穀每月一熟。亦有文字，書之于貝多葉。其死者口實以金，又以金釧貫于四肢，然後加以婆律膏，及沈檀龍腦等香，積薪以燔之。貞觀二十一年六月，朝獻使至。

——《唐會要》卷100《婆登國》，第1782—1783頁。

南海島中多摩萇國

多摩萇國。多摩萇居於南海島中，使云，其王先祖骨利龍之子，利常得一鳥卵，剖之，得一女子，容色殊妙因以爲妻。今尸羅劬傭卽其後也。顯慶四年二月，朝貢使至。

——《唐會要》卷100《多摩萇國》，第1791頁。

南海之南哥羅舍分國

哥羅舍分，在南海之南，接墮和羅國。其國王名蒲越摩伽，精兵二萬人。其使以顯慶五年發本國，至龍朔二年五月到京。

——《唐會要》卷100《哥羅舍分國》，第1792頁。

海島中小國蝦夷

蝦夷，海島中小國也。其使至鬚長四尺，尤善弓箭。插箭於首，令人戴瓠而立，數十步射之，無不中者。顯慶四年十月，隨倭國使至入朝。

——《唐會要》卷 100《蝦夷國》，第 1792 頁。

日本

日本，倭國之別種。以其國在日邊，故以日本國爲名。或以倭國自惡其名不雅，改爲日本。或云日本舊小國，吞併倭國之地。其人入朝者，多自矜大，不以實對，故中國疑焉。長安三年，遣其大臣朝臣眞人來朝，貢方物。朝臣眞人者，猶中國戶部尚書，冠進德冠，其頂爲花，分而四散，身服紫袍，以帛爲腰帶。好讀經史。解屬文，容止閑雅可人。宴之麟德殿，授司膳卿而還。開元初，又遣使來朝，因請士授經，詔四門助教趙元默就鴻臚教之。乃遺元默闊幅布，以爲束脩之禮。題云白龜元年調布，人亦疑其僞爲題。所得賜賚，盡市史籍，泛海而還。其偏使朝臣仲滿，慕中國之風，因留不去，改姓名爲朝衡，歷仕左補闕，終右常侍安南都護。

——《唐會要》卷 100《日本國》，第 1792 頁。

西南大海中師子國

師子國。師子，在西南大海中洲，宋始朝貢。其洲中有山，名稜伽，多奇寶。古佛遊處，國中有王以一善化人，皆以清淨學道爲勝。天寶五載正月，王尸羅迷伽遣使至，獻大珠鈿金寶瓔珞，及貝葉鈔寫大般若經一部，細白氎四十張。

——《唐會要》卷 100《師子國》，第 1793 頁。

多蔑居大海之北

多蔑，居大海之北，周迴可兩月行。南至海西俱遊國，北波剌國，東眞陀洹國。其王姓摩伽，名失利。戶口極衆，置三十州，又役屬他國。有城郭樓櫓，宮殿並瓦木。常侍衛兵可四千人，雖有弓箭刀楯甲矟，而無戰陣。有刑典書記，及婚聘之禮，事佛及神。亦以十二月爲歲首。畜有犀象馬牛，果有檳榔子，其桃棗瓜李及園蔬五穀，與中國不殊。

——《唐會要》卷100《多蔑國》，第1793頁。

耽羅國在新羅武州海上

耽羅國。耽羅，在新羅武州海上。居山島上，周迴並接於海，北去百濟可五日行。其王姓儒李，名都羅。無城隍，分作五部落。其屋宇爲圓牆，以草蓋之。戶口有八千。有弓刀楯矟。無文記，唯事鬼神。常役屬百濟。龍朔元年八月，朝貢使至。

——《唐會要》卷100《耽羅國》，第1793—1794頁。

拘蔞蜜國在林邑之西

拘蔞蜜國。拘蔞蜜，在林邑之西，陸路三月行。山居饒象，並養之以供用。顯慶元年閏正月，來朝貢。在盤盤致物國東南，海路一月行。南距婆利國十日行，東去不述國五日行，西北去文單國六日行，風俗物產，與赤土國墮和羅國略同。永徽六年八月，遣使獻五色鸚鵡。

——《唐會要》卷100《拘蔞蜜國》，第1794頁。

嶺南市舶司造奇器異巧

開元二年十二月，嶺南市舶司右威衛中郎將周慶立，波斯僧及烈等，廣造奇器異巧以進。監選司殿中侍御史柳澤上書諫曰："臣聞不見可欲，使心不亂，是知見欲而心亂必矣。臣竊見慶立等，雕鐫詭物，置造奇器，用浮巧爲眞玩，以詭怪爲異寶，乃理國之所巨蠹，明王之所嚴罰。紊亂聖謀，汨斁彝典。昔露臺無費，明君尚或不忍；象筯非多，忠臣猶且憤歎。《王制》曰：作異服奇器，以疑衆者殺。《月令》曰：無作淫巧，以蕩上心。巧謂奇伎怪好也，蕩謂惑亂情欲也。今慶立等皆欲求媚聖意，搖蕩上心。若陛下信而使之，是宣奢淫於天下；必若慶立矯而爲之，是禁典之無赦也。陛下卽位日近，萬邦作孚，固宜昭宣菲薄，廣教節儉。則萬方幸甚。"

——《唐會要》卷 62《御史臺下・諫諍》，第 1078 頁。

南中諸國舶預支應須市物

顯慶六年二月十六日勅，南中有諸國舶，宜令所司，每年四月以前，預支應須市物。委本道長史，舶到十日內，依數交付價値市了，任百姓交易。其官市物，送少府監簡擇進內。

——《唐會要》卷 66《少府監》，第 1156 頁。

新羅王子船遇惡風飄至楚州

元和元年十一月。放宿衛新羅王子金忠獻歸本國……十一年十一月，其入朝王子金士信等，遇惡風飄至楚州鹽城縣界。淮南節度使李鄘以聞，是歲，新羅飢，其衆一百七十人求食於浙東。十五年，遣使朝貢。長慶二年十二月，遣使金柱弼朝貢。寶歷元年，其王子金昕來朝，兼充宿衛。

——《唐會要》卷 95《新羅》，第 1713—1714 頁。

《唐六典》

海水在青萊登密海泗六州之境

二曰河南道，古豫、兖、青、徐四州之境，今河南府、陝、汝、鄭、汴、蔡、許、豫、潁、陳、亳、宋、曹、滑、濮、鄆、濟、齊、淄、徐、兖、泗、沂、青、萊、登、密、海，凡二十有八州焉。東盡於海，西距函谷，南瀕於淮，北薄于河。（海水在青、萊、登、密、海、泗六州之境）。

——《唐六典·尚書户部卷第三·户部尚書·侍郎·户部郎中·員外郎》，第65頁。

登州贡文石器海砂

二曰河南道，古豫、兖、青、徐四州之境……厥貢紬、絁、文綾、絲葛、水葱·藨心蓆、瓷石之器。……（萊、登、密等州牛黄，登州文石器、海砂，密州布……）

——《唐六典·尚書户部卷第三·户部尚書·侍郎·户部郎中·員外郎》，第65—66頁。

海在棣滄幽平營五州之東

四曰河北道，古幽、冀二州之境，今懷、衛、相、洺、邢、趙、恒、定、易、幽、莫、瀛、深、冀、貝、魏、博、德、滄、棣、嬀、檀、營、平、安東，凡二十有五州焉。其幽、營、安東各管羈縻州。東並于海，南迫于河，西距太行、恒山，北通渝關、薊門。（海在棣、滄、幽、平、營五州之東）。

——《唐六典·尚書户部卷第三·户部尚書·侍郎·户部郎中·員外郎》，第 66—67 頁。

漳水歷相洺邢冀滄入海

四曰河北道，古幽、冀二州之境……其大川有漳、淇、呼沲之水。（漳水出潞州，歷相、洺、邢、冀、滄入海）。

——《唐六典·尚書户部卷第三·户部尚書·侍郎·户部郎中·員外郎》，第 67 頁。

海在楊楚二州東

七曰淮南道，古楊州之境，今楊、楚、和、滁、濠、壽、廬、舒、蘄、黄、沔、安、申、光，凡一十有四州焉。東臨海，西抵漢，南據江，北距淮。（海在楊、楚二州東，漢在沔州，淮水經申、光、壽、濠、楚五州北境入海，江水經沔、黄、蘄、舒、和、楊六州南境入海。）

——《唐六典·尚書户部卷第三·户部尚書·侍郎·户部郎中·員外郎》，第 69 頁。

東海水在蘇杭越台温括泉福八州之東

八曰江南道，古楊州之南境，今潤、常、蘇、湖、杭、歙、睦、衢、越、婺、台、温、明、括、建、福、泉、汀、已上東道。宣、饒、撫、虔、洪、吉、郴、袁、江、鄂、岳、潭、衡、永、道、邵、澧、朗、辰、飾、錦、施、南、溪、思、黔、費、業、巫、夷、播、溱、珍，凡五十有一州焉。東臨海，西抵蜀，南極嶺，北帶江。（海水在蘇、杭、越、台、温、括、泉、福八州之東，江水經岳、鄂、江、宣、潤、常、蘇七州之北入海。）

——《唐六典·尚書户部卷第三·户部尚書·侍郎·户部郎中·員外郎》，第69—70頁。

浙江水有三源歷三州界入海

八曰江南道，古楊州之南境……其大川有浙江，湘、贛、沅、澧之水；洞庭、彭蠡、太湖之澤。（浙江水有三源：一出歙州，一出衢州，一出婺州，歷睦、杭、越三州界入海。）

——《唐六典·尚書户部卷第三·户部尚書·侍郎·户部郎中·員外郎》，第70頁。

福州贡海蛤温台二州贡鮫魚皮

厥貢紗、編、綾、綸、蕉、葛、練、麩金、犀角、鮫魚、籐紙、朱砂、水銀、零陵香。（潤州方棊水波綾，常州紫綸巾、兔褐，蘇州紅綸巾，杭、越二州白編，睦、越二州交梭，衢、婺二州籐紙、綿，越州吴綾，建州蕉、花練，福州蕉、海蛤，泉、括二州綿，饒、衡、巫等州麩金、犀角，洪、撫、江、潭、永等州葛，蘇州吴石脂、吴蛇牀子，台州金漆、乾薑、甲香，江州生石斛，鄂、江二州銀，永州石燕，道州零陵香，澧州龜子綾、五入簟，朗州紵練，辰、錦二州光明砂、水銀，溪、錦二州朱砂，常、湖、歙、宣、虔、吉、郴、袁、岳、道等州白紵布，施、宣二州黄連，宣州綺，南州班布，思、黔、費、業、溱、珍等州蠟，夷州蠟燭，温、台二州鮫魚皮。）

——《唐六典·尚書户部卷第三·户部尚書·侍郎·户部郎中·員外郎》，第70頁。

廣州安南等貢龜殼鼊鼊鮫魚皮

十曰嶺南道，古楊州之南境，今廣、循、潮、漳、韶、連、端、康、岡、恩、高、春、封、辯、瀧、新、潘、雷、羅、儋、崖、瓊、振、已上廣府管內。桂、昭、富、梧、賀、龔、象、柳、宜、融、古、嚴、容、籐、義、竇、禺、白、廉、繡、黨、牢、巖、鬱林、平琴、邕、賓、貴、橫、欽、潯、瀼、籠、田、武、環、澄、安南、驩、愛、陸、峯、湯、萇、福禄、龐，凡七十州焉。其五府又管羈縻州。東、南際海，西極羣蠻，北據五嶺。其名山有黄嶺及鬱水之靈洲焉。……厥貢金、銀、沈香、甲香、水馬、翡翠、孔雀、象牙、犀角、龜殼、鼊鼊、綵籐、竹布。（……廣州竺席、生沈香、水馬、甲香、鼊鼊皮、籐簟，廣州、安南並貢龜殼，循、振二州五色籐盤，振州班布食單，安南及潮州蕉，安南檳榔、鮫魚皮、翠毛，愛、龐等州孔雀尾，驩州象牙、藥、犀角、金簿黄屑、沈香，漳、潮等州鮫魚皮、甲香……）

——《唐六典·尚書户部卷第三·户部尚書·侍郎·户部郎中·員外郎》，第 72 頁。

吉禮儀第十八祭四海四瀆

禮部郎中、員外郎掌貳尚書、侍郎，舉其儀制而辨其名數。凡五禮之儀一百五十有二：一曰吉禮，其儀五十有五；（一曰冬至祀圜丘，二曰祈穀于圜丘，三曰雩祀于圜丘，四曰大享于明堂，五曰祀青帝于東郊，六曰祀赤帝于南郊，七曰祀黄帝于南郊，八曰祀白帝于西郊，九曰祀黑帝于北郊，十曰禬祭百神于南郊，十一曰朝日于東郊，十二曰夕月于西郊，十三曰祀風伯、雨師、靈星、司中、司命、司人、司禄，十四曰夏至祭方丘，十五曰祭神州于北郊，十六曰祭太社，十七曰祭五岳、四鎮，十八曰祭四海、四瀆，十九曰時享于太廟，二十曰祫享于太廟，二十一曰禘享于太廟，二十二曰拜五陵，二十三曰巡五陵，二十四曰祭先農，二十五曰享先蠶，二十六曰享先代帝王，二十七曰薦新于太廟，二十八曰祭司寒，二十九曰祭五龍壇，三十曰視學，三十一曰皇太子釋奠，三十二曰國學釋奠，三十三曰釋奠于齊太公，三十四曰巡狩告圜丘，三十五曰巡狩告社稷，三十六曰巡狩告宗廟，三十七曰巡狩，三十八曰封禪，三十九曰祈于太廟，四十曰祈于太社，四十一曰祈于北郊，四十二曰祈于岳瀆，四十三曰諸州祭社稷，四十四曰諸州釋奠，四十五曰諸州祭禜，四十六曰諸縣祭社稷，四十七曰諸縣釋奠，四十八曰諸縣祈禜，四十九曰諸太子廟時享，五十曰王公已下時享其廟，五十一曰王公已下祫享其廟，五十二曰王公已下禘享其廟，五十三曰四品已下時享其廟，五十四曰六品已下時祭，五十五曰王公已下拜掃。)

——《唐六典·尚書禮部卷第四·禮部尚書·侍郎·禮部郎中·員外郎》，第 111 頁。

海水不揚波爲大瑞

凡祥瑞應見，皆辨其物名。若大瑞，（大瑞謂景星、慶雲、黄星真人、河精、麟、鳳、鸞、比翼鳥、同心鳥、永樂鳥、富貴、吉利、神龜、龍、騶虞、白澤、神馬、龍馬、澤馬、白馬赤髦、白馬朱騣之類，周匝、角瑞、獬豸、比肩獸、六足獸、兹白、騰黄、騊駼、白象、一角獸、天鹿、鼈封、酋耳、豹犬、露犬、玄珪、明珠、玉英、山稱萬歲、慶山、山車、象車、烏車、根車、金車、朱草、屈軼、蓂莢、平露、萐莆、蒿柱、金牛、玉馬、玉猛獸、玉瓮、神鼎、銀瓮、丹甑、醴泉、浪井、河水清、江河水五色、海水不揚波之類，皆爲大瑞。）**上瑞，**（謂三角獸、白狼、赤羆、赤熊、赤狡、赤兔、九尾狐、白狐、玄狐、白鹿、白麞、白兕、玄鶴、赤烏、青烏、三足烏、赤鷰、赤雀、比目魚、甘露、廟生祥木、福草、禮草、萍實、大貝、白玉赤文、紫玉、玉羊、玉龜、玉牟、玉英、玉璜、黄銀、金藤、珊瑚鈎、駭雞犀、戴通璧、玉瑠璃、雞趣璧之類，皆爲上瑞。）中瑞，（謂白鳩、白烏、蒼烏、白澤、白雉、雉白首、翠鳥、黄鵠、小鳥生大鳥、朱雁、五色雁、白雀、赤狐、黄羆、青燕、玄貉、赤豹、白兔、九真奇獸、充黄出谷、澤谷生白玉、琅玕景、碧石潤色、地出珠、陵出黑丹、威綏、延喜、福并、紫脱常生、賓連闊達、善茅、草木長生，如此之類，並爲中瑞。）下瑞，（謂秬秠、嘉禾、芝草、華苹、人參生、竹實滿、椒桂合生、木連理、嘉木、戴角麀鹿、駮鹿、神雀、冠雀、黑雉之類爲下瑞。）皆有等差。若大瑞，隨即表奏，文武百僚詣闕奉賀。其他並年終員外郎具表以聞，有司告廟，百僚詣闕奉賀。其鳥獸之類有生獲者，各隨其性而放之原野。其有不可獲者，若木連理之類，所在案驗非虚，具圖畫上。凡太陽虧，所司預奏，其日置五鼓、五兵於太社，皇帝不視事，百官各素服守本司，不聽事，過時乃罷。月蝕則擊鼓於所司救之。若五嶽、四鎮、四瀆崩竭，皆不視事三日。凡二分之月，三公巡行山陵，則太常卿爲之副焉。

——《唐六典·尚書禮部卷第四·禮部尚書·侍郎·禮部郎中·員外郎》，第 115 頁。

祠祀享祭中海爲中祀

祠部郎中、員外郎掌祠祀享祭，天文漏刻，國忌廟諱，卜筮醫藥，道佛之事。凡祭祀之名有四：一曰祀天神，二曰祭地祇，三曰享人鬼，四曰釋奠於先聖先師。其差有三：若昊天上帝、五方帝、皇地祇、神州、宗廟爲大祀，日、月、星、辰、社稷、先代帝王、岳、鎮、海、瀆、帝社、先蠶、孔宣父、齊太公、諸太子廟爲中祀，司中、司命、風師、雨師、衆星、山林、川澤、五龍祠等及州縣社稷、釋奠爲小祀。

——《唐六典·尚書禮部卷第四·禮部尚書·侍郎·祠部郎中·員外郎》，第 120 頁。

四季四海祭的地点

立春之日，祭東嶽泰山於兗州，東鎮沂山於沂州，東海於萊州，東瀆淮於唐州；立夏之日，祭南嶽衡山於衡州，南鎮會稽山於越州，南海於廣州，南瀆江於益州；季夏土王日，祭中嶽嵩山於河南府；立秋之日，祭西嶽華山於華州，西鎮吴山於隴州，西海及西瀆河於同州；立冬之日，祭北嶽恒山於定州，北鎮醫無閭於營州，北海及北瀆濟於河南府，各於其境内，本州長官行焉。

——《唐六典·尚書禮部卷第四·禮部尚書·侍郎·祠部郎中·員外郎》，第 123 頁。

旱則祈海瀆等能興雲雨者

凡京師孟夏已後旱則先祈岳、鎮、海、瀆及諸山川能興雲雨者，皆於北郊望祭；又祈社稷；又祈宗廟。每七日一祈，不雨，還從嶽、瀆如初。旱甚則修雩。秋分已後，雖旱不雩。雨足皆報祀。若州、縣，則先祈社稷及境内山川。若霖雨，則京城禜諸門，門别三日，每日一禜；不止，祈山川、嶽鎮、海瀆；三日不止，祈社稷、宗廟。若州、縣，則禜城門及境内山川而已。

——《唐六典·尚書禮部卷第四·禮部尚書·侍郎·祠部郎中·員外郎》，第 124 頁。

祭祀海瀆所用獻食與器物

若諸州祭嶽、鎮、海、瀆、先代帝王，以太牢；州、縣釋奠於孔宣父及祭社稷，以少牢；其祈禜，則以特牛。凡郊祀天地、日月、星辰、嶽瀆及享宗廟、百神在京都者，所用籩、豆、簠、簋、鈃、甄、俎之數，魚脯醯醢之味，石鹽菜果之羞，並載於太官之職焉。若諸州祭嶽、鎮、海、瀆及先代帝王，籩、豆各十，簠、簋各二，俎三；州、縣祭社稷、釋奠，每坐籩、豆各八，簠、簋、俎如上，其所實之物，如京、都之制。凡祀用尊、罍，所實之制，並載於良醞之職焉。凡天下之珍異甘滋之物，多少之制，封檢之宜，並載於尚食之職焉。凡非因大禮，不得獻食。若因大慶，獻食及所司供進，並不得用犢。若牸羊至厨生羔者，放長生。若大齋日，皆進素食，其應用之羊亦放爲長生。凡諸陵所有進獻之饌，並載於陵令之職焉。

——《唐六典·尚書禮部卷第四·禮部尚書·侍郎·膳部郎中·員外郎》，第 128 頁。

天子祭祀海服五章毳冕

衮冕，垂白珠十有二旒，以組爲纓，色如其綬，黈纊充耳，玉簪導；玄衣、纁裳，十二章，（八章在衣，日、月、星辰、龍、山、華蟲、火、宗彝；其四章在裳，藻、粉米、黼、黻；衣縹、領爲升龍，皆織成爲之。）龍、山以下，每章一行，重以爲等，每行十二；白紗中單，黼領，青褾、襈、裾；韍；革帶、大帶、劍、玉珮、綬、韈與上同，舄加金飾。享廟、謁廟及廟遣上將、征還、飲至、踐阼、加元服、納后、若元日受朝及臨軒册拜王公則服之。

鷩冕，服七章，（三章在衣：華蟲、火、宗彝；四章在裳：藻、粉米、黼、黻。）餘同衮冕。有事遠主則服之。

毳冕，服五章，（三章在衣：宗彝、藻、粉米；二章在裳：黼、黻。）餘同鷩冕。祭海、嶽則服之。

——《唐六典·殿中省卷第十一·監·少監·尚衣局》，第 327 頁。

凡祭海瀆之玉帛則沉之

太祝掌出納神主于太廟之九室，而奉享薦禘祫之儀。凡國有大祭祀，盥則奉匜，既盥則奉巾帨。凡郊廟之祝板，先進取署，乃送祠所；將事，則跪讀祝文，以信于神；禮成而焚之。凡大祭祀，卿省牲，則循牲而告充。（禮告訖，牽牲以授太官。既享，則以牲之毛、血置之於豆而奠焉；饌入而徹之。既享，則酌上樽之福酒，且減胙肉，加之於俎，以贊祭酒歸胙之禮。又奉玉帛之篚及牲首之俎，俟禮成而行焚瘞之儀也。）凡祭天及日月、星辰之玉帛，則焚之；祭地及社稷、山嶽，則瘞之；海瀆，則沉之。

——《唐六典·太常寺卷第十四·卿·少卿》，第 397 頁。

凡祭海瀆皆以太牢

廩犧令掌薦犧牲及粢盛之事；丞爲之貳。凡三祀之牲牢各有名數。（昊天上帝之牲以蒼犢，皇地祇之牲以黄犢，神州之牲以黝犢，五帝之牲各以方色犢，大明青牲，夜明白牲，宗廟、社稷、嶽、鎮、海、瀆、先農、先蠶、前代帝王、孔宣父·齊太公廟等皆以太牢，風師、雨師、靈星、司中、司命、司人、司禄及五龍祠、司冰、諸太子廟皆以少牢，其餘則以特牲。凡冬至圜丘，加羊、豕各九；夏至方丘，羊、豕各五；五郊迎氣，羊、豕各二。蜡祭神農、伊耆已下，方别各用少牢。）凡大祀養牲在滌九旬，中祀三旬，小祀一旬。其牲方色難備者，以純色代之。凡告祈之牲不養。凡祭祀之犧牲不得捶扑傷損，死則埋之，病則易之。凡籍田所收九穀納于神倉，以供粢盛及五齊、三酒之用；若有餘及穰藁，供飼犧牲焉。凡供别祀用太牢者，則三牲加酒、脯及醢。犢、羊、猪各一，酒二斗，脯四段，醢四合。凡大祭祀，則與太祝以牲就牓位；太常卿省牲，則北面告腯，乃牽牲以授太官而用之。

——《唐六典·太常寺卷第十四·卿·少卿·廩犧署》，第 414—415 頁。

凡供祀海瀆之幣皆以其方色

凡供祀昊天上帝幣以蒼，配帝亦如之；皇地祇幣以黄，配帝亦如之。祀大明幣以青；夜明幣以白；神州幣以黄；太社、太稷之幣皆以玄，后稷亦如之；先農幣以青；先蠶幣以玄。蜡祭神農幣以赤，伊祁氏幣以玄。祀五方帝、五帝、五官、内官、中官、外官、五星、二十八宿及衆星、嶽、鎮、海、瀆、山、林、川、澤、丘、陵、墳、衍等之幣皆以其方色。祈告宗廟之幣及孔宣父、齊太公皆以白。凡幣皆長一丈八尺。

——《唐六典·太府寺卷第二十·卿·少卿》，第 541 頁。

筭學生習《九章》《海島》共三年

筭學博士二人，筭學博士掌教文武官八品已下及庶人子之爲生者，二分其經以爲之業：習九章、海島、孫子、五曹、張丘建、夏侯陽、周髀十有五人，習綴術、緝古十有五人；其記遺三等數亦兼習之。孫子、五曹共限一年業成，九章、海島共三年，張丘建、夏侯陽各一年，周髀、五經筭共一年，綴術四年，緝古三年。其束脩之禮，督課、試舉，如三舘博士之法。

——《唐六典·國子監卷第二十一·祭酒·司業·筭學博士》，第 562—563 頁。

《通典》

唐沿海州郡常貢海物類別數量

自開元中及於天寶，開拓邊境，多立功勳，每歲軍用日增。其費糴米粟則三百六十萬疋段，給衣則五百二十萬，別支計則二百一十萬，餽軍食則百九十萬石。大凡一千二百六十萬，而錫賚之費此不與焉。其時錢穀之司，唯務割剥，迴殘賸利，名目萬端，府藏雖豐，閭閻困矣。天下諸郡每年常貢，……高密郡貢貲布十端，牛黄一斤，海蛤二十兩。今密州……景城郡貢細簟四領，細柳箱八十合，糖蟹二十三坩，鱧鮬三百五十梃。今滄州。……臨海郡貢鮫魚皮百張，乾薑百斤，乳柑六千顆，金漆五升三合，今台州。永嘉郡貢鮫魚皮三十張，今温州。……長樂郡貢蕉二十疋，海蛤一斤，今福州。……漳浦郡貢鮫魚皮二十張，甲香五斤，今漳州。潮陽郡貢蕉十疋，蚺虵膽十枚，鮫魚皮十張，甲香五斤，石井，銀石，水馬，今潮州。……南海郡貢生沈香七十斤，甲香三十斤，石斛二十斤，鼊皮三十斤，蚺蛇膽五枚，詹糖香二十五斤，藤簟二合，竹簟五領，今廣州。……安南都護府貢蕉十端，檳榔二千顆，鉏魚皮二十斤，蚺蛇膽二十枚，翠毛二百合。……海豐郡貢五色藤鏡匣一具，蚺蛇膽三枚，甲煎二兩，鉏魚皮三，筌臺一，今循州。……珠崖郡貢銀二十兩，真珠二斤，玳瑁一具，今崖州。

——《通典》卷6《食貨六・賦税下》，第111—131頁。

東海則有紫蛤魚鹽

荀卿曰："北海則有走馬吠犬焉，然而中國得而畜使之。南海則有羽翮齒革繒菁焉，然而中國得而賦之。東海則有紫蛤魚鹽焉，然而中國得而衣食之。西海則有皮革文純焉，然而中國得而用之。故天之所覆，地之所載，財貨流通，無不盡致其用，四海之內，若一家也。凡理，亡者使有，利者使阜，害者使亡，靡者使微。王之所寶者六，聖人能制議百姓，以輔相國家，則寶之；玉足以庇廕嘉穀，使無水旱之災，則寶之；龜足以獻臧否，則寶之；珠足以禦火災，則寶之；金足以禦兵亂，則寶之；山林藪澤足以備財用，則寶之。"

——《通典》卷 8《食貨八・錢幣上》，第 170—171 頁。

海賊寇抄運漕不繼

晉武帝泰始十年，鑿陝南山，決河東注洛，以通運漕。懷帝永嘉元年，修千金堨於許昌，以通運。成帝咸和六年，以海賊寇抄，運漕不繼，發王公以下千餘丁，各運米六斛。穆帝時，頻有大軍，粮運不繼，制王公以下十三户共借一人，助度支運。

——《通典》卷 10《食貨十・漕運》，第 217 頁。

總論漢唐以下煮海爲鹽史事

《管子》曰："海王之國，謹正鹽筴。十口之家，十人食鹽，百口之家，百人食鹽。終月大男食鹽五升少半，大女食鹽三升少半，吾子食鹽二升少半，此其大曆也。鹽百升而釜，今鹽之重，升加分强，釜五十也；升加一强，釜百也；升加二强，釜二百也。鍾二千，十鍾二萬，百鍾二十萬，千鍾二百萬。萬乘之國，人數開口千萬也。禺筴之商，日二百萬，十日二千萬，一月六千萬，萬乘之國，正九百萬也。月人三十錢之籍，爲錢三千萬。今吾非籍之諸君吾子，而有二國之籍者六千萬。使君施令曰：吾將籍於諸君吾子，則必囂號，令天給之鹽筴，則百倍歸於上，人無以避此者，數也。……”

陳文帝天嘉二年，太子中庶子虞荔、御史中丞孔奐以國用不足，奏立煮海鹽税，從之。

後魏宣武時，河東郡有鹽池，舊立官司以收税利。先是罷之，而人有富彊者專擅其用，貧弱者不得資益。延興末，復立監司，量其貴賤，節其賦入，公私兼利。孝明即位，復罷其禁，與百姓共之。自後豪貴之家復乘勢占奪，近池之人又輒障恪。神龜初，太師、高陽王雍，太傅、清河王懌等奏，請依先朝，禁之爲便，於是復置監官以監檢焉。其後更罷更立，至於永熙。自遷鄴後，於滄、瀛、幽、青四州之境，傍海煮鹽。滄州置竈一千四百八十四，瀛州置竈四百五十二，幽州置竈百八十，青州置竈五百四十六，又於邯鄲置竈四，計終歲合收鹽二十萬九千七百八斛四斗，軍國所資，得以周贍矣。

後周文帝霸政之初，置掌鹽之政令。一曰散鹽，煮海以成之。二曰鹽鹽，引池以化之。三曰形鹽，掘地以出之。四曰飴鹽，於戎以取之。凡鹽鹽形鹽每地爲之禁，百姓取之皆税焉。

隋開皇三年，通鹽池鹽井，並與百姓共之。

大唐開元元年十一月，左拾遺劉彤《論鹽鐵上表》曰：“臣聞漢孝武之時，外討戎夷，内興宫室，殫費之甚，實倍當今。然而古費多而貨有餘，今用少而財不足者，何也？豈非古取山澤而今取貧人哉！取山澤，則公利厚而人歸於農；取貧人，則公利薄而人去其業。故先王作法也，山海有官，虞衡有職，輕重有術，禁發有時，一則專農，二則饒國。夫煮海爲鹽，採山鑄錢，伐木爲室，農餘之輩也。寒而無衣，飢而無食，傭賃自資者，窮苦之流也。若能收山海厚利，奪農餘之人，調斂重徭，免窮苦之子，所謂損有餘而益不足，帝王之道，可不謂然乎？臣願陛下詔鹽鐵伐木等官收興利，貨於人，則不及數年，府有餘儲矣。然後下寬大之令，蠲窮獨之徭，可以惠羣生，可以柔荒服。雖戎狄未服，堯湯水旱，無足虞也。”玄宗令宰臣議其可否，咸以鹽鐵之利，甚益國用，遂令將作大匠姜師度、户部侍郎强循俱攝御史中丞，與諸道按察使檢責海内鹽鐵之課。

——《通典》卷10《食貨十·鹽鐵》，第225—231頁。

東萊往年加海租而魚不出

宣帝時，耿壽昌奏請增海租三倍，天子從其計。御史大夫蕭望之奏言："故御史屬徐宫，家在東萊，言往年加海租，魚不出。長老皆言，武帝時縣官嘗自漁，海魚不出，後予人，魚乃出。夫陰陽之感，物類相應，萬事盡然，宜且如故。"上不聽。

王莽令諸取鳥獸魚鼈百蟲於山林水澤及畜牧者，嬪婦桑蠶織紝紡績補縫，工匠醫巫卜祝及他方技商販賈人坐肆列里區謁舍，皆各自占所爲於其在所之縣官，除其本，計其利，十一分之，而以其一爲貢。末年，盜賊羣起，匈奴侵寇，大募天下囚徒人，名曰猪突豨勇。一切税吏人，貲三十而取一。

——《通典》卷11《食貨十一·雜税》，第248—249頁。

南北諸州測影與海中南望老人星

初，儀鳳四年五月，太常博士、檢校太史姚玄辯奏於陽城測影臺，依古法立八尺表，夏至日中測影有尺五寸，正與古法同。調露元年十一月，於陽城立表，冬至日中測影，得丈二尺七寸。

開元十二年四月，命太史監南宫説及太史官大相元太等馳傳往安南、朗、蔡、蔚等州測候日影，迴日奏聞。數年伺候，及還京，僧一行一時校之，安南景，北極高二十一度六分，冬至日影七尺九寸四分，春秋二分影二尺九寸三分，夏至影在表南三寸三分。（測影使者大相元太云："交州望極，纔出地二十餘度。以八月自海中南望，老人星殊高。老人星下，衆星粲然，其明大者甚衆，圖所不載，莫辨其名。大率去南極二十度以上，其星皆見，乃自古渾天家以爲常没地中，伏而不見之所也。”）蔚州横野軍，北極高四十度，冬至影丈五尺八寸九分，春秋二分影六尺二分，夏至影在表北二尺二寸九分。此二所爲中土南北之極。其朗、襄、蔡、許、河南府、汴、滑、太原等州，各有使往，並差不同。一行以南北日影校量，用句股法算之，云大約南北極相去纔八萬餘里。其諸州測影尺寸如左：林邑國，北極高十七度。安南都護府，北極高二十一度六分。朗州武陵，北極高二十九度五分。襄州，蔡州武津館，北極高三十三度八分。許州扶溝，北極高三十四度三分。河南府告成，北極高三十四度七分。汴州浚儀太嶽臺，北極高三十四度八分。滑州白馬，北極高三十五度三分。太原府，蔚州横野軍，北極高四十度。

——《通典》卷 26《職官八・諸卿中・祕書監・丞》，第 739—741 頁。

漢平帝置少府海丞掌海税

少府，秦官。漢因之，是爲九卿，掌山海池澤之税，以給供養。……貞觀元年五月，分太府中尚坊、織染坊、掌冶坊署，置少府監。龍朔二年，改爲内府監，咸亨元年復舊。光宅元年，改爲尚方監，神龍元年復舊。監一人，少監二人，領中尚、左尚、右尚、織染、掌冶等五署。……海丞，漢平帝置少府海丞一人，掌海税，後無。果丞。與海丞同置，掌諸果實，後無。

——《通典》卷 27《職官九・諸卿下・少府監》，第 759—761 頁。

樓船横海與伏波將軍設置

晉獻公初作二軍，公將上軍，則將軍之名起於此也。魏獻子、衛文子並居將軍之號。自戰國置大將軍，周末又置前後左右將軍，至秦，將軍之官多矣。漢興，置大將軍、驃騎將軍，位次丞相。車騎將軍、衛將軍、左右前後將軍，皆金印紫綬，位次上卿，掌京師兵衛，四夷屯警。孝武征閩越、東甌，又有伏波、樓船；及伐朝鮮、大宛，復置横海、度遼、貳師。宣帝增以蒲類、破羌。權時之制，若此非一，亦不常設。光武中興，諸將軍皆稱大。及天下已定，武官悉省。四征興於漢代，四安起於魏初，四鎮通於柔遠，四平止於喪亂。

——《通典》卷 28《職官十・武官上・將軍總敍》，第 780 頁。

雜號將軍横海伏波

雜號將軍（歷代雜號將軍凡有數百，不可俱載，今録其著者。）上，騎，樓船，（漢元封三年，以荀彘爲之。）横海，（漢元鼎六年，以韓説爲之，擊東越有功。）材官，貳師，輕車，伏波，（漢武帝征南越，始置此號，以路博德爲之。後漢馬援亦爲之。伏波者，船涉江海，欲使波浪之伏息。）中軍，强弩，戈船，奮威，度遼，積射，建威，九武，征虜，武牙，横野，捕虜，鷹揚，討逆，破虜，討虜，安漢，武威，撫軍，淩江，寧朔，横江，龍驤，殿中，黑矟，牙門將。

——《通典》卷 29《職官十一・武官下・雜號將軍》，第 803—804 頁。

隋唐四海祭祀與封王總述

隋制，祀四鎮：東鎮沂山，西鎮吴山，南鎮會稽山，北鎮醫無閭山，冀州鎮霍山。並就山立祠。祀四海：東海於會稽縣界，南海於南海鎮南，並近海立祠。及四瀆，並取側近巫一人，主知灑掃，並令多植松柏。

大唐武德、貞觀之制，五岳、四鎮、四海、四瀆，年別一祭，各以五郊迎氣日祭之。東岳岱山，祭於兗州；東鎮沂山，祭於沂州；東海，於萊州；東瀆大淮，於唐州。南岳衡山，於衡州；南鎮會稽山，於越州；南海，於廣州；南瀆大江，於益州；中岳嵩山，於洛州。西岳華山，於華州；西鎮吴山，於隴州；西海及西瀆大河，於同州。北岳恒山，於定州；北鎮醫無閭山，於營州；北海及北瀆大濟，於洛州。其牲皆用太牢。祀官以當界都督刺史充。先天二年，封華岳神爲金天王。開元十三年，封泰山神爲天齊王。天寶五載，封中岳神爲中天王，南岳神爲司天王，北岳神爲安天王。六載，河瀆封爲靈源公，濟瀆封爲清源公，江瀆封爲廣源公，淮瀆封爲長源公。會稽山爲永興公，岳山爲成德公，霍山爲應聖公，醫巫閭山爲廣寧公。八載閏六月，封太白山爲神應公。其九州鎮山，除入諸岳外，並宜封公。十載正月，以東海爲廣德王，南海爲廣利王，西海爲廣潤王，北海爲廣澤王。分命卿監詣岳瀆及山，取三月十七日一時備禮，兼册祭。儀具《開元禮》。

——《通典》卷46《禮六·沿革六·吉禮五·山川》，第1282—1283頁。

秦漢晉隋帝王巡狩海上總述

秦始皇三年，東巡郡縣，祠鄒嶧山，頌功業。二世元年，東巡碣石，並海，南歷泰山，至會稽，皆禮祠之，而刻勒始皇所立石書旁，以彰始皇之功德。

漢武帝元狩四年，始巡郡縣，寖尋於泰山。元封初，復至海上，又北至碣石，巡自遼西，歷北邊，至九原。五月，乃至甘泉。周萬八千里。……

後魏文成帝和平元年正月，東巡狩，歷橋山，祀黄帝；幸遼西，遥祀醫無閭山。遂緣海，幸冀州，北至中山，過常嶽，禮其神而返。明年，南巡，過石門，遣使者用玉璧牲牢，禮常嶽。

隋煬帝自文帝山陵纔畢，卽事巡遊，乃慕秦皇、漢武之事，西征東幸，無時暫息，六宫與文武吏士，常十餘萬人，然非省方展義之行也。

——《通典》卷54《禮十四·沿革十四·吉禮十三·巡狩》，第1503—1505頁。

祭東海於萊州界南海於廣州界

五嶽、四鎮、四海、四瀆每年五郊迎氣日，各一祭。（東嶽岱山，祭於兗州界。東鎮沂山，祭於沂州界。南嶽衡山，祭於衡州界。南鎮會稽山，祭於越州界。中嶽嵩高山，祭於河南府界。西嶽華山，祭於華州界。西鎮吴山，祭於隴州界。北嶽恒山，祭於定州界。北鎮醫無間山，祭於營州界。祭東海於萊州界，祭東瀆大淮於唐州界，祭南海於廣州界，祭南瀆大江於益州界，祭西海及西瀆大河於同州界，祭北海北瀆大濟於河南府界。皆本州縣官祭之。以上四祭，每座籩豆各十，簠簋各二，俎各二。）

——《通典》卷 106《禮六十六・開元禮纂類一・序例上・神位》，第 2769—2770 頁。

東方岳鎮海瀆祝文

東方岳鎮海瀆祝文曰："維某年歲次月朔日，子嗣天子諱謹遣具位臣姓名敢昭告於東方岳鎮海瀆：惟神宣導坤儀，興降雲雨，亭毒庶品，實賴滋液。年穀順成，用通大禘，謹薦嘉祀，溥及一方，山林川澤，丘陵墳衍，原隰井泉，庶神咸饗。"（南方、西方、北方準此。）

——《通典》卷 110《禮七十・開元禮纂類五・吉禮二・皇帝臘日禘百神於南郊・鑾駕還宫》，第 2865 頁。

測水高深淺等用具木槽、照版與度竿

木槽長二尺四寸，兩頭及中間鑿爲三池，池横闊一寸八分，縱闊一寸，深一寸三分，池間相去一尺五分，間有通水渠，闊二分，深一寸三分。三池各置浮木，木闊狹微小於池，匡厚三分，上建立齒，高八分，闊一寸七分，厚一分。槽下爲轉關，脚高下與眼等。以水注之，三池浮木齊起，眇目視之，三齒齊平，則爲天下準。或十步，或一里，乃至數十里，目力所及，置照版度竿，亦以白繩計其尺寸，則高下、丈尺、分寸可知，謂之水平。

照版，形如方扇，長四尺，下二尺黑，上二尺白，闊三尺，柄長一尺，大可握。

度竿，長二丈，刻作二百寸，二千分，每寸内小刻其分。隨向遠近高下立竿，以照版映之，眇目視三浮木齒及照版，以度竿上尺寸爲高下，遞而往視，尺寸相乘，則山崗、溝澗、水源下高深淺可以分寸而度。

——《通典》卷160《兵十三・水平及水戰具》，第4122頁。

舷置浮版的海鶻船及其他戰船

水戰之具：其船，闊狹、長短隨用大小；勝人多少，皆以米爲率，一人重米二石。其檝棹、篙櫓、帆席、絙索、沉石、調度，與常船不殊。

樓船：船上建樓三重，列女牆戰格，樹幡幟，開弩牕、矛穴，置抛車、礨石、鐵汁，狀如城壘。忽遇暴風，人力不能制，此亦非便於事；然爲水軍，不可不設，以成形勢。

蒙衝：以生牛皮蒙船覆背，兩廂開掣棹孔，前後左右有弩窻、矛穴，敵不得近，矢石不能敗。此不用大船，務於疾速，乘人之不及，非戰之船也。

鬬艦：船上設女牆，可高三尺，牆下開掣棹孔；船内五尺，又建棚，與女牆齊；棚上又建女牆，重列戰敵，上無覆背，前後左右樹牙旗、旛幟、金鼓。此戰船也。

走舸：舷上立女牆，置棹夫多，戰卒少，皆選勇力精鋭者，往返如飛鷗，乘人之不及，金鼓、旗幟列之於上。此戰船也。

遊艇：無女牆，舷上置槳床，左右隨大小長短，四尺一牀。計會進止，迴軍轉陣，其疾如風，虞候居之，非戰船也。

海鶻：頭低尾高，前大後小，如鶻之狀，舷下左右置浮版，形如鶻翅翼，以助其船，雖風濤漲天，免有傾側。覆背上，左右張生牛皮爲城，牙旗、金鼓如常法，此江海之中戰船也。

——《通典》卷 160《兵十三·水平及水戰具》，第 4122—4123 頁。

秦漢晉隋海疆概述

秦制天下爲四十郡，其地則西臨洮而北沙漠，東縈南帶，皆臨大海。

漢興，以秦地太大，更加置郡國。其後開越攘胡，土宇彌廣，改雍曰涼，梁曰益，又置徐州，復禹舊號，置交，北有朔方，凡爲十三州部刺史。而不常所理。至哀、平之際，凡新置郡、國六十三焉，與秦四十，合百三。縣邑千三百一十四，道三十二，侯國二百四十一。地東西九千三百二里，南北萬三千三百六十八里，此漢之極盛也。

後漢光武以官多役煩，乃併省郡、國十，縣、道、侯國四百餘所。……

魏氏據中原，有州十三：司隸、荆、荆河、兖、青、徐、涼、秦、冀、幽、并、揚、雍。有郡國六十八。東自廣陵、壽春、合肥、沔口、西陽、襄陽，重兵以備吴；西自隴西、南安、祁山、漢陽、陳倉，重兵以備蜀。……

吴主北據江，南盡海，置交、廣、荆、郢、揚五州，有郡四十有三。以建平、西陵、樂鄉、南郡、巴丘、夏口、武昌、皖城、牛渚圻、濡須隖，並爲重鎮。其後得沔口、邾城、廣陵。自三國鼎立，更相侵伐，互有勝負，疆境之守，彼此不常，纔得遽失，則不暇存也。今略紀其久經屯鎮及要害之地焉。……

隋文帝開皇三年，遷都大興城，遂廢諸郡，以州治人。自九載廓定江表，尋以户口滋多，析置州縣。煬帝大業初，移洛陽城，又平林邑，更置三州。既而併省諸州。三年，改州爲郡，乃置司隸刺史，分部巡察。五年，平定吐谷渾，更置四郡。大凡郡百九十，縣千二百五十五，東西九千三百里，南北萬四千八百一十五里，東南皆至於海，西至且末，北至五原。隋氏之盛，極於此矣。

——《通典》卷171《州郡一·序目上》，第4456—4469頁。

唐代海疆概述

大唐武德初，改郡爲州，太守爲刺史，其邊鎮及襟帶之地，置總管府以領軍戎。至七年，改總管府爲都督府。

自因隋季分割州府，倍多前代。貞觀初，并省州縣，始於山河形便，分爲十道：一曰關内道，二曰河南道，三曰河東道，四曰河北道，五曰山南道，六曰隴右道，七曰淮南道，八曰江南道，九曰劍南道，十曰嶺南道。既北殄突厥頡利，西平高昌，東西九千五百十里，南北萬六千九百十八里。

高宗平高麗、百濟，得海東數千餘里，旋爲新羅、靺鞨所侵，失之。又開四鎮，即西境拓數千里，于闐、疎勒、龜兹、焉耆諸國矣。

景雲二年，又分置二十四都督府，分統諸州，時議以權重不便，尋罷之。

開元二十一年，分爲十五道，置採訪使，以檢察非法：京畿，理西京城内。都畿，理東都。關内，多以京官遥領。河南，理陳留郡。河東，理河東郡。河北，理魏郡。隴右，理西平郡。山南東，理襄陽郡。山南西，理漢中郡。劍南，理蜀郡。淮南，理廣陵郡。江南東，理吴郡。江南西，理章郡。黔中，理黔中郡。嶺南，理南海郡。

又於邊境置節度、經略使，式遏四夷。大凡鎮兵四十九萬人，戎馬八萬餘疋。每歲經費：衣賜則千二十萬疋段，軍倉則百九十萬石，大凡千二百十萬。……

嶺南五府經略使：綏静夷獠，統經略軍、清海軍、桂管經略使、容管經略使、鎮南經略使、邕管經略使。

又有經略守捉使三，以防海寇：長樂郡經略使、東萊郡守捉、東牟郡守捉。

天寶初，又改州爲郡，刺史爲太守。大凡郡府三百二十有八，縣千五百七十有三，羈縻州郡不在其中。其地東至安東都護府，西至安西都護府，南至日南郡，北至單于都護府。南北如前漢之盛，東則不及，西則過之。

九州之區域，在昔顓頊及於陶唐，分而爲九，其制最大。雍州西據黑水，東距西河。荊河州西南至荊山，北距河。冀州唐虞之都，以餘州所至，則是其境。兖州舊爲濟河之閒，河自周定王五年徙流禹之所道，漸以堙塞。至秦始皇二十二年攻魏，決河灌其郡，決處遂大，不可復補。魏都則今陳留郡。漢武元封三年春，河又徙，從頓丘東南流入渤海。頓丘卽今縣也。渤海郡卽今景城郡地。其下決於瓠子，東南通於淮泗。瓠子在今濮陽縣西界。時丞相田蚡食邑鄃在河北，河決而南，卽鄃無水災，邑收入多。青州東北據海，西距岱。徐州東據海，北至岱，南及淮。梁州東據華山之陽，西距黑水。揚州北據淮，東南距海。荊州北據荊山，南及衡山之陽。其雍州西境，流沙之西，荊州南境，五嶺之南，所置郡縣，並非九州封域之内也。

——《通典》卷172《州郡二·序目下》，第4478—4487頁。

分野中的唐代海疆

凡國之分野，上配天象，始於周季，定其十三，其地可辨。漢史曰："秦地，東井、輿鬼之分野。其界自弘農故關以西，京兆、扶風、馮翊、北地、上郡、西河、安定、天水、隴西，南有巴、蜀、廣漢、犍爲、武都，西有金城、武威、張掖、酒泉、燉煌，又西南有牂柯、越嶲、益州，皆宜屬焉。魏地，觜觿、參之分野。得漢之高陵以東，盡河東、河内，南有陳留及汝南之召陵、㶏强、新汲、西華、長平，潁川之舞陽、郾、許、鄢陵，河南之開封、中牟、陽武、酸棗、卷，皆魏分野。韓地，角、亢、氐之分野。得漢之南陽及潁川之父城、定陵、襄城、潁陽、潁陰、長社、陽翟、郟城，東接汝南，西接弘農得新安、宜陽，皆韓分野。周地，柳、七星、張之分野。得漢之河南雒陽、穀城、平陰、偃師、鞏、緱氏，是其分野。趙地，昴、畢之分野。得漢之信都、真定、常山、中山，涿郡之高陽、鄚、州鄉；廣平、鉅鹿、清河、河閒，渤海之東平舒、中邑、文安、東州、成平、章武，河以北；南至浮水、繁陽、内黄、斥丘；西有太原、定襄、雲中、五原、上黨：皆趙分野。燕地，尾、箕之分野。得漢之漁陽、右北平、遼西、遼東、上谷、代郡、鴈門，涿郡之易、容城、范陽、北新城、故安、涿縣、良鄉、新昌，及渤海之安次，皆燕分野。樂浪、玄菟亦宜屬焉。衛地，營室、東壁之分野。得漢之東郡，魏郡之黎陽，河内之野王、朝歌，皆衛之分野。宋地，房、心之分野。得漢之沛、梁、楚、山陽、濟陰、東平及東郡之須昌、壽張，皆宋分野。齊地，虚、危之分野。得漢之淄川、東萊、瑯琊、高密、膠東、泰山、城陽、千乘、清河以南，渤海之高樂、高城、重合、陽信，濟南、平原，皆齊分野。魯地，奎、婁之分野。得漢之東海，南有泗水，至淮，得臨淮之下相、睢陵、僮、取慮，皆魯分野。楚地，翼、軫之分野。得漢之南郡、江夏、零陵、桂陽、武陵、長沙、漢中、汝南郡，盡楚分野。吴地，斗之分野。得漢之會稽、九江、丹陽、章郡、廬江、廣陵、六安、臨淮郡，盡吴分野。越地，牽牛、婺女之分野。得漢之蒼梧、鬱林、合浦、交阯、九真、南海、日南，皆越分野。”其餘土境，非諸國分野之内也。

——《通典》卷172《州郡二·序目下》，第4488—4490頁。

華信譎募土石立錢塘以防海水

杭州，春秋越國之西境，後屬楚。秦漢並屬會稽郡。後漢順帝以後屬吴郡。晉屬吴興、吴二郡地。宋、齊、梁因之。陳以爲錢塘郡。隋平陳，置杭州；煬帝初州廢，置餘杭郡。大唐爲杭州，或爲餘杭郡。領縣九：錢塘、(漢舊縣。《錢塘郡記》云：“昔郡功曹華信議立此塘，以防海水。始開募有能致土石一斛，與錢一千。旬日之間，來者雲集。塘未成，譎不復取，皆棄土石而去，塘以之遂成。”有石膏山，藥用爲最。）富陽、臨安、於潛、唐山、紫溪、鹽官、新城、餘杭。

——《通典》卷182《州郡十二·古揚州下·餘杭郡》，第4829—4830頁。

馬臻創立鏡湖洩湖灌田入海

越州，（今理會稽、山陰二縣。）春秋時越國之都，至周顯王時，爲楚所破。其浙江南之地，越猶保之，而臣服於楚。秦屬會稽郡，漢因之。後漢順帝徙置會稽郡。（時陽羡人周喜上書，分浙江以西爲吴郡，以東爲會稽郡。順帝永和五年，馬臻爲太守，創立鏡湖。在會稽、山陰兩縣界，築塘蓄水，水高丈餘，田又高海丈餘。若水少則洩湖灌田，如水多則閉湖洩田中水入海，所以無凶年。其隄塘，周迴三百一十里，都溉田九千餘頃。《會稽記》云：“創湖之始，多淹塚宅，有千餘人怨訴臻，遂被刑於市。及遣使按履，總不見人籍，皆是先死亡者。”）

——《通典》卷182《州郡十二·古揚州下·會稽郡》，第4832—4833頁。

餘姚郡至海中諸山的海行里程

餘姚郡（東至海中黄公山，水行二百八十里。南至臨海郡寧海縣，水行一百八十里。西至會稽郡餘姚縣界一百七十里。北至會稽郡餘姚縣界海際，水行一百八十里。東南到海中鋸門山四百里，與臨海郡象山縣分界。西南到睦昭嶺一百七十里，與會稽郡剡縣分界。西北到會稽郡界一百七十里。東北到大海浹口七十里，從海際浹口往海行七百五十里，至海中檢山。去西京四千一百里，去東京三千二百五十里。户四萬一千六百三十，口十七萬七千五百六十。）明州，本會稽郡之鄮縣，大唐開元中，分置明州，或爲餘姚郡，以境内四明山爲名。領縣四：鄮、奉化、慈溪、翁山。

——《通典》卷 182《州郡十二·古揚州下·餘姚郡》，第 4833—4834 頁。

臨海郡極大海

臨海郡（東至海際一百八十里。南至永嘉郡百五里。西至縉雲郡四百里。北至會稽郡五百里。東南到大海二百九十三里。西南到括蒼山足七十里，極大山。西北到東陽郡六百一十二里。東北到當郡象山縣東鋸門山四百六十里，極大海。去西京四千三百四十六里，去東京三千三百二十里。户五萬五千六百五十八，口三十二萬四千九百六十一。）台州，春秋及戰國時屬越。秦漢屬會稽郡，亦東甌之境。武帝時，閩越圍東甌，徙國於江淮之閒。其地屬會稽郡東部都尉。後漢亦屬會稽郡。吴置臨海郡。晉宋齊梁皆因之。隋平陳，郡廢，屬永嘉郡。大唐武德四年，平李子通，置海州；五年，改爲台州。或爲臨海郡。領縣六：臨海、始豐、樂安、寧海、黄巖、象山。

——《通典》卷 182《州郡十二·古揚州下·臨海郡》，第 4834—4835 頁。

永嘉郡東北到臨海郡泛海行五百里

永嘉郡（東至大海八十六里。南至長樂郡，水陸相乘千五百二十里。西至縉雲郡二百六十七里。北至臨海郡五百里。東南到横陽縣界將軍嶺，去縣二百十五里。西南到建安郡界桐檐山，去横陽縣三百五十里。西北到縉雲郡三百里。東北到臨海郡泛海行五百里。去西京四千七百三十七里，去東京三千九百三十七里。户四萬二千二十八，口二十萬五千三百十四。）温州，春秋、戰國時並屬越。秦、二漢爲會稽郡之東境。晉爲臨海郡地，明帝分屬永嘉郡，宋以後因之。隋平陳，廢永嘉郡，煬帝初又屬永嘉郡。大唐前上元二年，分置温州，或爲永嘉郡。領縣四：永嘉、（漢冶縣地，後漢改爲章安，後又以章安東甌鄉爲永寧縣。初漢惠帝立越東海王摇於東甌，卽此。隋改名。）横陽、安固、樂城。

——《通典》卷182《州郡十二·古揚州下·永嘉郡》，第4836—4837頁。

長樂郡南至海二百里

長樂郡（東至山六十六里，外至海。南至海二百里。西至山八十里，山外虔州雩都縣界。北至山四十里，山外至永嘉郡界。東南水路到海一百六十四里。西南到清源郡五百里。西北到建安郡七百二十里。東北到永嘉郡水路千四百七十八里。去西京五千七百三十三里，去東京四千九百三十三里。户三萬九千五百二十七，口二十一萬七千八百七十七。）福州，亦閩越地。秦爲閩中郡。漢高帝立無諸爲閩越王，都於此。及武帝時，閩越反，滅之，徙其人於江淮間，盡虚其地。後有遁逃山谷者頗出，立爲冶縣地，屬會稽郡，又名其地爲東冶縣。後漢改爲侯官都尉，屬會稽郡。後分冶地爲會稽東南二部都尉，此爲南部都尉。晉置晉安郡，宋、齊因之。陳置閩州，後又改爲豐州。隋平陳，改爲泉州；煬帝初州廢，復改爲建安郡。大唐初爲建州，後此置泉州，後此復爲閩州。開元十三年，改爲福州，或爲長樂郡。領縣八：閩、候官、福唐、長樂、連江、長溪、古田、尤溪。

——《通典》卷182《州郡十二·古揚州下·長樂郡》，第4846—4847頁。

清源郡東南到海四十里

清源郡（東至海一百二十里。南至海一百八十里。西至棉田村二百八十五里。北至仙遊縣一百五十里。東南到海四十里。西南到漳浦郡六百里。西北到阜洋村一百里。東北到長樂郡五百里。去西京六千二百一十六里，去東京五千四百十三里。户二萬四千五百八十六，口一十五萬四千九。）

泉州秦漢土地與長樂郡同。晉爲晉安郡，宋齊以後因之。自隋以來屬泉州。大唐神龍以後，始移置泉州於此，或爲清源郡。領縣四：晉江、南安、莆田、仙遊。

——《通典》卷182《州郡十二・古揚州下・清源郡》，第4847頁。

潮陽郡東南到大海六十九里

潮陽郡（東至大海一百二十七里。南至大海八十五里。西至海豐郡海豐縣五百七十里。北至南康郡一千五百六十七里。東南到大海六十九里。西南到潮陽縣二百七十里。西北到郡内程鄉縣五百七十五里。東北到漳浦郡五百六十里。去西京七千六百六十七里，去東京六千七百七十五里。户一萬三百二十四，口五萬一千六百七十四。）

潮州，亦古閩越地。秦屬南海郡，秦末屬尉佗。漢初屬南越，後亦屬南海郡。後漢因之。晉置東官郡，又分置義安郡。宋齊因之。梁置東揚州，後改爲瀛州，及陳而廢。隋平陳，置潮州；煬帝初，置義安郡。大唐復爲潮州，或爲潮陽郡。領縣三：海陽、潮陽、程鄉。

——《通典》卷182《州郡十二・古揚州下・潮陽郡》，第4849頁。

古南越到唐嶺南道總述

自嶺而南，當唐、虞、三代爲蠻夷之國，是百越之地，亦謂之南越，古謂之雕題，非禹貢九州之域，又非周禮職方之限。在天文，牽牛、婺女則越之分野，兼得楚之交。秦始皇略定揚越，謫戍五方，南守五嶺。後遣任囂攻取陸梁之地，遂平南越，置郡，此爲南海、桂林、象，置南海尉以典之，所謂東南一尉者也。秦末，趙佗遂王其地，漢因封之。佗後數代，其相吕嘉反；武帝使伏波將軍路博德討平之。元封初，又遣軍自合浦徐聞入南海，至大洲，方千里，略得之。後兼置交趾刺史。其餘土宇，自漢以後，歷代開拓。後漢建武中，交趾女子徵側、妹徵貳反，於是九真、日南、合浦蠻俚皆應之，自立爲交趾帝。使馬援平定交部，始調立城郭，置井邑。至獻帝，乃立爲交州。其邊州，詔使持節給鼓吹，以重威鎮，加九錫六佾之舞。漢末，其地並屬吴，仍分爲廣州。後蜀以建寧太守遥領交州。晉平蜀，亦然。及平吴，仍舊交廣二州。宋分爲廣州、交州、越州。齊並因之。梁陳以來，廢置混雜，不能悉舉。大唐分爲十五部，此爲嶺南道。

——《通典》卷 184《州郡十四·古南越》，第 4912 頁。

南海郡漢唐政區沿革

南海郡（東至海豐郡四百里。南至恩平郡五百里。西至高要郡二百四十里。北至始興郡八百里。東南到恩平郡四百里。西南到高要郡界二百三十里。西北到連山郡九百里。東北到海豐郡界三百五十里。去西京五千四百四十七里，去東京四千九百里。户五萬八千八百四十，口二十萬一千五百。）廣州，秦置南海郡。二漢因之，兼置交州。吴因之，分置廣州。晉、宋、齊皆因之。梁陳並置都督府。隋平陳，置總管府，後又置番州；煬帝初，復置南海郡。大唐改爲廣州，或爲南海郡。領縣十二：南海、番禺、增城、浛洭、東官、清遠、懷集、湞陽、永固、化蒙、寶安、四會。

——《通典》卷 184《州郡十四·古南越·南海郡》，第 4912—4913 頁。

海康郡東至大海二十里

海康郡（東至大海二十里。南至珠崖郡四百三十里。西至大海二百里。北至招義郡二百五十里。東南到大海十五里。西南到大海一百里。西北到招義郡一百六十里。東北到招義郡界二百五十里。去西京六千五百一十里，去東京五千九百三十里。户四千三百三十，口二萬五百七十。）雷州，秦象郡地。二漢以後並屬合浦郡地。梁分置合州，大同末，以合肥爲合州，以此爲南合州。隋平陳，又爲合州；煬帝初州廢，以屬合浦郡。大唐置雷州，或爲海康郡。領縣三：海康、遂溪、徐聞。

——《通典》卷 184《州郡十四·古南越·海康郡》，第 4952—4953 頁。

海中之洲崖州

崖州，海中之洲也。漢武置珠崖、儋耳二郡；昭帝省儋耳，併珠崖；元帝又罷珠崖郡，以其阻絶數反，故罷棄之。與今海康郡之徐聞縣對，自徐聞徑度，便風揚帆，一日一夕卽至。梁置崖州。隋置珠崖郡。大唐爲崖州，或爲珠崖郡。領縣四：舍城澄邁文昌臨高

——《通典》卷 184《州郡十四·古南越·珠崖郡》，第 4957—4958 頁。

延德郡南至大海七里

延德郡（東至萬安郡百六十里。南至大海七里。西至昌化郡四百二十里。北至瓊山郡四百五十里。東南到大海二十七里。西南到大海十里。西北到延德縣九十里。東北到瓊山郡四百五十里。去西京八千六百六里，去東京七千七百九十七里。户八百一十五，口二千八百二十。）振州，土地與珠崖郡同。隋置臨振郡。大唐置振州，或爲延德郡。領縣五：寧遠延德吉陽臨川落屯

——《通典》卷 184《州郡十四·古南越·延德郡》，第 4959 頁。

珠崖環海尤難賓服

五嶺之南，人雜夷獠，不知教義，以富爲雄。珠崖環海，尤難賓服，是以漢室嘗罷棄之。（漢元帝時，珠崖數反叛，賈捐之上書，言不可煩中國師徒，請罷棄。帝從之。）大抵南方遐阻，人强吏懦，豪富兼并，役屬貧弱，俘掠不忌，古今是同。其性輕悍，易興迷節。（自尉佗、徵側之後，無代不有擾亂，故《蕭齊志》云："憑恃險遠，隱伏巖障，恣行寇盗，略無編户。"）爰自前代，及於國朝，多委舊德重臣，撫寧其地也。

——《通典》卷 184《州郡十四・古南越・風俗》，第 4961 頁。

海島之上三韓地總論

秦并天下，其淮、泗夷皆散爲人户。其朝鮮歷千餘年，至漢高帝時滅。武帝元狩中，開其地，置樂浪等郡。至後漢末，爲公孫康所有。魏晉又得其地。其三韓之地在海島之上，朝鮮之東南百濟、新羅，魏晉以後分王韓地。新羅又在百濟之東南，倭又在東南，隔越大海。夫餘在高麗之北，挹婁之南。其倭及夫餘自後漢，百濟、新羅自魏，歷代並朝貢中國不絶。而百濟，大唐顯慶中，蘇定方滅之。高麗本朝鮮地，漢武置縣，屬樂浪郡，時甚微弱。後漢以後，累代皆受中國封爵，所都平壤城，則故朝鮮國王險城也。後魏、周、齊漸强盛。隋文帝時寇盗遼西，漢王諒帥兵討之，至遼水遭癘疫而返。煬帝三度親征：初渡遼水敗績；再行，次遼水，會楊玄感反，奔退；又往，將達涿郡，屬天下賊起及饑饉，旋師。貞觀中，太宗又親征，渡遼，破之。高宗總章初，英國公李勣遂滅其國。

——《通典》卷 185《邊防一・東夷上・序略》，第 4985 頁。

漢樓船將軍楊僕從齊浮渤海討朝鮮

武帝元封三年，遣樓船將軍楊僕從齊浮渤海，兵五萬，左將軍荀彘出遼東，討之。朝鮮人相與殺王右渠來降。遂以朝鮮爲真蕃、臨屯、樂浪、音郎。玄菟四郡。今悉爲東夷之地。昭帝時罷臨屯、真蕃以并樂浪、玄菟。自内屬以後，風俗稍薄，法禁亦寖多，至於六十餘條。

——《通典》卷 185《邊防一・東夷上・朝鮮》，第 4986 頁。

濊東窮大海其海出斑魚皮

濊亦朝鮮之地，南與辰韓、北與高句麗、沃沮接，東窮大海，西至樂浪。後漢光武建武六年，悉封其渠帥爲縣侯，皆歲時朝賀。無大君長，自漢以來，其官有侯、邑君、三老，統主下户。其耆舊自謂與高麗同種，言語法俗大抵相類。其人性謹愿，少嗜慾，有廉恥。男女衣皆著曲領，男子繫銀花，廣數寸，以爲飾。其俗重山川，山川各有部分，不得輒相干涉。同姓不婚。多所忌諱。疾病死亡卽棄舊宅，更作新居。知種麻，養蠶，作綿布。曉候星宿，先知年歲豐約。不以珠玉爲寶。又祭虎以爲神。其邑落有侵犯者，輒相罰，責生口牛馬，名之爲“責禍”。少寇盜。作矛長三丈，或數人共持之，能步戰。樂浪檀弓出其地。又多文豹。有果下馬，高三尺，乘之可於果樹下行也。其海出斑魚皮，漢時常獻之。魏齊王正始六年，不耐濊侯等舉邑降，四時詣樂浪、帶方二郡朝謁。有軍征賦調，如中華人焉。

——《通典》卷 185《邊防一・東夷上・濊》，第 4987 頁。

朝鮮王準將數千人走入海/樂浪太守鮮于嗣越海定二郡

初，朝鮮王準爲衛滿所破，乃將其餘衆數千人走入海，攻馬韓，破之，自立爲韓王。準後滅絶，馬韓人復自立爲辰王。後漢光武建武中，韓人廉斯人蘇馬諟等詣樂浪貢獻。帝封蘇馬諟爲漢廉斯邑君，使屬樂浪郡，四時朝謁。靈帝末，韓、濊並盛，郡縣不能制，百姓苦亂，多流亡入韓者。獻帝建安中，公孫康分屯有、有鹽縣以南荒地爲帶方郡，遣公孫模、張敞等收集遺民，興兵伐韓、濊，舊民稍出。是後倭韓遂屬帶方。魏景初中，明帝密遣帶方太守劉昕、樂浪太守鮮于嗣越海定二郡，諸韓國臣智加賜邑君印綬，其次與邑長。其俗好衣幘，下户詣郡朝謁，皆假衣幘，自服印綬衣幘千有餘人。部從事吴林以樂浪本統韓國，分割辰韓八國以與樂浪。晉武帝咸寧中，馬韓王來朝，自是無聞。三韓蓋爲百濟、新羅所吞并。

——《通典》卷 185《邊防一・東夷上・弁辰》，第 4989—4990 頁。

百濟國西南海中三島出黄漆樹漆器物若黄金

百濟，卽後漢末夫餘王尉仇台之後，初以百家濟海，因號百濟。晉時句麗既略有遼東，百濟亦據有遼西、晉平二郡。自晉以後，吞并諸國，據有馬韓故地。其國東西四百里，南北九百里，南接新羅，北拒高麗千餘里，西限大海，處小海之南。國西南海中有三島，出黄漆樹，似小榎樹而大。六月取汁，漆器物若黄金，其光奪目。自晉代受蕃爵，自置百濟郡。義熙中，以百濟王夫餘腆爲使持節、都督百濟諸軍事。宋、齊並遣使朝貢，授官，封其人。

——《通典》卷 185《邊防一・東夷上・百濟》，第 4990 頁。

新羅王本百濟人自海逃入新羅

新羅國，魏時新盧國焉，其先本辰韓種也。辰韓始有六國，稍分爲十二，新羅則其一也。其國在百濟東南五百餘里，東濱大海。魏將毌丘儉討高麗，破之，奔沃沮。其後復歸故國，留者遂爲新羅焉，故其人雜有華夏、高麗、百濟之屬，兼有沃沮、不耐、韓、濊之地。其王本百濟人，自海逃入新羅，遂王其國。其國小，不能自通使聘。

——《通典》卷 185《邊防一·東夷上·新羅》，第 4992 頁。

倭在帶方東南大海依山島爲居

倭自後漢通焉，在帶方東南大海中，依山島爲居，凡百餘國。光武中元二年，倭奴國奉貢朝賀，使人自稱大夫，倭國之極南界也。安帝永初元年，倭國王帥升等獻生口百六十人。桓、靈間，倭國大亂，更相攻伐，歷年無主。有一女子名曰卑彌呼，年長不嫁，事鬼道，能以妖惑衆，於是共立爲王。侍婢千人，少有見者。唯有男子一人給飲食、傳辭出入。居處宫室樓觀，城栅嚴設，常有人持兵守衛。

——《通典》卷 185《邊防一·東夷上·倭》，第 4993—4994 頁。

倭王曰裝船理舫渡平海北九十五國

魏明帝景初二年，司馬宣王之平公孫氏也，倭女王始遣大夫詣京都貢獻。魏以爲親魏倭王，假金印紫綬。齊王正始中，卑彌呼死，立其宗女臺輿爲王。其後復立男王，並受中國爵命。晉武帝泰始初，遣使重譯入貢。

宋武帝永初二年，倭王讚修貢職，至曾孫武，順帝昇明二年，遣使上表曰："封國偏遠，作蕃於外，自昔祖禰，躬擐甲胄，跋涉山川，不遑寧處，東征毛人五十五國，西服衆夷六十六國，渡平海北九十五國。臣雖下愚，忝胤先緒，驅率所統，歸崇天極，道遥百濟，裝船理舫。而句麗無道，圖欲見吞，虔劉不已，每致稽滯。臣欲練甲理兵，摧此强敵，尅靖方難，無替前功。竊自假開府儀同三司，其餘咸各假授。”詔除武使持節、安東大將軍、倭王。

——《通典》卷185《邊防一·東夷上·倭》，第4994頁。

倭在會稽閩川之東海中

（倭）王理邪馬臺國，去遼東萬二千里，在百濟、新羅東南，其國界東西五月行，南北三月行，各至於海，大較在會稽、閩川之東，亦與朱崖、儋耳相近。其國土俗宜禾稻、麻紵、蠶桑，知織績爲縑布。出白珠、青玉。其山出銅，有丹。土氣温暖，冬夏生菜茹，無牛、馬、虎、豹、羊，有薑、桂、橘、椒、蘘荷，不知以爲滋味。出黑雉。有獸如牛，名山鼠。又有大虵吞此獸，虵皮堅不可斫，其上孔乍開乍閉，時或有光，射中之虵則死。其兵有矛、楯、木弓、竹矢，或以骨爲鏃。男子皆黥面文身。自謂太伯之後，衣皆横幅結束，相連無縫。女人披髮屈紒，作衣如單被，穿其中央，貫頭而著之。並以丹朱塗其身，如中國之用粉也。有城栅、屋室，父母兄弟異處，唯會同男女無别。飲食以手，而用籩豆。俗皆徒跣，以蹲踞爲恭敬。人性嗜酒，多壽考。國多女，大人皆有四五妻，其餘或兩或三，女人不婬不妒。又俗不盗竊，少争訟。

——《通典》卷185《邊防一·東夷上·倭》，第4994—4995頁。

倭渡海詣中國使中的“持衰”人

（倭）其婚嫁不娶同姓，婦入夫家必先跨火，乃與夫相見。其死停喪十餘日，家人哭泣，不進酒食肉，親賓就屍歌舞爲樂。有棺無槨，封土作冢。舉大事，灼骨以卜，用決吉凶。其行來渡海詣中國，常使一人不櫛沐，不食肉，不近婦人，名曰“持衰”。若在塗吉利，則共顧其財物；若有疾病、遭暴害，以爲持衰不謹，便共殺之。官有十二等：一曰大德，次小德，次大仁，次小仁，次大義，次小義，次大禮，次小禮，次大智，次小智，次大信，次小信，員無定數。有軍尼百二十人，猶中國牧宰。八十户置一伊尼翼，如里長也；十伊尼翼屬一軍尼。其王以天爲兄，以日爲弟。尤信巫覡。每至正月一日，必射戲飲酒，其餘節略與華同。樂有五絃琴、笛，好棊博、握槊、摴蒱之戲。

——《通典》卷185《邊防一·東夷上·倭》，第4995頁。

隋文帝使裴清至日出處天子倭國海岸

隋文帝開皇二十年，倭王姓阿每，名多利思比孤，其國號“阿輩雞彌”，華言天兒也，遣使詣闕。其書曰，“日出處天子致書日没處天子，無恙”云云。帝覽之不悦，謂鴻臚卿曰：“蠻夷書有無禮者，勿復以聞。”明年，帝遣文林郎裴清使於倭國。渡百濟，東至一支國，又至竹斯國。又東至秦王國，其人同於華夏，以爲夷洲，疑不能明也。又經十餘國達於海岸。自竹斯以東，皆附庸於倭。清將至，王遣小德阿輩臺，從數百人，設儀仗，鳴鼓角來迎。又遣大禮歌多毗從二百餘騎郊勞。既至彼都，其王與清相見，設宴享以遣。復令使者隨清來貢方物。其國跣足，以幅布蔽其前後，椎髻無冠帶。隋煬帝時始賜衣冠，令以綵錦爲冠飾，裳皆施襬，綴以金玉。衣服之制頗同新羅。

——《通典》卷185《邊防一·東夷上·倭》，第4995—4996頁。

唐刺史高仁表浮海數月至倭/倭自云國在日邊稱日本

大唐貞觀五年，遣新州刺史高仁表持節撫之。浮海數月方至。仁表無綏遠之才，與其王争禮，不宣朝命而還，由是遂絶。又千餘里至侏儒國，人長三四尺。自侏儒東南行船行一年至裸國、黑齒國，使驛所傳，極於此矣。倭一名日本，自云國在日邊，故以爲稱。武太后長安二年，遣其大臣朝臣真人貢方物。“朝臣真人”者，猶中國地官尚書也，頗讀經史，解屬文，首冠進德冠，其頂有花，分而四散，身服紫袍，以帛爲腰帶，容止温雅。朝廷異之，拜爲司膳員外郎。

——《通典》卷 185《邊防一・東夷上・倭》，第 4995—4996 頁。

海島小國蝦夷使鬚長四尺

蝦夷國，海島中小國也。其使鬚長四尺，尤善弓矢。插箭於首，令人戴瓠而立，四十步射之，無不中者。大唐顯慶四年十月，隨倭國使人入朝。

——《通典》卷 185《邊防一・東夷上・蝦夷》，第 4998 頁。

鴨緑水至安平城入海可貯大船

馬訾水一名鴨緑水，水源出東北靺鞨白山，水色似鴨頭，故俗名之。去遼東五百里，經國内城南，又西與一水合，即鹽難水也。二水合流，西南至安平城，入海。高麗之中，此水最大，波瀾清澈，所經津濟，皆貯大船。其國恃此以爲天塹，水闊三百步，在平壤城西北四百五十里，遼水東南四百八十里。又遣使請道教。詔沈叔安將天尊像并道士至其國，講五千文，開釋玄宗，自是始崇重之，化行於國，有踰釋典。

——《通典》卷 186《邊防二・東夷下・高句麗》，第 5015 頁。

張亮率唐軍自萊州泛海趣平壤

貞觀十八年二月，太宗謂侍臣曰：“高麗莫離支賊殺其主，盡誅大臣。夫出師弔伐，須有其名，因其殺君虐下，取之爲易。”諫議大夫褚遂良進曰：“兵若度遼，事須尅捷。萬一不獲，無以威柔遠方，必更發怒，再動兵衆。若至於此，安危難測。”太宗然之。兵部尚書李勣曰：“近者薛延陀犯邊，必欲追擊，但爲魏徵苦諫遂止。向若討伐，延陀無一人生還，可五十年間邊境無事。”至十一月，以刑部尚書張亮爲平壤道行軍大總管，自萊州泛海趣平壤。又以特進李勣爲遼東道行軍大總管，趣遼東，兩軍合勢。三十日，征遼東之兵集於幽州。十九年，太宗親征渡遼。四月，李勣攻拔蓋牟城，獲口二萬，以其城置蓋州。勣又攻遼東城，拔之，以其城爲遼州。

——《通典》卷 186《邊防二・東夷下・高句麗》，第 5016—5017 頁。

東沃沮貢高句麗貂布魚鹽海中食物

（東沃沮）國在高句麗蓋馬大山之東，東濱大海，北與挹婁、夫餘，南與濊貊接。其地東西狹，南北長，可折方千里。户五千。土肥美，背山向海，宜五穀，善田種。無大君主，有邑落長帥。人性質直强勇，便持矛步戰。言語、飲食、居處、衣服有似句麗。其葬，作大木椁，長十餘丈，開一頭爲户。新死者先假埋之，令皮肉盡，乃取骨置椁中。家人皆共一椁，刻木如主，隨死者爲數焉。又有瓦㼗，置米其中，編懸之於椁户邊。國小，迫於大國之間，遂臣屬句麗。句麗復置其中大人爲使者，使相主領，又使大加統之，責其租税，貂布魚鹽，海中食物，千里擔負致之。又發其美女以爲婢妾焉。

——《通典》卷 186《邊防二・東夷下・東沃沮》，第 5020 頁。

北沃沮俗嘗以七月取童女沈海

魏齊王正始五年，幽州刺史毌丘儉討句麗。句麗王宫奔沃沮。遂進師擊沃沮邑落，皆破之。宫又奔北沃沮。北沃沮一名置溝婁，去南沃沮八百餘里。其俗南北皆同，與挹婁接。挹婁喜乘船寇抄，北沃沮畏之，夏月常在山巖深穴中爲守備，冬月冰凍，船道不通，乃下居村落。毌丘儉遣玄菟太守王頎追討宮，盡其東界。耆老言，國人嘗乘船捕魚，遭風吹，數十日東到一島，上有人，言語不相曉。其俗嘗以七月取童女沈海。又言有一國亦在海中，純女無男人。或傳其國有神井，闚之輒生子。又説，得一布衣，從海中浮出，其身如中人衣，其兩袖長三丈。又得一破船，隨波出在海岸邊，有一人項中復有面，生得之，與語不相通，不食而死。其城皆在沃沮東大海中。

——《通典》卷186《邊防二・東夷下・東沃沮》，第5021頁。

晉安人渡海風飄至女國

女國，慧深云："在扶桑東千餘里。其人容貌端正，色甚潔白。身體有毛，髮長委地。至二三月，競入水則妊娠，六七月産子。女人胸前無乳，項後生毛，根白，毛中有汁，乳子，百日能行，三四年則成人矣。見人驚避，偏畏丈夫。食鹹草，如禽獸。鹹草葉似邪蒿，而氣香味鹹。"梁武帝天監六年，有晉安人渡海，爲風所飄，至一島，登岸。有人居。女則如中國人，而言語不可曉。男則人身而狗頭，其聲如犬吠。其食有小豆，其衣如布。築土爲牆，其形圓，其户如竇。

——《通典》卷186《邊防二・東夷下・女國》，第5024頁。

流求居海島中以木槽暴海水爲鹽

流求，自隋聞焉。居海島之中，當建安郡東，水行五日而至。土多山洞。其王姓歡斯，名渴剌兜，不知其由來有國代數也。彼土人呼之爲"可老羊"，妻曰"多拔荼"。所居曰"波羅檀洞"，塹栅三重，環以流水，樹棘爲藩。王所居舍，其大十六閒，彫禽刻獸。多鬬鏤樹，似橘而葉密，條纖如髮，紛然下垂。國有四五帥統諸洞，洞有小王。往往有村，村有鳥了帥，並以善戰者爲之，自相樹立，理一村之事。男女皆以白紵繩纏髮，從頭後盤繞至額。婦人以羅紋白布爲帽。織鬬鏤皮并雜色紵及雜毛以爲衣，製裁不一。織籐爲笠，飾以毛羽。

兵有刀、稍、弓、箭、劍、鈹之屬。編紵爲甲，或以熊豹之皮。王乘木獸，令人轝之而行，導從不過數十人。國人好相攻擊，人皆驍健善走，難死而耐瘡。諸洞各爲部隊，不相救助。兩陣相當，勇者三五人相擊射，如其不勝，一軍皆走，遣人致謝，卽共和解，收取鬬死者共聚而食之。食皆用手。無賦斂，有事則均税。俗無文字，視月虧盈以紀時節，候草枯以爲年歲。人深目長鼻，頗類於胡人。縱年老，髮多不白。無君臣上下之節、拜伏之禮。父子同牀而寢。婦人産乳，必食子衣。以木槽暴海水爲鹽，木汁爲醋，釀米麴爲酒。遇得異味，先進尊者。凡有宴會，執酒者必待呼而後飲。上王酒者，亦呼王名，銜杯共飲，頗同突厥。歌呼蹋蹄，一人唱，衆人皆和，音頗哀怨。其死者氣將絶，舉於庭。浴其屍，以布帛纏之，裹以葦草，雜土而殯，上不起墳。爲子者，數月不食肉。有熊羆豺狼，尤多猪雞，無牛羊驢馬。厥田良沃，先以火燒，而引水灌之。持一插，以石爲刃，長尺餘，闊數寸，而墾之。土宜播種，樹木有同於江表。氣候與嶺南相類。俗事山海之神，祀以酒肴。鬬戰殺人，便將所殺人祭其神。

——《通典》卷 186《邊防二・東夷下・流求》，第 5026—5027 頁。

隋海師何蠻將軍朱寬陳稜入流求

煬帝大業初，海師何蠻等每春秋二時，天清氣静，東向，依稀似有烟霧之氣，亦不知幾千里。三年，帝令羽騎尉朱寬入海求訪異俗，何蠻言之，遂與蠻俱往，因到流求國。言不相通，掠一人，并取其布甲而還。時倭國使來朝，見之曰："此夷邪久國人所用也。"帝遣虎賁郎將陳稜、朝請大夫張鎮州率兵自義安浮海擊之。至流求。初，稜將南方諸國人從軍，有崑崙人頗解其語，遣人慰諭之。流求不從，拒逆官軍。稜擊走之，進至其都。頻戰皆敗，毁其宫室，虜其男女數千人而還。

——《通典》卷 186《邊防二・東夷下・流求》，第 5027 頁。

閩越及漢樓船浮海東甌總述

閩越王無諸及越東海王摇者，其先皆越王句踐之後也，姓騶氏。秦已并天下，皆廢爲君長，以其地爲閩中郡。及諸侯叛秦，無諸及摇率越人佐漢擊項籍。漢五年，復立無諸爲閩越王，王閩中故地，都東冶。孝惠三年，舉高帝時越功，曰閩君摇功多，乃立摇爲東海王，都東甌，時俗號爲東甌王。至孝景三年，吴王濞反，吴破，東甌受漢之購，殺吴王。吴王之子子駒、子華亡走閩越，怨東甌殺其父，常勸閩越擊東甌。

至武帝建元三年，閩越發兵圍東甌，乃遣莊助以節發兵會稽，遂浮海救東甌。未至，閩越引去，東甌請舉國徙中國，仍率其衆四萬餘人處江淮之間。至六年，閩越擊南越。上遣大行王恢出章郡，大司農韓安國出會稽，兵未踰嶺，閩越王郢發兵距險。其弟餘善殺王郢，使人謝罪。天子詔罷兵，曰："郢等首惡，獨無諸孫繇君丑不同謀焉。"乃立丑爲越繇王，奉閩越祀。餘善已殺郢，威行於國，天子聞之，爲餘善不足復興師，曰："餘善數與郢謀亂，而後首誅郢，師得不勞。"因立餘善爲東越王，與繇王並處。

至元鼎五年，南越反。餘善上書請以卒八千從樓船將軍擊吕嘉等。兵至揭陽，以海風波爲辭，不行，持兩端。是時楊僕上書，願便引兵擊東越。帝以士卒勞倦不許，罷兵，令諸校留屯章郡梅嶺待命。六年秋，餘善聞樓船請誅之，漢兵臨境，乃遂反，遣兵入梅嶺，殺漢校尉。帝遣横海將軍韓説自句章，浮海從東方往，樓船將軍楊僕出武林，中尉王温舒出梅嶺。元封元年冬，咸入東越。繇王居股殺餘善降。於是天子曰："東越陿多阻，閩越悍，數反覆。"詔徙其人處江淮閒。東越地遂虚。

——《通典》卷186《邊防二·東夷下·閩越》，第5028—5029頁。

嶺南序略

五嶺之南，漲海之北，三代以前，是爲荒服。秦平天下，開置南海等三郡。秦亂，趙佗據有其地。傳五代九十三歲，至漢武建元中，伏波將軍路博德滅之，分爲儋耳等九郡。其珠崖郡在海洲上，大率數歲一反。元帝初元中，納賈捐之議，罷之。後漢光武建武中，交趾女子徵側反，略有六十餘城。伏波將軍馬援討平之。桓靈以後，蠻獠又據象郡象林縣，遂爲林邑國矣。其餘郡縣，歷代雖時有反亂，州郡兵旋平定之。

——《通典》卷 188《邊防四・南蠻下・嶺南序略》，第 5079—5080 頁。

海南序略

海南諸國，漢時通焉。大抵在交州南及西南，居大海中洲上，相去或三五千里，遠者二三萬里。乘舶舉帆，道里不可詳知。外國諸書雖言里數，又非定實也。其西與諸胡國接。元鼎中，遣伏波將軍路博德開百越，置日南郡。其徼外諸國，自武帝以來皆獻見。後漢桓帝時，大秦、天竺皆由此道遣使貢獻。及吴孫權，遣宣化從事朱應、中郎康泰使諸國，其所經及傳聞，則有百數十國，因立記傳。晉代通中國者蓋尠。及宋齊，至者有十餘國。自梁武、隋煬，諸國使至踰於前代。大唐貞觀以後，聲教遠被，自古未通者重譯而至，又多於梁、隋焉。其無異聞，亦不復更記。

——《通典》卷 188《邊防四・南蠻下・海南序略》，第 5088 頁。

林邑國在交趾南海行三千里/林邑大浦口有五銅柱

林邑國，秦象郡林邑縣地。漢爲象林縣，屬日南郡，古越裳之界也，在交趾南，海行三千里。其地縱廣可六百里，去日南界四百餘里。其南，水步道二百餘里，有西屠夷，亦稱王焉，馬援所植兩銅柱，表漢界處也。（馬援北還，留十餘户於銅柱處。至隋有三百餘户，悉姓馬，土人以爲流寓，號曰“馬流人”。銅柱尋没，馬流人常識其處。《林邑國記》：“馬援樹兩銅柱於象林南界，與西屠國分漢之南境。”又云：“銅柱山周十里，形如倚蓋，西跨重巖，東臨大海。”屈璆《道里記》又云：“林邑大浦口有五銅柱焉。”）後漢末大亂，縣功曹姓區，有子曰連，殺縣令，自號爲王，子孫相承。吴時通使。其後王無嗣，外孫范熊代立。熊死，子逸代立。

——《通典》卷188《邊防四·南蠻下·林邑》，第5089—5090頁。

林邑王死則金罌沈之於海

林邑人深目高鼻，髮拳色黑。婦人椎髻。四時暄暖，無霜雪。王死七日而葬，有官者三日，庶人一日。皆以函盛屍，鼓舞導從，轝至水次，積薪焚之。收餘骨，王則内金罌中，沈之於海；有官者以銅，沈之海口；庶人以瓦，送之於江。男女截髮，隨喪至水次，盡哀而止。其寡婦孤居，散髮至老。人皆奉釋法，文字同於天竺。王事尼乾道，鑄金銀人像大十圍。

——《通典》卷188《邊防四·南蠻下·林邑》，第5091頁。

扶南國在海西大島中

扶南國在日南郡之南，海西大島中，去日南可七千里，在林邑西南三千餘里。其境廣袤三千餘里。國俗本躶，文身被髮，不製衣裳。其先有女人爲王，號曰柳葉，年少壯健，有似男子。其南有激國人名混潰來伐，柳葉降之，遂以爲妻。惡其躶露形體，乃穿疊布貫其首，理其國。子孫相傳。至王混盤況死，國人立其大將范師蔓爲王。蔓勇健有權略，以兵威伐旁國，咸服屬之，自號扶南大王，開地五六千里。蔓死，國亂，大將范尋自立爲王。是吴、晉時也。

——《通典》卷 188《邊防四・南蠻下・扶南》，第 5093 頁。

扶南國海邊生大若葉編其以覆屋

土地坳下而平博，氣候、風俗、物産大較與林邑同。有城邑宫室，國王居重閣，以木栅爲城。海邊生大若葉，長八九尺，編其葉以覆屋。國人亦爲閣居。爲船八九丈，廣纔六七尺，頭尾似魚。國王行乘象。人皆醜黑拳髮，躶身跣行。耕種爲務，一歲種，三歲穫。又好雕文刻鏤，食器多以銀爲之。出金鋼，可以刻玉，狀似紫石英，其所生乃在百丈水底盤石上，如鍾乳，人没水取之，竟日乃出，以鐵鎚之而不傷，鐵乃自損，以羖羊角扣之，潅然冰泮。貢賦以金、銀、珠、香。亦有書記府庫，文字類胡。

——《通典》卷 188《邊防四・南蠻下・扶南》，第 5093 頁。

扶南國有老鵬入海爲玳可作馬勒

吴時遣康泰、朱應使於尋國，國人猶躶，唯婦人著貫頭。泰、應謂曰："國中實佳，但人褻露可怪耳。"尋始令國内男子著横幅，今干漫也。大家乃截錦爲之，貧者以布。又有老鵰，入海爲玳，可以裁作馬勒，謂之珂西。晉泰始、太康中，皆遣使貢獻。東晉時有竺旃檀稱王，亦遣使。其後王姓嬌陳如，本天竺婆羅門也。有神語曰："應王扶南。"嬌陳如南至盤盤，扶南人聞之迎而立焉。復改制度，用天竺法。今其國人居不穿井，數十家共一池引汲之。俗事天神，以銅爲像，二面者四手，四面者八手，手各有所持，或小兒，或鳥獸，或日月。王坐則偏踞翹膝，垂左膝至地，以白疊敷前，設金盆香爐於其上。居喪則剃除鬢髮。人無禮義，男女恣其奔隨。

——《通典》卷 188《邊防四・南蠻下・扶南》，第 5094 頁。

頓遜國入海中千餘里

頓遜國，梁時聞焉，在海崎上，地方千里。有五王，並羈屬扶南，北去扶南可三千餘里。其國之東界通交州，其西界接天竺、安息徼外諸國，賈人多至其國市焉。所以然者，頓遜迴入海中千餘里，漲海無涯岸，船舶未曾得逕過也。其市東西交會，日有萬餘人，珍物寶貨無種不有。又有酒樹，似安石榴，採其花汁，停酒甕中，數日成酒。出藿香，插枝便生，葉如都梁，以裛衣。國有區撥等花十餘種，冬夏不衰，日載數十車貨之。其花，燥更芬馥，亦末爲粉，以傅身焉。

——《通典》卷 188《邊防四・南蠻下・頓遜》，第 5095 頁。

頓遜國行鳥葬並燒骨沈海

其俗又多鳥葬。將死，親賓歌舞於郭外，有鳥如鵞，口似鸚鵡而紅色，飛來萬計，家人避之，鳥食肉盡乃去，燒其骨沈海中，以爲上行人也，必生天。鳥若迴翔不食，其人乃自悲，復以爲己有穢，更就火葬，以爲次行也。若不能生入火，又不被鳥食，以爲下行也。

——《通典》卷 188《邊防四・南蠻下・頓遜》，第 5095 頁。

毗騫國在頓遜外大海洲中

毗騫國，梁時聞焉，在頓遜之外大海洲中，去扶南八千里。傳其王身長丈二尺，頭長三尺，自古來不死，莫知其年。其王神聖，知將來事，南方號曰長頭王。國俗，有室屋衣服，噉粳米。其人言語小異扶南國。不受估客，有往者亦殺而噉之，是以商旅不敢至。王常樓居，不血食，不事神鬼。其子孫死如常人。

——《通典》卷 188《邊防四・南蠻下・毗騫》，第 5095 頁。

扶南東界卽漲海

又傳扶南東界卽漲海，海中有大洲，洲上有諸薄國，國東有馬五洲。復東行漲海千餘里，有燃火洲。其上有樹生火中，洲左近人剥取其皮，紡績作布，極得數尺，以爲手巾，與蕉麻無異而色微青黑。若小有垢汙，則投火，復更精潔。

——《通典》卷 188《邊防四・南蠻下・毗騫》，第 5096 頁。

干陁利國在南海洲上

干陁利國，梁時通焉，在南海洲上。其俗與林邑、扶南略同。出斑布、古貝、檳榔。檳榔特精好，爲諸國之極。武帝天監中，遣使貢方物。

——《通典》卷 188《邊防四・南蠻下・干陁利》，第 5096 頁。

狼牙脩國在南海中

狼牙脩國，梁時通焉，在南海中。其界東西三十日行，南北二十日行，北去廣州二萬四千里。其土氣、物産與扶南略同，偏多棧、沈、婆律香等。其俗，男女皆袒而披髮，以古貝布爲干漫。其王及貴臣乃加雲霞布覆髀，以金繩爲絡帶，金鐶貫耳。女子則披布，以瓔珞繞身。其國累塼爲城，重門樓閣。王出乘象，有旛旄旗鼓，罩白蓋，兵衛甚設。武帝天監中，遣使獻方物。其使云，立國以來四百餘年。

——《通典》卷 188《邊防四・南蠻下・狼牙脩》，第 5096 頁。

婆利國在廣州東南海中出文螺紫貝

婆利國，梁時通焉，在廣州東南海中洲上。自交趾浮海，南過赤土、丹丹國，乃至其國，去廣州二月日行。國界東西五十日行，南北二十日行，有百三十六聚。土氣暑熱，如中國之盛夏，穀一歲再熟，草木常榮。海出文螺、紫貝。有石名蚶貝羅，初採之柔軟，刻削爲物，暴乾之，遂堅硬。有鳥名舍利，解人語。其國人皆黑色，穿耳附璫，披古貝如帊，及爲都漫。王乃用斑絲者，以瓔珞繞身，頭著金長冠，高尺餘，形如弁，綴以七寶之飾，帶金裝劍，偏坐金高座，以銀蹬支足。侍女皆爲金花雜寶之飾，或持白旄拂及孔雀扇。王出，以象駕輿，施羽蓋珠簾，其導從吹螺擊鼓。國人善投輪刀，其大如鏡，中有竅，外鋒如鋸，遠以投人，無不中。其餘兵器與中國略同。俗類真臘，物産同於林邑。王姓嬌陳如，自古未通中國。武帝天監中來貢。隋大業中，又遣使貢獻。其王姓刹利耶伽。大唐貞觀中，又遣使朝貢。

——《通典》卷 188《邊防四·南蠻下·婆利》，第 5097 頁。

槃槃國在南海大洲中自交州船行四十日至

槃槃國，梁時通焉，在南海大洲中。北與林邑隔小海。自交州船行四十日，至其國。其王曰楊粟翨。粟翨父曰楊德武連，以上無得而紀。百姓多緣水而居。國無城，皆豎木爲柵。王坐金龍牀，每坐，諸大人皆兩手交抱肩而跽。又其國多有婆羅門，自天竺來，就王乞財物。王甚重之。其大臣曰敦郎索濫，次曰崑崙帝也，次曰崑崙敦和，次曰崑崙敦帝索甘且。其言崑崙、古龍，聲相近，故或有謂爲古龍者。其在外城者曰那延，猶中夏刺史、縣令。其矢多以石爲鏃，稍則以鐵爲刃。有僧尼寺十所，僧尼讀佛經，皆肉食而不飲酒。亦有道士寺一所，道士不飲食酒肉，讀阿脩羅王經，其國不甚重之。俗皆呼僧爲比丘，呼道士爲貪。隋大業中，亦遣使朝貢。

——《通典》卷 188《邊防四·南蠻下·槃槃》，第 5097—5098 頁。

赤土國在崖州之南渡海便風十餘日至

赤土國，隋時通焉，扶南之别種也。直崖州之南，渡海水行，便風十餘日，經雞籠島至其國。所都土色多赤，因以爲號。東波羅剎國，西羅婆國，南訶羅且國，北拒大海，地方數千里。王姓瞿曇氏，名利富多塞，不知有國近遠。居僧祇城，亦曰師子城，有門三重，相去各百許步。王宫諸屋悉是重閣，北面而坐，座三重榻，衣朝霞布，冠金花冠，垂雜寶瓔珞。王榻後作一木龕，以金銀五香木雜鈿之。龕後懸一金光焰，遠視如項後。其官，薩陀伽羅一人，陀拏達叉三人，伽利蜜迦三人，共掌政事。俱羅末帝一人，掌刑法。每城置那耶迦一人，鉢帝一人。其俗皆穿耳翦髮，無跪拜之禮。以香油塗身。俗敬佛，尤重婆羅門。婦人作髻於項後。男女通以朝霞朝雲雜色布爲衣。豪富之室，恣意華靡，唯金鏁非王賜不得服用。冬夏常温，雨多霽少。種植無時，特宜稻、穄、白豆、黑麻，自餘物産多同於交趾。以甘蔗作酒，雜以紫瓜根。戲有雙六、雞卜。冬至之日，影直在下；夏至日，影在南。户皆北向。

——《通典》卷 188《邊防四·南蠻下·赤土》，第 5098—5099 頁。

隋常駿使赤土國見緑魚/赤土使者那耶迦貢方物

煬帝時，募能通絶域。大業三年，屯田主事常駿、虞部主事王君政等應召。駿等自南海郡乘舟，晝夜二旬，每值便風，至焦石山而過。東南泊陵伽鉢拔多洲，西與林邑相對，上有神祠焉。又南行，至師子石，自是島嶼連接。又行二三日，西見狼牙脩國之山，於是南達雞籠島，至於赤土之界，月餘至其國都。駿等奉詔書上閣，王以下至皆坐，宣詔訖，引駿等入宴。王前設兩牀，上並設草葉盤，方丈五尺，上有黄白紫赤四色之餅，牛、羊、魚、鼈、猪、瑇瑁之肉百餘品。延駿升牀。從者坐於地席。及還，遣那耶迦隨駿貢方物。既入海，見緑魚羣飛水上。浮海十餘日，至林邑，東南並山而行。其海水闊千餘步，色黄氣腥，舟行十日不絶，云是大魚糞也。循海北岸，達於交趾。六年，還却到中國焉。

——《通典》卷 188《邊防四・南蠻下・赤土》，第 5099 頁。

真臘海中有建同魚四足無鱗而吸水上噴

真臘國，隋時通焉，在林邑西南，本扶南之屬國也。去日南郡舟行六十日而至，南接車渠國，西有朱江國。王姓刹利，自其祖漸以强盛。至其王質多斯那，遂兼扶南而有之。……人形小而色黑，婦人亦有白者，悉拳髮垂耳，性氣捷勁。居處器物頗類赤土。以右手爲浄，左手爲穢。飲食多酥酪、沙糖、秔粟、米餅。欲食之時，先取雜肉羹與飯相和，手擩而食之。其國北多山阜，南有水澤，地氣尤熱。有婆那娑樹，無花，葉似柿，實似冬瓜。菴羅樹，花葉似棗，實似李。毗野樹，花似木瓜，葉似杏，實似楮。婆田羅樹，花葉實並似棗而小異。歌畢佗樹，花似林檎，葉似榆而厚大，實似李，其大如升。自餘多同九真。海中有魚名建同，四足，無鱗，其鼻如象，吸水上噴，高五六十尺。有浮湖魚，其形似䱉，觜如鸚鵡，有八足。多大魚，半身出水，覩之如山。每五六月中，毒氣流行，卽以白猪、白牛、白羊於城西門外祠之；不然者，五穀不登，六畜多死，人衆疾疫。東有神名婆多利，祭用人肉。其王年别殺人，以夜祠禱，有守衛者千人。其敬鬼如此。多奉佛法，尤信道士，佛及道士立像於館。大唐武德六年，遣使獻方物。

——《通典》卷 188《邊防四・南蠻下・真臘》，第 5100—5101 頁。

投和國在海南大洲中自廣州西南水行百日至

投和國，隋時聞焉，在海南大洲中，真臘之南。自廣州西南水行百日，至其國。王姓投和羅，名脯邪乞遥，理數城。覆屋以瓦，並爲閣而居。屋壁皆以彩畫之。城内皆王宫室，城外人居可萬餘家。王宿衛之士百餘人。每臨朝，則衣朝霞，冠金冠，耳掛金環，頸掛金涎衣，足履寶裝皮履。官屬有朝請將軍，總知國政。又有參軍、功曹、主簿、城局、金威將軍、贊理、贊府等官，分理文武。又有州及郡、縣。州有參軍，郡有金威將軍，縣有城局，爲其長官，初至，各選官僚助理政事。刑法：盜賊多者死，輕者穿耳及鼻并鑽鬢，私鑄銀錢者截腕。國無賦税，俱隨意貢奉，無多少之限。多以農商爲業。國人乘象及馬。一國之中，馬不過千匹，又無鞍轡，唯以繩穿頰爲之節制。音樂則吹蠡、擊鼓。死喪則祠祀哭泣，又焚屍以甖盛之，沈於水中。若父母之喪，則截髮爲孝。其國市六所，貿易皆用銀錢，小如榆莢。有佛道，有學校，文字與中夏不同。訊其耆老，云：王無姓，名齊杖摩。其屋以草覆之。王所坐塔，圓似佛塔，以金飾之，門皆東開，坐亦東向。大唐貞觀中，遣使奉表，以金函盛之。又獻金榼、金鎖、寶帶、犀、象、海物等數十品。

——《通典》卷 188《邊防四·南蠻下·投和》，第 5101—5102 頁。

杜薄國在扶南東漲海中渡海數十日至

杜薄國，隋時聞焉，在扶南東漲海中，直渡海數十日而至。其國人貌白皙，皆有衣服。國有稻田。女子作白疊華布。出金、銀、鐵，以金爲錢。出雞舌香，可含，以香不入衣服。雞舌其爲木也，氣辛而性厲，禽獸不能至，故未有識其樹者。華熟自零，隨水而出，方得之。杜薄洲有十餘國，城皆稱王。

——《通典》卷 188《邊防四·南蠻下·杜薄》，第 5103 頁。

薄剌國在拘利南海灣中

薄剌國，隋時聞焉，在拘利南海灣中。其人色黑而齒白，眼正赤，男女並無衣服。

——《通典》卷 188《邊防四·南蠻下·薄剌》，第 5103 頁。

敦焚洲在南海中出薰綠水膠

敦焚洲，《抱朴子》云：敦焚洲在南海中，薰緑水膠所出，膠如楓脂矣，所以不可多得者，止患猏蘇獸啖人。此獸大者重十斤，狀如水獺，其頭身及他處了無毛，唯從鼻上以竟脊至尾上有毛，廣一寸許，青毛長三四分許，其無毛處則如韋囊。人張捕得之，斬刺不傷，積薪烈火，縛以投火中，薪盡而此獸不焦。須以大杖打之，皮不傷而骨碎都盡，乃死耳。

——《通典》卷 188《邊防四・南蠻下・敦焚》，第 5104 頁。

婆登國在林邑南海行二月至

婆登國在林邑南，海行二月，東與訶陵，西與迷黎車接，北鄰大海。風俗與訶陵同。種稻每月一熟。有文字，書於貝多葉。其死者，口實以金，又以金釧貫於四支，然後加以婆律膏及檀、沈、龍腦等香，積薪以燔之。大唐貞觀二十一年，遣使朝貢。

——《通典》卷 188《邊防四・南蠻下・婆登》，第 5105 頁。

多蔑國在南海邊

多蔑國，大唐貞觀中通焉，在南海邊，國界周迴可一月行。南阻大海，西俱游國，北波剌國，東真陁桓國。户口極多。置三十州，不役屬他國。有城郭、宫殿、樓櫓，並用瓦木。以十二月爲歲首。其物産有金、銀、銅、鐵、象牙、犀角，朝霞、朝雲等布。其俗交易用金、銀、朝霞等衣服。百姓二十而稅一。五穀、蔬菜與中國不殊。

——《通典》卷 188《邊防四・南蠻下・多蔑》，第 5106 頁。

多摩長國居於海島王坐師子座

多摩長國居於海島，東與婆鳳，西與多隆，南與半支跋，華言“五山”也，北與訶陵等國接。其國界東西可一月行，南北可二十五日行。其王之先，龍子也，名骨利。骨利得大鳥卵，剖之得一女子，容色殊妙，卽以爲妻。其王尸羅劬傭伊説，卽其後也。大唐顯慶中，遣使貢獻。其俗無姓。王居以栅爲城，以板爲屋，坐師子座，東面坐。衣物與林邑同。勝兵二萬餘人。無馬，有弓、刀、甲、矟。婚姻無同姓之别。其食器有銅、鐵、金、銀。所食尚酥、乳酪、沙糖、石蜜。其家畜有羖羊、水牛，野獸有麞、鹿等。死亡無喪服之制，以火焚其屍。其音樂略同天竺。有波那婆、宅護遮、菴磨、石榴等果，多甘蔗。從其國經薛盧都、思訶盧、君那盧、林邑等國，達於交州。

——《通典》卷 188《邊防四・南蠻下・多摩長》，第 5107 頁。

哥羅舍分在南海之南

哥羅舍分在南海之南。其國地接墮和羅國。勝兵二萬人。其王蒲越伽摩，大唐顯慶五年，遣使朝貢。

——《通典》卷 188《邊防四・南蠻下・哥羅舍分》，第 5107 頁。

《元和郡縣圖志》

濟水流入於海謂之清河

濟水，在縣西北三里。平地而出，有二源：其東源周迴七百步，深不測；西源周迴六百八十五步，深一丈，皆繚之以周墻，源出王屋山。山海經云："王屋之山，瀰水出焉。"郭璞注云："瀰，沇水之源。"尚書禹貢云："導沇水，東流爲濟，入于河，溢爲滎。"孔安國注云："濟水入河，並流十數里而南截河，又並流數里溢爲滎澤。"漢書："道沇水，東流爲泲，入于河，軼爲滎，東出于陶丘北，又東至于荷，又東北會于汶，又北東入于海。"顏師古云"沇水流而爲濟。截河，又爲滎澤。陶丘，在濟陰定陶西南。荷即菏澤。過菏澤，又與汶水會，北折而東入于海"也。按：沇水出今王屋縣王屋山，東流至濟源縣而名濟水。滎澤在今鄭州滎澤縣。定陶，今曹州濟陰縣也。菏澤在今兖州魚臺縣。汶水出今兖州萊蕪縣。然濟水因王莽末旱，渠涸，不復截河南過，今東平、濟南、淄川、北海界中有水流入於海，謂之清河，實菏澤、汶水合流，亦曰濟河，蓋因舊名，非本濟水也。而水經是和帝已後所撰，乃言濟水南過滎澤至於乘氏等縣，一依禹貢舊道，斯不詳之甚也，酈道元又從而注之，尤爲紕繆矣。

——《元和郡縣圖志》卷 5《河南道一 · 河南府 · 濟源》，第 145 頁。

樂浪人王景築隄東至千乘海口

金隄，縣西北二十二里。漢文帝時河決酸棗，潰金隄，東郡大興卒塞之。孝武帝時，王尊爲東郡太守，又加修築。至明帝永平十二年，詔樂浪人王景築隄，起自滎陽，東至千乘海口千餘里。十里立一水門，更相迴注，無復潰漏之患。此隄首也。

——《元和郡縣圖志》卷 8《河南道四・鄭州・滎澤》，第 204—205 頁。

濟水自王莽末入河同流於海

兖州，禹貢兖州之域，兼得徐州之地。春秋時爲魯國……隋大業元年，於兖州置都督府，二年改爲魯州，三年改爲魯郡，十三年爲賊徐圓朗所據。武德五年，討平圓朗，改魯郡置兖州，貞觀十四年，改置都督府。謹按：禹貢導沇水東流爲濟，截河南渡，東與菏澤、汶水會，又東北入於海。兖州在濟、河之閒，因濟水發源爲名，今郡理乃非其境。至周置兖州，始兼得今郡之地。而濟水自王莽末入河同流於海，則河南之地無濟水矣，自後所説，皆習舊名。

——《元和郡縣圖志》卷 10《河南道六・兖州》，第 263—264 頁。

青州開元貢仙文綾棗糖海物

青州，古少昊氏之墟，禹貢青州之地。舜時以青州越海遼遠，分爲營州。禹復置九州。武王克商，封師尚父於齊營丘。周成王少時，命太公曰："東至於海，西至於河，南至於穆陵，北至於無棣，穆陵山，在今琅邪沂水縣界。無棣，今景城郡屬縣也。五侯九伯，實得征之。"……隋大業三年，罷州爲北海郡，領縣十。隋亂陷賊，武德二年，海岱平定，改爲青州，置總管府。……貢、賦：（開元貢：仙文綾，棗，糖，海物。賦：緜，絹。）

——《元和郡縣圖志》卷10《河南道六・青州》，第272頁。

海水在北海縣東北一百二十里

北海縣，本漢平壽縣地，屬北海郡。隋開皇三年罷郡，置下密縣於廢郡中，屬青州。十六年，又於此置濰州，取界内濰水爲名。大業二年廢濰州，仍改下密縣爲北海縣。海水，在縣東北一百二十里。禹貢“海、岱惟青州”。今按：海，東接萊州，西接壽光縣界。

——《元和郡縣圖志》卷10《河南道六・青州・北海》，第275頁。

海水在壽光縣東北一百一十里

壽光縣，本漢舊縣也，屬北海郡。後漢改屬樂安國。宋省壽光縣。隋開皇六年，於縣北一里博昌故城置壽光縣，屬青州。武德二年屬乘州，八年廢乘州，還屬青州。海水，在縣東北一百一十里。東接北海縣界，西接博昌縣界。

——《元和郡縣圖志》卷10《河南道六・青州・壽光》，第275頁。

海浦在博昌縣東北二百八十里

博昌縣，本漢舊縣，屬千乘郡。昌水其勢平博，故曰博昌。後漢以千乘郡爲樂安國，博昌縣仍屬焉。晉、宋、後魏並同。高齊省，移樂陵縣理此，屬樂安郡。隋開皇三年罷郡，樂陵縣屬青州，十六年改爲博昌縣。濟水，北去縣百步，又東北流入海。海浦，在縣東北二百八十里。卽濟水東流入海之處，水口謂之海浦。

——《元和郡縣圖志》卷10《河南道六・青州・博昌》，第275—276頁。

密州東至大海一百六十里貢海蛤

密州，禹貢青州之域，兼得徐州之地。今州界，於春秋時爲莒、魯之地，戰國時屬齊。秦并天下，屬琅邪郡。漢文帝十六年，分齊立膠西國，都高密。宣帝更名高密國。後魏永安二年，分青州立膠州，取膠水爲名也。隋開皇五年，改膠州爲密州，取境之密水爲名也。隋亂陷賊，武德五年，山東底定，改置密州。州境：（東西三百一十六里。南北三百九十里。）八到：（西至上都二千七百四十五里。西至東都一千八百八十五里。南至海州三百八十四里。西南至沂州三百七十里。西北至青州三百三十里。東北至萊州三百四十五里。東至大海一百六十里。）貢、賦：（開元貢：細布，牛黄，海蛤。賦：絁布。）

——《元和郡縣圖志》卷 11《河南道七·密州》，第 297—298 頁。

海在諸城縣東一百五十里

諸城縣，本漢東武縣也，屬琅邪郡，樂府章所謂東武吟者也。後漢屬琅邪國，晉屬東莞郡，後魏屬高密郡。隋開皇十八年，改東武爲諸城縣，取縣西三十里漢故諸縣城爲名。琅邪山，在縣東南一百四十里。史記曰始皇二十六年，滅齊。遂登琅邪，作層臺於山上，謂之琅邪臺。周迴二十里。秦王樂之，因留三月。徙黔首二萬户於山下，後十二年，刊石立碑，記秦功德。海，在縣東一百五十里。

——《元和郡縣圖志》卷 11《河南道七·密州·諸城》，第 298 頁。

諸城縣理東南濱海有鹵澤九所

諸城縣，本漢東武縣也……盧水，出縣東南盧山。水側有勝火木，野火燒死，其炭不灰，故東方朔有謂不灰之木者也。縣理東南一百三十里濱海有鹵澤九所，煮鹽，今古多收其利。

——《元和郡縣圖志》卷 11《河南道七・密州・諸城》，第 299 頁。

海在高密縣東南六十里

高密縣，本漢舊縣也，文帝十六年分齊立膠西國，封齊悼惠王子卬爲膠西王，都高密。世祖封鄧禹爲高密侯。高齊文宣帝省高密縣，隋開皇中復置，屬密州。海，在縣東南六十里。

——《元和郡縣圖志》卷 11《河南道七・密州・高密》，第 299 頁。

莒縣有鹽官及吕母者

莒縣，故莒子國也……漢海曲縣，在縣東一百六十里，屬琅邪郡，有鹽官。地有東吕鄉、東吕里，太公望所出也。王莽末，海曲縣有吕母者，其子爲縣令枉殺，乃散財以招少年。少年感母恩，問母所欲。具言之，乃共起兵殺縣令。其後屯結至數萬，赤眉之興由此始也。今東海縣有吕母國，卽舊集之所也。

——《元和郡縣圖志》卷 11《河南道七・密州・莒》，第 300—301 頁。

海州東至海二十里

海州，禹貢徐州之域。春秋時魯國之東鄙。七國時屬楚。秦置三十六郡，以魯爲薛郡，後分薛郡爲郯郡。漢改郯郡爲東海郡，領三十七縣，理在郯縣，屬徐州。後漢以爲東海國，封皇子彊爲王。晉惠帝封高密王子越爲東海王。梁武帝末年，長江已北悉附後魏，武定七年改青、冀二州爲海州。高齊文宣帝移海州理琅邪郡，改琅邪郡爲朐山郡。隋末喪亂，臧君相竊據之。武德四年，君相以郡歸順，改爲海州。州境：……八到：（……東至海二十里。）

——《元和郡縣圖志》卷11《河南道七·海州》，第301頁。

大海在東海縣東二十八里

東海縣，本漢贛榆縣地，俗謂之鬱州，亦謂之田横島。宋明帝失淮北地，乃於鬱州上僑立青州。地後入魏，魏改青州爲海州又於此置臨海鎮。高齊廢臨海鎮。周武帝復置東海縣，後遂因之……大海，在縣東二十八里。贛榆故城，在縣北四十九里。隋末土人臧君相築。

——《元和郡縣圖志》卷11《河南道七·海州·東海》，第302頁。

東海縣俗謂之鬱州即田横島

東海縣，本漢贛榆縣地，俗謂之鬱州，亦謂之田横島……小鬲山，在縣北六十里。田横弟避漢，所居之山也。其山三面絶壁，皆百餘仞，惟東南一道略容行人。田横國，在縣北五十七里。齊王田廣既死，田横乃代立爲王，與灌嬰戰於嬴下，横敗走，與其屬五百人入居海島，卽此也。

——《元和郡縣圖志》卷11《河南道七·海州·東海》，第302頁。

承縣抱犢山去海三百餘里

承縣，本漢之承縣，春秋時鄫國也，屬東海郡。隋開皇三年罷郡，承縣屬徐州。大業十三年，縣爲山賊左君衡所破，武德四年又於此置鄫州，又改蘭陵縣爲承縣。貞觀八年廢鄫州，縣屬沂州。縣西北有承水，因以名焉。抱犢山，在縣北六十里。壁立千仞，頂寬而有水。此山去海三百餘里，天氣澄明，宛然在目。昔有遁隱者，抱一犢於其上墾種，故以爲名山。高九里，周迴四十五里。

——《元和郡縣圖志》卷11《河南道七·沂州·承》，第306頁。

萊州北至大海五十里

萊州，禹貢青州之域。卽古萊子國也，齊滅之，遷萊子於郳。在齊國之東，故曰東萊。漢高帝四年，韓信虜齊王廣，分齊郡置東萊郡，領縣十七，理掖縣，屬青州。後魏獻文帝分青州置光州，取界内光水爲名。隋開皇二年，改光州爲萊州。隋末陷賊，武德四年討平綦順，復爲萊州。州境：……八到：（西南至上都二千七百六十里。西南至東都一千九百里。東北至登州二百四十里。正南微西至密州三百四十五里。北至大海五十里。西南至青州三百四十五里。）

——《元和郡縣圖志》卷11《河南道七·萊州》，第306—307頁。

浮游島在掖縣西北四十里

掖縣，本漢舊縣也，屬東萊郡。按：掖水出縣南三十五里寒同山，故縣取爲名。隋開皇三年罷郡，屬萊州。萬里沙，在縣東北三十里。郊祀志武帝元封元年，大旱，禱萬里沙。浮游島，在縣西北四十里。遥望島在海中，若浮游然，故名。海，在縣北五十二里。膠水，西去縣七十五里。海神祠，在縣西北十七里。

——《元和郡縣圖志》卷11《河南道七·萊州·掖》，第307—308頁。

海在卽墨縣東四十三里南一百里

卽墨縣，本漢舊縣也，屬膠東國。城臨墨水，故曰卽墨。高齊文宣帝併入膠水縣，隋開皇末又於此置卽墨縣，屬萊州。大勞山、小勞山，在縣東南三十八里。晏謨齊記曰："太白自言高，不如東海勞。昔鄭康成領徒於此。"海，在縣東四十三里，又在縣南一百里。

——《元和郡縣圖志》卷 11《河南道七·萊州·卽墨》，第 308 頁。

登州海當中國往新羅渤海過大路

登州，禹貢青州之域。古萊子之國，春秋"齊侯滅萊"。至漢，爲東萊郡之地。後魏孝靜帝分東萊於黃縣東一百步中郎故城置東牟郡，高齊廢。隋開皇三年改置牟州，大業三年廢。武德初又置，因文登縣人不從賊黨，遂於縣理置登州。

州境：（東西五百六十里。南北一百六十五里。）

八到：（西南至上都三千里。西南至東都二千一百四十里。北至海三里。西至海四里，當中國往新羅渤海過大路。正北微東至大海北岸都里鎮五百二十里。東至文登縣界大海四百九十里。東南至大海四百六十里。南至萊州昌陽縣二百里。南至大海六十里。）

——《元和郡縣圖志》卷 11《河南道七·登州》，第 311 頁。

文登縣海中有秦始皇石橋

文登縣，本漢牟平縣也，屬東萊郡。高齊後帝分牟平縣置文登縣，屬長廣郡，取縣界文登山爲名。隋開皇三年廢長廣郡，文登縣屬萊州。武德元年，改屬登州。之罘山，在縣西北一百九十里。史記曰："始皇二十九年，登之罘，勒石紀功。"封禪書曰："齊有八祀，之罘爲陽主。"成山，在縣東北一百八十里。史記曰："秦始皇二十九年，又東遊，登成山，升之罘，勒石紀功。"郊祀志曰："齊有八祠，成山爲日主。"封禪書曰："七曰日主，祠成山。"文登山，在縣西北九十里。海，在縣南六十里。縣東一百八十里。三面俱至於海。

縣東北海中有秦始皇石橋，今海中時見有堅石似柱之狀。

——《元和郡縣圖志》卷 11《河南道七・登州・文登》，第 312—313 頁。

新羅百濟往還常由黄縣大人故城

黄縣，本漢舊縣也，屬東萊郡。隋開皇三年罷郡，屬萊州。武德四年屬牟州。神龍三年置登州，黄縣割屬焉。漢書曰："秦欲攻匈奴，運糧，使天下飛芻輓粟，起於黄、腄、琅邪負海之郡，轉輸北河，率三十鍾而致一石。"萊山，在縣東南二十里。封禪書曰，齊之八祀，"六曰月主，祠之萊山"。故黄城，在縣東南二十五里。古萊子之國，春秋傳曰"齊侯滅萊"，杜注曰："今萊黄縣是也。"

大人故城，在縣北二十里。司馬宣王伐遼東，造此城，運糧船從此入，今新羅、百濟往還常由於此。

——《元和郡縣圖志》卷 11《河南道七・登州・黄》，第 313—314 頁。

海瀆祠在黄縣北二十四里大人城上

黄縣，本漢舊縣也，屬東萊郡。……蓬萊鎮，在縣東北五十里。海瀆祠，在縣北二十四里大人城上。

——《元和郡縣圖志》卷 11《河南道七・登州・黄》，第 313—314 頁。

棣州東北至大海二百里

棣州，禹貢青州之域，又兗州之域。春秋爲齊地，管仲曰："北至於無棣。"秦并天下，爲齊郡。漢爲平原、渤海、千乘三郡地。曹魏屬樂陵國，晉石苞爲樂陵公是也。隋開皇十七年，割滄州陽信縣置棣州，大業二年廢入滄州。武德四年又置棣州，六年又廢。貞觀十七年，又置移於厭次縣，即今州理是也。天寶元年改爲樂安郡，乾元元年復爲棣州。州境：……八到：（西南至上都二千二百九十里。西南至東都一千四百二十里。西南至德州二百四十里。南至淄州二百一十里。正北微西至滄州二百五十里。東南至青州三百二十三里。西南渡河至齊州二百五十里。東北至大海二百里。）

——《元和郡縣圖志》卷 17《河北道二・棣州》，第 496—497 頁。

通海故關在厭次縣西南四十里

厭次縣，本漢富平縣，屬平原郡。後漢更名曰厭次，則厭次前已廢矣，相傳以秦始皇東遊厭氣，至碣石，次舍於此，因名之。高齊省。隋開皇十六年重置。武德初屬德州，貞觀十七年於此置棣州。黄河，在縣南三里。滴河，在縣南四十里。通海故關，在縣西南四十里。

——《元和郡縣圖志》卷 17《河北道二・棣州・厭次》，第 497—498 頁。

漢河隄都尉許商鑿滴河通海

滴河縣，本漢朸縣，屬平原郡。後漢省。隋開皇十六年於此置滴河縣，因北有滴河以名之，屬滄州。貞觀元年屬德州，十七年改屬棣州。黄河，在縣南八十里。滴河，縣北一十五里。漢成帝鴻嘉四年，河水泛溢爲害，河隄都尉許商鑿此河通海，故以"商"字爲名，後人加"水"焉。

——《元和郡縣圖志》卷 17《河北道二・棣州・滴河》，第 498 頁。

大海在渤海縣東一百六十里

渤海縣，本隋蒲臺縣地，垂拱四年分置渤海縣屬棣州，在州東一百一十里。天寶五年，以土地鹹鹵，自縣西移四十里，就李邱村置。大海，在縣東一百六十里。

——《元和郡縣圖志》卷 17《河北道二·棣州·渤海》，第 498 頁。

海在蒲臺縣東一百四十里

蒲臺縣，本漢濕沃縣地，屬千乘國。宋屬樂陵郡。隋開皇三年改屬滄州，十六年改爲蒲臺縣，北有蒲臺，因爲名也。隋末廢，武德三年重置。八年改屬淄州。貞觀十七年置棣州，割蒲臺屬焉。海，在縣東一百四十里。

——《元和郡縣圖志》卷 17《河北道二·棣州·蒲臺》，第 498 頁。

鬭口淀是濟水入海處有甘井

蒲臺縣……海畔有一沙阜，高一丈，周迴二里，俗人呼爲鬭口淀，是濟水入海之處，海潮與濟相觸，故名。今淀上有甘井可食，海潮雖大，淀終不没，百姓於其下煮鹽。黄河，西南去縣七十五里。

——《元和郡縣圖志》卷 17《河北道二·棣州·蒲臺》，第 498 頁。

秦始皇築蒲臺以望海

蒲臺縣，本漢濕沃縣地……蒲臺，在縣北三十里。秦始皇築此臺以望海，於臺下縈蒲繫馬，今蒲生猶縈結。

——《元和郡縣圖志》卷 17《河北道二·棣州·蒲臺》，第 498 頁。

滄州東至大海一百八十里貢糖蟹鱧鮬

滄州，今爲滄景節度使理所。管州二：滄州，景州。縣十二。禹貢冀州、兖州之域。後魏孝明帝熙平二年，分瀛州、冀州置滄州，以滄海爲名。隋大業二年罷州，爲渤海郡。武德元年改爲滄州，二年陷竇建德，四年討平建德，州仍舊。州境：……八到：（西南至上都二千二百二十里。西南至東都一千三百六十里。西南至景州一百二十里。東南至棣州二百五十里。西北至幽州五百五十里。西南至德州二百四十里。東至大海一百八十里。）貢、賦：（開元貢：柳箱，葦簟，糖蟹，鱧鮬。賦：緜，絹。）

——《元和郡縣圖志》卷 18《河北道三・滄州》，第 517—518 頁。

魯城有鹽官大海在縣東九十里

魯城縣，本漢章武縣，屬渤海郡，有鹽官。高齊省。隋開皇十六年，於此置魯城縣。大海，在縣東九十里。

——《元和郡縣圖志》卷 18《河北道三・滄州・魯城》，第 518—519 頁。

徐福將童男女入海置千童城

饒安縣，本漢千童縣，卽秦千童城，始皇遣徐福將童男女千人入海求蓬萊，置此城以居之，故名。漢以爲縣，屬渤海郡。靈帝置饒安縣，以其地豐饒，可以安人。後魏屬滄州，隋不改，皇朝因之。

——《元和郡縣圖志》卷 18《河北道三・滄州・饒安》，第 519 頁。

松江經崑山入海

吴縣，本吴國，闔閭所都，秦置縣。太湖，在縣西南五十里。禹貢謂之震澤，周禮謂之具區。湖中有山，名洞庭山。虎丘山，在縣西北八里。吴越春秋云闔閭葬於此，秦皇鑿其珍異，莫知所在，孫權穿之，亦無所得。其鑿處，今成深澗。松江，在縣南五十里，經崑山入海。左傳云“越伐吴，軍於笠澤”，卽此江。

——《元和郡縣圖志》卷 25《江南道一・蘇州・吴》，第 601 頁。

錢塘昔州境逼近海乃立塘以防海水

錢塘縣，本漢舊縣也。錢塘記云：“昔州境逼近海，縣理靈隱山下，今餘址猶存。郡議曹華信乃立塘以防海水，募有能致土石者卽與錢。及塘成，縣境蒙利，乃遷理此地，於是改爲錢塘。”按華信漢時爲郡議曹，據史記，“始皇至錢塘，臨浙江”，秦時已有此名，疑所説爲謬。隋平陳以後，縣頻遷置，貞觀四年定於今所。靈隱山，在州西北十七里。界石山，在州西南四十九里。浙江，在縣南一十二里。莊子云浙河，卽謂浙江，蓋取其曲折爲名。江源自歙州界東北流經界石山，又東北經州理北，又東北流入於海。江濤每日晝夜再上，常以月十日、二十五日最小，月三日、十八日極大，小則水漸漲不過數尺，大則濤湧高至數丈。每年八月十八日，數百里士女，共觀舟人漁子泝濤觸浪，謂之弄潮。

——《元和郡縣圖志》卷 25《江南道一・杭州・錢塘》，第 603 頁。

海水在鹽官縣南七里

鹽官縣，本漢海鹽縣，有鹽官。吴志云“孫權爲將軍，陸遜始仕幕府，出爲屯田都尉”，卽此地也。武德七年省入錢塘縣，貞觀四年復置。海水，在縣南七里。

——《元和郡縣圖志》卷 25《江南道一・杭州・鹽官》，第 604 頁。

大海在越州東四十里

會稽縣，山陰，越之前故靈文〔園〕也。秦立以爲會稽山陰。漢初爲都尉。隋平陳，改山陰爲會稽縣，皇朝因之。吴越春秋云："禹巡行天下，會計修國之道，因以會計名山，仍爲地號。"山陰縣，秦舊地，隋改爲會稽。垂拱二年，又割會稽西界别置山陰，大曆二年刺史薛兼訓奏省山陰并會稽。七年，刺史劉少遊又奏置，今復併入會稽。宋略云："會稽山陰，編户三萬，號爲天下繁劇。"重山，大夫種葬處。會稽山，在州東南二十里。蘭亭山，在州西南一十一里。大海，在州東四十里。

——《元和郡縣圖志》卷 26《江南道二・越州・會稽》，第 618—619 頁。

鏡湖可洩水灌田亦可閉湖洩水入海

鏡湖，後漢永和五年太守馬臻創立，在會稽、山陰兩縣界築塘蓄水，水高丈餘，田又高海丈餘，若水少則洩湖灌田，如水多則閉湖洩田中水入海，所以無凶年。隄塘周迴三百一十里，溉田九千頃。

——《元和郡縣圖志》卷 26《江南道二・越州・會稽》，第 619 頁。

大海在餘姚縣北三十里

餘姚縣，本漢舊縣。舜後支庶所封之地，舜姚姓，故曰餘姚。隋平陳廢，武德四年復立，仍置姚州，七年廢州。四明山，在縣西一百五十里。大海，在縣北三十里。

——《元和郡縣圖志》卷 26《江南道二・越州・餘姚》，第 619 頁。

溫州東至大海八十里貢鮫魚皮

溫州，本漢會稽東部之地，初閩君搖有功於漢，封爲東甌王，晉大寧中於此置永嘉郡，隋廢郡地入處州。武德五年，杜伏威歸化，於縣理置東嘉州，尋廢。六年，輔公祏爲亂於丹陽，永嘉、安固等百姓於華蓋山固守，不陷凶黨，高宗上元元年，於永嘉縣置溫州。州境：……八到：（……東至大海八十里。西南至福州水陸路相兼一千八百里。）貢、賦：（開元貢：緜，紵，布，鮫魚皮三十張。）

——《元和郡縣圖志》卷 26《江南道二・溫州》，第 625—626 頁。

橫陽山東臨大海

橫陽縣，本晉太康元年分安固南橫嶼屯置，隋平陳廢入安固縣，大足元年又分安固縣再置。橫陽山，在縣南二百七十里。東臨大海。

——《元和郡縣圖志》卷 26《江南道二・溫州・橫陽》，第 626—627 頁。

大海在樂成縣東一十一里

樂成縣，本漢回浦縣地，東晉孝武帝分永寧縣置，隋廢，載初元年復置。大海，在縣東一十一里。

——《元和郡縣圖志》卷 26《江南道二・溫州・樂成》，第 627 頁。

台州東至大海一百八十里貢鮫魚皮

台州，禹貢揚州之域。春秋時爲越地，秦并天下置閩中郡，漢立〔南〕部都尉。本秦之回浦鄉，分立爲縣，揚雄解嘲云“東南一尉，西北一候”，是也。後漢改回浦爲章安縣。吴大帝時分章安、永寧置臨海郡，隋平陳廢郡爲臨海縣。武德四年討平李子通，於臨海縣置海州，五年改海州爲台州，蓋因天台山爲名。六年，輔公祏叛，州從陷没。七年平定公祏，仍置台州。州境：……八到：（……東至大海一百八十里。）貢、賦：（開元貢：乾薑三百斤，鮫魚皮。元和貢：甲香三十斤，鮫魚皮一百張。）

——《元和郡縣圖志》卷26《江南道二·台州》，第627頁。

大海在黄巖縣東七十里

黄巖縣，前上元二年割臨海南界置。黄巖山，在縣西南二百三十里。大海，在縣東七十里。

——《元和郡縣圖志》卷26《江南道二·台州·黄巖》，第628頁。

大海在寧海縣東六里

寧海縣，晉穆帝永和三年分會稽之鄞縣置寧海縣，隋開皇九年廢併入章安縣。永昌元年，於廢縣東二十里又置，載初元年移就縣東一十里。大海，在縣東六里。

——《元和郡縣圖志》卷26《江南道二·台州·寧海》，第629頁。

明州貢海肘子紅蝦米鯖子紅蝦鮓烏賨骨

明州，本會稽之鄮縣及句章縣地也，春秋越王句踐平吴，徙夫差於甬東，韋昭云“卽句章東浹口外洲”，是也，武德四年於縣立鄞州，八年廢。開元二十六年，採訪使齊澣奏分越州之鄮縣置明州，以境内四明山爲名。句章故城，在州西一里。州境：……八到：（西北至上都三千八百五里。西北至東都二千九百四十五里。東北至大海七十里。西至越州二百七十五里。西南至台州寧海縣一百六十里，至州二百五十里。）貢、賦：（開元貢元和貢：海肘子，橘子，紅蝦米，鯖子，紅蝦鮓，烏賨骨。）管縣四：鄮，奉化，慈溪，象山。

——《元和郡縣圖志》卷 26《江南道二・明州》，第 629 頁。

鄮縣翁洲入海二百里

鄮縣，本漢舊縣也，屬會稽郡。隋平陳，省入句章。武德八年再置，仍移理句章城，後屬明州。大海，在縣東七十里。翁洲，入海二百里，卽春秋所謂甬東地也。越滅吴，請吴王居甬東，吴王曰：“孤老矣，不能事君王。”乃縊。其洲周環五百里，有良田湖水，多麋鹿。

——《元和郡縣圖志》卷 26《江南道二・明州・鄮》，第 629—630 頁。

大海在慈溪縣北六十里

慈溪縣，本漢鄮縣地，開元二十六年齊澣奏置。慈溪，在縣南二十二里。大海，在縣北六十里。

——《元和郡縣圖志》卷 26《江南道二・明州・慈溪》，第 630 頁。

象山縣多面臨海

象山縣，本漢鄞縣地，神龍元年，監察御史崔皎奏於寧海縣東界海曲中象山東麓彭姥村置縣，東至大海二十里，南至大海三十五里，東北至大海四十里，正北至大海一十五里，唯西南有陸路接台州寧海。

——《元和郡縣圖志》卷 26《江南道二・明州・象山》，第 630 頁。

福州貢海蛤吴謫徙之人作船於此

福州，今爲福建觀察使理所。管州五：福州，建州，泉州，漳州，汀州。縣二十四。禹貢揚州之域。本閩越，秦幷天下，以閩中下郡，作三十六郡之數，今州卽閩中郡之地也。漢初又爲閩越國。自越王句踐六世至無彊，爲楚所滅，子孫播遷海上。七世至無諸，從諸侯之師滅秦率人佐漢。漢五年，立無諸爲閩中王，王故地。郡又有治縣，按冶卽今台州章安故縣是也，後漢改爲東侯官。吴於此立曲郍都尉，主謫徙之人作船於此。晉置晉安郡，領縣八，屬揚州。南朝以封子弟爲王，梁简文帝初封晉安王，入爲皇太子是也。陳廢帝改爲豐州，又爲泉州，因泉山爲名。隋大業二年改爲閩州，三年改爲建安郡。武德六年改爲泉州，八年置都督府。景雲二年又爲閩州。開元十三年改爲福州都督府，因州西北福山爲名，兼置經略使，仍自嶺南道割屬江南東路。州境：……八到：（……東南水路至海一百六十里。西南至汀州水路屈曲一千三百六十五里。東至大海七十里。）貢、賦：（開元貢：海蛤，蚺蛇膽。賦：緜，絹。元和貢：乾薑，白蕉。）

——《元和郡縣圖志》卷 29《江南道五・福州》，第 715—716 頁。

海在閩縣東南一百六十里

閩縣，本漢冶縣地，屬會稽郡。後漢改爲東侯官。吴改屬建安郡。晉以侯官爲晉安郡。隋開皇九年改爲原豐縣，十二年又改爲閩縣。皇朝因之。海，在縣東南一百六十里。

——《元和郡縣圖志》卷 29《江南道五・福州・閩》，第 716 頁。

長樂縣海澶山在大海中

長樂縣，本隋閩縣地，武德六年分置長樂縣，以長安樂爲名。石尤嶺，縣南四十里。與福唐縣分界。大海，在縣東七十里。海澶山，縣東一百二十里。山在大海中，周迴三百里。

——《元和郡縣圖志》卷 29《江南道五・福州・長樂》，第 716—717 頁。

大海在福唐縣東四十五里

福唐縣，聖曆二年析長樂縣東南界置萬安縣，天寶元年改名福唐。大海，在縣東四十五里。

——《元和郡縣圖志》卷 29《江南道五・福州・福唐》，第 717 頁。

海在連江縣東五里

連江縣，本漢冶縣地，晉分立温麻縣。武德六年移於連江之北，改爲連江縣。連江，在縣南三百里，東流入海。海，在縣東五里。

——《元和郡縣圖志》卷 29《江南道五・福州・連江》，第 717 頁。

長溪在縣南四十五里流入大海

長溪縣，長安二年割晉温麻舊縣北四鄉置長溪縣。長溪，在縣南四十五里，流入大海。

——《元和郡縣圖志》卷29《江南道五·福州·長溪》，第717頁。

泉州東至大海一百里

泉州，舊泉州本理在今閩縣，武德六年置，景雲二年改爲閩州，開元中改爲福州。今泉州，本南安縣也，久視元年縣人孫師業訴稱赴州遥遠，遂於南安縣東北界置武榮州，景雲二年改爲泉州，即今理是也。州境：……八到：（……東至大海一百里。西南至漳州三百五十里。南至大海一百里。）

——《元和郡縣圖志》卷29《江南道五·泉州》，第719—720頁。

海在南安縣東南九十里

南安縣，本漢冶縣地，後漢爲侯官縣地，晉爲晉安縣地。陳立爲南安縣，因縣南安江取以爲名。海，在縣東南九十里。

——《元和郡縣圖志》卷29《江南道五·泉州·南安》，第720頁。

大海在莆田縣東一十五里

莆田縣，本南安縣地，陳廢帝分置莆田縣。隋開皇十年省，武德六年復置。貞觀改隸閩州，景雲二年割屬泉州。大海，在縣東一十五里。

——《元和郡縣圖志》卷 29《江南道五·泉州·莆田》，第 720 頁。

漳州東至大海一百五十里貢鮫魚皮

漳州，本泉州地，垂拱二年析龍溪南界置，因漳水爲名。初置於今漳浦縣西八十里，開元四年改移就李澳川，卽今漳浦縣東二百步舊城是。十二年，自州管内割屬福州，二十二年又改屬廣州，二十八年又改屬福州。乾元二年緣李澳川有瘴，遂權移州於龍溪縣置，卽今州理是也。州境：……八到：（……東至大海一百五十里。南至大海一百八十里。……）貢、賦：（開元貢：鮫魚皮，甲香，蠟。元和貢：鮫魚皮。）

——《元和郡縣圖志》卷 29《江南道五·漳州》，第 721 頁。

大海去龍溪縣五十四里

龍溪縣，陳分晉安縣置，屬南安郡，後屬閩州。開元二十九年割屬漳州。縣東十五里至山，險絶無路，西二十里至山，南三里至山，北十六里至山。大海，去縣五十四里。

——《元和郡縣圖志》卷 29《江南道五·漳州·龍溪》，第 721 頁。

廣州正南至大海七十里

廣州，今爲嶺南節度使理所。管州二十二：廣州，循州，潮州，端州，康州，封州，韶州，春州，新州，雷州，羅州，高州，恩州，潘州，辯州，瀧州，勤州，崖州，瓊州，振州，儋州，萬安州。禹貢梁州之域。春秋時百越之地，秦并天下置南海郡。秦末趙佗竊據之，高帝定天下，爲中國勞苦，釋佗不誅，因立佗爲南越王，使無爲南邊害。至武帝元鼎五年，遣伏波將軍路博德出桂陽下湟水，樓船將軍楊僕下湞水，咸會番禺，誅佗玄孫建德及相吕嘉，遂定越地，以爲南海、蒼梧、鬱林、交趾、九真、日南、珠崖、儋耳郡。按漢南海郡卽秦南海故郡也，屬交趾刺史。獻帝末，孫權以步騭爲交州刺史，遷州於番禺，卽今州理是也。孫晧時，以交州土壤太遠，乃分置廣州，理番禺。交州徙理龍編。晉代因而不改。義熙中，盧循自稱平南將軍、廣州刺史，用徐道覆計，舉兵建業，軍敗單舸走保廣州，爲晉將杜慧度所破，投水而死。隋開皇九年平陳，於廣州置總管府，仁壽元年改廣州爲番州，大業三年罷番州爲南海郡。隋末陷賊，武德四年討平蕭銑，復爲廣州。開元二十一年，又於邊境置節度經略使，式遏四夷。廣州爲嶺南五府經略使理所，以綏静夷獠，統經略軍，清海軍，桂管經略使容管經略使鎮南經略使，邕管經略使，州境：……八到：(……西北至賀州八百七十六里。正南至大海七十里。)

——《元和郡縣圖志》卷34《嶺南道一・廣州》，第886頁。

南海海廟在縣東八十一里

南海縣，本漢番禺縣之地也，屬南海郡，隋開皇十年分其地置南海縣，屬廣州。番山，在縣東南三里。禺山，在縣西南一里。尉佗葬於此。南海，在縣南，水路百里。自州東八十里有村，號曰古斗，自此出海，浩淼無際。石門水，一名貪泉，出縣西三十里平地。卽晉廣州刺史吴隱之飲水賦詩之處。州城，步騭所築也。騭爲交州刺史，登臺遠望，乃曰：“斯誠海島膏腴之地，宜爲都邑。”遂遷州於番禺，建築城郭焉。趙佗故城，在縣西二十七里。卽尉佗都城也。陸賈故城，在縣西一十四里。賈之來也，佗不卽前，賈故爲城以待之。盧循故城，在縣南六里。循既爲宋高祖所破，聚其餘黨，還至番禺，高祖遣建威將軍孫季高、振武將軍沈田子力戰，大破之。朝臺，在縣東北二十里。昔尉佗初遇陸賈之處也，後歲時於此望漢朝拜，故曰朝臺。牛鼻鎮，在縣西北五十里。赤岸戍，在縣東百里。紫石戍，在縣東七十里。北廟，在縣北三里。卽尉佗之廟也。虞翻廟，在縣西北三里。翻爲孫權騎都尉，以數諫争，徙交州卒。海廟，在縣東八十一里。任囂墓，在縣北三里。尉佗墓，在縣東北八里。又言佗葬在禺山，蓋與此相連接耳。

——《元和郡縣圖志》卷 34《嶺南道一・廣州・南海》，第 887—888 頁。

南海在東莞縣西二里

東莞縣，本漢博羅縣地，晉成帝咸和六年於此置寶安縣，屬東莞郡。隋開皇十年廢郡，以縣屬廣州。至德二年，改爲東莞縣，取舊郡名也。寶山，在縣東北五十五里。南海，在縣西二里。

——《元和郡縣圖志》卷 34《嶺南道一・廣州・東莞》，第 890 頁。

南海在新會縣北一百五十里

新會縣，本漢四會縣地，隋開皇十年置新會縣，屬岡州，開元二十三年割屬廣州。利山，在縣南一百七十里。上多沈香木。南海，在縣北一百五十里。

——《元和郡縣圖志》卷 34《嶺南道一・廣州・新會》，第 890 頁。

循州南至海一百一十里貢鮫魚皮水馬大魚睛

循州，本秦南海郡地，漢平南越，復置南海郡，今州卽漢南海郡之博羅縣也。梁置梁化郡，隋開皇十年於此置循州，取循江爲名也。

大業三年改爲龍川郡，武德五年復改爲循州。州境：……八到：（……西至廣州水路沿泝相兼四百里，陸路三百五十里。南至海一百一十里。）貢、賦：（開元貢：蚺蛇膽，甲香，藤器，鮫魚皮。元和貢：羅浮柑子，蚺蛇膽，藤箱，大甲香，小甲香，水馬，大魚睛。）

——《元和郡縣圖志》卷 34《嶺南道一·循州》，第 892 頁。

南海在歸善縣南一百一十里

歸善縣，本漢博羅縣地也，宋於此置歸善縣，屬鄣郡。梁屬梁化郡，隋開皇十年廢梁化郡，以縣屬循州。長山，在縣東南一百里。寅山，在縣東北十五里。多出茯苓。南海，在縣南一百一十里。

——《元和郡縣圖志》卷 34《嶺南道一·循州·歸善》，第 892—893 頁。

羅浮山在博羅縣西北

博羅縣，本漢舊縣，屬南海郡。隋開皇十年改屬循州。二漢縣立名不一，自吳以後，復爲博羅。羅浮山，在縣西北二十八里。羅山之西有浮山蓋蓬萊之一阜，浮海而至，與羅山並體，故曰羅浮。高三百六十丈，周迴三百二十七里，峻天之峰，四百三十有二焉，事具袁彥伯記。浮水，出羅浮山。河源水，東自歸善縣界流入，南去縣一百步。

——《元和郡縣圖志》卷 34《嶺南道一·循州·博羅》，第 893 頁。

南海在海豐縣南二十五里

海豐縣，本漢龍川縣地，東晉於此置海豐縣，屬東莞郡。隋開皇十年廢郡，以縣屬循州。南海，在縣南二十五里。龍山，在縣北五十里。

——《元和郡縣圖志》卷 34《嶺南道一・循州・海豐》，第 894 頁。

潮州東至大海一百二十里贡鮫鱼皮水馬

潮州，今州，卽漢南海郡之揭陽縣也，晉安帝義熙九年，於此立義安郡及海陽縣。隋開皇十年罷郡省海陽縣，仍於郡廨置義安縣，以屬循州。十一年，於義安縣立潮州，以潮流往復，因以爲名。大業三年罷州爲義安郡，武德四年復爲潮州。州境：……八到：（……東至大海一百二十里……南至大海八十五里。）貢、賦：（開元貢：蕉葛布，蚺蛇膽，鮫魚皮，甲香，靈龜散。元和貢：細蕉布，甲香，鮫魚皮，水馬。）管縣三：海陽，潮陽，程鄉。

——《元和郡縣圖志》卷 34《嶺南道一・潮州》，第 894—895 頁。

海陽縣鹽亭驛煮海水爲鹽

海陽縣，本漢揭陽縣地，晉於此立海陽縣，屬義安郡。隋開皇十年省郡，廢海陽入循州，十一年置潮州，又立海陽縣以屬焉。南濱大海，故曰海陽。鳳凰山，在縣北一百四十里。大海，在縣東南一百一十三里。西津驛，在縣西六里。鹽亭驛，近海。百姓煮海水爲鹽，遠近取給。官鄣湖，在縣東南二十里。出名龜，以卜，勝於含洭龜也。

——《元和郡縣圖志》卷 34《嶺南道一・潮州・海陽》，第 895 頁。

大海在潮陽縣西南一百三十里

潮陽縣，本漢揭陽縣地，晉安帝分東莞郡置義安郡，仍立潮陽縣屬焉。以在大海之北，故曰潮陽。貞元九年，移於今理。稷子山，一名龍首山，在縣東南五十里。龍溪山，今名海寧嶺，在縣西南一百七十里。大海，在縣西南一百三十里。

——《元和郡縣圖志》卷34《嶺南道一・潮州・潮陽》，第896頁。

交州東至大海水路約四百里貢鮫魚皮

安南，今爲安南都護府理所。管州十三：交州，愛州，驩州，峰州，陸州，演州，長州，郡州，諒州，武安州，唐林州，武定州，貢州。縣三十九。羈縻州三十二。

古越地也，秦始皇平百越，以爲桂林、象郡，今州卽秦象郡地也。趙佗王南越，地又屬焉。元鼎六年平吕嘉，遂定越地，以爲南海、蒼梧、鬱林、合浦、交趾、九真、日南、珠崖、儋耳九郡，元封五年置刺史以部之。名曰交趾者，交以南諸夷，其足大趾廣，兩足並立則交焉。漢本定爲交趾刺史，不稱州，以别於十二州。建安八年，張津爲刺史，士燮爲太守，共表請立爲州，自此始稱交州焉。吴黄武五年，分交趾、日南、九真、合浦四郡爲交州，南海、鬱林、蒼梧三郡爲廣州，尋省廣州，還併交州，以番禺爲交州理所，後又徙於交趾。晉太康中，徙理龍編。隋開皇十年，罷交趾郡爲玉州，仁壽四年置總管府，大業三年罷州，復爲交趾郡。武德四年又改爲交州總管府，永徽二年改爲安南都督府，至德二年改爲鎮南都護府，兼置節度，大曆三年罷節度置經略使，仍改鎮南爲安南都護府，貞元六年又加招討處置使。

府境：……八到：（……東至大海水路約四百里……）貢、賦：

（開元貢：孔雀，蕉布，犀角，蚺蛇膽，鸜鵒，金，草豆蔻，龍花蘂，翡毛，翠毛，鮫魚皮，檳榔，黄屑，白露蘚。）管縣八：宋平，武平，平道，太平，南定，朱鳶，交趾，龍編。

——《元和郡縣圖志》卷 38《嶺南道五・交州》，第 956—957 頁。

馬援鑄銅船炙船頭令赤以燋涌浪

朱鳶縣，本漢舊縣，屬交趾郡，至隋不改。武德四年於此置鳶州，貞觀元年廢，縣屬交州。朱鳶江，北去縣一里。後漢馬援南征，鑄銅船於此，揚排然火，炙船頭令赤，以燋涌浪及殺巨鱗横海之類。

——《元和郡縣圖志》卷 38《嶺南道五・交州・朱鳶》，第 958 頁。

海在日南縣東七十里

日南縣，本漢居風縣地，晉分置津梧縣，隋開皇十年析置日南縣，屬愛州。皇朝因之。鑿山，在縣北一百三十里。昔馬援征林邑，阻風波，乃鑿此山彎爲通道，因以爲名。海，在縣東七十里。

——《元和郡縣圖志》卷 38《嶺南道五・愛州・日南》，第 960 頁。

驩州東至海一百里

驩州，古越地，九夷之國，越裳氏重九譯者也。在秦爲象郡。漢平南越，又置九真。吴歸命侯天紀二年，分九真之咸驩縣置九德縣，屬交州。梁武帝於此置德州，隋開皇十八年改爲驩州，取咸驩縣爲名也。大業三年改爲日南郡。武德五年改爲南德州，仍置總管府，貞觀元年改爲驩州，兼管羈縻州六。州境：……八到：（北至上都六千八百七十五里。東北至東都六千六百一十五里。東至海一百里。南至林邑國界一百九十里。北至演州一百五十里。)

——《元和郡縣圖志》卷38《嶺南道五·驩州》，第960—961頁。

陸州惟捕海物以易衣食

陸州，本漢交趾郡地，梁大同元年於郡分置黄州，隋開皇十八年改爲陸州，以在海南，有陸路通海北，因以爲名。州在窮海，不生菽粟，又無絲緜，惟捕海物以易衣食，蓋“島夷卉服”之類也。

——《元和郡縣圖志》卷38《嶺南道五·陸州》，第962頁。

寧海羅佩山在大海中

寧海縣，本梁安海，武德四年又置海平，至德二載更今名。羅佩山，在縣東九里。其山在大海中也。

——《元和郡縣圖志》卷38《嶺南道五·陸州·寧海》，第963頁。

烏雷縣置在海島中

烏雷縣，本在州東水路三百里，總章元年置在海島中，因烏雷州爲名。大曆三年，與州同移於安海縣理。狗理山，在縣東四里。

——《元和郡縣圖志》卷38《嶺南道五·陸州·烏雷縣》，第963頁。

華清縣南枕大海

華清縣，本名玉山縣，天寶元年改爲華清。本在烏雷縣北四十里，大曆三年與州同移於安海縣理。南枕大海。官井山，在縣東約五十里。相傳越王過海，泊船於此，爲無淡水，因鑿石爲井，因號焉。

——《元和郡縣圖志》卷38《嶺南道五・陸州・華清縣》，第963頁。

演州西控海當中國往林邑扶南之大路

演州，古南越地，漢九真郡之咸驩縣地也，自漢迄隋不改。武德五年於此置驩州，領安人、扶演、相景、西源四縣。貞觀元年，以德州爲驩州，改此爲演州，因演水爲名。其州西控海，當中國往林邑、扶南之大路也。州境：……八到：（……南至驩州一百五十里。東至大海六里。）

——《元和郡縣圖志》卷38《嶺南道五・演州》，第963—964頁。

海中鹽城縣有鹽亭百二十三所

楚州，禹貢揚州之域。春秋屬吴，戰國屬楚，秦屬九江郡，漢爲射陽縣地。宋孝武帝封弟休祐爲山陽王……鹽城縣，本漢鹽瀆縣，屬臨海郡。州長百六十里，在海中。州上有鹽亭百二十三所，每歲煮鹽四十五萬石。

——《元和郡縣圖志・闕卷逸文卷二・淮南道・楚州》，第1074—1075頁。

馬援造濟海銅船沈于黨州渚

黨州古符縣縣之封溪多猩猩，似黄狗，人面善言，聲如婦人。出蚺蛇，長十餘丈，以婦人衣投之則蟠。牙長六七寸，辟不祥。馬援造銅船濟海，既歸，付程安令沈于渚，今天晴水澄，往往望見船樓，上恆似有四寸水，不知幾十丈也。一名越王船。

——《元和郡縣圖志·闕卷逸文卷三·嶺南道·黨州》，第1094—1095頁。

《括地志》

降水至冀州入海

屯留縣。降水源出潞州屯留縣西南〔方山〕，東北流，至冀州入海。

——《括地志輯校》卷2《潞州·屯留縣》，第65頁。

勾踐立觀臺以望東海處

東武縣，今密州諸城縣是也。琅邪山在密州諸城縣東南百四十里。始皇立層臺於山上，謂之琅邪臺，孤立衆山之上。始皇樂之，留三月，立石山上，頌秦功德也。密州諸城縣東南百七十里有琅邪臺，越王勾踐觀臺也。臺西北十里有琅邪故城。《吴越春秋》云："越王勾踐二十五年徙都琅邪，立觀臺以望東海，遂號令秦、晉、齊、楚，以尊輔周室，歃血盟。"卽勾踐起臺處。

——《括地志輯校》卷3《密州·諸城縣》，第137頁。

溟孛大海魚龍興

北海縣。斟尋故城，今青州北海縣是也。鄑城，在北海縣東七十里。營陵故城，在青州北海縣南三十里。溟孛大海，魚龍興雲雨震雷霆，大怒貌也，泛者之大難也。

——《括地志輯校》卷3《青州·北海縣》，第143頁。

長城東至密州琅邪臺入海

平陰縣。長城西北起濟州平陰縣，缘河歷太山北岡上，經濟州、淄州，即西南兖州博城縣北，東至密州琅邪臺入海。蘇代云："齊有長城巨防，惡足以爲塞也!"

——《括地志輯校》卷3《濟州·平陰縣》，第144頁。

三江會彭蠡入於海

潯陽縣。江州潯陽縣有黄金山，山出金。彭蠡湖在江州潯陽縣東南五十二里。《禹貢》三江俱會於彭蠡，合爲一江，入於海。

——《括地志輯校》卷4《江州·潯陽縣》，第231頁。

徐偃王城在越州鄮縣東南入海二百里

鄮縣。徐城在越州鄮縣東南入海二百里。夏侯志云翁洲上有徐偃王城。傳云昔周穆王巡狩，諸侯共尊偃王，穆王聞之，令造父御，乘騕褭之馬，日行千里，自還討之。或云命楚王帥師伐之，偃王乃於此處立城以終。

——《括地志輯校》卷4《越州·鄮縣》，第239頁。

徐東夷諸國陸島海程

朝鮮、高驪、穢貊、東沃沮、夫餘五國之地，國東西千三百里，南北二千里，在京師東。東至大海四百里，北至營州界九百二十里，南至新羅國六百里，北至靺鞨國千四百里。高驪治平壤城，本漢樂浪郡王儉城，即古朝鮮也。穢貊在高麗南，新羅北，東至大海，西亶洲在東海中，秦始皇使徐福將童男女入海求仙人，止在此洲，共數萬家，至今洲上人有至會稽市易者。吳人《外國圖》云亶洲去琅邪萬里。百濟國西南渤海中，有大島十五所，皆邑落，有人居，屬百濟。倭國西南大海中，島居凡百餘小國，在京南萬三千五百里。

——《括地志輯校》卷4《建州·東夷》，第251頁。

#《唐大詔令集》

蕃客蕃舶不得重加率稅

南海蕃舶，本以慕化而來，固在接以恩仁，使其感悅。如聞比年長吏，多務徵求，嗟怨之聲，達於殊俗。況朕方寶勤儉，豈愛遐賝。慮遠人未安，率稅猶重。思有矜恤，以示綏懷。其嶺南福建及揚州蕃客、宜委節度觀察使、除舶脚收市進奉外，任其來往，自爲交易，不得重加率稅。天下諸州府、如有寃滯未申，宜委御史臺及出使郎官、察訪聞奏。朕百靈所祐，獲遂痊和。虔奉神休，敢忘昭報。其五岳四瀆、天下名山大川、各委所在長吏致祭。仍加豐潔，以副精誠。朕以寡德，上承丕構。宗社流慶，玄穹叶靈。微恙愆和，旋就康復，渥澤思及於人瘼。敬戒先自於朕躬，俾我華夷，共歡富壽。中外臣庶，宜體予懷，主者施行。

——《唐大詔令集》卷10《帝王·痊復·太和三年疾愈德音》，第65頁。

册東海神爲廣德王文

維天寶十載，歲次辛卯三月甲申朔十七日庚子，皇帝若曰：於戲！四瀛定日，百谷稱王。望祀之禮雖申，崇名之典猶缺。惟東海浴日浮天，細來弘往，善利萬物，以宗以都。朕嗣守睿圖，式存精享。神心允穆，每叶休徵。今五運惟新，百靈咸秩，思崇封建，以展虔誠，是用封神爲廣德王，其光膺典册，保乂寰宇。永清坤載，敷佑邦家，可不美歟。惟南海蕩滌炎州，包括溟漲，涵育庶類，以成厥德。惟西海氾濫疏名，清晏表德。成兹潤澤，奠彼金方。惟北海限蠻阻夷，實資坎德，含奇蘊粹，實曰天池。（下闕）

——《唐大詔令集》卷74《典禮·嶽瀆山川·册東海神爲廣德王文》，第418頁。

開元十四年正月祭东海南海

《命盧從愿等祭岳瀆敕》，敕：五岳視三公之位，四瀆當諸侯之秩。載于祀典，抑惟國章。方屬農功，頗增旱暵，虔誠徒積，神道未孚。用申靡愛之勤，冀通能潤之感，宜令工部尚書盧從愿祭東岳，河南尹張敬忠祭中岳，御史中丞兼戶部侍郎宇文融祭西岳及西海河瀆，太常少卿張九齡祭南岳及南海，黄門侍郎李暠祭北岳，右庶子何鸞祭東海，宗正卿鄭繇祭淮瀆，少詹事張昭祭江瀆，河南少尹李暈祭北海及濟瀆。且潤萬物者莫先乎雨，動萬物者莫疾乎風。睠彼靈神，允稱師伯，雖有常祀，今更陳祈。宜令光禄卿孟温祭風伯，右庶子吴兢祭雨師。各就壇場，務加誠敬。但羞蘋藻，不假牲牢。應緣奠祭，允宜精潔。（開元十四年正月）

——《唐大詔令集》卷74《典禮·嶽瀆山川·命盧從愿等祭岳瀆敕》，第418頁。

耗蠹生靈海運爲甚

江淮商賈，業在舟船，如聞近日官中擄借甚苦，或傾奪以充運米，或題關以備載軍。非理滯留，散失財貨。州縣雖云和雇，商人焉敢請錢，本求錐刀，飜成損折。縱有寃屈，豈能申論。道路怨嗟，莫甚於此。自今以後，委所在長吏切加禁斷。其所合供過軍等舟船，唯許空載航船，便給見錢雇召。如見裝貨物者，切不得強令騰倒。其州縣所合雇船脚，多無本色錢物，皆是率配疲人。起今已後，並仰以上供錢充給。如有茶鹽舟船，關係三司榷課者，任準元敕處分。自蠻寇侵擾，連歲用兵，耗蠹生靈，海運爲甚。驅我赤子，深入滄波，覩駭浪而魂飛，汎洪濤而心死。繼有覆溺，多不上聞。仍遣賠填，急於風火。哀其已死之衆，不可復追；念兹將斃之徒，用延餘息。應江淮四道運糧所有沉覆損米損船綱官、所由船戶及元發州縣合賠填者，並從放免。更不得校料追徵。應闕海運留繫勘者，並一時釋放。唯造船官吏須有勘覆者，不在此限。

——《唐大詔令集》卷 86《政事・恩宥四・光啓三年七月德音》，第 493 頁。

海運和雇入海舸船不得更有隔奪

淮南兩浙海運，虜隔舟船。訪聞商徒失業頗甚，所用縱捨，爲弊實深。亦有般運貨財，委於水次，無人看守，多至散亡。嗟怨之聲，盈於道路。宜令三道，據米石數牒報所在鹽鐵巡院。令和雇入海舸船，分付所司。通計載米石數外，輒不得更有隔奪，妄稱貯備。其小舸短般至江口，使司自有船，不在更取商人舟船之限。如官吏妄行威福，必議痛刑。於戲！萬方靡安，寧忘於罪己。百姓不足，敢怠於責躬。用伸欽恤之懷，式表憂勤之旨。（咸通三年五月）

——《唐大詔令集》卷 107《政事・備禦・嶺南用兵德音》，第 557 頁。

罷三十六州造船

《罷三十六州造船安撫百姓詔》：朕以寡昧，纂承鴻烈，肅扆巖廊之上，凝襟華裔之表。馭奔深於日慎，儲祉存於勿休。勉己勵精，詳求大化。往爲奉成先志，雪恥黎元。是以數年之間，稱兵遼海。雖除凶戡暴，義匪諸身。而疲人竭財，役興於下。泛滄流而遐濟，踐危途而遠襲。風濤競駭，或取淪亡。鋒鏑交揮，非無隕仆。顧惟菲德，事有乖於七旬。在躬延責，情致慙於四海。湯年罪己，鑒寐斯存。漢載富人，周迴切念。日者翹車聯暎，賁帛相輝。庖鼎之前，猶潛秀異。關柝之下，未盡英奇。佇逸翰於西雍，牣殊珍於東序。比王師荐發，戎務實繁，州縣官寮，緣茲生過，力役無度，賄賂公行。蠹政傷風，莫斯爲甚。前令三十六州造船，以備東行者，即宜並停訖。凡百在位，宜極言得失，悉心無隱，以匡不逮。仍分遣按察大使，問人疾苦，黜陟官吏。兼司元太常伯竇德玄往河南道，並即持節分往。其內外官五品已上，各舉巖藪幽素之士，廣加詢訪，旁求謠俗，式企英材，允毗闕政。必使八紘之內，咸得朕心。萬寓之中，同夫親覽。宜速頒示率土，知此意焉。（龍朔三年八月）

——《唐大詔令集》卷 110《政事・賦斂・罷三十六州造船安撫百姓詔》，第 578 頁。

《減鹽鐵價敕》

《減鹽鐵價敕》：三代立制，山澤不禁，天地財利，與人共之。王道寖微，疆霸爭行，於是設祈望之守，興榷筦之法，以佐兵賦，以寬地征。公私之間，猶謂兼濟。歷代遵用，遂爲典常。自頃寇難荐興，已三十載，服干櫓者農桑其盡，居閭里者杼軸其空。革車方殷，軍食屢調，人多轉死，田卒汙萊。乃專煑海之利，以爲贍國之術，度其所入，歲倍田租。近者軍費日增，榷價日貴，至有以穀數斗，易鹽一升。本末相踰，科條益峻。念彼貧匱，何能自資。五味失和，百疾生害。以茲夭斃，實用痛傷。嗚呼！朕丕承列聖之緒，遐覽前王之典。既不克靜事以息用，又不獲弛禁以便人。征利滋深，疲甿重困。予則不恤，其誰省憂。應准并峽州榷鹽，宜令中書門下及度支商量，裁減估價。兼釐革利害，速具條件聞奏。削去繁刻，杜塞姦訛，務於利人，以稱朕意。

——《唐大詔令集》卷 112《政事・財利・減鹽鐵價敕》，第 584 頁。

裴敦復往江東招討海賊

《遣裴敦復往江東招討海賊敕》，敕：近聞江東小有寇盜，多因詿誤，或被脅從。輒聚萑蒲，遂爲草竊。固當自斃，豈足在懷。猶慮郡縣遐遠，江山阻闊，百姓之間，妄有驚擾。河南尹裴敦復頻更委任，夙著高名，必能慰諭甿俗，肅清姦宄，安人禁暴，實佇良圖。宜攝御史大夫，仍持節卽往江南東道，宣撫百姓，幷招諭海賊，仍便處置，迴日奏聞。

——《唐大詔令集》卷 118《政事·招諭·遣裴敦復往江東招討海賊敕》，第 617 頁。

諸渡遼海人應加賞命

《高麗班師詔》：朕聞之，聖人愼罰，觀兵於再駕；明王舉事，制勝於三年。合諸侯以討逆，旣擒而且縱……躬親節度，掞金海表。震曜威靈，尅其玄菟、横山、蓋牟、磨迷、遼東、白巖、卑沙、麥谷、銀山、後黄等，合一十城，凡獲戶六萬，口十有八萬。覆其新城，駐驛建安……朕所向必摧，上靈之祐也。所攻無敵，勇夫之力也。方且仰酬玄澤。展大禮於郊禋。賚此勤勞。錄摧鋒於將士。有勳者別頒榮命。無功者並加優卹。諸渡遼海人。應加賞命及優復者。所司宜明爲條例。具狀奏聞。朕將親爲詳覽。以申後命。（貞觀十九年十月）

——《唐大詔令集》卷 130《蕃夷·討伐·高麗班師詔》，第 704 頁。

《唐書》

盧鈞請監軍領南海市舶使

盧鈞，開成元年爲廣州刺史、御史大夫、嶺南節度使。南海有蠻舶之利，珎貨輻湊，舊帥作法興利以致富，凡爲南海者，靡不稛載而還。鈞性仁恕，爲政廉潔，請監軍領市舶使，己一不干預。自貞元已來，衣冠得罪流放嶺表者，因而物故，子孫貧悴，雖遇赦不能自還。凡在封境者，鈞減俸錢爲營槥櫝。其家疾病死喪，則爲醫藥殯斂。孤兒稚女，爲之婚嫁凡數百家。由是山越之俗服其德義，〔令〕不嚴而人化。

——《唐書輯校》卷 2，第 435 頁。

西域舶泛海至者年四十餘

李勉爲廣州刺史，兼嶺南節度觀察使，番禺賊帥馮崇道、桂州叛將朱濟時等阻洞爲亂，前後累歲，陷没十餘州。勉至，遣將李觀與容州刺史王翃併力招討，悉斬之，五嶺平。前後西域舶泛海至者歲纔四五，勉性廉潔，舶來都不檢閲，故末年舶至者四十餘。在官累年，器用車服無增飾者，耆老以爲可繼前朝宋璟、盧奐、李朝隱之徒。人吏詣闕請立碑，代宗許之。

——《唐書輯校》卷 2，第 437 頁。

使新羅者至海東多有所求

大歷初，以新羅王卒，授歸崇敬倉部郎中、兼御史中丞，賜金紫，充吊祭册立新羅王使。至海中流，波濤迅急，舟漏，衆咸驚駭。舟人請以小艇載崇敬避禍，崇敬曰："舟人凡數百，我何獨濟!"逡巡，波濤稍息。故事，使新羅者至海東多有所求，或携資帛而往，貨易規利。崇敬一皆绝之，東夷稱重其德。

——《唐書輯校》卷 4，第 983 頁。

百濟國西南海出黄漆樹

百濟國王所居，有東、西兩城，所置内官曰臣佐平，掌宣納事；内頭佐平，掌庫藏事；内法佐平，掌禮儀事；衛士佐平，常宿衛兵事；朝廷佐平，掌刑獄事；兵官佐平，掌在外兵馬事。其用法，叛逆者死，籍没其家。殺人者以奴婢三人贖罪，官人受財及盜者，三倍追贓，乃仍終身禁錮。凡諸賦税及風土所産，多與高麗同。其王服大袖紫袍，青錦袴，烏羅冠，金花爲飾，素皮帶，烏革履。官人盡緋爲衣，銀花飾冠。庶人不得衣緋紫。歲時伏臘，同於中國。其書籍有五經、子、史，又表疏並依中華之法。其國西南海中有三島，其上出黄漆樹，似小榎而樹大，六月取其汁，漆器物，色如黄金，其光自奪目。

——《唐書輯校》卷 4，第 984—985 頁。

海東曾閔

百濟王義慈事親以孝行聞，友于兄弟，時人號海東曾閔。及至京，數日疾卒。贈金紫光禄大夫、衛尉卿，特許其舊臣赴哭，送就孫皓、陳叔寶墓側葬之。

——《唐書輯校》卷 4，第 986 頁。

朝臣眞人好讀經史

日本國者，倭國之别種也。以其國在日邊，故以日本爲名。或云倭國自惡其名不雅，改爲日本。或云日本舊小國，併倭國之地。其人入朝者，多自矜大，不以實對，故中國疑焉。又云其國界東西南北皆數千里，西界、南界咸至大海，東界、北界有大山爲限，山外即毛人之國。長安三年，其大臣朝臣眞人來貢方物。朝臣眞人者，猶中國户部尚書，冠進德冠，其頂爲花，分而四散，身服紫袍，以帛爲腰帶。眞人好讀經史，解屬文，容止溫雅。則天宴之於麟德殿，授司膳卿，放還本國。

——《唐書輯校》卷 4，第 991—992 頁。

日本國使市文籍泛海而還

開元初，日本國遣使來朝，因請儒士授經。詔四門助教趙玄默就鴻臚寺教之，乃遺玄默闊幅布，以爲束脩之禮。題云"白龜元年調布"。人亦疑其僞爲此題。所得錫賚，盡市文籍，泛海而還。其偏使朝臣仲滿，慕中國之風，因留不去，改名爲朝衡，仕歷左補闕、儀王友。衡留京師五十年，好書籍，放歸鄉，逗留不去。

——《唐書輯校》卷 4，第 992 頁。

海島小國蝦夷

蝦夷國，海島中小國也。其使鬚長四尺，尤善弓矢。插箭於首，令人戴瓠而立，數十步射之，無不中者。明慶四年十月，隨倭國使入朝。

——《唐書輯校》卷 4，第 993 頁。

水眞臘近海多陂澤

眞臘國，貞觀二年，又與林邑國俱來朝獻，太宗嘉其歷遠疲勞，錫賚甚厚。南方人謂眞臘國爲吉篾國。自神龍以後，眞臘分爲二，半以南近海多陂澤處，謂之水眞臘。半以北多山阜處，謂之陸眞臘，亦謂之文單國。高宗、則天、玄宗朝，並遣使朝貢。水眞臘國，其境東西南北約皆八百里，東至奔陁浪州，西至墮羅鉢底國，南至小海，北即陸眞臘。其王所居城號婆羅是拔，國之東界有小城，皆謂之國。其國多象。元和八年，遣李摩郝等來朝貢。

——《唐書輯校》卷 4，第 1002—1003 頁。

絫半國城臨大海

武德中，絫半國遣使朝貢。其國在眞臘西南千餘里，城臨大海，土地下濕，風俗物産並與林邑國同。

——《唐書輯校》卷 4，第 1002—1003 頁。

投和國獻海物

貞觀中，投和國遣使奉表，以金函盛之，又獻金榼、金鏁、寶帶、犀、象、海物等數十品。

——《唐書輯校》卷 4，第 1007 頁。

殊奈國去交阯海行三月餘日

貞觀二年，殊奈國遣使貢方物。殊奈者，崑崙人也。在林邑南，去交阯海行三月餘日。俗習文字與婆羅門同。路绝遠，古未常朝中國，至是始通。

——《唐書輯校》卷 4，第 1007—1008 頁。

大海之南崑崙人

甘堂國在大海之南，崑崙人也。貞觀十年，與朱俱婆國同日朝貢。太宗謂侍臣曰："南荒西域，自遠而至，其故何也?"房玄齡對曰："當中國乂安，帝德遠被也。"太宗曰："誠如公言。向使中國不安，何緣至?朕何德以堪之?"

——《唐書輯校》卷 4，第 1008 頁。

墮和羅國西隣大海

墮和羅國，南與盤盤國，北與迦邏舍佛，東與眞臘接，西隣大海，去高州五月日行。貞觀十三年，其王遣使貢方物。二十三年，又遣使獻象牙、火珠，請賜好馬。詔許之。

——《唐書輯校》卷 4，第 1009 頁。

陁洹國在林邑西南大海中

陁洹國，在林邑西南大海中，東南與墮和羅接，去交阯三月餘行。賔服於墮和羅。其王姓察失利，字婆郝。土無蠶桑，以白疊、朝霞布爲衣。俗皆樓居，謂爲干欄。貞觀十八年，遣使來朝。二十一年，又遣使獻白鸚鵡並五色鸚鵡各一，及婆律膏。仍請馬及銅鍾，詔並給之。

——《唐書輯校》卷 4，第 1009 頁。

墮婆登國海湧而出鹽

墮婆登國，在林邑南，海行二月，東與訶陵、西與迷黎車接，北界大海。風俗與訶陵同。種稻每月一熟。有文字，書於貝多葉。其死者口實以金，又以金釧貫於四支，然後加以婆律膏及檀、沉、龍腦等香，積薪以燔之。貞觀中，遣使獻金花等物。王之所居，豎木爲城，造大屋重閣，覆以椶櫚皮。所坐床悉以象牙爲之，亦以象牙爲席。食以手擐之。又以椰樹花爲酒，飲之亦醉。有山穴，海湧而出鹽，國人取食。其國人有毒，與常人同止宿，即令身生瘡，與之交會便死。若涎液霑著草木即枯。其人身死，不臭不爛。

——《唐書輯校》卷 4，第 1011 頁。

多蔑國在南海外

多蔑國，貞觀時通焉。在南海外，國界周廻可一月行，南阻大海，西俱遊國，北波利利剌國，東真陁桓國。户口極多，置三十州，不役屬他國。有州郭，宫殿樓櫓並用瓦木。以十二月爲歲首。其物産有金銀銅鐵、象牙、犀角，朝霞、朝雲等布。其俗交易用金銀、朝霞等爲賈，百姓二十而稅一。五穀、菜蔬與中國不殊。

——《唐書輯校》卷 4，第 1012—1013 頁。

多摩長國居於海島王坐師子座

多摩長國，長居於海島，東與婆鳳，西與多隆，南與半反跋，北與訶陵等國接。其國界東西可一月行，南北可二十五日行，其王之先，龍子也，名骨利。骨利得大鳥卵，剖之，得一女子，容色殊妙，即以爲妻。其王尸羅劬傭伊説即其後也。顯慶中，遣使貢獻。其俗無姓。王居以柵爲城，以板爲屋，坐師子座，東向。衣物與林邑同。勝兵二萬人，無馬，有弓刀甲矟。婚姻無同姓之别。其食器銅鐵金銀，所食尚酥、乳酪、沙糖、石蜜，其家畜有羖、水牛，野獸有麞鹿等。死亡無喪紀之制，以火焚其屍。其音樂略同天竺。有波郍婆宅護遮奄磨、石榴等菓，多甘蔗。從其國經薛盧都思訶盧、林邑等國，達於交州。

——《唐書輯校》卷 4，第 1014 頁。

哥羅舍分國在南海之南

哥羅舍分國，在南海之南，接墮和羅，勝兵二萬人，其王蒲越伽摩，顯慶五年，遣使朝貢。

——《唐書輯校》卷 4，第 1015 頁。

杜薄國在扶南東漲海中

杜薄國，在扶南東漲海中，直渡海數十日至。其人色白皙，皆有衣服。國有稻田。女子作白疊、華布，出金、銀、鐵，以金爲錢。出雞舌香，可含，以香不入服。雞舌，其爲木也，氣辛而性厲，禽獸不能至，故未可識其樹者。華熟自零，隨水而出，方得之。杜薄洲有十餘國，城皆稱王。

——《唐書輯校》卷 4，第 1015 頁。

薄剌洲在拘利南海灣中

薄剌洲，隋時聞焉。在拘利南海灣中。其人色黑而齒白，眼正赤，男女並無衣服。一名勃焚洲。

——《唐書輯校》卷 4，第 1017 頁。

北海流鬼國有魚塩之利

流鬼國去京師萬五千里，邊於北海，多沮澤，有魚塩之利。

——《唐書輯校》卷 4，第 1122 頁。

獻《海鷗賦》以諷

崔湜既私附太平公主，時人咸爲之懼，門客陳振鷺獻《海鷗賦》以諷之，湜雖稱善而心實不悦。

——《唐書輯校》卷 4，第 1164 頁。

真臘國大魚如山

眞臘國，地饒瘴癘毒蠚，海中大魚半出，望之如山。

——《唐書輯校》卷 4，第 1173 頁。

獻鯨鯢睛

開元七年，大拂涅靺〔鞨〕獻鯨鯢睛。

——《唐書輯校》卷 4，第 1175 頁。

韓愈呪潮州鱷魚

韓愈爲潮州刺史，既視事，詢吏民疾苦，皆曰："郡西湫水有鱷魚，〔卵〕而化，其長數丈，食民畜産將盡，以是民貧。"居數日，愈往視之，令判官秦濟炮一豚一羊，投之湫，呪之曰："今潮州，大海在其南，鯨鵬之大，蝦蟹之細無不容，鱷魚朝發而夕至。今與鱷魚約，三日乃至七日，如頑而不徙，須爲物害，則刺史選〔材〕伎壯夫，操勁弓毒矢，與鱷魚從事矣。”呪之夕，有暴風雷起於湫中，數日，湫水盡涸，徙於舊湫西六十里。自是潮人無鱷患。

——《唐書輯校》卷 4，第 1175 頁。

蕭倣南海買烏梅

蕭倣爲嶺南節度使，倣性公廉，南海雖富琢奇，月俸之外，不入其門。家人疾病，醫工治藥須烏梅，左右於公廚取之，倣知而令〔還〕之，促買於市。

——《唐書輯校》卷 4，第 1191 頁。

《唐國史補》

鑒真徒號過海和尚

佛法自西土，故海東未之有也。天寶末，揚州僧鑒真始往倭國，大演釋教，經黑海蛇山，其徒號“過海和尚。”

——《唐國史補》卷上《佛法過海東》，第65頁。

孔戣奏止江淮進海味

孔戣為華州刺史，奏江淮海味，無堪道路擾人，並其類數十條上。後欲用戣，上不記名，問裴晉公，不能答。久之方省，乃拜戣嶺南節度使。有殊政，南中士人死於流竄者，子女皆為嫁之。

——《唐國史補》卷中《孔戣論海味》，第180頁。

蒲帆待潮信/有上信鳥信麥信

凡東南郡邑無不通水，故天下貨利，舟楫居多。轉運使歲運米二百萬石輸關中，皆自通濟渠入河而至也。江淮篙工不能入黃河。蜀之三峽、河之三門、南越之惡谿、南康之贛石，皆險絕之所，自有本處人為篙工。大抵峽路峻急，故曰“朝發白帝，暮徹江陵”。四月、五月為尤險時，故曰“灩澦大如馬，瞿塘不可下；灩澦大如牛，瞿塘不可留；灩澦大如襆，瞿塘不可觸。”揚子、錢塘二江者，則乘兩潮發棹，舟船之盛，盡於江西，編蒲為帆，大者或數十幅，自白沙泝流而上，常待東北風，謂之潮信。七月、八月有上信，三月有鳥信，五月有麥信。暴風之候，有拋車雲，舟人必祭婆官而事僧伽。

——《唐國史補》卷下《敘舟楫之利》，第 294 頁。

大船必為富商所有

江湖語云："水不載萬。"言大船不過八九千石。然則大曆、貞元間，有俞大娘航船最大，居者養生、送死、嫁娶悉在其間，開巷為圃，操駕之工數百，南至江西，北至淮南，歲一往來，其利甚博，此則不啻載萬也。洪鄂之水居頗多，與屋邑殆相半。凡大船必為富商所有，奏商聲樂，眾婢僕，以據舵樓之下，其間大隱，亦可知矣。

——《唐國史補》卷下《敘舟楫之利》，第 294 頁。

師子國海舶/舶蕃長與市舶使

南海舶外國船也，每歲至安南、廣州。師子國舶最大，梯而上下數丈，皆積寶貨。至則本道奏報，郡邑為之喧闐。有蕃長為主領，市舶使籍其名物，納舶腳，禁珍異，蕃商有以欺詐入牢獄者。舶發之後，海路必養白鴿為信。舶沒，則鴿雖數千里，亦能歸也。

舟人言：鼠亦有靈，舟中群鼠散走，旬日必有覆溺之患。

——《唐國史補》卷下《師子國海舶》，第 295 頁。

海上居人時見飛樓

海上居人，時見飛樓如締構之狀，甚壯麗者；太原以北，晨行則煙靄之中，睹城闕狀，如女牆、雉堞者，皆《天官書》所說氣也。

——《唐國史補》卷下《天官所書氣》，第 296 頁。

南海“颶風”

南海人言：海風四面而至，名曰“颶風”。颶風將至，則多虹霓，名曰“颶母”。然三五十年始一見。

——《唐國史補》卷下《虹霓颶風母》，第 297 頁。

雷州春夏多雷

或曰：雷州春夏多雷，無日無之。雷公秋冬則伏地中，人取而食之，其狀類彘。又與黃魚同食者，人皆震死。

——《唐國史補》卷下《人食雷公事》，第 297 頁。

使新羅海島遇龍怒

元義方使新羅，發雞林洲，遇海島，上有流泉。舟人皆汲攜之，忽有小蛇自泉中出，舟師遽曰：“龍怒。”遂發，未數裡，風雨雷電皆至，三日三夜不絕。及雨霽，見遠岸城邑，問之，乃萊州也。

朝廷每降使新羅，其國必以金寶厚為之贈。惟李汭為判官，一無所受，深為同輩所嫉。

——《唐國史補》卷下《元義方使新羅》，第 307 頁。

《唐大和上東征傳》

唐大和上究學三藏

大和上諱鑑真，揚州江陽縣人也，俗姓淳于，齊大夫髡之後。其父先就揚州大雲寺智滿禪師受戒，學禪門。大和上年十四，隨父入寺，見佛像感動心，因請父求出家；父奇其志，許焉。是時，大周則天長安元年有詔于天下諸州度僧，便就智滿禪師出家爲沙彌，配住大雲寺唐中宗孝和聖皇帝神龍元年，從道岸律師受菩薩戒。景龍元年杖錫東都，因入長安。其二年三月二十八日，於西京實際寺登壇受具足戒。荆州南泉寺弘景律師爲和上巡遊二京，究學三藏。後歸淮南，教授戒律；江淮之間，獨爲化主。於是興建佛事，濟化羣生，其事繁多，不可俱載。

日本副使朝臣名代揚舶歸國

日本國天平五年，歲次癸酉，沙門榮叡、普照等隨遣唐大使丹墀真人廣成，至唐國留學。是歲，唐開元二十一年也。唐國諸寺三藏、大德，皆以戒律爲入道之正門；若有不持戒者，不齒於僧中。於是，方知本國無傳戒人。仍請東都大福先寺沙門道璿律師，附副使中臣朝臣名代之舶，先向本國去，擬爲傳戒者也。榮叡、普照留學唐國，已經十載，雖不待使，而欲早歸；於是，請西京安國寺僧道航、澄觀，東都僧德清，高麗僧如海；又請得宰相李林甫之兄林宗之書，與揚州倉曹李湊，令造大舟，備糧送遣。又與日本國同學僧玄朗、玄法二人，俱下至揚州。是歲，唐天寶元載冬十月。

僧道航等始於東河造船

時，大和上在揚州大明寺爲衆僧講律，榮叡、普照師至大明寺，頂禮大和上足下，具述本意曰：“佛法東流至日本國，雖有其法，而無傳法人。本國昔有聖德太子曰：‘二百年後，聖教興於日本。’今鍾此運，願和上東遊興化。”大和上答曰：“昔聞南岳惠思禪師遷化之後，託生倭國王子，興隆佛法，濟度衆生。又聞，日本國長屋王崇敬佛法，造千袈裟，來施此國大德、衆僧；其袈裟緣上繡着四句曰：‘山川異域，風月同天，寄諸佛子，共結來緣。’以此思量，誠是佛法興隆，有緣之國也。今我同法衆中，誰有應此遠請，向日本國傳法者乎？”時衆默然，一無對者。良久，有僧祥彦進曰：“彼國太遠，性命難存，滄海淼漫，百無一至。人身難得，中國難生；進修未備，道果未到。是故衆僧咸默無對而已。”和上曰：“是爲法事也，何惜身命？諸人不去，我卽去耳。”

祥彦曰：“和上若去，彦亦隨去。”爰有僧道興、道航、神崇、忍靈、曜祭、明烈、道默、道因、法藏、法載、曇静、道巽、幽巖、如海、澄觀、德清、思託等二十一人，願同心隨和上去。要約已畢，始於東河造船，揚州倉曹李湊依李林宗書，亦同撿校造舟、備糧。大和上、榮叡、普照師等同在既濟寺備辦乾糧，但云將供具往天台山國清寺，供養衆僧。是歲，天寶二載癸未，當時海賊大動繁多，台州、温州、明州海邊，并被其害，海路堙塞，公私斷行。僧道航云：“今向他國，爲傳戒法，人皆高德，行業肅清。如海等少學，可停却矣。”

僧道航造舟被誣告入海與海賊連

時，如海大瞋，裹頭入州，上採訪廳告曰："大使知否？有僧道航造舟入海，與海賊連。都有若干人，已辦乾糧，在既濟、開元、大明寺，復有百海賊入城來。"時淮南道採訪使班景倩聞卽大駭，便令人將如海於獄推問；又差官人於諸寺收捉賊徒。遂於既濟寺搜得乾糧，大明寺捉得日本僧普照，開元寺得玄朗、玄法。其榮叡師走入池水中仰卧，不良久，見水動，入水得榮叡師，並送縣推問。僧道航隱俗人家，亦被捉得，並禁獄中。問曰："徒有幾人與海賊連？"道航答曰："不與海賊連，航是宰相李林甫之兄林宗家僧，今送功德往天台國清寺，陸行過嶺辛苦，造舟從海路去耳！今有林宗書二通在倉曹所。"採訪使問倉曹，倉曹對曰："實也。"仍索其書看，乃云："阿師無事，今海賊大動，不須過海去。"

其所造舟没官，其雜物還僧。其誣告僧如海與反坐，還俗，決杖六十，還送本貫。其日本僧四人，揚州上奏；奏至京，鴻臚寺檢案問本配寺，寺衆報曰："其僧隨駕去，更不見來。"鴻臚依寺報而奏，便勅下揚州曰："僧榮叡等，既是蕃僧，入朝學問，每年賜絹廿五匹，四季給時服；兼予隨駕，非是僞濫。今欲還國，隨意放還，宜委揚州，依例送遣。"時，榮叡、普照等四月被禁，八月方始得出。其玄朗、玄法從此還國别去。時榮叡、普照同議曰："我等本愿爲傳戒法，請諸高德，將還本國，今揚州奉勅唯送我四人，不得請諸師而空返無益，豈如不受官送，依舊請僧將還本國，流傳戒法者乎？"

大和上購買軍舟備辦海糧等物

於是巡避官所，俱至大和上所計量。大和上曰："不須愁，宜求方便，必遂本願。"仍出正爐八十貫錢，買得嶺南道採訪使劉巨鱗之軍舟一隻，雇得舟人等十八口。備辦海糧：落脂紅緑米一百石，甜豉三十石，牛蘇一百八十斤，麪五十石，乾胡餅二車，乾蒸餅一車，乾薄餅一萬，番捻頭一半車；漆合子盤卅具，兼將畫五頂像一鋪，寶像一鋪，金漆泥像一軀，六扇佛菩薩障子一具，金字《華嚴經》一部，金字《大品經》一部，金字《大集經》一部，金字《大涅槃經》一部，雜經、章疏等都一百部；月令障子一具，行天障子一具，道場幡一百廿口，珠幡十四條，玉環手幡八口；螺鈿經函五十口，銅瓶廿口；花氈廿四領，袈裟一千領，裙衫一千對，坐具一千床；大銅盂四口竹葉盂卌口，大銅盤廿面，中銅盤廿面，小銅盤四十四面，一尺銅疊八十面，少銅疊三百面；白籐簟十六領，五色籐簟六領；麝香廿劑，沉香、甲香、甘松香、龍腦香、膽唐香、安息香、棧香、零陵香、青木香、薰陸香都有六百餘斤；又有畢鉢、訶梨勒、胡椒、阿魏、石蜜、蔗餹等五百餘斤，蜂蜜十斛，甘蔗八十束；青錢十千貫，正爐錢十千貫，紫邊錢五千貫；羅襆頭二千枚，麻靴卅量，廗冒卅箇。

八十五人同駕一舟舉帆東下

僧祥彥、道興、德清、榮叡、普照、思託等一十七人，玉作人、畫師、彫佛、刻鏤、鑄寫、繡師、修文、鐫碑等工手都有八十五人，同駕一隻舟。天寶二載十二月，舉帆東下，到狼溝浦，被惡風飄浪擊，舟破，人總上岸。潮來，水至人腰；和上在烏蓲草上，餘人並在水中。冬寒，風急，甚太辛苦。更修理舟，下至大板山泊，舟去不得，即至下嶼山。

入住明州鄮縣山阿育王寺

住一月，待好風發，欲到桑石山。風急浪高，舟垂著石，無計可量；纔離嶮岸，還落石上。舟破，人並上岸。水米俱盡，飢渴三日，風停浪静，有白水郎將水、米來相救。又經五日，有邏海官來問消息，申諜明州；明州太守處分，安置鄮縣山阿育王寺，寺有阿育王塔。

明州者，舊是越州之一縣也。開元廿六年，越州鄮縣令王叔通奏割越州一縣，特置明州；更開三縣，令成一州四縣，今稱餘姚郡。其阿育王塔者，是佛滅度後一百年，時有鐵輪王，名曰阿育王，役使鬼神，建八萬四千塔之一也。其塔非金、非玉、非石、非土、非銅、非鐵，紫烏色，刻縷非常；一面薩埵王子變，一面捨眼變，一面出腦變，一面救鴿變。上無露盤，中有懸鐘，埋没地中，無能知者。唯有方基高數仞，草棘蒙茸，罕有尋窺。至晉泰始元年，并州西河離石人劉薩訶者，死至閻羅王界，閻羅王教令掘出。自晉、宋、齊、梁至於唐代，時時造塔、造堂，其事甚多。其鄮山東南嶺石上，有佛右迹；東北小岩上，復有佛左迹，並長一尺四寸，前闊五寸八分，後闊四寸半，深三寸。千幅輪相，其印文分明顯示。世傳曰："迦叶佛之迹也。"東二里，路側有聖井，深三尺許，清涼甘美，極雨不溢，極旱不涸。中有一鰻魚，長一尺九寸，世傳曰護塔菩薩也。有人以香花供養，有福者即見，無福者經年求不見。有人就井上造屋，至以七寶作材瓦，即從井中水漲流却。

遣僧法進往福州買船具辦糧用

天寶三載，歲次甲申，越州龍興寺衆僧請大和上講律受戒。事畢，更有杭州、湖州、宣州並來請。大和上依次巡遊、開講、授戒，還至鄮山阿育王寺。

時越州僧等知大和上欲往日本國，告州官曰："日本國僧榮叡誘大和上欲往日本國。"時山陰縣尉遣人於王亟宅，搜得榮叡師，著枷遞送於京，還至杭州。榮叡師卧病，請假療治，經多時，云病死乃得放出。榮叡、普照師等爲求法故，前後被災，艱辛不可言盡，然其堅固之志，曾無退悔。大和上悦其如是，欲遂其愿，乃遣僧法進及二近事，將輕貨往福州買船，具辦糧用。

大和上發願向日本國被阻

和上率諸門徒祥彥、榮叡、普照、思託等三十餘人，辭禮育王塔，巡禮佛迹，供養聖井，護塔魚菩薩，尋山直出。

州太守盧同宰及僧徒父老迎送，設供養，差人備糧送至白社村寺；修理壞塔，勸諸鄉人造一佛殿，至台州寧海縣白泉寺宿。明日，齋後踰山，嶺峻途遠，日暮夜暗，澗水没膝，飛雪迷眼，諸人泣淚，同受寒苦。明日度嶺，入始豐縣，日暮到國清寺，松篁蓊鬱，奇樹璀璨；寶塔玉殿，玲瓏赫奕，莊嚴華飾，不可言盡。孫綽《天台山賦》不能盡其萬一。

和上巡禮聖迹，出始豐縣，入臨海縣；導於白峰尋江，遂至黄岩縣；便取永嘉郡路，到禪林寺宿。

明朝，早食發，欲向温州，忽有採訪使牒來追。其意者，在揚州和上弟子僧靈佑及諸寺三綱衆僧，同議曰："我大師和上，發願向日本國，登山涉海，數年艱苦，滄溟萬里，死生莫測；可共告官，遮令留住。"仍共以牒告於州縣。於是，江東道採訪使下牒諸州，先追所經諸寺三綱於獄，留身推問；尋蹤至禪林寺，捉得大和上，差使押送，防護十重圍繞，送至採訪使所。

大和上所至州縣，官人參迎禮拜歡喜，卽放出所禁三綱等。採訪使處分，依舊令住本寺，約束三綱防護，曰："勿令更向他國。"諸州道俗聞和上還至，各辦四事供養，競來慶賀，遞相抱手慰勞。獨和上憂愁，呵責靈祐，不賜開顔。其靈祐日日懺謝，乞歡喜，每夜一立至五更謝罪。遂終六十日，又諸寺三綱、大德共來禮謝，乞歡喜，和上乃開顔耳。

大和上再次啟航到越州

天寶七載春，榮叡、普照師從同安郡來，下至揚州崇福寺大和上住處。和上更與二師作方便，造舟、買香藥，備辦百物，一如天寶二載所備。

同行人僧祥彦、神侖、光演、頓悟、道祖、如高、德清、日悟、榮叡、普照、思託等道俗一十四人，及化得水手一十八人，及餘樂相隨者，合有三十五人。

六月廿七日，發自崇福寺。至揚州新河，乘舟下至常州界狼山，風急浪高，旋轉三山。明日得風，至越州界三塔山。停住一月，得好風，發至暑風山，停住一月。

渡海見蜃氣與怒濤如墨

十月十六日晨朝，和上云："昨夜，夢見三官人，一著緋，二著緑，於岸上拜别，知是國神相别也，疑是度必得渡海也。"少時，風起，指頂岸山發。東南見山，至日中，其山滅，知是蜃氣也。去岸漸遠，風急波峻，水黑如墨。沸浪一透，如上高山；怒濤再至，似入深谷。人皆荒醉，但唱觀音。舟人告曰："舟今欲没，有何所惜！"即牽棧香籠欲抛，空中有聲，言："莫抛！莫抛！"即止。

中夜時，舟人言："莫怖！有四神王，着甲把杖，二在舟頭，二在檣舳邊。"衆人聞之，心裏稍安。

經過虵海、飛魚海和飛鳥海

三日過虵海。其虵長者一丈餘，小者五尺餘，色皆斑斑，滿泛海上。

三日過飛魚海。白色飛魚，翳滿空中，長一尺許。

一日經飛鳥海。鳥大如人，飛集舟上，舟重欲没，人以手推，鳥即銜手。

嚼生米飲鹹水

其後二日無物，唯有急風高浪。衆僧惱卧，但普照師每日食時，行生米少許，與衆僧以充中食。舟上無水，嚼米，喉乾咽不入，吐不出；飲鹹水，腹卽脹。一生辛苦，何劇於此！

海中忽有四隻金魚，長各一尺許，走繞舟四邊。明旦，風息，見山。人總渴水，臨欲死；榮叡師面色忽然怡悦，卽説云："夢見有官人請我受戒懺悔，叡曰：'貧道甚渴，欲得水'；彼官人取水與叡，水色如乳汁，取飲甚美。心既清涼，叡語彼官人曰：'舟上三十餘人，多日不飲水，甚大飢渴，請檀越早取水來。'時，彼官人喚雨令老人處分，云汝等大了事人，急送水來。夢相如是，水應今至，諸人急須把碗待。"衆人聞此總歡喜。

雲起注雨，碗承水飲飽足

明日，未時，西南空中雲起來，覆舟上，注雨；人人把碗承水飲。第二日亦雨至，人皆飽足。明日近岸，有四白魚來，引舟直至泊舟浦。舟人把碗，競上岸頭覓水，過一小崗，便遇池水，清涼甘美，衆人争飲，各得飽滿。後日，更向池；昨日池處，但有陸地，而不見池，衆共悲喜，知是神靈化出池也。

是時，冬十一月，花蘂開敷，樹實竹筍，不辨於夏。凡在海中經十四日，方得着岸。遣人求浦，乃有四經紀人便引道去。四人口云："和上大果報，遇於弟子，不然合死。此間人物吃人，火急去來！"便引舟去。入浦。晚，見一人被髪帶刀，諸人大怖，與食便去。

抵振州住大雲寺

夜發，經三日乃到振州江口泊舟。其經紀人往報郡，其别駕馮崇債遣兵四百餘人來迎。引至州城，别駕來迎，乃云：“弟子早知和上來，昨夜夢有僧姓豐田，當是債舅。此間若有姓豐田者否？”衆僧皆云：“無也。”債云：“此間雖無姓豐田人，而今和上即將當弟子之舅。”即迎入宅内，設齋供養。又於太守廳内，設會授戒，仍入州大雲寺安置。其寺佛殿壞廢，衆僧各捨衣物造佛殿，住一年造了。

萬安州大首領每年常刼取波斯舶二三艘

别駕馮崇債自備甲兵八百餘人送，經四十餘日，至萬安州。州大首領馮若芳請住其家，三日供養。若芳每年常刼取波斯舶二三艘，取物爲己貨，掠人爲奴婢。其奴婢居處，南北三日行，東西五日行，村村相次，總是若芳奴婢之住處也。若芳會客，常用乳頭香爲燈燭，一燒一百餘斤。其宅後，蘇芳木露積如山；其餘財物，亦稱此焉。

行到崖州界，無賊，别駕乃迴去。

到崖州見到諸種果木異花

榮叡、普照師從海路經四十餘日，到崖州，州遊奕大使張雲出迎，拜謁，引入。令住開元寺。官寮參省設齋，施物盈滿一屋。彼處珍異口味，乃有益智子、檳榔子、椰子、茘支子、龍眼、甘蕉、拘莚，摟頭大如缽盂，甘甜於蜜，花如七寶色；瞻唐香樹，聚生成林，風至，香聞五里之外；又有波羅捺樹，菓大如冬瓜，樹似檳楂；畢鉢菓，子同今見，葉似水葱；其根味似乾柹。十月作田，正月收粟；養蠶八度，收稻再度。男着木笠，女着布絮。人皆彫蹄鑿齒，繡面鼻飲，是其異也。大使已下，至於典正，作番供養衆僧。大使自手行食，將優曇鉢樹葉以充生菜，復將優曇鉢子供養衆僧。乃云：“和上知否，此是優曇鉢樹子。此樹有子無花，弟子得遇和上，如優曇鉢花，甚難值遇。”其葉赤色，圓一尺餘；子色紫丹，氣味甜美。

彼州遭火，寺並被燒，和上受大使請造寺。振州别駕聞和上造寺，卽遣諸奴，各令進一椽，三日內一時將來，卽構佛殿、講堂、塼塔。椽木有餘；又造釋迦丈六佛像。登壇授戒、講律，度人已畢，仍別大使去。

仍差澄邁縣令，着送上船。

始安郡都督接足而禮

三日三夜，便達雷州。羅州、辨州、象州、白州、傭州、藤州、梧州、桂州等官人、僧、道、父老迎送禮拜，供養承事，其事無量，不可言記。

始安郡都督上黨公馮古璞等步出城外，五體投地，接足而禮，引入開元寺。初開佛殿，香氣滿城，城中僧徒擎幡、燒香、唱梵，雲集寺中。州縣官人、百姓填滿街衢，禮拜讚嘆，日夜不絶。馮都督來，自手行食，供養衆僧，請和上受菩薩戒。其所都督七十四州官人、選舉試學人併集此州；隨都督受菩薩戒人，其數無量。和上留住一年。

時南海郡大都督、五府經略、採訪大使、攝御史中丞、廣州太守盧奂牒下諸州，迎和上向廣府。時馮都督來，親送和上，自扶上船，口云："古璞與和上，終至彌勒天宮相見。"悲泣而別去。下桂江，七日至梧州，次至端州龍興寺。榮叡師奄然遷化，大和上哀慟悲切，送喪而去。

廣州見波斯崑崙等舶深六七丈

端州太守迎引送至廣州，盧都督率諸道俗出迎城外，恭敬承事，其事無量。引入大雲寺，四事供養，登壇受戒。此寺有訶梨勒樹二株，子如大棗。又開元寺有胡人造白檀華嚴經九會，率工匠六十人，三十年造畢，用物卅萬貫錢，欲將往天竺；採訪使劉巨鱗奏狀，勑留開元寺供養，七寶莊嚴，不可思議。又有婆羅門寺三所，並梵僧居住。池有青蓮花，花、葉、莖、根並芬馥奇異。江中有婆羅門、波斯、崑崙等舶，不知其數；並載香藥、珍寶，積載如山。其舶深六、七丈。師子國、大石國、骨唐國、白蠻、赤蠻等往來居住，種類極多。州城三重，都督執六纛，一纛一軍，威嚴不異天子；紫緋滿城，邑居逼側。大和上住此一春，發向韶州，傾城遠送。

大和上頻經炎熱眼遂失明

乘江七百餘里，至韶州禪居寺，留住三日。韶州官人又迎引入法泉寺，乃是則天爲慧能禪師造寺也，禪師影像今現在。後移開元寺，普照師從此辭和上向嶺北去，至明州阿育王寺。是歲，天寶九載也。時，和上執普照師手，悲泣而曰："爲傳戒律，發願過海，遂不至日本國，本願不遂。"於是分手，感念無喻。時和上頻經炎熱，眼光暗昧，爰有胡人言能治目，遂加療治，眼遂失明。

後巡遊靈鷲寺、廣果寺，登壇授戒。至湞昌縣，過大庾嶺，至虔州開元寺；僕射鍾紹京左〔降〕在此，請和上至宅，立壇受戒。次至吉州，僧祥彦於舟上端坐，問思託師云："大和上睡覺否?"思託答曰："睡未起。"彦云："今欲死别。"思託諮和上，和上燒香，將曲几來，使彦凭几向西方念阿彌陀佛。彦卽一聲唱佛，端坐，寂然無言。和上乃喚彦，彦悲慟無數。時，諸州道俗聞和上歸嶺北來，四方奔集，日常三百以上；人物駢闐，供具煒燁。從此向江州，至廬山東林寺，是晉代慧遠法師之所居也。遠法師於是立壇授戒，天降甘露，因號甘露壇，今尚存焉。近天寶九載，有志恩律師於此壇上與授戒，又感天雨甘露。道俗見聞，歎同晉遠。

和上留連此地，已經三日，卽向潯陽龍泉寺。昔遠法師於是立寺，無水，爰發願曰："若於此地堪棲止者，當使抽泉。"以錫杖扣地，有二青龍尋錫杖上，水卽飛湧，今尚其水湧出地上三尺焉，因名曰龍泉寺。

從此陸行至江州城，太守追集州内僧、尼、道士、女官、州縣官人、百姓，香花音樂來迎，請停三日供養。太守親從潯陽縣至九江驛，和上乘舟與太守别去。

從此七日至潤州江寧縣，入瓦官寺登寶閣。閣高二十丈，是梁武帝之所建也，至今三百餘歲，微有傾損。昔一夜暴風急吹，明旦，人看閣下四隅，有八神跡，長三尺，入地三寸；今造四神王像，扶持閣四角，其神踐跡，今尚存焉。昔梁武帝崇信佛法，興建伽藍，今有江寧寺、彌勒寺、長慶寺、延祚寺等，其數甚多；莊嚴彫刻，已盡工巧。

和上之弟子僧靈祐承和上來，遠從棲霞寺迎來，見和上五體投地，進接和上足，展轉悲泣而歎曰："我大和上遠向海東，自謂一生不獲再覲，今日親禮，誠如盲龜開目見日；戒燈重明，昏衢再朗。"卽引還棲霞寺，住三日。却下攝山，歸揚府。過江至新河岸，卽入揚子亭既濟寺。江都道俗，奔填道路，江中迎舟，舳艫連接；遂入城，住本□龍興寺也。

大和上從南振州來揚府

和上從南振州來至揚府，所經州縣，立壇授戒，無空過者。今亦於龍興、崇福、大明、延光等寺講律授戒，暫無停斷。昔光州道岸律師命世挺生，天下四百餘州，以爲受戒之主。岸律師遷化之後，其弟子杭州義威律師響振四遠，德流八紘，諸州亦以爲受戒師。義威律師無常之後，開元廿一年，時大和上年滿卌六；淮南江左净持戒律者，唯大和上獨秀無倫，道俗歸心，仰爲授戒大師。凡前後講大律並疏卌遍，講《律鈔》七十遍，講《輕重儀》十遍，講《羯磨疏》十遍；具修三學，博達五乘；外秉威儀，内求奥理。講授之閒，造立寺舍，供養十方衆僧，造佛菩薩像，其數無量；縫衲袈裟千領，布袈裟二千餘領，供送五台山僧，設無遮大會；開悲田而救濟貧病，設敬田而供養三寶。寫《一切經》三部，各一萬一千卷；前後度人、授戒，略計過四萬有餘。

其弟子中超羣拔萃，爲世師範者，卽有：揚州崇福寺僧祥彦、潤州天響寺僧道金、西京安國寺僧璿光、潤州棲霞寺僧希瑜、揚州白塔寺僧法進、潤州棲霞寺僧乾印、汴州相國寺僧神邕、潤州三昧寺僧法藏、江州大林寺僧志恩、洛州福先寺僧靈祐、揚州既濟寺僧明烈、西京安國寺僧明債、越州道樹寺僧璿真、揚州興雲寺僧惠琮、天台山國清寺僧法雲等三十五人，并爲翹楚，各在一方，弘法於世，導化羣生。

日本國大使特進藤原朝臣清河等邀請大和尚

天寶十二載，歲次癸巳，十月十五日壬午，日本國使大使特進藤原朝臣清河，副使銀青光禄大夫、光禄卿大伴宿禰胡麿，副使銀青光禄大夫、秘書監吉備朝臣真備，衛尉卿安倍朝臣朝衡等，來至延光寺，白和上云："弟子等早知和上五遍渡海向日本國，將欲傳教，今親奉顔色，頂禮歡喜。弟子等先録和上尊名，並持律弟子五僧，已奏聞主上，向日本傳戒。主上要令將道士去，日本君王先不崇道士法，便奏留春桃原等四人，令住學道士法。爲此，和上名亦奏退，願和上自作方便。弟子等自有載國信物船四舶，行裝具足，去亦無難。"時和上許諾已竟。時揚州道俗皆云，和上欲向日本國。由是，龍興寺防護甚固，無由進發，時有仁幹禪師從婺州來，密知和上欲出，備具船舫於江頭相待。

大和尚乘仁幹禪師船舫再發

和上於天寶十二載十月十九日戌時，從龍興寺出，至江頭乘船。下時，有二十四沙彌悲泣赶來，白和上言："大和上今向海東，重覲無由我，今者最後請予結緣。"乃於江邊爲二十四沙彌授戒。訖，乘船下至蘇州黄泗浦。相隨弟子：揚州白塔寺僧法進、泉州超功寺僧曇静、台州開元寺僧思託、揚州興雲寺僧義静、衢州靈耀寺僧法載、竇州開元寺僧法成等一十四人，藤州通善寺尼智首等三人，揚州優婆塞潘仙童，胡國人安如寶，崑崙國人軍法力，瞻波國人善聽，都二十四人。

所將如來肉舍利三千粒，功德繡普集變一鋪、阿彌陀如來像一鋪、彫白旃檀千手像一軀、繡千手像一鋪、救苦觀世音像一鋪、藥師、彌陀、彌勒菩薩瑞像各一軀，同障子，《大方廣佛華嚴經》八十卷、《大佛名經》十六卷、金字《大品經》一部、金字《大集經》一部、南本《涅槃經》一部四十卷、《四分律》一部六十卷、法勵師《四分疏》五本各十卷、光統律師《四分疏》百廿紙、《鏡中記》二本、智周師《菩薩戒疏》五卷、靈溪釋子《菩薩戒疏》二卷、《天台止觀法門》計四十卷、《玄義》、《文句》各十卷、《四教義》十二卷、《次第禪門》十一卷、《行法華懺法》一卷、《小止觀》一卷、《六妙門》一卷、《明了論》一卷、定賓律師《飾宗義記》九卷、《補釋宗義記》一卷、《戒疏》二本各一卷、觀音寺亮律師《義記》二本十卷、〔終〕南山宣律師《含注戒本》一卷及疏、懷道律師《戒本疏》四卷、《行事抄》五本、《羯磨疏》等二本、懷素律師《戒本疏》四卷、大覺律師《批記》十四卷、《音訓》二本、《比丘尼傳》二本四卷、玄奘法師《西域記》一本十二卷、終南山宣律師《關中創開戒壇圖經》一卷、法銑律師《尼戒本》一卷及疏二卷，合四十八部，及玉環水精手幡四口、□□金珠□□□□□□□菩提子三斗、青蓮花廿莖、玳瑁疊子八面、天竺革履二量，王右軍真跡行書一帖、小王真跡三帖、天竺、朱和等雜體書五十帖，□□□□□□，水精手幡已下，皆進内裏。又阿育王塔樣金銅塔一區。

十月，大和上乘日本國副使海舟出發

廿三日庚寅，大使處分：大和上已下分乘副使已下舟。畢後，大使已下共議曰：“方今廣陵郡覺知和上向日本國，將欲搜舟，若被搜得，爲使有殃；又被風漂還，着唐界，不免罪惡。”由是，衆僧總下舟，留。

十一月十日丁未夜，大伴副使竊招和上及衆僧納己舟，總不令知。十三日，普照師從越餘姚郡來，乘吉備副使舟。十五日壬子，四舟同發。有一雉飛第一舟前，仍下矴留。十六日發，廿一日戊午，第一、第二兩舟同到阿兒奈波島，在多禰島西南；第三舟昨夜已泊同處。

十二月，大和上所乘舟抵達秋妻屋浦

十二月六日，南風起，第一舟着石不動，第二舟發向多禰去。七日，至益救島。十八日，自益救發。十九日，風雨大發，不知四方。午時，浪上見山頂。廿日乙酉午時，第二舟著薩摩國阿多郡秋妻屋浦。廿六日辛卯，延慶師引和上入太宰府。

天平勝寶六年正月，大和上到筑志太宰府

天平勝寶六年甲午，正月十一日丁未，副使從四位上大伴宿禰胡麿奏：大和上到筑志太宰府。

二月一日到難波，唐僧崇道等迎慰供養。三日，至河内國，大納言正二位藤原朝臣仲麿遣使迎慰，復有道璿律師遣弟子僧善談等迎勞；復有高行僧志忠、賢璟、靈福、曉貴等卅餘人迎來，禮謁□□。四日，入京，勑遣正四位下安宿王於羅城門外迎慰、拜勞，引入東大寺安置。五日，唐道璿律師、婆羅門菩提僧正來慰問；宰相、右大臣、大納言已下官人百餘人來禮拜、問訊。後勑使正四位下吉備朝臣真備來，宣詔曰："大德和上，遠涉滄波，來投此國，誠副朕意，喜慰無喻。朕造此東大寺，經十餘年，欲立戒壇，傳受戒律，自有此心，日夜不忘。今諸大德，遠來傳戒，冥契朕心。自今以後，授戒傳律，一任和上。"又勑僧都良辨，令録諸臨壇大德名進内。不經日，勑授傳燈大法師位。

其年四月初，於盧舍那殿前立戒壇，天皇初登壇受菩薩戒，次皇

后、皇太子亦登壇受戒。尋爲沙彌澄修等四百四十餘人授戒。又舊大僧靈福、賢璟、志忠、善項、道緣、平德、忍基、善謝、行潛、行忍等八十餘人僧，捨舊戒、重受和上所授之戒。後於大佛殿西，别作戒壇院，即移天皇受戒壇土築作之。

大和上從天寶二載始爲傳戒，五度裝束，渡海艱辛，雖被漂迴，本願不退。至第六度，過日本卅六人，總無常去退心。道俗二百餘人，唯有大和上、學問僧普照、天台僧思託始終六度，經逾十二年，遂果本願，來傳聖戒；方知濟物慈悲，宿因深厚，不惜身命，所度極多。

時有四方來學戒律者，緣無供養，多有退還，此事漏聞于天聽，仍以寶字元年丁酉十一月二十三日，勑施備前國水田一百町，大和上以此田欲立伽藍。時有勑旨，施大和上園地一區，是故一品新田部親王之舊宅；普照、思託勸請大和上以此地爲伽藍，長傳四分律藏，法勵師《四分律疏》，《鎮國道場飾宗義記》，《宣律師鈔》，以持戒之力，保護國家。和上言大好，卽寶字三年八月一日，私立唐律招提名，後請官額，依此爲定；還以此日請善俊師講件疏記等。所立寺者，今唐招提是。

初，大和上受中納言從三位冰上真人之請，詣宅竊嘗其土，知可立寺，仍語弟子僧法智：“此福地也，可立伽藍。”今遂成寺，可謂明鑒之先見也。

大和上誕生像季，親爲佛使；經云：“如來處處度人，汝等亦斆如來，廣行度人。”和上既承遺風，度人逾於四萬，如上略件及講遍數。唐道璿律師請大和上門人思託曰：“所學有基緒，璿弟子閑漢語者，令學勵疏并鎮國記，幸見開導。”僧思託便受於大安寺唐院，爲忍基等講，四、五年中，研磨數遍。寶字三年，僧忍基於東大唐院講《疏記》，僧善俊於唐寺講《件疏記》，僧忠惠於近江講《件疏記》，僧惠新於大安塔院講《件疏記》，僧常巍於大安寺講《件疏記》，僧真法於興福寺講《件疏記》。從此以來，日本律儀，漸漸嚴整；師師相傳，遍於寰宇。如佛所言，我諸弟子展轉行之，卽爲如來常在不滅；亦如一燈燃百千燈，暝者皆明明不絶。寶字七年癸卯春，弟子僧忍基夢見講堂棟梁摧折，寤而驚懼，知大和上遷化之相也；仍率諸弟子模大和上之影。是歲五月六日，結跏趺座，面西化，春秋七十六。

化後三日，頂上猶煖，由是久不殯殮；至於闍維，香氣滿山。平生常謂僧思託言："我若終，已願坐死，汝可爲我於戒壇院别立影堂，舊住房與僧住。"《千臂經》云，臨終端坐，如入禪定，當知此人已入初地。以兹驗之，聖凡難測。寶龜八年丁巳，日本國使遣唐，揚州諸寺皆承大和上之凶聞，總著喪服，向東舉哀三日，都會龍興寺設大齋會。其龍興寺先是失火，皆被燒，大和上昔住院房，獨不燒損，是亦戒德之餘慶也。

——《唐大和上東征傳》，第 33—97 頁。

《往五天竺國傳》

波斯汎舶漢地直至廣州

又從吐火羅國，西行一月，至波斯國。此王先管大寔。大寔是波斯王放駞户，於後叛，便煞彼王，自立爲主。然今此國，却被大寔所吞。衣舊著寬氎布衫剪鬚髮，食唯餅肉。縱然有米，亦磨作餅喫也。土地出駞騾羊馬，出高大驢、氎布寶物。言音各别，不同餘國。土地人性，受與易。常於西海汎舶入南海，向師子國取諸寶物。所以彼國云出寶物，亦向崑崙國取金。亦汎舶漢地，直至廣州，取綾絹絲綿之類，土地出好細疊。國人愛煞生，事天，不識仏法。

——《往五天竺國傳箋釋》31《波斯國》，第 101 頁。

《南海寄歸内法傳》

大海雖難計里，商舶慣者准知

南海諸洲有十餘國，純唯根本有部，正量時欽，近日已來，少兼餘二。斯乃咸遵佛法，多是小乘，唯末羅遊少有大乘耳。

諸國周圍，或可百里，或數百里，或可百驛。大海雖難計里，商舶慣者准知。良爲掘倫初至交廣，遂使揔唤崑崙國焉。唯此崑崙，頭捲體黑，自餘諸國，與神州不殊。赤脚敢曼，揔是其式，廣如《南海録》中具述。驩州正南步行可餘半月，若乘船纔五六潮，即到匕景。南至占波，即是臨邑。此國多是正量，少兼有部。西南一月至跋南國，舊云扶南，先是躶國，人多事天，後乃佛法盛流。惡王今並除滅，迥無僧衆，外道雜居，斯即贍部南隅，非海洲也。

——《南海寄歸内法傳校注》卷1，第12—15頁。

賈客运瓷漆器至南海

凡論西方赴請之法，並南海諸國，略顯其儀。西方乃施主預前禮拜請僧，齋日來白時至。僧徒器座，量准時宜。或可淨人自持，或受他淨物。器乃唯銅一色，須以灰末淨揩。座乃各别小牀，不應連席相觸。其床法式，如第三章已言。若其瓦器曾未用者，一度用之，此成無過。既被用訖，棄之坑壍，爲其受觸，不可重收。故西國路傍設義食處，殘器若山，曾無再用。即如襄陽瓦器，食了更收，向若棄之，便用淨法。又復五天元無瓷漆，瓷若油合，是淨無疑。其漆器或時賈客將至西方及乎南海，皆不用食，良爲受膩故也。必若是新，以淨灰洗，令無膩氣，用亦應得。其木器元非食物，新者一用，故亦無愆，重觸有過，事如律說。

——《南海寄歸内法傳校注》卷1《九·受齋軌則》，第48頁。

越海護浮囊

今既託體勝場，投心妙法，纔持一頌，棄眇肌而尚輕；暫想無常，捨塵供而寧重。理應堅修戒品，酬惠四恩，固想定門，冀拔三有。小愆大懼，若越深海之護浮囊；行慧堅防，等履薄冰而策奔駿。然後憑善友力，臨終助不心驚；正念翹懷，當來願見慈氏。

——《南海寄歸内法傳校注》卷4《三十八·燒身不合》，第222—223頁。

東印度之海口

朗禪師乃現生二秦之時，揚聲五衆之表。……來日從京重歸故里，親請大師曰："尊既年老，情希遠遊，追覽未聞，冀有弘益，未敢自決。"師乃流誨曰："尒爲大緣，時不可再。激於義理，豈懷私戀？吾脱存也，見尒傳燈。宜即可行，勿事留顧。觀禮聖蹤，我實隨喜。紹隆事重，尒無間然。"既奉慈聽，難違上命。遂以咸亨二年十一月，附舶廣州，舉帆南海，緣歷諸國，震錫西天。至咸亨四年二月八日，方達耽摩立底國，即東印度之海口也。停至五月，逐伴西征，至那爛陁及金剛座。遂乃周禮聖蹤，旋之佛誓耳。可謂大善知識，能全梵行，調御誠教，斯豈爽歟！大師乃應物挺生，爲代模範，親自提獎，以至成人。若海槎之遇將一日，即生津之幸會二師也。

——《南海寄歸内法傳校注》卷4《四十·古德不爲》，第234—239頁。

《大唐西域求法高僧傳》

新羅僧泛舶至室利佛逝國

玄恪法師者，新羅人也。與玄照法師貞觀年中相隨而至大覺寺。既伸禮敬，遇疾而亡，年過不惑之期耳。

復有新羅僧二人，莫知其諱。發自長安，遠之南海。泛舶至室利佛逝國西婆魯師國，遇疾俱亡。

——《大唐西域求法高僧傳校注》卷上，第44—45頁。

商舶載物既重沉没

常慜禪師者，并州人也。自落髮投簪，披緇釋素，精勤匪懈，念誦無歇。常發大誓，願生極樂。所作淨業，稱念佛名。福基既廣，數難詳悉。後遊京洛，專崇斯業。幽誠冥兆，有所感徵。遂願寫《般若經》，滿於萬卷，冀得遠詣西方，禮如來所行聖迹，以此勝福，迴向願生。遂詣闕上書，請於諸州教化抄寫《般若》。且心所志也，天必從之。乃蒙授墨勑，南遊江表，敬寫《般若》，以報天澤。要心既滿，遂至海濱，附舶南征，往訶陵國。從此附舶，往末羅瑜國。復從此國欲詣中天。然所附商舶載物既重，解纜未遠，忽起滄波，不經半日，遂便沉没。當没之時，商人争上小舶，互相戰鬬。其舶主既有信心，高聲唱言："師來上舶！"常慜曰："可載餘人，我不去也！所以然者，若輕生爲物，順菩提心，亡己濟人，斯大士行。"於是合掌西方，稱彌陀佛。念念之頃，舶沉身没，聲盡而終，春秋五十餘矣。有弟子一人，不知何許人也。號咷悲泣，亦念西方，與之俱没。其得濟之人具陳斯事耳。

——《大唐西域求法高僧傳校注》卷上，第51—52頁。

鼓舶鯨波到訶陵國

明遠法師者，益州清城人也。梵名振多提婆。唐云思天。幼順法訓，長而彌修。容儀雅麗，詳序清遒。善《中》、《百》，議莊周。早遊七澤之間，後歷三吴之表。重學經論，更習定門。於是棲隱廬峯，經于夏日。既慨聖教陵遲，遂乃振錫南遊，届于交阯。鼓舶鯨波，到訶陵國。次至師子洲，爲君王禮敬。乃潛形閣内，密取佛牙，望歸本國，以興供養。既得入手，翻被奪將。事不遂所懷，頗見陵辱，向南印度。傳聞師子洲人云往大覺，中方寂無消息，應是在路而終，莫委年幾。

——《大唐西域求法高僧傳校注》卷上，第67—68頁。

越舸扶南綴纜郎迦

義朗律師者，益州成都人也。善閑律典，兼解《瑜伽》。發自長安，彌歷江漢。與同州僧智岸，并弟一人名義玄，年始弱冠，知欽正理，頗閑内典，尤善文筆。思瞻聖迹，遂與弟俱遊。秀季良昆，遞相攜帶，鶺鴒存念，魚水敦懷。既至烏雷，同附商舶。掛百丈，陵萬波，越舸扶南，綴纜郎迦。蒙郎迦戍國王待以上賓之禮。智岸遇疾，於此而亡。朗公既懷死別之恨，與弟附舶向師子洲，披求異典，頂禮佛牙，漸之西國。傳聞如此，而今不知的在何所。師子洲既不見，中印度復不聞，多是魂歸異代矣。年四十餘耳。

——《大唐西域求法高僧傳校注》卷上，第72—73頁。

杖錫南海泛舶至訶陵洲

會寧律師，益州成都人也。稟志操行，意存弘益。少而聰慧，投跡法場。敬勝理若髻珠，棄榮華如脱屣。薄善經論，尤精律典。思存演法，結念西方。爰以麟德年中杖錫南海，泛舶至訶陵洲。停住三載，遂共訶陵國多聞僧若那跋陀羅於《阿笈摩經》内譯出如來焚身之事，斯與《大乘涅槃》頗不相涉。然《大乘涅槃》西國淨親見目云其大數有二十五千頌，翻譯可成六十餘卷。檢其全部，竟而不獲，但得初《大衆問品》一夾，有四千餘頌。會寧既譯得《阿笈摩》本，遂令小僧運期奉表賫經，還至交府，馳驛京兆，奏上闕庭，冀使未聞流布東夏。運期從京還達交阯，告諸道俗，蒙贈小絹數百疋，重詣訶陵，報德智賢，若那跋陀羅也。與會寧相見。於是會寧方適西國。比於所在，每察風聞。尋聽五天，絶無蹤緒。准斯理也，即其人已亡。

——《大唐西域求法高僧傳校注》卷上，第 76—77 頁。

泛南海詣西天

智行法師者，愛州人也。梵名般若提婆。唐云惠天。泛南海，詣西天，遍禮尊儀。至弶伽河北，居信者寺而卒，年五十餘矣。

——《大唐西域求法高僧傳校注》卷上，第 87 頁。

同舶而泛南海到師子洲

木叉提婆者，交州人也。唐云解脱天。不閑本諱。泛舶南溟，經遊諸國。到大覺寺，遍禮聖蹤。於此而殞，年可二十四五矣。

窺沖法師者，交州人，即明遠室灑也。梵名質呾囉提婆。與明遠同舶而泛南海，到師子洲。向西印度，見玄照師，共詣中土。其人稟性聰叡，善誦梵經，所在至處，恒編演唱之。首禮菩提樹，到王舍城。遘疾竹園，淹留而卒，年三十許。

——《大唐西域求法高僧傳校注》卷上，第 83—84 頁。

越南溟到師子國觀禮佛牙

大乘燈禪師者，愛州人也。梵名莫訶夜那鉢地已波。唐云大乘燈。幼隨父母泛舶往杜和羅鉢底國，方始出家。後隨唐使郯緒相逐入京，於大慈恩寺三藏法師玄奘處進受具戒。居京數載，頗覽經書。而思禮聖蹤，情契西極。體蘊忠恕，性合廉隅，戒獻存懷，禪枝叶慮。以爲溺有者假緣，緣非則墜有，離生者託助，助是則乖生。乃畢志王城，敦心竹苑，冀摧八難，終求四輪。遂持佛像，攜經論，既越南溟，到師子國觀禮佛牙，備盡靈異。過南印度，覆届東天，往耽摩立底國。既入江口，遭賊破舶，唯身得存。淹停斯國，十有二歲。頗閑梵語，誦《緣生》等經，兼循修福業。因遇商侶，與淨相隨詣中印度。先到那爛陀，次向金剛座，旋過薜舍離，後到俱尸國。與無行禪師同遊此地，燈師每歎曰："本意弘法，重之東夏，寧志不我遂，奄爾衰年，今日雖不契懷，來生願畢斯志。"然常爲覩史多天業，冀會慈氏，日畫龍花一兩枝，用標心至。燈公因道行之次，過道希法師所住舊房。當于時也，其人已亡。漢本尚存，梵夾猶列，覩之潸然流涕而歎："昔在長安，同遊法席，今於他國，但遇空筵。"

——《大唐西域求法高僧傳校注》卷上，第 88—89 頁。

高昌僧與使人王玄廓泛舶海中

彼岸法師、智岸法師，並是高昌人也。少長京師，傳燈在念。既而歸心勝理，遂乃觀化中天。與使人王玄廓相隨。泛舶海中，遇疾俱卒。所將漢本《瑜伽》及餘經論，咸在室利佛逝國矣。

——《大唐西域求法高僧傳校注》卷上，第 95—96 頁。

附舶南上期西印度

曇閏法師，洛陽人也。善呪術，學玄理。探律典，翫醫明。善容儀，極詳審。杖錫江表，拯物爲懷。漸次南行，達于交阯。住經載稔，緇素欽風。附舶南上，期西印度。至訶陵北渤盆國，遇疾而終，年三十矣。

——《大唐西域求法高僧傳校注》卷上，第 97 頁。

新羅僧泛舶而陵閩越

慧輪師者，新羅人也。梵名般若跋摩。唐云慧甲。自本國出家，翹心聖迹。泛舶而陵閩越，涉步而届長安。奉勑隨玄照法師西行，以充侍者。既之西國，遍禮聖蹤。居菴摩羅跋國，在信者寺，住經十載。近住次東邊北方覩貨羅僧寺，元是覩貨羅人爲本國僧所造。其寺巨富，資産豐饒，供養飡設，餘莫加也。寺名健陀羅山荼。慧輪住此，既善梵言，薄閑《俱舍》。來日尚存，年向四十矣。其北方僧來者，皆住此寺爲主人耳。

——《大唐西域求法高僧傳校注》卷上，第 101 頁。

耽摩立底國有海口即昇舶歸唐之處

大覺寺東北行七驛許，至那爛陀寺，乃是古王室利鑠羯羅昳底爲北天苾芻曷羅社槃社所造。此寺初基纔餘方堵，其後代國王苗裔相承，造製宏壯，則贍部洲中當今無以加也。軌模不可具述，但略叙區寰耳。……

此寺則南望王城，纔三十里。鷲峯竹苑，皆在城傍。西南向大覺，正南尊足山，並可七驛。北向薜舍離，乃二十五驛。西瞻鹿苑，二十餘驛。東向耽摩立底國，有六七十驛，即是海口昇舶歸唐之處。

——《大唐西域求法高僧傳校注》卷上，第 112、115—116 頁。

鼓舶南溟歷訶陵而經裸國

道琳法師者，荆州江陵人也。梵名尸羅鉢頗。唐云戒光。弱冠之年，披緇離俗，成人之歲，訪友尋真。搜律藏而戒珠瑩，啓禪門而定水清。稟性虛潔，雅操廉貞。濯青溪以恬志，漱玉泉而養靈。既常坐不卧，一食全誠。後復慨大教東流，時經多載，定門鮮入，律典頗虧，遂欲尋流討源，遠遊西國。乃杖錫遐逝，鼓舶南溟。越銅柱而屆郎迦，歷訶陵而經裸國。所在國王，禮待極致殷厚。經乎數載，到東印度耽摩立底國。

——《大唐西域求法高僧傳校注》卷下，第 133 頁。

泛舶行至占波

慧命禪師者，荆州江陵人也。戒行疎通，有懷節操，學兼内外，逸志雲表。仰祥河而標想，念竹苑以翹心。泛舶行至占波，遭風而屢遘艱苦。適馬援之銅柱，息匕景而歸唐。

——《大唐西域求法高僧傳校注》卷下，第 143 頁。

舉帆還乘王舶漸向東天

玄逵律師者，潤州江寧人也。俗姓胡。令族高宗，兼文兼武。尚仁貴義，敬法敬僧。枝葉蟬聯，嘉聲靡墜。律師則童子出家，長而欽德，及其進具，卓爾不羣。遍閑律部，偏務禪寂。……

于時咸亨二年，坐夏揚府。初秋，忽遇龔州使君馮孝詮，隨至廣府，與波斯舶主期會南行。復蒙使君令往崗州，重爲檀主。及弟孝誕使君、孝誎使君、郡君寧氏、郡君彭氏等合門眷屬，咸見資贈，争抽上賄，各捨奇飡。庶無乏於海途，恐有勞於險地。篤如親之惠，順給孤之心。共作歸依，同緣勝境。所以得成禮謁者，蓋馮家之力也。又嶺南法俗，共鯁去留之心；北土英儒，俱懷生別之恨。至十一月，遂乃面翼蘆，背番禺，指鹿園而遐想，望雞峯而太息。于時廣莫初飆，向朱方而百丈雙挂；離箕創節，棄玄朔而五兩單飛。長截洪溟，似山之濤橫海；斜通巨壑，如雲之浪滔天。未隔兩旬，果之佛逝。經停六月，漸學聲明。王贈支持，送往末羅瑜國。今改爲室利佛逝也。復停兩月，轉向羯荼。至十二月，舉帆還乘王舶，漸向東天矣。從羯荼北行十日餘，至裸人國。向東望岸，可一二里許，但見椰子樹、檳榔林森然可愛。彼見舶至，争乘小艇，有盈百數，皆將椰子、芭蕉及藤竹器來求市易。其所愛者，但唯鐵焉，大如兩指，得椰子或五或十。丈夫悉皆露體，婦女以片葉遮形。商人戲授其衣，卽便搖手不用。傳聞斯國當蜀川西南界矣。此國既不出鐵，亦寡金銀，但食椰子藷根，無多稻穀，是以盧呵最爲珍貴。此國名鐵爲盧呵。其人容色不黑，量等中形，巧織團藤箱，餘處莫能及。若不共交易，便放毒箭，一中之者，無復再生。從兹更半月許，望西北行，遂達耽摩立底國，卽東印度之南界也，去莫訶菩提及那爛陀可六十餘驛。於此創與大乘燈師相見，留住一載，學梵語，習《聲論》，遂與燈師同行，取正西路，商人數百，詣中天矣。……

住那爛陀寺，十載求經，方始旋踵，言歸還耽摩立底。未至之間，遭大劫賊，僅免剚刃之禍，得存朝夕之命。於此昇舶，過羯荼國。所將梵本三藏五十萬餘頌，唐譯可成千卷，擢居佛逝矣。

——《大唐西域求法高僧傳校注》卷下，第 145—153 頁。

思慕聖蹤泛舶西域

僧哲禪師者，澧州人也。幼敦高節，早託玄門。而解悟之機，實有灌瓶之妙；談論之鋭，固當重席之美。沉深律苑，控總禪畦。《中》、《百》兩門，久提綱目。莊、劉二籍，亟盡樞關。思慕聖蹤，泛舶西域。既至西土，適化隨緣。巡禮略周，歸東印度。到三摩呾吒國，國王名曷羅社跋吒。其王既深敬三寶，爲大鄔波索迦，深誠徹信，光絶前後。

——《大唐西域求法高僧傳校注》卷下，第 169 頁。

智弘律師海濱神灣隨舶南遊

智弘律師者，洛陽人也，即聘西域大使王玄策之姪也。年纔弱歲，早狎冲虚，志蔑輕肥，情懷棲遁。遂往少林山，飡松服餌。樂誦經典，頗工文筆。……然而宿植善根，匪由人獎，出自中府，欲觀禮西天。幸遇無行禪師，與之同契。至合浦昇舶，長泛滄溟。風便不通，漂居匕景。覆向交州，住經一夏。既至冬末，復往海濱神灣，隨舶南遊，到室利佛逝國。自餘經歷，具在行禪師傳内。到大覺寺，住經二載。瞻仰尊容，傾誠勵想。諷誦梵本，月故日新。閑《聲論》，能梵書。學律儀，習《對法》。既解《俱舍》，復善因明。於那爛陀寺，則披覽大乘；在信者道場，乃專功小教。復就名德，重洗律儀。懇懇懃懃，無忘寸影。習德光律師所製《律經》，隨聽隨譯，實有功夫。善護浮囊，無虧片檢。常坐不卧，知足清廉。奉上謙下，久而彌敬。至於王城、鷲嶺、僊苑、鹿林、祇樹、天階、菴園、山穴，備申翹想，並契幽心。每掇衣鉢之餘，常懷供益之念。於那爛陀寺，則上飡普設；在王舍城中，乃器供常住。在中印度，近有八年。後向北天羯濕彌羅，擬之鄉國矣。聞與琳公爲伴，不知今在何所。然而翻譯之功，其人已就矣。

——《大唐西域求法高僧傳校注》卷下，第 175 頁。

東風泛舶一月到室利佛逝國

無行禪師者，荆州江陵人也。梵名般若提婆。……既而創染諦門，初霑法侣，事大福田寺慧英法師爲鄔波駄耶。唐云親教師，和上者訛也。斯乃吉藏法師之上足，可謂蟬聯碩德，固乃世不乏賢。……

與智弘爲伴，東風泛舶，一月到室利佛逝國。國王厚禮，特異常倫，布金花，散金粟，四事供養，五體呈心，見從大唐天子處來，倍加欽上。後乘王舶，經十五日，達末羅瑜洲。又十五日到羯荼國。至冬末轉舶西行，經三十日，到那伽鉢亶那。從此泛海二日，到師子洲，觀禮佛牙。從師子洲復東北泛舶一月，到訶利雞羅國。此國乃是東天之東界也，即贍部洲之地也。停住一年，漸之東印度，恆與智弘相隨。此去那爛陀途有百驛。既停息已，便之大覺。蒙國家安置入寺，俱爲主人。西國主人稍難得也。若其得主，則衆事皆同如也，爲客但食而已。禪師後向那爛陀，聽《瑜伽》，習《中觀》，研味《俱舍》，探求律典。復往羝羅荼寺，去斯兩驛，彼有法匠，善解因明。屢在芳筵，習陳那、法稱之作，莫不漸入玄關，頗開幽鍵。每唯杖錫，乞食全軀，少欲自居，情超物外。曾因閑隙，譯出《阿笈摩經》述如來涅槃之事，略爲三卷，已附歸唐，是一切有部律中所出，論其進不乃與會寧所譯同矣。行禪師既言欲居西國，復道有意神州，擬取北天歸乎故里。浄來日從那爛陀相送，東行六驛，各懷生别之恨，俱希重會之心，業也茫茫，流泗交袂矣。春秋五十六。

——《大唐西域求法高僧傳校注》卷下，第 181—183 頁。

整帆匕景之前

法振禪師者，荆州人也。景行高尚，唯福是修。濯足禪波，棲心戒海。法侶欽肅，爲導爲歸。諷誦律經，居山居水。而思禮聖迹，有意西遄。遂共同州僧乘悟禪師，梁州僧乘如律師，學窮内外，智思鈎深，其德不孤，結契遊踐。於是攜二友，出三江，整帆匕景之前，鼓浪訶陵之北，巡歷諸島，漸至羯荼。未久之間，法振遇疾而殞，年可三十五六。既而一人斯委，彼二情疑，遂附舶東歸，有望交阯。覆至瞻波，即林邑國也。乘悟又卒。瞻波人至，傳説如此，而未的委。獨有乘如言歸故里。雖不結實，仍嘉令秀尒，獨何爲三無一就耳！

——《大唐西域求法高僧傳校注》卷下，第 206 頁。

泛舶月餘達尸利佛逝洲

大津法師者，澧州人也。幼染法門，長敦節儉，有懷省欲，以乞食爲務。希禮聖跡，啟望王城，每歎曰："釋迦悲父既其不遇，天宫慈氏宜勗我心。自非覩覺樹之真容，謁祥河之勝躅，豈能收情六境，致想三祇者哉?"遂以永淳二年振錫南海。爰初結旅，頗有多人，及其角立，唯斯一進。乃賫經像，與唐使相逐，泛舶月餘，達尸利佛逝洲。停斯多載，解崑崙語，頗習梵書，潔行齊心，更受圓具。浄於此見，遂遣歸唐，望請天恩於西方造寺。既覩利益之弘廣，乃輕命而復滄溟。遂以天授二年五月十五日附舶而向長安矣。

——《大唐西域求法高僧傳校注》卷下，第 207—208 頁。

於佛逝江口昇舶附書凭信廣州

苾芻貞固律師者，梵名娑羅笈多，譯爲貞固。卽鄭地滎川人也。俗姓孟，粤以驅烏之歲，早蘊慈門，揔角之秋（四），棲心慧苑。年甫十四，遂丁荼蓼。眷流俗之難保，知法門之可尚，爰興正念，企步勝場。遂於汜水等慈寺遠法師處伸侍席之業。……

有意欲向師子洲，頂禮佛牙，觀諸聖迹。以垂拱之歲，移錫桂林，適化遊方，漸之清遠峽谷。同緣赴感，後届番禺，廣府法徒請開律典。……

又每歎曰："前不遭釋父，後未遇慈尊。未代時中，如何起行!"既沉吟於空有之際，復躑躅於多師之門矣。浄於佛逝江口昇舶，附書凭信廣州，見求墨紙，抄寫梵經，并雇手直。于時商人風便，舉帆高張。遂被載來，求住無路。是知業能裝飾，非人所圖。遂以永昌元年七月二十日達于廣府，與諸法俗重得相見。于時在制旨寺，處衆嗟曰："本行西國，有望流通，迴住海南，經本尚闕。所將三藏五十餘萬頌，並在佛逝國，事須覆往。既而年餘五十，重越流波，隙駟不留，身城難保，朝露溘至，何所囑焉？經典既是要門，誰能共往收取？隨譯隨受，須得其人。”衆僉告曰：“去斯不遠，有僧貞固，久探律教，早蘊精誠，儻得其人，斯爲善伴。”亦即纔聞此告，髣髴雅合求心，於是裁封山扃，薄陳行李。固乃啟封暫觀，即有同行之念。譬乎遼城一發，下三將之雄心；雪山小偈，牽大隱之深志。遂乃喜辭幽澗，歡去松林。攘臂石門之前，褰衣制旨之内。始傾一蓋，合襟情於撫塵；既投五體，契虚懷於曩日。雖則平生未面，而實冥符宿心。共在良宵，頗論行事。固乃荅曰：“道欲合，不介而自親；時將至，求抑而不可。謹即共弘三藏，助燭千燈者歟。”於是重往峽山，與謙寺主等言别。寺主乃照機而作，曾不留連。見述所懷，咸助隨喜。己闕無念，他濟是心。並爲資裝，令無少乏。及廣府法俗，悉贈資粮。即以其年十一月一日附商舶，去番禺。望占波而陵帆，指佛逝以長驅。作含生之梯隥，爲欲海之舟艫。慶有懷於從志，庶無廢於長途。固師年四十矣。……

又貞固弟子一人，俗姓孟，名懷業，梵號僧伽提婆。祖父本是北人，因官遂居嶺外。家屬權停廣府，慕法遺奉師門。雖可年在弱冠，而實志逾強仕。見師主懷弘法之念，即有隨行之心。割愛抽悲，投命溟渤，至佛逝國。……

苾芻道宏者，梵名佛陀提婆，唐云覺天。汴州雍丘人也。……與貞固師同歸府下。於是乎畢志南海，共赴金洲，擬寫三藏，德被千秋。……

其僧貞固等四人，既而附舶俱至佛逝，學經三載，梵漢漸通。法朗頃往訶陵國，在彼經夏，遇疾而卒。懷業戀居佛逝，不返番禺。唯有貞固、道宏相隨俱還廣府，各並淹留且住，更待後追。貞固遂於三藏道場敷揚律教，未終三載，染患身亡。道宏獨在嶺南，爾來迴絶消息。雖每顧問，音信不通。嗟乎四子，俱泛滄海，竭力盡誠，思然法炬。誰知業有長短，各阻去留。每一念來，傷歎無極。是知麟喻難就，危命易虧。所有福田，共相資濟。龍花初會，俱出塵勞耳！

——《大唐西域求法高僧傳校注》卷下，

第 213—215、238—240、244 頁。

《入唐求法巡禮行記》

海色淺緑/大魚隨船遊行/兩潮洄洑橫流

承和五年六月十三日午時，第一、第四兩舶諸使駕舶。緣無順風，停宿三個日。

六月十七日，夜半，得嵐風，上帆，搖艣行。巳時到志賀島東海。爲無信風，五個日停宿矣。

六月廿二日，卯時，得艮風，進發。更不覓澳，投夜暗行。

六月廿三日，巳時，到有救島。東北風吹。征留執别。比至酉時，上帆渡海。東北風吹。入夜暗行。兩舶火信相通。

六月廿四日，望見第四舶在前去，與第一舶相去卅里許，遥西方去。大使始畫觀音菩薩。請益、留學法師等，相共讀經誓祈。亥時，火信相通，其貌如星，至曉不見。雖有艮巽風變，而無漂遷之驚。大竹、蘆根、烏賊、貝等隨瀾而流，下鈎取看，或生或枯。海色淺緑，人咸謂近陸地矣。申時，大魚隨船遊行。

六月廿七日，平鐵爲波所衝，悉脱落。疲鳥信宿不去，或時西飛二三，又更還居，如斯數度。海色白緑。竟夜令人登桅子見山島，悉稱不見。

六月廿八日，早朝，鷺鳥指西北雙飛。風猶不變。側帆指坤。巳時，至白水，其色如黄泥。人衆咸曰："若是揚州大江流水！"令人登桅子見，申云："從戌亥會直流南方，其寬廿餘里。望見前路，水還淺緑。"暫行不久，終如所申。大使深怪海色還爲淺緑，新羅譯語金正南申云："聞道揚州掘港難過，今既踰白水，疑踰掘港歟？"未時，海水亦白。人咸驚怪。令人上桅，令見陸島，猶稱不見。風吹不變。海淺波高，衝鳴如雷。以繩結鐵沉之，僅至五丈。經少時下鐵，試海淺深，唯五尋。大使等懼，或云："將下石停，明日方征。"或云："須半下帆，馳艇，知前途淺深，方漸進行。停留之説，事似不當。"論定之際，尅逯酉戌，爰東風切扇，濤波高猛，船舶卒然趨昇海渚。乍驚落帆，桅角摧折兩度。東西之波，互衝傾舶，桅葉着海底。舶艫將破，仍截桅棄桅，舶即隨濤漂蕩。東波來，船西傾；西波來，東側。洗流船上，不可勝計。船上一衆，憑歸佛神，莫不誓祈。人人失謀，使頭以下至於水手，裸身緊逼褌。船將中絶，遷走艫舳，各覓全處。結構之會，爲瀾衝，咸皆差脱。左右欄端，結繩把牽，競求活途。淦水泛滿，船即沉居沙土。官私雜物，隨淦浮沉。

六月廿九日，曉，潮涸，淦亦隨竭。令人見底：悉破裂，沙埋搙栿。衆人設謀："今舶已裂，若再逢潮生，恐增摧散歟！"仍倒桅子，截落左右艫棚。於舶四方建棹，結纜搙栿。亥時，望見西方遥有火光，人人對之，莫不忻悦。通夜瞻望，山島不見，唯看火光。

七月二日，早朝，潮生，進去數百町許，西方見島，其貌如兩舶雙居。須臾進去，即知陸地。流行未幾，遇兩潮洄洑，横流五十餘町。舶沉居泥，不前不卻。爰潮水强湍，掘決舶邊之淤泥，泥即逆沸，舶卒傾覆，殆將埋沉。人人驚怕，競依舶側，各各帶褌，處處結繩，繫居待死。不久之頃，舶復左覆，人隨右遷。隨覆遷處，稍逮數度。又舶底第二布材折離流去。人人銷神，泣淚發願。當戌亥隅，遥見物隨濤浮流，人人咸曰："若是迎船歟？"疑論之間，逆風迎來，終知是船也。見小倉船一艘乘人——先日所遣射手壬生開山、大唐人六人趨至舶前。爰録事以下共問大使所着之處，答云："未知所着之處。"乍聞驚悲，涕淚難耐。即就其船遷國信物。録事一人、知乘船事二人、學問僧圓載等已下廿七人同遷乘之，指陸發去。午時，到江口。未時，到揚州海陵縣白潮鎮桑田鄉東梁豐村。

日本國承和五年七月二日，即大唐開成三年七月二日。雖年號殊，而月日共同。留學僧等到〔守捉〕軍中季賞宅停宿。聞大使以六月廿九日未時離舶，以後漂流之間，風强濤猛。怕船將沉，捨碇擲物，口稱觀音、妙見，意求活路。猛風時止。子時，流着大江口南蘆原之邊。七月一日，曉潮落，不得進行。令人登桅頭，看山間：南方遥有三山，未識其名。鄉里幽遠，無人告談。若待潮生，恐時久日晚，不能拯濟船上之物，仍以繩繫船，曳出海邊。人數甚少，不得摇動。判官已下取纜引之。未時，泛艇從海邊行，漸覓江口。終到大江口，逆潮遄流，不可進行。其江稍淺，下水手等曳船而行，覓人難得。儻逢賣蘆人，即問國鄉，答云：此是大唐揚州海陵縣淮南鎮大江口。即招其商人兩人上船，向淮南鎮。從水路而到半途，彼兩人未知鎮家，更指江口，卻歸。日晚，於江口宿。二日，晚，彼二人歸去。近側有鹽官，即差判官長岑宿禰高名，準録事高丘宿禰百興，令向鎮家，兼送文牒。即鹽官判官元行存乘小船來慰問。使等筆云："國風。"大使贈土物，亦更向淮南鎮去。從江口北行十五里許，既到鎮家，鎮軍等申云："更可還向於掘港庭。"即將鎮軍兩人歸於江口。垂到江口，判官元行存在水路邊申云："今日已晚，夜頭停宿。"隨言留居，勞問殊深。兼加引前之人。

七月三日，丑時，潮生。知路之船引前而赴掘港庭。巳時，到白潮口。逆流極遄。大唐人三人並本國水手等曳船截流，到岸結纜，暫待潮生。於此聞第四舶漂着北海。午時，僅到海陵縣白潮鎮管内守捉軍中村。爰先於海中相别録事〔山代氏益〕等卅餘人迎出。再得相見，悲悦並集，流淚申情。愛一衆俱居。此間雇小船等運國信物，並洗曝〔涅損〕官私之物。雖經數日，未有州縣慰勞。人人各覓便宿，辛苦不少。請益法師與留學僧一處停宿。從東梁豐村去十八里有延海村，村裏有寺，名國清寺。大使等爲憩漂勞，於此宿住。

七月九日巳時，海陵鎮大使劉勉來慰問使等，贈酒餅，兼設音聲。相從官健親事八人。其劉勉着紫朝服，當村押官亦同着紫衣。巡檢事畢，卻歸縣家。

——《入唐求法巡禮行記校注》卷1《承和五年》，第1—11頁。

鑒真所記蛇海與黑海

開成四年正月三日，始畫南岳、天台兩大師像兩鋪各三副。昔梁代有韓幹，是人當梁朝爲畫手之第一。若畫禽獸像，及於着其眼，則能飛走。尋南岳大師顔影，寫着於揚州龍興寺，敕安置法花道場琉璃殿南廊壁上。乃令大使傔從粟田家繼寫取，無一虧謬。遂於開元寺，令其家繼圖絹上。容貌衣服之體也，一依韓幹之樣。又彼院門廊壁上畫寫誦《法花經》將數致異感和尚等影，數及廿來，不能具寫。琉璃殿東有普賢回風之堂——昔有火起，盡燒彼寺，燒至法花院，有誦經師靈祐于此普賢堂内誦《法花經》，忽然大風起自院裏，吹卻其火，不燒彼堂。時人因號“普賢迴風之堂”。又於東塔院安置鑒真和尚素影，閣題云“過海和尚素影”。更中門内東端建過海和尚碑銘。其碑序記鑒真和上爲佛法渡海之事，稱“和尚過海遇惡風。初到蛇海，蛇長數丈餘，行一日，即盡。次至黑海，海色如墨”等者。又聞敕符到州，其符狀稱“准朝貢使奏，爲日本國使帖於楚州雇船，便以三月令渡海者”，未詳其旨。

——《入唐求法巡禮行記校注》卷1《開成四年·當本國承和六年》，第88—89頁。

東海主鯤鯨二魚死

承和五年十月廿三日，沈弁來云：彗星出，即國家大衰及兵亂。東海主鯤鯨二魚死，占爲大怪，血流成津。此兵革衆起，征天下，不揚州合上都。前元和九年三月廿三日夜，彗星出東方。到其十月，應宰相反。王相公已上計煞宰相及大官都廿人，亂煞計萬人已上。僧寺雖事未定，爲後記之。入夜至曉，出房，見此彗星在東南隅，其尾指西，光極分明。遠而望之，光長計合有十丈已上。諸人僉云：此是兵劍之光耳。

——《入唐求法巡禮行記校注》卷 1《承和五年》，第 88—89 頁。

新羅人王請漂流過海

承和六年正月八日，新羅人王請來相看，是本國弘仁十年流着出州國之唐人張覺濟等同船之人也。問漂流之由，申云：爲交易諸物，離此過海，忽遇惡風，南流三月，流着出州國。其張覺濟兄弟二人臨將發時同共逃，留出州。從北出州，就北海而發，得好風，十五個日流着長門國，云云。頗解本國語。

——《入唐求法巡禮行記校注》卷 1《開成四年》，第 93 頁。

新羅人諳海路者

承和六年三月十七日，運隨身物，載第二船。與長判官同船。其九只船，分配官人，各令船頭押領。押領本國水手之外，更傕新羅人諳海路者六十餘人。每船或七或六或五人。亦令新羅譯語正南商可留之方便。未定得否。

——《入唐求法巡禮行記校注》卷 1《開成四年》，第 124 頁。

海州管内東海玄遠

承和六年三月廿九日，平明，九個船懸帆發行。卯後，從淮口出，至海口，指北直行。送客軍將緣浪狠高，不得相隨。水手稻益駕便船向海州去。望見東南兩方大海玄遠，始自西北山島相連，即是海州管内東極矣。申時，到海州管内東海縣東海山東邊，入澳停住。從澳近東有胡洪島。南風切吹，摇動無喻。其東海山純是高石重巖，臨海險峻，松樹麗美，甚可愛憐。自此山頭有陸路到東海縣，百里之程。

——《入唐求法巡禮行記校注》卷1《開成四年》，第128—129頁。

海道：明州發船到新羅

承和六年四月二日，風變西南。節下喚集諸船官人重議進發，令申意謀。第二船頭長岑宿禰申云："其大珠山計當新羅正西，若到彼進發，災禍難量。加以彼新羅與張寶高興亂相戰，得西風及乾坤風，定着賊境。案舊例：自明州進發之船，爲吹着新羅境；又從揚子江進發之所船，又着新羅。今此度九個船北行既遠，知近賊境，更向大珠山，專入賊地，所以自此渡海，不用向大珠山去。"五個之船同此議，節下未入意，敵論多端。戌時，從第一船遣書狀報判官已下，其狀稱："第二、三、五、七、九等船隨船首情願，從此渡海。右奉處分，具如前者。"隨狀轉報既了。夜頭風吹，南北不定。

——《入唐求法巡禮行記校注》卷1《開成四年》，第131頁。

日本國朝貢使船泊東海島候風過海

第二船頭長岑宿禰詣相公船，重聞渡海之事，其意猶依先議。相公宣云：夜看風色。風色不變，明日早朝從此過海。如有風變，便向密州界耳者。四月五日，平明，信風不改。第一船牒稱："第一、四、六、八等船爲换作船調度，先擬往密州界修理船，從彼過海。今信風吹，因扶弱補脆，從此過海。轉報諸船者。"……比至辰時，九個船〔舉〕帆進發，任風指東北直行。登岸望見白帆綿連行在海裏。……僧等四人留住山岸，爲齋時尋水入山澗。……僧等便作狀交報。其狀稱：“日本國朝貢使九個船泊東海山東島裹候風。此僧緣腹病兼患腳氣，以當月三日下船。傔從僧二人、行者一人相隨下船，尋水登山裹。日夜將理，未及平損。朝貢使船爲有信風，昨夜〔發去〕。早朝到船處，覓之不見矣。留卻絶岸，惆悵之際，載炭船一隻來，有十人在，具問事由，便教村裹。僧等强傭一人，從山裹來，到宿城村。所將隨身物、帔、衣服、鉢盂、銅鋺、文書、〔澡瓶〕及錢七百餘、笠子等。如今擬往本國船處，駕船歸國，請差使人送。”

——《入唐求法巡禮行記校注》卷 1《開成四年》，第 134—135 頁。

判斷海風與海水諸種顏色

四月十一日，卯時，粟録事等駕舶便發。上帆直行，西南風吹。擬到東海縣西，爲風所搧，直着淺濱。下帆摇櫓，逾至淺處，下棹衡路跓。終日辛苦，僅到縣。潮落，舶居泥上，不得摇動。夜頭，停住。上舶語云：“今日從宿城村有狀報，稱：‘本國九隻船數内，第三船流着密州大珠山。’申時，押衙及縣令等兩人來宿城村，覓本國和尚卻歸船處。但其一船流着萊州界，任流到密州大珠山。其八隻船海中相失，不知所去”，云云。亥時，曳纜，擬出。亦不得浮去。

四月十二日，平旦，風東西不定，舶未浮去。又從縣有狀，報良岑判官等稱：朝貢使船内第三船流着當縣界，先日便發者。未見正狀。風變不定。

四月十三日，早朝，潮生，擬發。緣風不定，進退多端。午後，風起西南，轉成西風。未時，潮生，舶自浮流東行，上帆進發。從東海縣前指東發行。上艇，解除，兼禮住吉大神。始乃渡海，風吹稍切。入海不久，水手一人從先卧病，申終死去。裹之以席，推落海裹，隨波流卻。海色稍清。夜頭，風切。直指東行。

四月十四日，平明，海還白濁，風途不變。望見四方：山島不見。比及午時，風止。海色淺緑。未時，南風吹，側帆向丑。戌時，爲得順風，依《灌頂經》設五穀供，祠五方龍王，誦經及陀羅尼。風變西南。夜半，風變正西，隨風轉舳。

四月十五日，平明，海水紺色，風起正西。指日出處而行。巳時，風止。未時，東南風吹。側帆北行。水手一人病苦死去，落卻海裏。申時，令卜部占風："不多宜。"但占"前路雖新羅界，應無驚怪"，云云。舶上官人爲息逆風，同共發願祈乞順風。見日没處當大櫂正中。入夜祭五穀供，誦《般若》、《灌頂》等經，祈神歸佛，乞順風。子時，風轉西南，不久變正西。見月没處當艫栀倉之後。

四月十六日，平明，雲霧雨氣，四方不見，論風不同，或云西風，或云西南風，或云南風。望見晨日，當於舳小櫂腋門，便知向東北去。側帆而行，或疑是南方歟。上天雖晴，海上四方重霧塞滿，不得通見。今日始，主水司以水倉水宛舶上人：官人已下每人日二升，傔從已下水手已上日每人一升半。午未之後，見風色多依東南，指子側行。霧晴，天云。於艮、坎、坤有凝雲塞。請益僧違和，不多好，不吃飯漿。入夜洪雨，辛苦無極。

四月十七日，早朝，雨止。雲霧重重，不知向何方行。海色淺緑，不見白日。行迷方隅，或云向西北行，或云向正北行，或云前路見島。進行數剋，海波似淺。下繩量之，但有八尋。欲碇停，不知去陸遠近。有人云："今見海淺，不如沉石暫住，且待霧霽，方定進止。"衆咸隨之。下碇繫留。僅見霧下有白波擊激，仍見黑物，乃知是島，髴未分明。不久，霧氣微霽，島體分明。未知何國境，便下艇，差射手二人、水手五人，遣令尋陸地，問其處名。霧氣稍晴。北方山島相連，自東南始，至於西南，綿連不絶。或云："是新羅國南邊。"令卜部占之，稱"大唐國"，後道"新羅"，事在兩盈，未得定知。持疑之際，所遣水手、射手等將唐人二人來，便道"登州牟平縣唐陽陶村之南邊，去縣百六十里，去州三百里。從此東有新羅國，得好風兩三日得到"云云。船舶上官人賜酒及綿。便作帖報州縣。緣天未晴，望見山頭，未得顯然。東風吹，日暮，霧彌暗。

四月十八日，改食法：日每人糒一升，水一升。東風不變。又此州但有粟，其粳米最貴云云。請益僧爲早到本國，遂果近年所發諸願，令卜部祈禱神等。火珠一個祭施於住吉大神，水晶念珠一串施於海龍王，剃刀一柄施於主舶之神，以祈平歸本國。

——《入唐求法巡禮行記校注》卷 1《承和六年》，第 141—146 頁。

舶纜碇、過海糧、卜部、新羅譯語、候風、帆櫓

開成四年四月十九日，平明，天晴，北風吹。舉碇南出。未時，風止。摇櫓，指西南行。申時，到邵村浦，下碇繫住——當於陶村之西南——擬入於澳，逆潮湍流，不能進行。

四月廿日，早朝，新羅人乘小船來，便聞："張寶高與新羅王子同心，罰：得新羅國，便令其王子作新羅國王子"，既了。南風稍切。緣潮逆湍，不得定住，東西往復，摇振殊甚。

四月廿一日，雲霧。午後，南北切吹。

四月廿二日，雲雨。申時，挾抄一人死卻，載艇，移置島裏。

四月廿三日，雲氣，南風。

四月廿四日，霧雨。此泊舶之處結纜，纜斷，風吹浪高，近日下八個纜，其三個纜碇並斷落，所餘之纜甚少。設逢暴風，不能繫住。憂怕無極。廿四日，西風吹。暮際，騎馬人來於北岸，從舶上差新羅譯語道玄令迎。道玄卻來云："來者是押衙之判官，在於當縣，聞道本國使船泊此日久，所以來，擬相看。緣夜歸去，不得相看。明日專詣於舶上。"更令新羅人留於岸上，傳語於道玄，轉爲官人，令申來由。便聞"本國朝貢使駕新羅船五隻，流着萊州廬山之邊，餘之四隻不知所去。"雖聞是事，未詳是第幾之船。又聞"大唐天子爲新羅王子賜王位，差使擬遣新羅，排比其船，兼賜禄"了。

四月廿五日，風吹不定，霧氣未晴。午時，昨日後岸歸去押衙之判官寄王教言，贈與於官人酒魚等。王教言亦自獻酒餅等來。官人賜

綿等。此泊多有潛磯，每當浪漂，斷纜沉碇五六度矣。未後，摇櫓向乳山去。出邵村浦，從海裏行。未及半途，暗霧儵起，四方俱昏，不知何方之風，不知向何方行，抛碇停住。風浪相競，摇動辛苦，通夜無息。

四月廿六日，早朝，雲霧微霽，望見乳山近在西方。風起東北，懸帆而行。巳時，到乳山西浦，泊舶停住。山島相衛，如垣周圍。其乳山之體：峻峰高穎，頂上如鋒，山根自嶺下而指六方。於澳西邊亦有石山，巖峰並嶺，高秀半天。東之與北雖有山邊，而猶斜耳。未時，新羅人卅餘騎馬乘驢來，云："押衙潮落擬來相看，所以先來候迎。"就中有一百姓云："昨日從廬山來，見本國朝貢船九隻俱到廬山。人物無損。其官人等總上陸地作幕屋在，從容候風"，云云。不久之間押衙駕新羅船來。下船登岸，多有娘子。朝貢使判官差新羅譯語道玄遣令通事由。已後，粟録事下舶到押衙處相看，兼作帖請食糧："先在東海縣，但過海之糧。此舶過海，逆風卻歸，流着此間。事須不可在此。吃過海糧，仍請生料"，云云。押衙取狀云："更報州家，取處分。"晚頭，歸宅。終日東北風吹。

四月廿七日，陰雨，北風。

四月廿八日，天晴，押衙來，與官人相看。

四月廿九日，北風吹，令新羅譯語道玄作謀："留在此間，可穩便否？"道玄與新羅人商量其事，卻來云："留住之事，可穩便。"

五月一日，遣買過海糧於村勾當王訓之家，兼問留住此村之事。王訓等云："如要住者，我專勾當和尚，更不用歸本國"，云云。依事不應，未能定意。終日西風吹。

五月二日，西風吹，解纜出澳。爲風甚切，行路近磯，不能即出。酉時，風停。任流到海口停留，遣令汲水。日没之時，於舶上祭天神地祇。亦官私絹、纈纈、鏡等奉上於船上住吉大神。丑時，水手一人自先沉病，將臨死。未死之前，纏裹其身，載艇送棄山邊。送人卻來云："棄着岸上，病人未死，乞飯水。語云：'我病若愈，尋村裏去。'"舶上之人莫不惆悵。

五月三日，風吹不變。從乳山西南海口懸帆進發。風途稍平。午時，風止。不久東風吹，回帆卻歸，到乳山泊口停宿。

五月四日，辰時，從泊口西南四五許里行，於望海村東浦桑島北邊結纜。

五月五日，下舶登陸，作五月節，兼浴沐浣衣。晚頭，從舶上將狀來。其狀稱："順風難搧，不遂利涉。船頭判官〕共衆議：合船潔齊。從明日始三個日，延屈諸和尚轉經念佛，祈願順風。照察，幸垂光儀者。"緣夜，未即赴。夜頭於陸岸宿。

五月六日，早朝，赴舶上去。於舶上齋。新羅譯語道玄向押衙宅去。齋後更登陸岸，着幕，排比修法之事。晚頭，祭五方龍王，戒明法師勾當其事。

五月七日，雨下。

五月九日，早朝，轉經事畢。

五月十一日，祭〔大唐天神地祇〕。從此日至十三日，天色或暗或霽，風吹不定。

五月十四日，州押衙來於舶上，問舶上之人數，且歸村家。邵村勾當王訓等來相看，便聞"本國相公等九隻船先從廬山過海，遇逆風，更流着於廬山，以來之泊。"入夜，雷鳴浩雨。

五月十五日，朝，雲色騷亂。雲雨稍切。州押衙來於船上，請舶上人數。官人具録其數，帖報州家。晚頭，押衙歸，朝貢使賞禄絁綿等。

五月十六日，天暗。押衙使來請朝貢使報縣之帖。請益僧作留住之狀，付商人孫清送林大使宅。舶上官人差射手二人、水手二人與州押衙共遣請糧。押衙稱"無土物贈州縣"而不交去。前件人等自陸卻來。

五月十七日、十八日，風途或乾或兑。人論不一准。

五月十九日，夜比至丑時，雷鳴電耀，洪雨大風。不可相當。艫纜悉斷，舶即流出。乍驚，下碇，便得停住。舳頭神殿葺之板爲大風吹落，不見所在。人人戰怕，不能自抑。

五月廿日，西風吹，便擬過海。排比帆布，運上岸人。午時，風變西南，計不能出泊，仍不進發。入夜雷雨更甚。

五月廿一日，巳時，西風吹，解纜發行。風止不搧，暫停待風。南風微吹，不能上帆。歸泊結纜。舶上，卜部自先久疾。晚頭，下舶。

五月廿二日，早朝，聞卜部於岸上死。終日暗雨，東風吹。

五月廿三日，雲天微晴。入夜風雨競切。

五月廿四日，西風切吹。雨氣未晴。仍未進發。晚間，官人共議："風色終日不變，明朝便發。"

五月廿五日，早朝，解纜，風止，不得進發。申時，新羅舶一隻懸白帆從海口渡去，不久之頃，回帆入來。晚際，任流向乳山泊去。諸人皆疑："若是朝貢使從廬山來歟?"馳艇遣問，彼新羅船遄走，緣夜，此艇不得消息，歸來。

五月廿六日，擬發，風逾不順。晚頭，西北兩方電光耀耀，雲色騷暗。入夜，舶忽然振偏，驚怪無極。戌時，泊西北岸上，狐鳴，其聲遠響，久而不息。不久之會，雷電鬥鳴，聞之耳塞，電光之輝不堪瞻視，大雨似流。驚怕辛難。舶上諸人不能出入。

五月廿七日，曉，霹靂降來，擗卻桅子艫方之面，斜捩折之。其所折棄厚四寸有餘，闊六寸許，長三丈餘。自外折棄之者五片，或四尋或五尺。已下段段狼藉。採集一處，繫着於船角之上。兼祭幣帛："到本國之日，專建神祇，永宛祭祀"，云云。燒龜甲，占其祟。稱："舶上卜部諸公葬於當處神前，所以得神嗔怒，作此禍災。如能解除，便可安穩。"仍於桑島解除。又於舶上祭當處神。其被折之桅子，或云"既是折弱，更造替"，或云"作桅子之材，此處卒爾難可得，若更作替，計今年不能過海，事須結纏所被折之處，早可進發"，云云。諸人據後説，便擬進發。風起西北，少有動舶。風吹便止，人心參差，上下不睦。嵐風微搧，解纜强發。信風無感，暫行下碇。入夜，嵐風微吹，懸帆漸行。僅島口，風止，不能發。下碇繫留。

五月廿八日，辰時，雲霧靄暗，石神振鳴。舉碇歸去。雨下辛苦。摇櫓進入桑島東南小海，有島，於此泊舶。

五月卅日，天晴。風起西北，迴轉不定。自先至今日，“可住此村”之事，報請官人等，不許。今日又請，未被允許。

六月一日，天色微晴。緣留住之事，暫請遊艇。不交下船。

六月二日，天晴。雖無信風，人人苦欲歸鄉。步碇强行，終日難出。晚際，爲上帆而回舶，忽然流去，將當磯碎。下碇盡力，僅得平善。

六月三日，西風微吹。或吹或不吹，上帆下帆，三數度矣。或帆或櫓，遥指赤山去。從邵村浦乘潮而行。垂浦口，潮横走，舶忽當磯。下棹指張，不能制之。底有潛石，相共衝當。岸磯底石相合衝觸，舶將破裂。人各合力，指棹步碇，共得曳出。隨流出行，海中停留。暮際，大風浩雨，雷聲電光不可視聞。舶上諸人振〔鉾〕斧大刀等，竭音呼叫，以遮霹靂。

六月四日，早朝，上帆進行。暫行風止，下碇繫住。

六月五日，遲明，懸帆進行。午後，到赤山西邊，潮逆暫停。俄爾之頃，又行，漸入山南。雲聚忽迎來，逆風急吹，張帆頓變。下帆之會，黑鳥飛來，繞舶三迴，還居島上。衆人驚怪，皆謂是神靈不交入泊。回舶卻出。去山稍遠，繫居海中。北方有雷聲，掣雲鳴來。舶上官人驚怕殊甚。猶疑冥神不和之相，同共發願兼解除，祀祠船上霹靂神。又祭船上住吉大明神。又爲本國八幡等大神及海龍王並登州諸山神島神等各發誓願。雷鳴漸止，風起東西，下碇繫居。此舶離陸日久，不能過海，又不得入澳，經多日夜，漂蕩海裏，不任摇動，心力疲勞。

六月六日，乾風切吹，擬入赤山泊。風合相順，仍舉沉石，排比帆布。風止，浪猛，更沉鎮石，未卜進入。風波參差，行途不與心合。艱辛之至，莫過此大矣。

六月七日，午時，乾風吹，舉帆進行。未申之際，到赤山東邊泊船。乾風大切。其赤山純是巖石高秀處，即文登縣清寧鄉赤山村。山裹有寺，名赤山法花院，本張寶高初所建也。長有莊田，以宛粥飯。其莊田一年得五百石米。冬夏講説：冬講《法花經》，夏講八卷《金光明經》，長年講之。南北有嚴岑，水通院庭，從西而東流。東方望海。遠開南西。北方連峰作壁，但坤隅斜下耳。當今新羅通事押衙張詠及林大使、王訓等專勾當。……

六月廿三日，早朝，巡看山寺：拔樹折枝，崩巖落壘石。從泊舶處水手走來云："舶當粗磯，悉已破損。遊艇壹雙並皆破散。"乍聞怪無極，便差專使遣泊舶處，令看虛實：其舶爲大風吹流，着粗磯，柁板破卻。遊艇一雙並已摧裂。舶當乎磯三四度，鴻濤如山，纜碇不繫，與波，流出，自西岸而到東岸。風吹逾切，漂摇更劇，下鏘爲碇，碇纜纔沉，近岸繫留。船上諸人心迷不吃，宛似半死。兩日之後，歸到舊泊，補綴遊艇。……

六月廿八日，大唐天子差入新羅慰問新即位王之使青州兵馬使吴子陳、崔副使、王判官等卅余人登來寺裹相看。夜頭，張寶高遣大唐賣物使崔兵馬司來寺問慰。

六月廿九日，遲明，共道玄闍梨入來客房，商量留住之事。便向船處歸去。赤山浦東南涉小海有島與東岸接連，是吴干將作劍處，時人唤爲莫耶島。但莫耶是島之名，干將是鍛工之名。

七月十日、十一日，海裹無風，波浪猛騰，徹底涌沸。浪聲如雷。舶船漂振，驚怪不少。

七月十四日，辰時，辭山院到舶船處。在岸頭共戒明法師及粟録事、和録事辭别。往真莊村天門院相看法空闍梨。此師曾至本國，歸來二十年。夜宿其院。

七月十五日，山院吃齋。便吃新粟米飯。

七月十六日，早朝，從山院下，在路聞人道"舶船昨日發去"。到泊船處，覓船不見。暫住岸頭。赤山院衆僧共來慰問。俱登赤山院吃飯。便見州使四人先來在院，運日本國朝貢使糧七十石來着。今於當村，緣朝貢使已發，不得領過，便報縣家去。院裹老少深怪被抛卻，慰順殷勤。

七月廿一日，申時，本國相公已下九隻船來，泊此赤山浦。即遣惟正起居相公，兼諮諸判官、録事等。相公差近江權博士粟田家繼及射手左近衛丈部貞名等慰問請益僧，兼令問第二舶逢危害之事。

七月廿二日，不發。

七月廿三日，早朝，山頭望見泊舶處，九隻船並不見，便知夜頭同發。西北風吹。赤山東北隔海去百許里，遥見山，喚爲青山——三峰並連，遥交炳然。此乃秦始皇於海上修橋之處。始皇又於此山向東見蓬萊山、瀛山、胡山，便於此死。其時麻鞋今見在矣。見舊老説，便得知之。三僧爲向天台，忘歸國之意，留在赤山院。每問行李："向南去，道路絶遠。"聞道"向北巡禮有五臺山，去此二千餘里"，計南遠北近。又聞"有天台宗和尚法號志遠，文鑒座主，兼天台玄素座主之弟子，今在五臺山修法花三昧，傳天台教蹟"。"北臺在宋谷蘭若。先修法花三昧，得道。近代有進禪師，楚州龍興寺僧也。持《涅槃經》一千部入臺山，志遠禪師邊受法花三昧，入道場求普賢。在院行道，得見大聖。如今廿年來也。"依新羅僧聖林和尚口説記之。此僧入五臺及長安遊行，得廿年來此山院。語話之次，常聞臺山聖蹟，甚有奇特。深喜近於聖境。暫休向天台之議，更發入五臺之意。仍改先意。便擬山院過冬，到春遊行巡禮臺山。

——《入唐求法巡禮行記校注》卷2《開成四年》，第147—167頁。

圓仁海上行程時間

日本國求法僧圓仁，弟子僧惟正、惟曉，行者丁雄萬右，圓仁等，日本國承和五年四月十三日，隨朝貢使乘船離本國界；大唐開成三年七月二日，到揚州海陵縣白潮鎮。八月廿八日，到揚州，寄住開元寺。開成四年二月廿一日，從揚州上船發。六月七日，到文登縣青寧鄉，寄住赤山新羅院，過一冬。今年二月十九日，從赤山院發。今月二日黄昏，到此開元寺宿。謹具事由如前。

——《入唐求法巡禮行記校注》卷2《開成五年》，第214—215頁。

李鄰德四郎船取明州歸國

會昌二年五月廿五日，圓載留學傔從僧仁濟來。便得載上人會昌元年十二月十八日書，委曲云："日本入唐大使相公到本國京城，有亡薨。長判官得伊豫介，録事得左少史，高録事大宰典。淳和皇帝去年七月崩。第二船漂落裸人國，被破船，人物皆損。偶有卅來人得命，拆破大舶作小船，得達本國"，云云。又楚州新羅譯語劉慎言今年二月一日寄仁濟送書云："朝貢使梢公水手前年秋回彼國，玄濟闍梨附書狀並砂金廿四小兩，見在弊所。惠蕚和尚附船到楚州，已巡五臺山，今春擬返故鄉。慎言已排比人船訖。其蕚和尚去秋暫往天台，冬中得書云：'擬趁李鄰德四郎船取明州歸國。'緣蕚和尚錢物衣服並弟子悉在楚州，又人船已備，不免奉邀，從此發送。"載上人委曲云："僧玄濟將金廿四小兩，兼有人人書狀等，付於陶十二郎歸唐。此物見在劉慎言宅。"

——《入唐求法巡禮行記校注》卷3《會昌二年》，第394—395頁。

圓載弟子僧歸日本國請衣糧

會昌三年十二月，得楚州新羅譯語劉慎言書云："天台山留學圓載闍梨稱：'進表：遣弟子僧兩人令歸日本國。'其弟子等來到慎言處覓船，慎言與排比一隻船，着人發送訖。今年九月發去者。"

會昌四年二月，越州軍事押衙姓潘，因使進藥，將圓載闍梨書來。書云："緣衣糧罄盡，遣弟子僧仁好等兩人往本國請衣糧去者。"潘押衙云："載上人欲得入城來。請得越州牒，付余令進中書門下。

余近日專候方便入中書送牒，宰相批破，不許入奏例。上人事不成也。”

——《入唐求法巡禮行記校注》卷四《會昌三年·會昌四年》，第427—428頁。

圓仁回日本國海上歷程

會昌七年二月，張大使從去年冬造船，至今年二月功畢，專擬載圓仁等發送歸國。

閏三月十日，聞：“入新羅告哀兼予祭册立等副使試太子通事舍人賜緋魚袋金簡中、判官王朴等到當州牟平縣南界乳山浦，上船過海。”有人讒佞張同十將：“遺國章擬發送遠國人，貪造舟，不來迎接天使”，云云。副使等受其讒言，深怪。牒舉國制“不許差船送客過海”等。張大使不敢專拒，仍從文登界過海。歸國之事不成矣。商量往明州，趁本國神御井等船歸國。緣目下無船往南，將十七端布傭新羅人鄭客車載衣物，傍海望密州界去。……

閏三月十七日，朝，到密州諸城縣界大朱山駮馬浦。遇新羅人陳忠船載炭欲往楚州，商量船腳價絹五疋定。

五月五日，上船候風。

五月九日，發。緣風變東南，去大朱山不遠，於琅琊臺與齋堂島中間抛石住。經四宿。

五月十三日，夜，發。

五月十四日，黄昏，到海州界東海山田灣浦，泊船候風。

五月十八日，發，到中路，風變無定。飄流終日竟夜。

五月十九日，飄到海中鐺腳島邊泊船。艱苦。

五月廿三日，得東北風。此夜欲二更卻到東海山過夜。

五月廿四日，早發。三更到淮水海住。緣逆風猛浪，不獲入淮。路糧罄盡，恓屑無極。

六月一日，風波稍静。趁潮漸入淮。

六月五日，得到楚州新羅坊。總管劉慎言專使仰接，兼令團頭一人般運衣籠等。便於公廨院安置。訪知明州本國人已發去，料前程趁彼船的不及。仍囑劉大使，謀請從此發送歸國。

六月九日，得蘇州船上唐人江長、新羅人金子白、欽良暉、金珍等書云："五月十一日從蘇州松江口發往日本國。過廿一日，到萊州界牢山。諸人商量：'日本國僧人等今在登州赤山，便擬往彼相取。'往日臨行，以遇人説：'其僧等已往南州，趁本國船去。'今且在牢山相待。事須回棹來"，云云。書中又云："春大郎、神一郎等乘明州張支信船歸國也。來時得消息：已發也。春大郎本擬傭此船歸國，大郎往廣州後，神一郎將錢金付張支信訖，仍春大郎上明州船發去。春大郎兒宗健兼有此，兼有此物，今在此船"，云云。又金珍等付囑楚州總管劉慎言云："日本國僧人到彼中即發遣交來"，云云。

六月十日，便船往牢山。修書狀，付送金珍等處報消息，特令相待。其後〔卻擬〕向牢山渡海，排比路糧。楚州劉總管每事勾當。前總管薛詮及登州張大使舍弟張從彦及孃皆送路。

六月十八日，晚際，乘楚州新羅坊王可昌船，三更後發。

六月十九日，立秋。

六月，廿六日，到牢山南枡家莊。訪金珍船：其船已往登州赤山浦訖。見留書云："專在赤山相待。"即如此，不免向乳山趁逐彼船。

六月廿七日，修書，付崔家船報楚州劉總管訖。更傭船主王可昌船，望乳山去。

六月廿八日，發。到田横島。無風信，經十五日發不得。

七月十三日，遣丁雄萬，兼傭一人，從陸路令向赤山已來尋訪金珍等船。

七月十九日，得風信發。

七月廿日，到乳山長淮浦。得見金珍等船，上船便發。

七月廿一日，到登州界泊船。勾當新羅使同十將張詠來船上相看。船上衆人於此糴糧。擬從此渡海。

八月九日，得張大使送路信物。數在别。

八月十五日，剃頭。再披緇服。

八月廿四日，祭神。

九月二日，午時，從赤山浦渡海。出赤山莫琊口，向正東行一日一夜。

九月三日，至三日平明，向東望見新羅國西南之山。風變正北，側帆向東南行一日一夜。

九月四日，至四日曉，向東見山島段段而接連。問梢工等，乃云："是新羅國西熊州西界，本是百濟國之地。"終日向東南行，東西山島聯翩。欲二更到高移島泊船——屬武州西南界。島之西北去百里許有黑山。山體東西漸長。見説："百濟第三王子逃入避難之地。今有三四百家在山中住。

九月五日，風變東南，發不得。到三更得西北風發。

九月六日，卯時，到武州南界黃茅島泥浦泊船——亦名丘草島。有四五人在山上。差人取之，其人走藏，取不得處。是新羅國第三宰相放馬處。從高移島到丘草島，山島相連。向東南遥見耽羅島。此丘草島去新羅陸地好風一日得到。少時，守島一人兼武州太守家投鷹人二人來船上，語話云："國家安泰。今有唐敕使上下五百餘人在京城。四月中，日本國對馬百姓六人因釣魚漂到此處，武州收將去，早聞奏訖，至今敕未下。其人今在武州囚禁，待送達本國。其六人中一人病死矣。"

九月六日、七日，無風信。

九月八日，聞惡消息，異常驚怕。無風，發不得。船衆捨鏡等祭神求風。僧等燒香，爲當島土地及大人小人神等念誦祈願："平等得到本國，即在彼處爲此土地及大人小人神等轉《金剛經》百卷。"至五更，雖無風而發去。纔出浦口，西風忽至。便上帆向東行。似有神理相扶。從山島裏行。南北兩面，山島重重而泰然。日欲巳時，到雁島暫歇——是新羅南界，内家放馬之山。近東有黃龍寺莊。往往有人家二三所。向西南望見耽羅島。午後，風信更好，發船，從山島裏行。到新羅國東南，出到大海，望東南行。

九月十日，平明，向東遥見對馬島。午時，前路見本國山——從東至西南，相連分明。至初夜，到肥前國松浦郡北界鹿島泊船。

九月十一日，平旦，筑前國丹判官家人大和武藏共島長來相見，粗知國中事宜。

——《入唐求法巡禮行記校注》卷 4《會昌七年》，第 492—506 頁。

《宋高僧傳》

不空附崑崙舶往師子國遇大鯨出水

釋不空，梵名阿月佉跋折羅，華言不空金剛，止行二字，略也。本北天竺婆羅門族，幼失所天，隨叔父觀光東國。年十五，師事金剛智三藏，初導以梵本悉曇章及聲明論，浹旬已通徹矣。……厥後師往洛陽，隨侍之際，遇其示滅，即開元二十年矣。影堂既成，追謚已畢，曾奉遺旨，令往五天并師子國，遂議遐征。

初至南海郡，採訪使劉巨鄰懇請灌頂，乃於法性寺相次度人百千萬衆。空自對本尊祈請旬日，感文殊現身。及將登舟，採訪使召誡番禺界蕃客大首領伊習賓等曰："今三藏往南天竺師子國，宜約束船主，好將三藏并弟子含光、慧䛒等三七人、國信等達彼，無令踈失。"二十九年十二月，附崑崙舶，離南海至訶陵國界，遇大黑風。衆商惶怖，各作本國法禳之，無驗，皆膜拜求哀，乞加救護，慧䛒等亦慟哭。空曰："吾今有法，汝等勿憂。"遂右手執五股菩提心杵，左手持般若佛母經夾，作法誦大隨求一徧，即時風偃海澄。又遇大鯨出水，噴浪若山，甚於前患。衆商甘心委命，空同前作法，令慧䛒誦娑竭龍王經，逡巡，衆難俱息。既達師子國，王遣使迎之。將入城，步騎羽衛，駢羅衢路。王見空，礼足請住宮中，七日供養。日以黃金斛滿盛香水，王爲空躬自洗浴；次太子、后妃、輔佐，如王之禮焉。空始見普賢阿闍梨，遂奉獻金寶錦繡之屬，請開十八會金剛頂瑜伽法門毗盧遮那大悲胎藏建立壇法，并許含光、慧䛒等同受五部灌頂。空自爾學無常師，廣求密藏及諸經論五百餘部，本三昧耶諸尊密印儀形色像壇法標幟，文義性相，無不盡源。一日，王作調象戲，人皆登高望之，無敢近者。空口誦手印，住於慈定，當衢而立，狂象數頭頓皆踢跌，舉國奇之。次遊五印度境，屢彰瑞應。

至天寶五載還京，進師子國王尸羅迷伽表及金寶瓔珞、般若梵夾、雜珠白㲲等，奉勑權止鴻臚。……

天寶八載，許廻本國，乘驛騎五匹，至南海郡，有勑再留。十二載，勑令赴河隴節度使哥舒翰所請。十三載，至武威，住開元寺，節度使洎賓從皆願受灌頂，士庶數千人咸登道場，弟子含光等亦受五部法。別爲功德使開府李元琮受法，并授金剛界大曼荼羅。是日道場地震，空曰："羣心之至也。"十五載，詔還京，住大興善寺。

——《宋高僧傳》卷 1《唐京兆大興善寺不空傳》，第 6—9 頁。

釋智慧修巨舶歷南海諸國

釋智慧者，梵名般剌若也，姓橋答摩氏，北天竺迦畢試國人……常聞支那大國，文殊在中，錫指東方，誓傳佛教。乃泛海東邁，垂至廣州，風飄却返，抵執師子國之東。又集資糧，重修巨舶，徧歷南海諸國。二十二年。再近番禺，風濤遽作，舶破人没，唯慧存焉。夜至五更，其風方止，所賫經論，莫知所之。及登海壖，其夾策已在岸矣，於白沙内大竹筩中得之，宛爲鬼物扶持而到。乃歎曰："此大乘理趣等經，想脂那人根熟矣！"遂東北行，半月達廣州，卽德宗建中初也。屬帝違難，奉天貞元二年始屆京輦。見鄉親神策軍正將羅好心，卽慧舅氏之子也，悲喜相慰。將至家中，延留供養。

——《宋高僧傳》卷 2《唐洛京智慧傳》，第 22—23 頁。

會寧泛舶西遊经南海波凌國

釋若那跋陀羅，華言智賢，南海波淩國人也，善三藏學。麟德年中，有成都沙門會寧欲往天竺，觀礼聖跡，泛舶西遊，路經波凌，遂與智賢同譯涅槃後分二卷。此於阿笈摩經内譯出，説世尊焚棺、收設利羅等事，與大涅槃頗不相涉。譯畢寄經達交州，寧方之西域。至儀鳳年初，交州都督梁難敵遣使同會寧弟子運期奉表進經，入京。三年戊寅，大慈恩寺沙門靈會於東宮啓請施行。運期奉侍其師，因心莫比，師令賫經行化，故無暇影隨往西域也。

——《宋高僧傳》卷2《唐波凌國智賢傳》，第27頁。

南樓寺其山半在海涯

釋懷迪，循州人也。先入法于南樓寺，其山半在海涯，半連陸岸，乃仙聖遊居之靈府也。迪久探經論，多所該通，七略九流，粗加尋究。以海隅之地，津濟之前，數有梵僧寓止于此，迪學其書語，自玆通利。菩提流志初譯寶積，召迪至京證義，事畢南歸。後於廣府遇一梵僧，賫多羅葉經一夾，請共翻傳，勒成十卷，名大佛頂萬行首楞嚴經是也。迪筆受經旨，緝綴文理，後因南使附經入京，卽開元中也。

——《宋高僧傳》卷3《唐羅浮山石樓寺懷迪傳》，第44頁。

新罗僧釋義湘求巨艦商船達登州

釋義湘，俗姓朴，雞林府人也。生且英奇，長而出離，逍遥入道，性分天然。年臨弱冠，聞唐土教宗鼎盛，與元曉法師同志西遊，行至本國海門唐州界，計求巨艦，將越滄波。倏於中塗遭其苦雨，遂依道旁土龕間隱身，所以避飄濕焉。迨乎明旦相視，乃古墳骸骨旁也。天猶霡霂，地且泥塗，尺寸難前，逗留不進。又寄埏甓之中，夜之未央，俄有鬼物爲怪。曉公歎曰："前之寓宿，謂土龕而且安；此夜留宵，託鬼鄉而多崇。則知心生故種種法生，心滅故龕墳不二。又三界唯心，萬法唯識。心外無法，胡用別求？我不入唐。"却携囊返國，湘乃隻影孤征，誓死無退。以總章二年附商船達登州岸，分衛到一信士家，見湘容色挺拔，留連門下既久，有少女麗服靚粧，名曰善妙，巧媚誨之，湘之心石不可轉也。女調不見答，頓發道心於前，矢大願言："生生世世歸命和尚，習學大乘，成就大事，弟子必爲檀越供給資緣。"湘乃徑趨長安終南山智儼三藏所，綜習華嚴經。時康藏國師爲同學也。所謂知微知章，有倫有要。德瓶云滿，藏海嬉遊，乃議迴程，傳法開誘。復至文登舊檀越家，謝其數稔供施，便慕商船，逡巡解纜。其女善妙預爲湘辦集法服并諸什器，可盈篋笥，運臨海岸。湘船已遠，其女呪之曰："我本實心供養法師，願是衣篋跳入前船!"言訖，投篋于駭浪。有頃，疾風吹之若鴻毛耳，遥望徑跳入船矣。其女復誓之："我願是身化爲大龍，扶翼舳艫，到國傳法。"於是攘袂投身于海，將知願力難屈，至誠感神，果然伸形夭矯或躍，蜿蜒其舟底，寧達于彼岸。

——《宋高僧傳》卷 4《唐新羅國義湘傳》，第 75—76 頁。

新罗王遣使泛海入唐求藥

釋元曉，姓薛氏，東海湘州人也。丱䶵之年，惠然入法，隨師稟業，遊處無恒。勇擊義圍，雄横文陣，仡仡然，桓桓然，進無前却，蓋三學之淹通，彼土謂爲萬人之敵，精義入神，爲若此也。嘗與湘法師入唐，慕奘三藏慈恩之門，厥緣既差，息心遊往。無何，發言狂悖，示跡乖疎，同居士入酒肆倡家，若誌公持金刀鐵錫，或製疏以講雜華，或撫琴以樂祠宇，或閭閻寓宿，或山水坐禪，任意隨機，都無定檢。時國王置百座仁王經大會，徧搜碩德，本州以名望舉進之。諸德惡其爲人，譖王不納。居無何，王之夫人腦嬰癰腫，毉工絶驗，王及王子臣屬禱請山川靈祠，無所不至。有巫覡言曰："苟遣人往他國求藥，是疾方瘳。"王乃發使泛海入唐，募其毉術。溟漲之中，忽見一翁由波濤躍出登舟，邀使人入海，覩宮殿嚴麗，見龍王。王名鈐海，謂使者曰："汝國夫人是青帝第三女也，我宮中先有金剛三昧經，乃二覺圓通示菩薩行也。今託仗夫人之病，爲增上緣，欲附此經出彼國流布耳。”於是將三十來紙重沓散經付授使人。復曰：“此經渡海中，恐罹魔事。”王令持刀裂使人腨腸，而内于中，用蠟紙纏縢，以藥傅之，其腨如故。龍王言“可令大安聖者銓次綴縫，請元曉法師造疏講釋之，夫人疾愈無疑。假使雪山阿伽陀藥力亦不過是”。龍王送出海面，遂登舟歸國。

——《宋高僧傳》卷4《唐新羅國黃龍寺元曉傳》，第87頁。

鑒真東渡過蛇海魚海鳥海

時日本國有沙門榮叡、普照等東來募法，用補缺然。於開元年中，達于楊州，爰來請問，礼真足曰：“我國在海之中，不知距齊州幾千萬里。雖有法而無傳法人，譬猶終夜有求於幽室，非燭何見乎？願師可能輟此方之利樂，爲海東之導師乎！”真觀其所以，察其翹勤，乃問之曰：“昔聞南岳思禪師生彼爲國王，興隆佛法，是乎？又聞彼國長屋曾造千袈裟來施中華名德，復於衣緣繡偈云：‘山川異域，風月同天，寄諸佛子，共結來緣。’以此思之，誠是佛法有緣之地也。”默許行焉。所言長屋者，則相國也。真乃慕比丘思託等一十四人，買舟自廣陵賫經律法離岸，乃天寶二載六月也。至越州浦，止署風山。真夜夢甚靈異。纔出洋，遇惡風濤，舟人顧其垂没，有投棄篋香木者。聞空中聲云：“勿投棄。”時見舳艫各有神將介甲操仗焉，尋時風定。俄漂入蛇海，其蛇長三丈餘，色若錦文。後入魚海，魚長尺餘，飛滿空中。次一洋，純見飛鳥集于舟背，壓之幾没。洎出鳥海，乏水。俄泊一島，池且泓澄，人飲甘美。相次達于日本，其國王歡喜迎入城大寺安止。初於盧遮那殿前立壇，爲國王受菩薩戒。次夫人、王子等，然後教本土有德沙門足滿十員，度沙彌澄脩等四百人，用白四羯磨法也。又有王子一品親田捨宅造寺，號招提，施水田一百頃。自是已來，長敷律藏，受教者多，彼國號大和尚，傳戒律之始祖也。以日本天平寶字七年癸卯歲五月五日，無疾辭衆，坐亡，身不傾壞，乃唐代宗廣德元年矣。春秋七十七，至今其身不施苧漆，國王貴人信士時將寶香塗之。僧思託著東征傳詳述焉。

——《宋高僧傳》卷 14《唐楊州大雲寺鑒真傳》，第 349—350 頁。

海賊袁晁竊據剡邑

釋大義，字元貞，俗姓徐氏，會稽蕭山人也。以天授二年五月五日，特稟神異，生而秀朗。……天寶中遂築北塢之室，即支遁、沃洲之地也。初夢二梵僧曰："汝居此與二十日。"至寶應初，復夢曰："本期二十日，今滿矣。魔賊將至，不宜更處。"無何，海賊袁晁竊據剡邑，至于丹丘。義因與大禹寺迴律師同詣左谿朗禪師所，學止觀，而多精達。

——《宋高僧傳》卷 15《唐越州稱心寺大義傳》，第 362 頁。

夢中見送塔過東海

釋懷信者，居處廣陵，别無奇迹。會昌三年癸亥歲，武宗爲趙歸真排毀釋門，將欲堙滅教法。有淮南詞客劉隱之薄遊四明，旅泊之宵，夢中如泛海焉。迴顧見塔一所，東度見是淮南西靈寺塔。其塔峻峙，制度校胡太后永寧塔少分耳。其塔第三層，見信凭欄與隱之交談，且曰："蹔送塔過東海，旬日而還。"數日，隱之歸揚州，即往謁信。信曰："記得海上相見時否?"隱之了然省悟。後數日，天火焚塔俱盡，白雨傾澍，傍有草堂，一無所損。由是觀之，東海人見永寧塔不謬矣。

——《宋高僧傳》卷 19《唐揚州西靈塔寺懷信傳》，第 488—489 頁。

新羅國無相大師自海東來

釋處寂，俗姓周氏，蜀人也。師事寶修禪師，服勤寡慾，與物無競。雅通玄奧，居山北，行杜多行。天后聞焉，詔入內，賜摩納僧伽梨，辭乞歸山。涉四十年，足不到聚落。坐一胡牀，宴默不寐。常有虎蹲伏座下，如家畜類。資民所重，學其道者臻萃。由是頗形奇異，如無相大師自新羅國將來謁詵禪師，寂預誡衆曰："外來之賓明日當見矣。宜灑掃以待之。"明日，果有海東賓至也。

——《宋高僧傳》卷 20《唐資州山北蘭若處寂傳》，第 507 頁。

小僧詣龍宮見海神乞鐘

次閩城法炯者，未詳何許人也，行頭陀法，克苦克勤，激勸閩人，辭氣剛直。聞海壇練門江內有巨鐘，相傳云昔有人往廣州慕鑄，信鼓巨艦至此，忽值風濤沉溺。每月望日，其潮大至，水退，其蒲牢乃出，可容一人從中穿過，約其周圍徑一丈餘。大歷中炯欲出此鐘，先於開元寺設大會齋誦呪，令一小僧詣龍宮乞鐘於人世，擊扣以警晨昏。小僧見海神，曰："我惜以鎮海。"別與小珠三顆爲信，當爾時小僧有如夢覺，珠在手焉。

——《宋高僧傳》卷 20《唐漢州棲賢寺大川傳》，第 511—512 頁。

新羅僧地藏落髮涉海

釋地藏，姓金氏，新羅國王之支屬也。慈心而貌惡，穎悟天然。七尺成軀，頂聳奇，骨特高，才力可敵十夫。嘗自誨曰："六籍寰中，三清術內，唯第一義與方寸合。"于時落髮涉海，捨舟而徒，振錫觀方，邂逅至池陽，覩九子山焉。心甚樂之，乃逕造其峯，得谷中之地，面陽而寬平。其土黑壤，其泉滑甘，巖棲磵汲，趣爾度日。藏嘗爲毒螫，端坐無念。俄有美婦人作礼饋藥云：“小兒無知，願出泉以補過。”言訖不見，視坐左右間潗澮然，時謂爲九子山神爲湧泉資用也。其山天寶中李白遊此，號爲九華焉。俗傳山神，婦女也。其峯多冒雲霧，罕曾露頂歟。藏素願持四大部經，遂下山至南陵，有信士爲繕寫，得以歸山。

至德年初，有諸葛節率村父自麓登高，深極無人，雲日鮮明，居唯藏孤然閉月石室。其房有折足鼎，鼎中白土和少米，烹而食之。羣老驚歎曰：“和尚如斯苦行，我曹山下列居之咎耳。”相與同構禪宇，不累載而成大伽藍。建中初張公嚴典是邦，仰藏之高風，因移舊額奏置寺焉。本國聞之，率以渡海相尋，其徒且多，無以資歲。藏乃發石得土，其色青白，不磣如麵，而供衆食。其衆請法以資神，不以食而養命。南方號爲枯槁衆，莫不宗仰。龍潭之側有白墡硎，取之無盡。以貞元十九年夏，忽召衆告别，罔知攸往。但聞山鳴石隕，扣鐘嘶嗄，加趺而滅。春秋九十九。

——《宋高僧傳》卷20《唐池州九華山化城寺地藏傳》，第515—516頁。

玉樹朱草半入海中

釋道行，姓梅氏，會稽人也。父爲越州衙吏。行弱齡知書，比成造秀。有僧分衛，行接之談道，頗精禪觀，遂求出家。至四明山保壽院智幽所，稟訓進脩，拾薪汲水。後遊南岳，聞江西大寂道化，往親附焉。思養聖胎，見羅浮奇異，高三千丈，有七十石室，七十二長溪。仙人仙禽，玉樹朱草，生于上，半入海中。行居于石室，默爾安禪。然或山精水怪，往往驚鳴，行視之蔑如也。有老人容貌端正，衣冠華楚，再拜稽顙云：“我居此中僅二百載，今因師住，冥感匪躬，逍遥脱苦，歸人趣受樂矣。”其感物多此類也。寶曆九載疾終，春秋九十五。其年九月十八日入塔焉。

——《宋高僧傳》卷20《唐廣州羅浮山道行傳》，第523頁。

新羅王子逃附海艦入華

釋無漏，姓金氏，新羅國王第三子也。本土以其地居嫡長，將立儲副，而漏幼慕延陵之讓，故願爲釋迦法王子耳。遂逃附海艦，達于華土。欲遊五竺，礼佛八塔，既度沙漠，涉于闐已西，至葱嶺之墟，入大伽藍，其中比丘皆不測之僧也。問漏攸往之意，未有奇節而詣天竺。僧曰："舊記無名，未可輒去，此有毒龍池，可往教化。如其有驗，方利涉也。"漏依請登池岸，唯見一胡牀，乃據而坐，至夜將艾，霆雷交作，其怪物吐氣蓬勃，種種變現，眩曜無恒。漏瞑目不搖，譬如建木挺拔，豈微風可能傾動邪？持久乃有巨蛇驤首于膝上，漏悲憫之極，爲受三歸而去。復作老人形來致謝曰："蒙師度脱，義無久居。吾三日後捨鱗介苦，依得生勝處。此去南有磐石，是弟子捨形之所，亦望閑預相尋遺骸可矣。"後見長偉而夭矯，僵于石上歟。寺僧咸默許之，又曰："必須願往天竺者，此有觀音聖像，禱無虚應，可祈告之。得吉祥兆，可去勿疑。"漏乃立于像前，入於禪定，如是度四十九日，身嬰虚腫，略無傾倚。旋有鼠兒猶彈丸許，咋左脛，潰黄色薄膿，可累斗而愈。漏限滿獲應，群僧語之曰："觀師化緣，合在唐土，心存化物，所利滋多。足倦遊方，空加聞見，不可强化。師所知乎？"漏意其賢聖之言，必無唐發。如是却廻，臨行謂漏曰："逢蘭卽住。"所還之路，山名賀蘭，乃馮前記，遂入其中，得白草谷，結茅栖止。無何，安史兵亂，兩京版蕩，玄宗幸蜀，肅宗訓兵靈武。帝屢夢有金色人，念寶勝佛於御前。翌日，以夢中事問左右，或對曰："有沙門行迹不群，居于北山，兼恒誦此佛號。"肅宗乃宣徵，不起，命朔方副元帥中書令郭子儀親往諭之，漏乃爰來。帝視之曰："真夢中人也。"迨乎羯虜盪平，翠華旋復，置之内寺供養，諒乎猴輕金鏁，鳥厭雕籠，累上表章，願還舊隱。帝心眷重，答詔遲留，未遂歸山，俄云示滅焉。一日，忽於内門右閤之上化成雙足，形不及地者數尺。閤吏上奏，帝乘步輦親臨其所，得遺表，乞歸葬舊隱山之下。卽時依可，葬務官供。乃宣卸門扇，置之設奠，遣中使監護，鹵簿送導。先是漏行化多由懷遠縣，因置廨署，謂之下院。喪至此，神座不可輒舉，衆議移入，構别堂宇安之，則上元三年也。至今真體端然，曾無變壞，所卧中禁户扇，乃當時之現瑞者，存焉。

——《宋高僧傳》卷 21《唐朔方靈武下院無漏傳》，第 545—547 頁。

釋含光泛舶海中遇吞舟巨魚

釋含光，不知何許人也。幼覺囂塵，馳求簡静。開元中見不空三藏頗高時望，乃依附焉。及不空却迴西域，光亦影隨，匪憚艱危，思尋聖迹。去時泛舶海中，遇巨魚望舟，有吞噬之意。兩遭黑風，天吴異物之怪，既從恬静，俄抵師子國。屬尊賢阿闍梨建大悲胎藏壇，許光并慧辯同受五部灌頂法。天寶六載迴京，不空譯經，乃當参議華梵，屬師卒。後代宗重光，如見不空，勑委往五臺山修功德。時天台宗學湛然解了禪觀，深得智者膏腴，嘗與江淮僧四十餘人入清涼境界。湛然與光相見，問西域傳法之事。光云："有一國僧體解空宗，問及智者教法。梵僧云：'曾聞此教定邪正，曉偏圓，明止觀，功推第一。'再三囑光或因緣重至，爲翻唐爲梵附來，某願受持。屢屢握手叮囑。詳其南印土多行龍樹宗見，故有此願流布也。"光不知其終。

——《宋高僧傳》卷 27《唐京兆大興善寺含光傳》，第 678—679 頁。

釋慧日泛舶渡海行七十餘國

釋慧日，俗姓辛氏，東萊人也。中宗朝得度，及登具足，後遇義淨三藏，造一乘之極，躬詣竺乾，心恒羡慕。日遂誓遊西域。始者泛舶渡海，自經三載，東南海中諸國，崐崘、佛誓、師子洲等，經過略徧，乃達天竺，禮謁聖迹。尋求梵本，訪善知識，一十三年。咨稟法訓，思欲利人，振錫還鄉，獨影孤征。雪嶺胡鄉，又涉四載。既經多苦，深厭閻浮，何國何方，有樂無苦？何法何行，能速見佛？徧問天竺三藏學者，所説皆讚淨土，復合金口；其於速疾，是一生路；盡此報身，必得往生極樂世界，親得奉事阿弥陀佛。聞已頂受，漸至北印度健蚫羅國。……及登嶺東歸，計行七十餘國，總一十八年，開元七年方達長安。進帝佛真容、梵夾等，開悟帝心，賜號曰慈愍三藏。

——《宋高僧傳》卷29《唐洛陽罔極寺慧日傳》，第722—723頁。

日本僧最澄泛海到江東

貞元二十一年，日本國沙門最澄者，亦東夷卉服中剛決明敏僧也。泛溟涬，達江東，慕天台之法門，求顗師之禪决。屬邃講訓，委曲指教，澄得旨矣。乃盡繕寫一行教法東歸。慮其或問從何而聞，得誰所印？俾防疑悮，乃造邦伯作援證焉。時台州刺史陸淳判云："最澄闍梨，形雖異域，性實同源，特稟生知，觸類玄解。遠傳天台教旨，又遇龍象邃公，總萬行於一心，了殊塗於三觀，親承秘密，理絶名言。猶慮他方學徒未能信受，所請印記，安可不任爲憑云。"澄泛海到國，賫教法指一山爲天台，號一寺爲國清，風行電照，斯教大行。倭僧遥尊邃爲祖師。後終于住寺焉。

——《宋高僧傳》卷29《唐天台山國清寺道邃傳》，第725頁。

釋希圓附商船避地甬東

釋希圓，姓張氏，姑蘇人也。宗親豪富，而獨捨家，從登戒法，便遊講肆。不滯一方，勤修三學，良深歲稔，尤至博通，時推俊邁，因命講訓。光啓中，屬徐約軍亂，孫儒略地，吴苑俶擾。圓由通玄寺附商船，避地于甬東。其估客偕越人也，篤重於圓，召居會稽寶林山寺。形雖么麽，性且強幹，與時寡合，多事宴默。或問之，則曰："吾逍遥乎無形之埸，同師子遊戲耳。"景福中，於山寺演暢經論，同聲相應，求法者至。乃著玄中鈔數卷，皆當義妙辭也。恒勸人急脩上生之業，且曰："非知之難，行之爲難。汝曹勉旃。"

——《宋高僧傳》卷 7《唐越州應天山寺希圓傳》，第 141 頁。

《全唐文》

罷諸州造船安撫百姓詔

朕以寡昧，纂承鸿烈。肃扆巖廊之上，凝襟华裔之表。驭奔深於日慎，储祉存於勿休，勉己励精，详求大化。往为奉成先志，雪耻黎元，是以数年之间，称兵辽海。虽除凶戡暴，义匪诸身，疲人竭财，役兴於下。泛沧流而遐济，践危途而远袭。风涛竞骇，或取沦亡；锋镝交挥，非无捐仆。顾惟匪德，事有乖於七旬；在躬延责，情致惭於四海。汤年罪己，鉴寐斯在；汉载富人，周旋切念。日者翘车联映，贲帛相辉，庖鼎之前，犹潜秀异；关柝之下，未尽英奇。传逸翰於西雍，牣殊宝於东序。比王师荐发，戎务实繁，州县官僚，缘兹生过，力役无度，贿赂公行，蠹政伤风，莫斯为甚。前令三十六州造船，已备东行者，即宜并停。凡百在位，宜极言得失，悉陈无隐，以救不逮。仍分遣按察大使，问人疾苦，黜陟官吏，兼司元太常伯窦德元往河南道，并持节分往。其内外官五品以上，各举巖薮幽素之士，广加询访，旁求谣俗，式企英材，充毗阙政。必使八纮之内，咸得朕心，万宇之中，同夫亲览，宜速颁赐率土，知此意焉。

——《全唐文》卷12《高宗皇帝·罷諸州造船安撫百姓詔》，第149—150頁。

宴集日本國使臣敕

日本國遠在海外，遣使來朝。既涉滄波，兼獻方物，其使真人莫問等，宜以今月十六日於中書宴集。

——《全唐文》卷 17《中宗皇帝·宴集日本國使臣敕》，第 203 頁。

冊東海神為廣德王文

維天寶十載，歲次辛卯，三月甲申朔十七日庚子，皇帝若曰：於戲！四瀛宅日，百谷稱王。望祀之禮雖申，崇名之典猶缺。惟東海浴日浮天，納來宏往，善利萬物，以宗以都。朕嗣守睿圖，式存精享，神心允穆，每叶休徵。今五運惟新，百靈咸秩，思崇封建，以展虔誠，是用封神為廣德王。其光膺典冊，保乂寰宇，永清坤載，敷佑邦家。可不美歟？

——《全唐文》卷 38《玄宗皇帝·冊東海神為廣德王文》，第 421 頁。

賜林邑國王建多達摩書

卿國在海南，遠通朝貢，所獻方物，深達款誠。今賜卿馬兩匹，宜知朕意。

——《全唐文》卷 40《玄宗皇帝·賜林邑國王建多達摩書》，第 438 頁。

賜新羅王金興光書

卿再承正朔，朝貢闕廷，言念所懷，深可嘉尚。又得所進雜物等，並逾越滄波，跋涉草莽，物既精麗，深表卿心。今賜卿錦袍金帶，及彩素共二千匹，以答來獻，至宜領之。

——《全唐文》卷40《玄宗皇帝・賜新羅王金興光書》，第441頁。

答宰臣等賀文單國進象手詔

文單遠國，自古未賓。能瞻八律之風，來申重譯之貢。君臣入覲，嬪御偕朝，越海逾山，輸琛獻象。顧慚薄德，有邁前王。此皆宗社效靈，上元幽贊，卿等寅亮台鼎，燮和神人，翼致感通，無遠不屆。永言輔弼，慶賀良深。所請付史官者依。

——《全唐文》卷47《代宗皇帝・答宰臣等賀文單國進象手詔》，第518頁。

停淄青兗鄆等道榷鹽詔

兵革初寧，亦資榷莞，閭閻重困，則可蠲除。如聞淄青、兗鄆等道，往來糶鹽價錢，近取七十萬貫，軍資給費，優贍有餘。自鹽鐵使收管以來，軍府頓絕其利，遂使經行陣者有停糧之怨，服隴畝者興加稅之嗟，犯鹽禁者困鞭撻之刑，理生業者乏蠶醬之具。雖縣官受利，而郡府益空，俾人獲安寧，我能節用。其鹽鐵使先於淄青、袞鄆等道管內置小鋪糶鹽，巡院納榷，起今年五月一日已後，一切並停。仍各委本道約校比來節度使自收管，充軍府逐急用度，及均減管內貧下百姓兩稅錢數，至年終各具糶鹽所得錢，並均減兩稅奏聞。安邑解縣兩池舊置榷鹽使，仍各別置院官。

——《全唐文》卷65《穆宗皇帝・停淄青兗鄆等道榷鹽詔》，第692—693頁。

禁與蕃客交關詔

如聞頃來京城内衣冠子弟及諸軍使並商人百姓等，多有舉諸蕃客本錢，歲月稍深，徵索不得，致蕃客停滯市易，不獲及時。方務撫安，須除舊弊，免令受屈，要與改更。自今已後，應諸色人，宜除准敕互市外，並不得輒與蕃客錢物交關。委御史台及京兆府切加捉搦，仍即作條件聞奏。其今日已前所欠負，委府縣速與徵理處分。

——《全唐文》卷 72《文宗皇帝·禁与蕃客交关诏》，第 755—756 頁。

停貢橄欖敕

禹别九州，秦分百郡，勉務隨方之職，須資利物之源。朕所以鄙蒟醬於漢朝，慕菁茅於周室，用為儆戒，以省征徭。福建一道，遠在海隅，嘗勤土貢，每年所進橄欖子，頗甚勞役往來。本因閹豎生長甌閩，自為耽愛，率令供進，以為定規。況非薦熟之珍，仍異厥包之禮，雖彰忠藎，無濟闕如。每年但供進臘麵茶外，不要進奉橄欖子。永為常例。

——《全唐文》卷 94《哀帝·停贡橄榄敕》，第 974—975 頁。

授錢鏐吳越國王冊文

迺者有唐告終，王政日紊，婦寺亂常於内，蠻貊犯順於邊，列鎮張膽而相攻，大臣捫心而無措。惟思家族，遑恤朝廷。朕起自兵戎，曆階節度，憂皇天之不吊，閔黎庶之倒懸。誓眾興師，為民請命。東征西怨，共徯我後來蘇；簞食壺漿，咸若厥角墜地。竟以數州之力，大翦諸國之鋒。歷試諸艱，遂叨九錫，稽舜禹之禪，法隋唐之敕。天步多艱，人情習亂，因商民之思紂，嗾桀犬以吠堯，職具不共，何所不至。諮爾上柱國吳越王錢鏐，山川毓秀，二五儲精，以不世出之才，行大有為之主。納交伯府，翼戴中朝。靖淮甸之邪氛，不得紊我王氣；斬羅平之妖鳥，不得鳴我王郊。迨乎受禪之初，首遣宣諭之使，頗知天命，不效狂謀，匪兼二國之封，曷獎尊王之義。今遣使金紫光祿大夫尚書上柱國姚洎，使副尚書禮部主客員外羅袞持節備禮，胙土分茅，冊爾為吳越國王。

嗚呼，車徒萬乘，何戎狄之不可膺；節制三方，何強梁之不可伏。矧百粵夏後駐蹕之地，三吳泰伯肇封之疆，句踐用之以親周，夫差因之而駕晉。方賴率三軍而挺荊楚，糾列國以平淮戎，允為東海屏藩，永保中原重鎮。毋姑息以敗事，毋誇大以隳功。欽哉，其聽朕命。

——《全唐文》卷 102《梁太祖·授錢鏐吳越國王冊文》，第 1041—1042 頁。

命錢鏐進取海南劉巖敕

敕曰：朕聞越紀亂常，前王無赦，懲惡勸善，有國不私，苟罪惡以顯彰，在刑名而何逭。其有身當殊寵，既受國恩，敢行不軌之心，具驗速辜之跡，須行典憲，仍令詰諸。靖海建武等軍節度使上柱國平南王劉巖，頃因乃父，發跡本藩，尋賴其兄，致身賓席，受先朝之拔擢，極上將之寵權，念其尊獎之誠，許繼藩宣之任，乃自行軍之職，紀膺推轂之恩，秩進三司，位同四輔。自朕獲承大寶，累進崇資，一門無比其超榮，百世豈疇其寵耀。而敢飛章不紀，希寵無厭，始求都統四鄰，後請封王南越，貪饕斯甚，逾僭無階。朕每含容，再伸優渥，授之東鎮，加以南平。比罔思止足，益恣兇狂，妄稱漢室遺宗，欲繼尉佗醜跡，結連淮海，阻塞梯航，徒惑遠方，僭稱大號。在人情而共棄，豈天道以能容。宜命討除，用清逆亂。爾天下兵馬都元帥錢鏐，志扶社稷，任總兵師，每興憤激之辭，願舉誅夷之令。是用俾爾元老，討彼叛臣，先行奪爵之文，爰舉摧凶之典。劉巖在身官爵，並宜削奪。

於戲，將相重任，子孫殊榮。不能常守於藩修，而乃自干於國典，指兇殘而必取，念染汙以將新。非我無終始之恩，實彼有滿盈之罪。凡百珍重，悉體朕懷。

——《全唐文》卷 102《梁末帝·命錢鏐進取海南劉巖敕》，第 1049 頁。

賜錢鏐吳越國王冊文

維同光三年歲次乙酉八月辛酉朔二十七日丁亥，皇帝若曰：王者惠濟黎元，輯寧方夏，重名器，任股肱，忠而能力則禮崇，賞不失勞則人勸。所以啟周公之土宇，裂漢祖之膏腴，錄彼茂勳，寘之異數，登進賢哲，焜耀事功也。天下兵馬都元帥尚父守尚書令吳越國王錢鏐，朝海靈源，承天峻岳，以英風彰德望，以勇氣贊忠貞。往因義舉之徒，盛推韜略，遂著龔行之績，高步藩維。挺魚鯤鳥鳳之姿，擁岸虎水龍之眾，居方面任，將五十年。宣導休聲，攘除凶醜，摧堅奮鋭，鄙許東固圉之謀；阜俗頒條，廣冀北安居之頌。環塹浙江之要，雲滋星紀之墟。說禮敦詩，位崇元帥，前茅後勁，名重中權。守畫一之規，奉在三之節，信立靡移於風雨，義行曷倦於津塗。效珍則不顧險難，薦幣則常歸宰府。振英謨而端右弼，鐘懿號而異列藩。可謂職貢不乏，梯航時至，翼戴天子，加之以恭也，載念尊獎，爰示徽章。今遣正議大夫守尚書吏部侍郎上柱國贊皇縣開國男食邑三百戶賜紫金魚袋李德休使副朝議郎守起居郎充史館修撰賜緋衣魚袋聶輿持節備禮，胙土苴茅，冊爾為吳越國王。於戲，地畫數圻，賦過千乘，墨守闔閭之境，軌圍句踐之封。子弟量才序進，多分於棨戟；土疆漸海方輸，豈限於魚鹽。貴盛富強，雖古之封建諸侯，禮優夾輔，不加於此。慎厥初，圖厥終，無以位期驕，無以欲敗度，欽承賜履，翼予一人。

——《全唐文》卷 105《後唐莊宗·賜錢鏐吳越國王冊文》，第 1071 頁。

封錢元瓘吳越國王玉冊文

唯天福三年歲次戊戌十一月甲辰朔五日戊申，皇帝若曰：王者握圖立極，崇德報功，或開國以建邦，或苴茅而錫壤，乃樹藩屏，式獎忠勳。古先哲王，率由斯道，惟朕薄德，敢忽彝章？況夫奠南服之奧區，鎮東甌之重地，懋績雖高於列土，殊榮未繼於肯堂。得不申加等之恩，降非常之命？用紀代天之業，特頒鏤玉之文，乃擇吉辱辰，爰敷盛典。諮爾興邦保運崇德志道功臣天下兵馬副元帥鎮海鎮東等軍節度浙江東西等道管內觀察處置兼兩浙鹽鐵制置發運營田等使開府儀同三司檢校太師守中書令杭州越州大都督府長史上柱國吳越王食邑一萬五千戶實封一千五百戶錢元瓘，嶽靈稟粹，天象儲精，蘊文武之兼材，受乾坤之間氣，寵承吳越，功邁桓文，運妙略以平凶，用奇兵而制變，祇嗣基構，表率英雄，淮彝之屏氣銷聲，海嶠之波澄浪息。而況興我昌運，竭乃忠規，懋勳庸而首列韓壇，奉玉帛而誠先禹貢。語尊獎則獨標大節，顧封崇則未稱鴻名，宜舉徽章，俾奉先正。矧其天文當南斗之分，地志控勾踐之都，眷茲舊封，允屬全德。是用異車服於群後，盛簡冊於列藩，正二國之土疆，錫九天之寶瑞，表予嘉命，纘乃舊邦，大振家聲，夾輔王室。今遣使大中大夫尚書左丞上柱國賜紫金魚袋王延使副中散大夫尚書司門郎中柱國賜紫金魚袋張守素持節備禮，冊爾為吳越國王。

於戲！服袞衣而佩元玉，位壓群侯；駕戎略而握兵符，名尊九伐。馭貴之重，象賢之榮，爾其祇荷天光，勉清國步，往綏厥位，永孚於休，戒之慎之，勿忝前烈。

——《全唐文》卷 117《晉高祖・封錢元瓘吳越國王玉冊文》，第 1184—1185 頁。

王義方《祭海文》

思帝鄉而北顧，望海浦而南浮，必也行愆諸已，義負前修。長鯨擊水，天吳覆舟，如因忠獲戾，以孝見尤。四維霧廓，千里安流，靈應如響，無作神羞。

——《全唐文》卷 161《王義方・祭海文》，第 1654 頁。

請停波斯昆侖等舶到擬給食料

扶南雜種，安西諸國，跨險憑危，梯山航海。飛艎走浪，望鼠島而三休；大舶参雲，指麟洲而一息。鳶波象郡，萬舳爭先；烏滸狼𥫃，千艘競進。游賊滿山，刑人半市。督郵從事，猶密興於私門；賢者聖人，尚潛行於暗室。飲德何負？徒發孔融之譏；淫具未除，終獲簡雍之誚。利存禁酒之法，害遠鬻酤之家。楚國之猿，禍連林木；吳宮之燕，殃及樓臺。所喪全多，所存詎幾？理貴崇乎梗概，政無伺於禁虛。位人之方，居斯而已。

——《全唐文》卷 172《张鷟・波斯昆侖等舶到擬給食料已前隱沒不付有名無料虛破官物請停》，第 1757—1758 頁。

大唐平百濟國碑銘

原夫皇王所以朝萬國，制百靈，清海外而舉天維，宅寰中而恢地絡，莫不揚七德以馭遐荒，耀五兵而肅邊徼。雖質文異軌，步驟殊途，揖讓之與干戈，受終之與革命，皆載勞神武，未戢佳兵。是知凶水挺祆，九嬰遂戮；洞庭構逆，三苗已誅。若乃式鑒千齡，緬惟萬古，當塗代漢，典午承曹。至於任重鑿門，禮崇推轂，馬伏波則鑄銅交址，竇車騎則勒石燕然，竟不能覆鯷海之奔鯨，絕狼山之封豕。況丘樹磨滅，聲塵寂寥？圓鼎不傳，方書莫紀？蠢兹卉服，竊命島洲；襟帶九夷，懸隔萬里。恃斯險阨，敢亂天常？東伐親鄰，近違明詔，北連逆豎，遠應梟聲。況外棄直臣，內信袄婦？刑罰所及，唯在忠良；寵任所加，必先諂幸。摽梅結怨，杼軸銜悲。我皇體二居尊，通三表極，珠衡毓慶，日角騰輝。輯五瑞而朝百神，妙萬物而乘六辯。正天柱於西北，回地紐于東南。若夫席龍圖，裒鳳紀，懸金鏡，齊玉燭。拔窮鱗於涸轍，拯危卵於傾巢。哀此遺甿，憤斯凶醜，未親吊伐，先命元戎。使持節神丘嵎夷馬韓熊津等一十四道大總管左武衛大將軍上柱國邢國公蘇定方，迭遠構于曾城，派長瀾于委水，叶英圖于武帳。標秀氣于文昌，架李霍而不追，俯彭韓而高視。趙雲一身之膽，勇冠三軍；關羽萬人之敵，聲雄百代。捐軀殉國之志，冒流鏑而逾堅；輕生重義之心，蹈前鋒而難奪。心懸冰鏡，鬼神無以蔽其形；質過松筠，風霜不能改其色。至於養士卒，撫邊夷，慎四知，去三惑，顧冰泉以表潔，含霜柏以凝貞。不言而合詩書，不行而中規矩，將白雲而共爽，與青松而競高。遠懷前人，咸有慚德。副大總管冠軍大將軍□□□衛將軍上柱國下博公劉伯英，上□□□□□風雲，負廊廟之材，懷將相之器，言為物范，行成士則，詞溫布帛，氣馥芝蘭，績著旂常，調諧律呂。重平生於晚節，輕尺璧於寸陰。破隗之勳，常似不足平□之策□未涉言。副大總管使持節隴州諸軍事隴州刺史上柱國安夷公董寶德□志飄舉雄圖□六藝，通三略，□，能令魏軍止渴無勞□副大總管左領軍將軍金仁問氣度溫雅，器識沉毅，無小人之細行，有君子之高風。武既止戈，文亦柔遠。行軍長史中書舍人梁行儀，雲翹吐秀，日鏡揚輝，風偃搢紳，道光雅俗，鑒清許郭，望重荀裴。辯箭騰波，控九流於學海；詞□發穎，掩七澤于文□。□太傅之深謀，未堪捧轡；杜鎮南之遠略，猶可扶輪。□暫游鳳池或清鯨壑。邢國公運秘鑒，縱驍雄，陰羽開偃月之圖，陽文含曉星之氣。龍韜豹鈐，必表於情源；玄女黃公，咸會於神用。況乎稽天蟻聚，□地蜂飛，類短狐之含沙，似長蛇之吐霧。連營則豺狼滿道，結陣則梟獍彌山。以此凶徒，守斯窮險，不知懸縷將絕，墜之以千鈞；累碁先危，壓之以九鼎。于時秋草衰而寒山淨，涼飆舉而殺氣嚴。逸足與流電爭飛，迭鼓共奔雷競震。命豐隆而後殿，控列缺以前驅。沴氣妖氛，掃之以戈戟；崇墉峻堞，碎之以□□。左將軍總管右屯衛郎將上柱國祝阿師右一軍總管使持節淄州刺史上柱國於元嗣，地處關河，材包文武，挾山西之壯氣，乘冀北之浮雲：呼吸則江海停波，嘯吒則風雷絕響。嵎夷道副總管右武衛中郎將上柱國曹繼叔，久預經綸，備嘗艱險，異廉頗之強飯，同充國之老臣。行軍長史岐州司馬杜爽，質耀璿峰，芳流桂畹。追風籋電，騁逸轡於西海；排雲擊水，搏勁翮于南溟。驥足既申，鳳池可奪。右一軍總管宣威將軍行左驍衛郎將上柱國劉仁願，資孝為忠，自家刑國，早聞周孔之教，晚習孫吳之書，既負英勇之材，仍兼文吏之道。邢國公奉緣聖旨，委以班條，欲令金如粟而不窺，馬如羊而莫顧。右武衛中郎將金良圖，左一軍總管使持節沂州刺史上柱國馬延卿，俱懷鐵石之心，各勵鷹鸇之志，擁三河之勁卒，總六郡之良家，邢國公上奉神謀，下專節度或發揚蹈厲，或後勁前鋒，出天入地之奇。千變萬化致遠鉤深之妙，電發風行，星紀未移，英聲載路。邢國公仁同轉扇，恩甚投醪，逆命者則肅之以秋霜，歸順者則潤之以春露。一舉而平九種再捷而掃三韓，降劉弘之尺書，則千城仰德，發魯連之飛箭，則萬里銜恩。其王扶餘義慈及太子隆自外王餘孝一十三人，並大首領大佐平沙吒千福、國辯成以下七百餘人，既入重闈，並就擒獲。舍之馬革，載以牛車，佇薦司勳，式獻清廟，仍變斯獷俗，令沐玄猷，露冕褰帷，先擇忠款，烹鮮制錦，必選賢良，庶使剖符績邁于龔黃，鳴弦名高於卓魯，凡置五都督，卅七州二百五十縣，戶廿四萬，口六百廿萬。各齊編戶，咸變夷風。夫書東觀紀，南宮所以旌其善；勒辭鼎銘，景鐘所以表其功。陵州長史判兵曹賀遂亮，濫以庸材，謬司文翰，學輕俎豆，氣重風雲，職號將軍，願與廉頗並列；官稱博士，羞共賈誼爭衡。不以衰容，猶懷壯節提戈，冀效涓塵，六載賊庭，九摧逋寇，窮歸之隘，意欲居中，乃弁餘詞，敬摛直筆，但書成事，無取浮華。俾夫海變桑田，同天地之永久；洲移鬱島，與日月長懸。

——《全唐文》卷200《賀遂亮·大唐平百濟國碑銘》，第2024—2026頁。

陳子昂《禜海文》

萬歲通天二年月日，清邊軍海運度支大使虞部郎中王元珪，敢以牲酒馳獻海王之神，神之聽之：我國家昭列象胥，惠養戎貊，百蠻率職，萬方攸同。鮮卑猖狂，忘道悖亂，人棄不保，王師用征。故有渡遼諸軍，横海之將，天子命我，羸糧景從。今旌甲雲屯，樓船霧集，且欲浮碣石，淩方壺，襲朔裔，即幽都。而漲海無倪，雲濤洄潏，胡山遠島，鴻洞天波。惟爾有神，肅恭令典，導鷁首，騎鯨魚，呵風伯，遏天吴。使蒼兕不驚，皇師允濟，攘慝剿虐，安人定災，蒼蒼群生，非神何賴？無昏汨亂流，以作神羞，急急如律令。

——《全唐文》卷 216《陳子昂・禜海文》，第 2188 頁。

新羅金獻章及僧沖虚等進獻

敕新羅王金重熙：金獻章及僧沖虚等至，省表兼進獻及進功德並陳謝者，具悉。卿一方貴族，累葉雄材，秉忠孝以立身，資信義而為國。代承爵命，日慕華風，師旅叶和，邊疆寧泰。況又時修職貢，歲奉表章，進獻精珍，忠勤並至。功德成就，恭敬彌彰，載覽謝陳，並用嘉歎。滄波萬裡，雖隔於海隅；丹悃一心，每馳於闕下。以兹歎賞，常屬寢興；勉宏始終，用副朕意。今遣金獻章等歸國，並少有信物，具在別録。卿母及妃並副王宰相以下，各有賜物，至宜領之。冬寒，卿比平安好，卿母比得如宜，官吏將士百姓僧道等各家存問，遣書指不多及。

——《全唐文》卷 284《張九齡・敕新羅王金重熙書》，第 2884—2885 頁。

渤海靺鞨作梗新羅海路

敕新羅王開府儀同三司使持節大都督雞林州諸軍事上柱國金興光：賀正使金碣丹等至，兼得所進物，省表具之。

海路艱阻，朝賀不闕，歲亦忠謹，日以嗟稱。所謂君子為邦，動必有禮。頃者渤海靺鞨，不識恩信，負恃荒遠，且爾逋誅。卿嫉惡之情，常以奮勵。故去年遣中使伺行成與與金恩蘭同往，欲以葉謀。比聞此賊困窮，偷生海曲，維以抄竊，作梗道路。卿當隨近伺隙，掩襲取之。奇功若有所成，重賞更何所愛。適欲多有寄附，實慮此賊抄奪，不可不防，豈資群寇。待蕩滅之後，終無所惜。一昨金志廉等到，緣事緒未及還期，忽嬰瘵疾，遽令救療，而不幸殂逝。相次數人，言念殊鄉，載深軫悼。想卿聞此，良以增懷。然死者生之常，固其命也。固當理遣，無以累情。初秋尚熱，卿及首領百姓已下並平安好。今有答信物及別寄少信物，並付金信忠往，至宜領取。遣書指不多及。

——《全唐文》卷284《張九齡・敕新羅王金興光書》，第2885頁。

新羅使者水土不服而逝

敕雞林州大都督新羅王金興光：比歲使來，朝貢相繼。雖隔滄海，無異諸華。禮樂衣冠，亦在此矣。皆是卿率心忠義，能此恭勤，朕每嘉之，常優等數。想卿在遠，應體至懷。頃者彼處使來，累有物故，水土不習，飲食異宜，忽焉災，遂至不救。言念逝者，此其命乎。想卿乍聞，應以傷悼，所以表奏，皆依來請。夏初漸熱，卿及吏人並平安好。今有少物，並付來使，至宜領取。遣書指不多及。

——《全唐文》卷285《張九齡・敕新羅王金興光書》，第2892頁。

新羅當渤海衝要

敕雞林州大都督新羅王金興光：賀正、謝恩兩使續至，再省來表，深具雅懷。卿位總一方，道逾萬里，托誠見於章奏，執禮存乎使臣，雖隔滄溟，亦如面會。卿既能副朕虛已，朕亦保卿一心。言念懇誠，每以嗟尚。況文章禮樂，粲焉可觀；德義簪裾，浸以成俗。自非才包時傑，志合本朝，豈得物土異宜，而風流一變？迺比卿于魯、衛，豈複同於蕃服？朕之此懷，想所知也。賀正使金義質及祖榮相次永逝，念其遠勞，情以傷憫，雖有寵贈，猶不能忘，想卿乍聞，當甚軫悼。近又得思蘭表稱，知卿欲于浿江寘戍，既當渤海衝要，又與祿山相望，仍有遠圖，固是長策。且蕞爾渤海，久已逋誅，重勞師徒，未能撲滅，卿每疾惡，深用嘉之，警寇安邊，有何不可？處置訖因使以聞。今有少物，答卿厚意，至宜領取。春暮已暄，卿及首領百姓並安好，遣書指不多及。

——《全唐文》卷 285《張九齡·敕新羅王金興光書》，第 2892 頁。

日本使者船遭惡風飄至林邑

敕日本國王王明樂美御德：彼禮義之國，神靈所扶，滄溟往來，未嘗為患。不知去歲，何負幽明？丹墀真人廣成等入朝東歸，初出江口，雲霧斗暗，所向迷方，俄遭惡風，諸船飄蕩。其後一船在越州界，其真人廣成尋已發歸，計當至國。一船飄入南海，即朝臣名代，艱虞備至，性命僅存。名代未發之間，又得廣州表奏，朝臣廣成等飄至林邑國，既在異國，言語不通，並被劫掠，或殺或賣。言念災患，所不忍聞。然則林邑諸國，比常朝貢。朕已敕安南都護，令宣敕告示，見在者令其送來，待至之日，當存撫發遣。又一船不知所在，永用疚懷。或已達彼蕃，有來人可具奏。此等災變，良不可測。卿等忠信則爾，何負神明？而使彼行人，罹此凶害。想卿聞此，當用驚嗟。

然天壤悠悠，各有命也。中冬甚寒，卿及首領百姓並平安好，今朝臣名代還，一一口具，遣書指不多及。

——《全唐文》卷287《張九齡·敕日本國王書》，第2910—2911頁。

東海縣鬱林觀東岩壁記

維大唐開元七年歲次己未粤正月庚寅朔，時大人出為海州司馬，理當巡屬縣，問耆疾，周覽海甸，察聽甿謠。人無事矣，乃回駕愓想，眇矚雲山。尋紫翠之所，登虬龍之道。蓋欲徵靈宅吉，洗我塵慮。岩岩直上，窅窅傍邃。霧月與碧海同深，朝霞將赤城爭峻。代有知而不能至者，至而不能賞者，賞而不能窮者。亟聞我東海縣宰河南元公，光發幽躅，起予泉石，締思構匠，蠲潔形勝。遂披叢篁，鑿奔壁。流泉歕水，藏宿雨而時來；臥石埋雲，觸搖風而不散。歷時花木，紅紫無名；入聽笙歌，宮商自合。固可為真人之別館，元始之離宮哉。夫登會稽、探禹穴，慕古長想，夫何奇乎。豈如志在魏闕，心遊江海，兩念出處，雙遣是非，唯元公得之矣。攀賞未極，列壑生陰。促駕言旋，攢峰擁騎，家君顧而歎曰："爾知遊名山勒銘記者，非思入上元。道存虛白，亦何能造次不遠而為之。吾少事雲林，長牽塵跡。晚齡心事，盡於巖間。小子誌之，貽夫來者。"其列座同志，次而鐫之。

——《全唐文》卷304《崔逸·東海縣鬱林觀東岩壁記》，第3087—3088頁。

為李林甫謝賜車螯蛤蜊等狀

右。內品官葉惠仙至，奉宣聖旨，賜臣車螯蛤蜊等，仍令便造膳，適中使賜臣水犢肉一合。伏自濫陪巡幸，累沐殊私，每荷天恩，曾不逾日，或承海味，或降珍鮮。況皆聖主傳芳，王人調飪，薄效無裨於涓滴，厚施轉積于邱山。昔周美康侯，特霑蕃庶之錫；漢崇張禹，亟覃賜饌之榮。才不逮於前賢，而遇每深於囊眷，雖竭心盡節，何答生成?

——《全唐文》卷 333《邵軫·為李林甫謝賜車螯蛤蜊等狀》，第 3373 頁。

《海重潤賦》

道之應物兮小大咸信，物之感道兮禎祥必順。況我儲君，光膺在震，乾乾夕惕；兢兢日慎，德澤潤於生靈，滄海得無重潤。惟海之量，百川朝宗；猶君之美，萬國向風。朝宗者歸其廣，向風者欽其政。既同類以相求，故重潤而必應。是使日光分色，山輝度映；風雨不淫，魚龍遂性。群甿仰止，是燔瘞以告成；外國聞焉，願梯航而來聘。然則我君之明兩也，景毓前星，休征夢月，主鬯之功昭著，牽衣之智逸發。四皓既親，三朝不闕。故曰惟其有之，是以似之；海則靈潮晨夜而無替，君惟順動溫清而有時。詳夫海之為器也，吞吸八裔，流不逆細；怪必斯蓄，珍無不麗。沖融瀘汨，輵轕澎濞，飛濤疊躍于秋陰，白浪翻光於春霽。雖則沙石混濁，不蕩其清；波瀾迅委，終複于平。惟此之故，彰我君明。至矣哉！靈海之潤，孰知其極；願乘桴以攸往，非引蠡而能測。道未行兮竊喜取材，敢獻賦兮揚君之德。

——《全唐文》卷 356《梁洽·海重潤賦》，第 3609 頁。

餘姚龔厲父子起兵於明州海口

臣聞皇天分時，秋為司殺；王者立極，兵為禁暴。唐虞有共工、三苗之患，殷周有鬼方、昆夷之戰。蓋蠻夷猾夏，自古有之。自頃胡寇作逆，吳越震恐，龔厲父子，乘間起兵，劫明州之人，略餘姚之地，負阻海口，憑陵江幹，蟻聚偷安，蠶食取給。屬王師北伐，未遑南征。逮茲二年，侵掠益甚，將擬復東甌故地，竊南越僭跡，邊邑黎庶，為之騷然。臣方荷推轂之寄，懷盡敵之計，思所以扶乘天威，圖制遠略。料其貪而無整，勇而無剛。烏合獸聚，不足當堂堂之陣；山潛海匿，不足用桓桓之師。難以力制，易以計滅。臣遂遣軍將潘景蘭領輜馱數十輩，偽為商旅，傍山谷往來以餌之。又遣軍將呂道光領拍刀手一百人，取其便道，為伏以待之。遣軍將左璋率弩手一百五十人為左翼，軍將余能變率弩手一百五十人為右翼。皆三吳良家，百越勁卒，爭賈餘勇，樂於公戰。蓬頭突鬢，焱駭火烈，相為輔車，夾敵之路。又遣軍將張思覽率拍刀手一百人為中軍，操中權之制，以節其進退。以三月二十九日至青煙洞口，果如臣策，賊遂出山。先者遇伏，鼓噪合戰，於是奇正畢舉，四軍夾攻，賊眾奪氣，不知所守。鳴鞞雷動，飛鏑雨集，轉戰四十里，殺其三百餘人。龔厲尚稽天誅，且偷晷刻，收合餘燼八九十人，更登高堽，背山借勢。張思覽等連弩亂發，引軍合圍，天聲揚而勇士厲，銳氣作而妖星隕，遂斬元兇父子，擒其妻孥，餘党僵僕原隰，脂膏草莽。猶恐蔣潢翳薈，尚有伏奸，遂攬山搜穀，刮野掃地，傾其巢窟，返旆而旋，累載逋誅，一朝撲滅。非陛下聖謨神策，與天合契，制勝兩楹，加威四海，則安能翦豺狼如拉朽，掃欃槍如拾芥，使吳越乂安，江漢澄廓？臣受鉞未幾，睹茲成功，無任慶快之至，謹差攝福州泉山府別將左璋奉捷書以聞，並齎逆賊父子頭奉獻。伏望懸之槁街，以示百姓。其餘首級，於當州梟示訖。所獲賊物，各令分賞將士，器械官收。山海餘妖，自取誅滅，既非強敵，不足敘功。謹錄奏聞。

——《全唐文》卷 385《獨孤及·為江淮節度使奏破余姚草賊龔厲捷書表》，第 3916 頁。

送歸中丞使新羅弔祭冊立序

儒家者流，鮮肯冠獬豸冠者。蓋抗節剛奮，以排擊為氣使故也。今天子以公身衣儒服，力儒行，行之修可移於官，學之精可專對四方。是故公任執法之位，且使操節以濟大海，頒我王度於大荒之外。

夫新羅嗣王以喪訃，且請命於我矣。我則歸賵繼好，以策命命之，實懷遠示德，禮之大者。夫亦將宏宣王風，誕敷微言，使雞林塞外，一變可至齊魯。不然，歸公何以不陋九夷之行也？蓋行于忠信者無險易，拘于王程者無遠近。故公受詔之日，則遺其身，視涉海如蹈陸，謂窮髪猶跬步。豈鯨怒黿抃，足戒行李？凡以詩貺別，姑美遣使臣之盛云爾。

——《全唐文》卷 387《獨孤及·送歸中丞使新羅弔祭冊立序》，第 3938 頁。

封演《說潮》

余少居淮海，日夕觀潮，大抵每日兩潮，晝夜各一。假如月出潮以平明，二日三日漸晚，至月半，則月初早潮翻為夜潮，夜潮翻為早潮矣。如是漸轉，至月半之早潮，復為夜潮，月半之夜潮，復為早潮。凡一月旋轉一匝，周而復始，雖月有大小，魄有盈虧，而潮常應之，無毫釐之失。月陰精也，水陰氣也，潛相感致，體於盈縮也。

——《全唐文》卷 440《封演·說潮》，第 4492 頁。

竇叔蒙《海濤論》

原天地之本始，不知根荄孰先？蓋自坯璞卵胎，並鼓於太素也。天人之變，古今言者詳矣。著之成說，存諸史冊，故無以間然。而地靈之推運，水德之經緯，則夫恒數，與天並騖。探而究之，可得歷數而計之也。前史氏蔑如不記，其無乃有闕典乎？夫陰陽異儀而反違，以其反違，故賴以相資。是故天與地違德以相傾，剛與柔違功以相致，男與女違性而同志。造化何營？蓋自然耳。若夫凝陰以結地，融陰以流水，鍾而為海，派而為泉。或配天守雌，或制火作牝，觀其幽通潛運，非神謂何？是故潮汐作濤，必符於月；百泉不息，以經地理，猶三光未息之健於天也。晦明牽於日，潮汐系於月，若煙自火，若影附形，有由然矣。馳輪不轉轂，固無是也。地載乎下，群陰之所藏焉；月懸乎上，群陰之所系焉。太溟水府也，百川之所會焉；北方陰位也，滄海之所歸焉。天運晦明，日運寒暑，月運朔望。錯行以經，大順小異，以合大同，是大運廣度也。夜明者，太陰之主也，故為漲海源，月與海相推，海與月相明。苟非其時，不可踵而致也；時既來，不可抑而已也。雖謬小准，不違大信。故與之往復，與之盈虛，與之消息。蜉蝣伺日，蜧蛤候月，蕣以晨榮，薄以晦零，況海月乎？方諸接明水，陽燧延景火，昭昭乎見日月之感致矣。

——《全唐文》卷440《竇叔蒙·海濤論》，第4494頁。

姜公輔《白雲照春海賦》

白雲溶溶，搖曳乎春海之中。紛紜層漢，皎潔長空。細影參差，匝微明於日域；輕文燐亂，分炯晃於仙宮。始而乾門辟，陽光積。乃縹渺以從龍，遂輕盈而拂石。出穹巒以高翥，跨橫海而遠摭。故海映雲而自春，雲照海而生白。或杲杲以積素，或沉沉以凝碧。圓虛乍啟，均瑞色而周流；蜃氣初收，與清光而激射。雲信無心而舒卷，海寧有志於潮汐。彼則澄源紀地，此乃泛跡流天。影觸浪以時動，形隨風而屢遷。入洪波而並曜，封綠水而相鮮。時維孤嶼冰朗，長汀雲淨；辨宮闕於三山，總妍華於一鏡。臨瓊樹而昭晰，覆瑤臺而縈映。鳥頡頏以追飛，魚從容以涵泳。莫不各得其適，咸悅乎性。登夫爽塏，望茲雲海；雲則連景霞以離披，海則蓄玫瑰之翠彩。色莫尚乎潔白，歲何芳於首春？惟春色也，嘉夫藻麗；惟白雲也，賞以清貞。可臨流於是日，縱觀美於斯辰。彼美之子，顧曰無倫。揚桂檝，櫂青蘋；心遙遙於極浦，望遠遠乎通津。雲兮片玉之人（闕）

——《全唐文》卷446《姜公輔·白雲照春海賦》，第4555—4556頁。

獨孤授《海上孤查賦》

滄洲一望兮其傷實苦，靈查萬里兮越在海浦。何遭遇於聖日，獨埋沒於重土。島嶼雲深，風塵歲古。可為萬乘之器，郢匠未斲；願作浮海之桴，魯人無取。不取其材，又無良媒。驚沙苦霧，激電奔雷。根柢折，枝條摧，勢窮兀兮半隱青樹，色蒼茫兮渾生綠苔。波濤灌注，同汨羅之洲渚；川澤卑濕，類長沙之浦隈。釣客登頓，漁翁往來。自然形變為枯木，心成於死灰；誰憐在盤根之春，當擢榦之日？對上苑，臨溫室，植紫陌以獨秀，蔭朱城而未出。春風驟入，花飛微而雪下；晴煙四斂，葉布濩而雲密。誠以負大廈之材，濟巨川之質，何斧斤之為患，使形骸而自失？悲夫！昔之繁華也如彼，今之搖落也如此。故知道不常泰，亦不常否。物有萬，生亦有萬；死事既同於糾纏，庸詎識其終始。彰周公之聖，則大木斯拔；表宣帝之興，則枯柳還起。君無曰枯查，委之泥沙。試斲為仙枕，薦於公寢，必能夢華胥之神國，安蒼生之庶品。君無曰散木，棄之溝瀆。試剖為犧罇，登諸廟門，必能縮包茅之醴酒，降重天之渥恩。濟美前烈，垂芳後昆。願君無棄於海上，乘以登天朝至尊。

——《全唐文》卷456《獨孤授·海上孤查賦》，第4661頁。

煮海之利歲倍田租

三代立制，山澤不禁，天地材利，與人共之。王道浸微，強霸爭騖，於是設祈望之守，興榷管之法，以佐兵賦，以寬地征。公私之間，猶謂兼澤，歷代遵用，遂為典常。自頃寇難薦興，已三十載。服干櫓者，農耕盡廢；居里閭者，杼軸其空。革車方殷，軍食屢調，人多轉徙，田畝汙萊。乃專煮海之利，以為贍國之術，度其所入，歲倍田租。近者軍費日增，榷價日重，至有以穀一斗，易鹽一升。本末相逾，科條益峻，念彼貧匱，何能自滋。五味失和，百疾生害，以茲夭斃，實為痛傷。嗚呼！朕丕承列聖之緒，遐覽前王之典，既不克靜事以息用，又不獲弛禁以便人。征利滋深，疲甿致困，予則不恤，其誰省憂？應江淮並峽內榷鹽，宜令中書門下及度支商議，裁減估價，兼釐革利害，速具條件聞奏。削去苛刻，止塞奸訛，務於利人，必稱朕意。

——《全唐文》卷463《陸贄·議減鹽價詔》，第4729—4730頁。

侵刻過深商舶逃離廣州

嶺南節度經略使奏："近日舶船多往安南市易，進奉事大，實懼闕供。臣今欲差判官就安南收市，望定一中使與臣使司同勾當，庶免隱欺。"希顏奉宣聖旨："宜依者。"遠國商販，唯利是求，綏之斯來，擾之則去。廣州地當要會，俗號殷繁，交易之徒，素所奔湊。今忽舍近而趨遠，棄中而就偏，若非侵刻過深，則必招懷失所。曾無內訟之意，更興出位之思。玉毀櫝中，是將誰咎？珠飛境外，安可復追？《書》曰："不貴遠物，則遠人格。"今既徇欲如此，宜其殊俗不歸。況又將蕩上心，請降中使，示貪風於天下，延賄道於朝廷，黷污清時，虧損聖化，法宜當責，事固難依。且嶺南安南，莫非王土，中使外使，悉是王臣，若緣軍國所須，皆有令式恒制，人思奉職，孰敢闕供？豈必信嶺南而絕安南，重中使以輕外使，殊失推誠之體，又傷賤貨之風。望押不出。

——《全唐文》卷473《陸贄·論嶺南請于安南置市舶中使狀》，第4828頁。

黎逢《水化為鹽賦》

翕然乎造化，能變而窮，且其為水也，有上善之稱，其化為鹽也，有美玉之崇。豈其清泠之水，動變若神，為代之寶，致邦之豐。伊昔煮海為鹽，以稟乎天，君以和羹之用，商以賈賣而遷。是知水化之利可貴，哲匠之謀可研。若也代人所貴，此貴為美。恒濟古今，應乎遐邇，求之者豈倦乎疲勞，功崇者可不由乎此致。夫以水同君子，有流通之利，或涓涓乎而處於藪泉，或浩浩乎而遍乎淮泗，或在河而則淡，或混海而則鹹。國有鹽而且榮，家有鹽而不匱，條山一竇，萬邑之滋。使印成者將貢于玉闕，俾犖碌者使我域求之。東西負重，南北奔馳，豈不因潤下作鹹，在乎一變。鼎俎既徹，長筵美饌。五味廢之而忘餐，廣座得之為珍膳。況水為柔德，能乎神化。皎皎如霜，依依照夜，莫不因水而生，遇水而吒。恨久處於冰泉，思工人之一假，且天然此物，成化特殊，匠之所變，絕代稱無。豈伊水因匠，是乃能窮乎變化；況乎人得媒，寧肯守乎一途。或金門獻策，或積代英儒，感物而賦，在乎覬覦，仰鹽梅之美用，思窮達于高衢。

——《全唐文》卷 482《黎逢·水化為鹽賦》，第 4924—4925 頁。

進嶺南王館市舶使院圖表/波斯古邏本國二舶順風而至

臣某言：臣聞無翼而飛者聲也，無根而固者情也，無方而富者生也。聖恩以臣謹聲教，固物情，嚴為防禁，以尊其生。由是梯山航海，歲來中國；鎮安殊俗，皆稟睿圖。

伏以承前雖有命使之名，而無責成之實，但拱手監臨大略而已。素無簿書，不恒其所。自臣親承聖旨，革划前弊，御府珍貢，歸臣有司，則郡國之外，職臣所理。敢回天造，出臣匪躬。近得海陽舊館，前臨廣江，大檻飛軒，高明式敘；崇其棟宇，辨其名物；陸海珍藏，徇公忘私。俾其戴天捧日，見聖人一家之為貴；窮祥極瑞，知天子萬方之司存。今年波斯古邏本國二舶，順風而至，亦云諸蕃君長，遠慕望風，寶舶薦臻，倍於恒數。臣奉宣皇化，臨而存之，除供進備物之外，並任蕃商，列肆而市，交通夷夏，富庶於人。公私之間，一無所闕；車徒相望，城府洞開。於是人人自為，家給戶足，而不知其然。況北戶之孱顏，南冥之睢盱。國異俗泰而安宅，生振忘歸而樂業。百竇叢貨，罔黷於人心；群瑞效靈，顧懷於天憲。臣謬專任重，啟處不遑，供國之誠，庶有恆制。海門之外，隱若敵國；海門之內，宣知變風。後述職於此者，但資忠履信，守而勿失。不刊之典，貽厥將來。聖恩以軍府交代之際，委臣在鎮，不獲捧圖陳薦，拜舞天庭。無任感戀，慚惶之至。

——《全唐文》卷 515《王虔休・進嶺南王館市舶使院圖表》，第 5235 頁。

《海人獻冰紈賦》

憬彼員嶠兮，阻夫窮海；厥貢冰紈兮，備諸渥彩。產非中夏，故致用之所資；來自殊方，表懷人之斯在。然則蠶雖土育，紈實人力。稟鱗角以成質，則或屈或伸；因冰雪以爽容，而匪雕匪飾。作九服之上貢，應五方之正色。雖寒暑鱗次，必藉至陰之時。而風土所宜，則異中和之域。既生既育，是準是則。諒因時之所致，實希代之莫識。所美夫得之斯難，所貴夫遠而能即。亦由我後洪化浹洽，淳風遐被。方五帝而可六，比三王之可四。是使貢獻遠物，德格異類。爰發跡於僻界，肆涉遐而執贄。獻土地之所生，攜筐篚之云洎。亦既覯止，侯其孔臧；不灼不濡，將火鼠以比義；或朱或綠，豈橦花之足方。既同練雲，繚繞而交映；又似仙花，暐煜而含芳。間袞龍以發色，集黼黻以成章。昔包茅不貢，昭周室之壞法；今冰紈入獻，睹邦家之耿光。非夫混一車軌，茂育華夷，何則？不遠其遠，獻茲在茲。既有勞於跋涉，亦多歷於歲時。標為貢首，雖一時之可不；獻於君所，知四方之咸熙。是則其求匪易，其用何珍。儻見加於翦拂，庶暉光之日新。

——《全唐文》卷 524《韋執中・海人獻冰紈賦》，第 5329—5330 頁。

鹽鐵十監嘉興為首

正德利用，阜財足食，國之本也。天寶末，天下兵起。乾元初，上司奏議，宜以鹽鐵之職，總以社稷之臣，斡乎山海之利，以富人也。淮海閩駱，其監十焉，嘉興為首。朝廷以是觸貸恒賦，實乎大內。大臣奉法，為事選人，拔其賢幹，升於憲署。以宣原隰光華之寵，趨其署者，如好鳥之棲茂林。相國劉公，嘗以大監小州不相若也，故其職員不忝乎爵秩，其刀布必倍於租入。渤海高君日倫，世以勳烈，緩步闊視，胸襟洞開，中有方略，不循進級，故一廷評，於茲二紀。傾酒定交，擲金市義，不餌不仁之粟。前使張侍郎滂王尚書緯，總其卜式宏羊之計，遂有采山煮海之役。十年六監，興課特優，至是未期，從百萬至三百萬。鹽人賈人，各得其所。故端介之節，風彩自高，繼夫漕運，波委陸溢，此天下之利器也，可示人乎？夫以步光莫耶，切玉如泥，綈鐘無聲，不以一割均其銛鈍。君子以知人則哲，無德不酬，鴻飛九霄，驥騁千里。前秘書省著作佐郎顧況，美使臣之得人，貞元十七年歲在辛巳正月朔記。

——《全唐文》卷529《顧況·嘉興監記》，第5372—5373頁。

《海人獻文錦賦》

彼潛織兮，泉室之人。曳文綃兮結冰縷，灼錦彩兮照花新。背窮海以入貢，望君門而效珍。於以獻之，爰彰至德。非同帨氏之練，更異仙家之織。臨風始啟，全含琪樹之芳；向闕爰開，遙寫蜃樓之色。固奇工之所就，豈常情之可識。當其彩縷方織，鳴梭靜聞。絢霞光於陰火，綴縟藻於卿雲。舞鳳翔鸞，乍徘徊而撫翼；重葩疊葉，紛宛轉以成文。疑映地之花折，似飲渚之虹分。弄杼斯成，既呈妍於泉客；垂衣可仰，欣有奉於明君。啟瑤緘而駭視，方霧縠而難擬。離披耀彩，臨玉砌以蓮舒；燦爛生姿，映金門而霞起。固將保其所異，孰能識其所以。投熾焰而靡燎為灰，濯清流而不濡於水。原夫獻琛方至，捧篋員來。臨虛庭而障倚，俯洞戶以屏開。蝶翩翻而誤起，鳥眄睞以驚回。物無情而自感，化有孚而斯應。以文為貴，寧同巷伯之詩；表德方來，且異美人之贈。非同禹貢，不謝堯時。對天庭而照燭，向麗景而葳蕤。皎潔凝光，爰識冰蠶之緒；霏微發色，不惟園客之絲。既而煥彼文章，作為黼黻。方可重於遠人，寧有譏於玩物。

——《全唐文》卷 536《李君房·海人獻文錦賦》，第 5448 頁。

令狐楚《珠還合浦賦》

物之多兮珠為珍，通其貨而濟乎人。才披沙以晶耀，俄錯彩以璘玢。避無厭之心，去之他境；歸克儉之政，還乎舊津。由是觀德，孰云無神。相彼南州，昔無廉吏。富期潤屋，貪以敗類。孤漢主析圭之恩，奪蒼梧易米之利。濫源既啟，真質斯閟。從予舊而不瑕，諒天眎兮有自。孟君來止，惠政潛施。欲不欲之欲，為無為之為。不召其珠，珠無脛而至；不移其俗，俗如影之隨。爾其狀也，上掩星彩，遙迷月規，粲粲離離，與波逶迤。乍入潭心，時依浦口。驚泉客之初泣，疑馮夷之始剖。依於仁里，天亦何言；富彼貪夫，神之所不。沙下兮泥間，韜光而自閑。映石華之皎皎，雜魚目之鰥鰥。豈比黃帝之使罔象，元珠乃得；藺生之詭秦主，荊玉斯還。由是發潤洲蘋，增輝岸草。水容益媚，澤氣彌好。川實效珍，地寧愛寶。隱見諒符乎龍躍，虧全非系乎蚌老。豈惟彰太守之深仁，所以表天子之至道。觀夫杲耀外澈，英華內含。飾君之履兮豈不可，照君之車兮豈不堪。猶未遭於采拾，尚見滯於江潭。雖舊史之錄，與前賢之談。終思入掬以騰價，願得書紳而勵貪。於惟明時，不貴異物。徒飾表者招累，而握珍者難屈。是珍也，居下流而委棄，歷終歲而湮鬱。望高鑒兮暗投，幸餘波之洗拂。

——《全唐文》卷 539《令狐楚·珠還合浦賦》，第 5469 頁。

陸復禮《珠還合浦賦》

珠行藏兮，與道為鄰。政善惡兮，感物生神。私以務貪，必去土而匿耀；光之崇儉，則還浦而歸淳。我政無累，匪求而至。宛若中流，昭然明媚。對三光而分色，契一德而潛致。盈虛無闕，不隨月魄以哉生；往返有孚，殊異奔星之出使。徒見其表跡，罔知其奚自。睹映水之新規，謂沈泉之初棄。為人利也，且一貫以稱珍；與衆共之，雖十斛而不匱。然知此珠之感，惟政是隨。當政至而則至，偶俗離而則離。人而無道兮不去何以，人而有德兮不復何為。止舊浦而可采，同暗投而在斯。質若累累，疑點綴於霄漢；色仍皎皎，終炫耀乎漣漪。且夫彼邦政悖，我則為不居之物；彼邦政閑，我則能應道而還。豈專巨蚌是剖，實惟無脛而走。將不貪以共存，非甚愛之能守。浦之不吝，任變化以往還；珠之員來，辯政理之奸不。誠可以孚，明可以久。處沙泥而有光，知進退而不苟。利用溥博，何必取之于龍頷；報德宏多，奚由得之於蛇口。其來也所以輔正，其去也所以戒貪。警循良之夕惕，俾傲很以知慚。勿以珠為蘊蓄，勿以珠為珍好。且還浦而難期，且離邦而難寶。將守之而勿失，在閑邪以存道。

——《全唐文》卷546《陸復禮·珠還合浦賦》，第5539頁。

柳宗元《乘桴說》

子曰："道不行，乘桴浮於海，從我者其由與!"子路聞之喜。子曰："由也，好勇過我，無所取材。"說曰：海與桴與材，皆喻也。海者，聖人至道之本，所以浩然而遊息者也。桴者，所以遊息之具也。材者，所以為桴者也。《易》曰："復其見天地之心乎?"則天地之心者，聖人之海也。復者，聖人之桴也。所以復者，桴之材也。孔子自以拯生人之道，不得行乎其時，將復於至道而遊息焉。謂由也，勇於聞義，果於避世，故許其從之也。其終曰無所取材云者，言子路徒勇於聞義，果於避世，而未得所以為復者也。此以退子路兼人之氣，而明復之難耳。然則有其材以為其桴，而游息於海，其聖人乎？子謂顏淵曰："用之則行，舍之則藏，唯我與爾有是夫！"由是而言，以此追庶幾之說，則回近得矣。而曰其由也與者，當是歎也，回死矣夫。或問曰："子必聖人之云爾乎？"曰："吾何敢？吾以廣異聞，且使遁世者得吾言以為學，其於無悶也，扌揵焉而已矣。"

——《全唐文》卷 584《柳宗元·乘桴說》，第 5899 頁。

柳宗元《東海若》

東海若陸游，登孟諸之阿，得二瓠焉，刳而振其犀以嬉，取海水，雜糞壤蟯蚘而實之，臭不可當也。窒以密石，舉而投之海。逾時焉而過之曰："是故棄糞耶？"其一徹聲而呼曰："我大海也。"東海若呀然而笑曰："怪矣，今夫大海，其東無東，其西無西，其北無北，其南無南。旦則浴日而出之，夜則滔列星、涵太陰。揚陰火珠寶之光以為明，其塵霾之雜不處也，必泊之西澨。故其大也深也潔也光明也，無我若者。今汝海之棄滴也，而與糞壤同體。臭朽之與曹，蟯蚘之與居，其狹咫也。又冥暗若是，而同之海，不亦羞而可憐哉！子欲之乎？吾將為汝抉石破瓠，蕩群穢於大荒之島，而同子于向之所陳者可乎？"糞水泊然不悅曰："我固同矣，吾又何求於若？吾之性也，亦若是而已矣。穢者自穢，不足以害吾潔；狹者自狹，不足以害吾廣；幽者自幽，不足以害吾明。而穢亦海也，狹、幽亦海也，突然而往，於然而來，孰非海者？子去矣，無亂我！"其一聞若之言，號而祈曰："吾毒是久矣！吾以為是固然不可異也。今子告我以海之大，又目我以故海之棄糞也，吾愈急焉。湧吾沫不足以發其窒，旋吾波不足以穴瓠之腹也，就能之，窮歲月耳，願若幸而哀我哉！"東海若乃抉石破瓠，投之孟諸之陸，蕩其穢於大荒之島，而水復於海，盡得向之所陳者焉。而向之一者，終與臭腐處而不變也。

今有為佛者二人，同出於毗盧遮那之海，而汨於五濁之糞，而幽於三有之瓠，而窒於無明之石，而雜於十二類之蟯蚘。人有問焉，其一人曰：“我佛也，毗盧遮那、五濁、三有、無明、十二類，皆空也，一也。無善無惡，無因無果，無修無證，無佛無眾生。皆無焉，吾何求也！”問者曰：“子之所言，性也，有事焉。夫性與事，一而二，二而一者也。子守而一定，則大患者至矣。”其人曰：“子去矣，無亂我！”其一人曰：“嘻，吾毒之久矣！吾盡吾力而不足以去無明，窮吾智而不足以超三有、離五濁，而異夫十二類也。就能之，其大小劫之多不可知也，若之何？”問者乃為陳西方之事，使修念佛三昧一空有之說。於是聖人憐之，接而致之極樂之境，而得以去群惡，集萬行，居聖者之地，同佛知見矣。向之一人者，終與十二類同而不變也。夫二人之相違也，不若二瓠之水哉！今不知去一而取一，甚矣！

——《全唐文》卷586《柳宗元·乘桴說》，第5925—5926頁。

閩有負海之饒民悍而家桴筏

薛在三代為侯國，介於郳魯間，傳世三十有一，為齊所並。其公子奔楚，錫土田於沛，漢末避仇之成都。曹魏平蜀，徙家汾陰，遂為河東臨……公諱謇，字某……幼承前人之覆露，補崇文生，歲滿，調主簿書於亳之譙苦二邑，又尉於東畿之河清。貞元中，上方與丞相調兵食，思得通吏治而習邊事者，計相以公為對，乃授監察御史里行，充京兆水運使。……擢為泗濱守。既報政，就加御史中丞。俄遷福建都團練觀察使。閩有負海之饒，其民悍而俗鬼，居洞砦、家桴筏者，與華言不通。公兼戎索以治之，五州民咸悅。

元和十年某日，薨於位，年六十七。贈右散骑常侍。

——《全唐文》卷609《劉禹錫·唐故福建等州都團練觀察處置使福州刺史兼御史中丞贈左散騎常侍薛公神道碑》，第6155—6156頁。

《海上生明月賦》

巨浸不極，太陰無私。褰積水之遊氣，睹圓魄之殊姿。皓皓天步，蒼茫地維。泱漾崩騰，助金波玉浪之勢；晶熒激射，當三五二八之期。蓋進必以道，豈出非其時。繼傾曦以對越，擅浮光而在茲。嗟乎！空闊之容若彼，清明之狀如此。蜃樓旁起，疑庾亮之可從；珠蚌潛開，異隋侯之所委。躔次雖遊，風濤詎弭。出霞岸而不遲，過鼇山而孔邇。顧兔搖拽，姮娥徙倚。將運行以故然，諒滌濯之難揣。遠絕昏霾，回臨津涯。竟無幽而不燭，斯冥力而上排。希逸之賦可稱，界於斜漢；元暉之詩有作，映彼清淮。未若皎皎初吐，蒼蒼可階。叶朝夕以晦朔，寧望斷而意乖。瀥淪涳洞，雪翻煙弄。水族將蟾影交馳，浪花與桂枝相送。凝目是遠，賞心斯眾。苟佳景之必存，孰良辰之不共。滔滔節宣，冉冉徂遷。循彼萬流，差廣納而觀海；推夫兩曜，候久照而得天。客有吟想此夜，淹翔有年。感浮桴而偶聖，庶乘槎而逢仙。亦將覽孤景，盥洪漣。聊學抽毫而進牘，豈追羨魚以臨川。

——《全唐文》卷611《徐晦·海上生明月賦》，第6173—6174頁。

尹樞《珠還合浦賦》

驪龍之珠，無脛而至。駭浪浮彩，長川再媚。回夜光之錯落，反明月之瑰異。非經漢女之懷，寧泣鮫人之淚。狀征既往，莫究奚自。偶良吏兮斯來，遇貪夫兮則閟。想夫旋返之儀，圓明可期。輝如電轉，粲若星馳。光浦漵，竄蛟螭。映沙礫，晃漣漪。在暗而投，誠則悲路人未鑒；沉泉而隱，亦常表帝者無為。欣出處兮據德，幸浮沉兮中規。是以特表殊姿，潛懷有道。中含逸彩，上系元造。醜當時之饕餮，應為政之美好。真列郡之尤祥，實重泉之至寶。於是煥清瀨，輝淺灣。奔璀璨，走斕斑。豈能與石前卻，隨流往還。泛連波之下，盈一水之間而已哉。茲川兮始明，老蚌兮勿剖。瓴甋兮罷笑，瓊瑰兮莫偶。抱圓質而胥既，揚眾彩而未久。方載沉而載浮，且曷瀞而曷不。玉非寶，泉戒貪。實為國之司南，誠感神，德繫物，在為政之不咈。愚是以頌其寶而悅其人，美斯政而感斯珍。想沿洄於舊渚，念涵泳於通津。則知美政不遠，嘉猷入神。故中潛皎晶，下沈奫淪。轉則無纇，磨而不磷。誠丹泉之莫擬，諒赤水之非珍。苟或疑此為虛誕，願徵之於水濱。

——《全唐文》卷619《尹樞·珠還合浦賦》，第6251頁。

馮宿《鮫人賣綃賦》

彼巨海兮，鮫人是居。作輕綃兮，厥狀紛如。不日而成，固可卷而懷也；候時將見，期善價而沽諸。出波心而月彩相絢，映泉室而雲陰乍虛。其來不測，其麗何極。行市道而莫知，訪人寰而未識。非運思於文繡，詎用功於紡織。足使大賈慚容，眾珍掩色。豈重錦之云比，諒千金而求直。夫鮫者水府之所生，綃者鮫人之所成。奇貨聿來，寧假手於蠶績；變形斯至，非挂籍於王征。方霧縠而猶薄，擬冰紈而更輕。苟未知而不售，恒固執而潛行。皓如凝露，紛若遊霧。爰潔爾容，不愆於素。質初階於蜃蛤，名不登於貢賦。知慢藏誨盜，哂泉客之遺珠；悟冶容誨淫，恥風人之抱布。偉夫遊洞穴，媚清瀾。趨市人遠，淩波路難。貴朴全真，詎關乎日浴；出潛離隱，豈效於泥蟠。且深不可測，赤水之珠求得；往莫可追，漢皋之佩且欺。是綃也，成於無關，動若隨時。辭海底之潛處，赴日中之會期。屬吾皇斥無用之寶，賤難得之貨。徒待價而稱珍，庶轉身而遠播。

——《全唐文》卷624《馮宿·鮫人賣綃賦》，第6298—6299頁。

王起《登天壇山望海日初出賦》

山惟隱天，海則孕日。日將升而轉麗，山望遠而無失。青崖直上，覺亭亭而漸高；碧浪遙分，睹杲杲之初出。將以測晷度，窮節汨。豈能獨媚東南之隅，空呈畏愛之質而已哉。當其陰兔傾，晨雞鳴。捫葛藟，陟崢嶸。挺身於重巘，肆目於八紘。天地廓，煙雲清。赫彼巨浸，吐茲炎精。映曈曨而有竟，燭浩淼而方呈。彩射空中，謂陰火乍出；色浮波上，疑萍實初生。曒爾下土，煥乎上征。觸高濤而暫滅，泛輕浪而還明。曙色漸分，晨光未改。濛汜拂浪，扶桑浴彩。將黃道以麗天，必青方而浮海。豈韜映之為美，實照臨而有待。是知望自遠乎日域，登莫峻乎天壇。彼以離而取象，此以艮而居安。考之則陰陽有度，察之則溟漲無端。況乎銀漢落，金波殘。將東方而自出，俾下土而式觀。三足翱翔，若刷乎渤澥；重輪輝煥，如歷乎波瀾。映嵎夷而未定，拂若木而將幹。紅彩下沉，照波中之鱗甲；朱光上溢，射雲表之峰巒。誠變化之相詭，諒始終之莫殫。洎夫出溟渤，照戎夏，升九天，辭午夜。羲和整轡而直上，葵藿傾心而皆借。亦何必登日觀之峰，而後望神明之舍。

——《全唐文》卷 641《王起·登天壇山望海日初出賦》，第 6480 頁。

王起《蜃樓賦》

伊浩汗之鵬壑，有岧嶤之蜃樓。不因材而結構，自以氣而飛浮。閟然無朕，赫矣難儔。出彼波濤，必麗天以成象；化為軒檻，寧假日以銷憂。足以掩鼇山於別島，漏蛟室於懸流。若乃霧歇煙銷，雲歸月朗。千里目極，八紘心賞。惟錯之類咸伏，陽侯之波無響。於是吐氛氲，騰泱漭。隱隱迴出，亭亭直上。乍明乍滅，舒渤澥而新鮮；若合若離，結麗譙而博敞。雖舟子來萃，國工是仰。莫不驚天地之赫靈，睹井幹而成象。赫奕奕而有光，紛鬱鬱而難詳。影臨貝闕，彩曳虹梁。比繩墨之曲直，如規矩之圓方。岳岳之仙，乍窺於天表；盈盈之女，且愧於路傍。八窗未工，百尺非峻。伴祥煙於巨浸，雜佳氣於重潤。仰層構之如翬，必巨川之化蜃。大壯冥立，全模洞開。吐嗽而侔華宇，呼吸而象瑰材。翔鯤拂而不散，賀燕往而複來。依稀碧落，想像瑤台。旁輝日域，下瑩珠胎。比落星之流點綴，疑明月之照徘徊。則知夫霞駮雲蔚，有壯麗之貴；棟折榱崩，無壓覆之畏。既變態於倏忽，亦憑虛而仿佛。豈比夫鼎居汾水，𧸖𧸖以騰文；劍在豐城，雄雄而增氣。方今聖功不宰，海物咸在。固知吐為樓閣，以全其軀。豈爭彼魚鹽，弗加於海。

——《全唐文》卷643《王起·蜃樓賦》，第6500頁。

元稹《浙東論罷進海味狀》

浙江東道都團練、觀察、處置等使當管明州，每年進淡菜一石五斗、海蚶一石五斗。

右件海味等，起自元和四年，每年每色令進五斗。至元和九年，因一縣令獻表上論，准詔停進，仍令所在勒回人夫，當處放散。至元和十五年，伏奉聖旨，卻令供進，至今每年每色各進一石五斗。臣昨之任，行至泗州，已見排比遞夫。及到鎮詢問，至十一月二十日方合起進，每十里置遞夫二十四人。明州去京四千餘里，約計排夫九千六百餘人。假如州縣只先期十日追集，猶計用夫九萬六千餘功，方得前件海味到京。臣伏見元和十四年，先皇帝特詔荊南，令貢荔枝，陛下即位後，以其遠物勞人，只令一度進送，充獻景靈，自此停進。當時書之史策，以為美談。去年江淮旱儉，陛下又降德音，令有司於旨條之內，減省常貢。斯皆陛下遠法堯舜，近法太宗，減膳恤災、愛人惜費之大德也。況淡菜等，味不登於俎豆，名不載於方書，海物鹹腥，增痰損肺，俗稱補益，蓋是方言。每年常役九萬餘人，竊恐有乖陛下罷荔枝、減常貢之盛意，蓋守土之臣不敢備論之過也。臣別受恩私，合盡愚懇，此事又是臣當道所進，不敢不言。如蒙聖慈特賜允許，伏乞賜臣等手詔勒停，仍乞准元和九年敕旨，宣下度支、鹽鐵，所在勒回。實冀海隅蒼生，同沾聖澤。謹錄奏聞，伏候敕旨。

中書、門下牒　牒浙東觀察使。

當道每年供進淡菜一石五斗，海蚶一石五斗。

牒：奉敕："如聞浙東所進淡菜、海蚶等，道途稍遠，勞役至多。起今已後，並宜停進，其今年合進者，如已發在路，亦宜所在勒回。"牒至，准敕故牒。

——《全唐文》卷651《元稹·浙東論罷進海味狀》，第6620—6621頁。

白居易《與新羅王金重熙等書》

敕新羅王金重熙：金獻章及僧沖虛等至，省表兼進獻及進功德並陳謝者，具悉。卿一方貴族，累葉雄才，仗忠孝以立身，資信義而為國。代承爵命，日慕華風，師旅叶和，邊疆寧泰。況又時修職貢，歲奉表章，進獻精珍，忠勤並至，功德成就，恭敬彌彰，載覽謝陳，益用嘉歎。滄波萬里，雖隔於海東，丹慊一心，每馳於闕下。以茲嘉尚，常屬寢興。勉宏始終，用副朕意。今遣金獻章等歸國，並有少信物，具如別錄。卿母及妃並副王宰相已下，各有賜物，至宜領之。冬寒，卿比平安好，卿母比得和宜，官吏、僧道、將士、百姓等各加存問，遣書指不多及。

——《全唐文》卷665《白居易·與新羅王金重熙等書》，第6759頁。

符載《奉送良郢上人游羅浮山序》

良郢法師多聞強學，風表端淨，拔乎出萃者也。始童子剃落，轉持麈尾，講《仁王經》，白黑讚歎，生希有想。既進具，酷自砥礪，加之以聰明迅發，至於修多羅、毗尼、達摩書，雜如是若干種法，上人悉知解。以佛門言之，文學則游夏也，以法將則韓、彭也，異日必能破魔軍，闡元風，當來像教，不墜於地矣。甲申歲夏六月，中丞楊公下車長沙之三年也，餘自故山扁舟一葉，主人舍我於東館，師荷簦振策，惠然相顧。始見其青蓮眼目，水田衣裳，其心則歡如也。次聞縱論，雲湧波委，甚嚴如也。居累日，報餘以羅浮之行，雲心不定，稍欲引去。噫！沙門釋子，棄捐萬慮，攜三衣缽，乞食自給，晦宿聚落，朝行亂山，心明境界，何樂如此！悲夫，塵勞之士，校名利溺愛，縛區區於尋尺之內，寧復拱懷於方外之遊哉？嘗聞說者云：有蓬萊一島浮至，與羅山合併，因命曰羅浮，風煙草樹，木有異態。餘未嘗踐履，其心技癢。師到日為我殷勤手疏，寄北來檀越也。

——《全唐文》卷690《符載·奉送良郢上人游羅浮山序》，第7076頁。

蔣防《登天壇山望海日初出賦》

山有極天崇崒，冠群嶽而首出。下壓溟渤之碕岸，平視扶桑之初日。天光海上，瞳瞳而曉色已分；人代夢中，促促而寒更未畢。客有愛此早景，登茲崇山。候東方之昏黑，據中頂之孱顏。俄而陽開陰閉，翕赩回還。曳晨光於莽蒼之外，走狂電於溟濛之間。高焰忽興，瀾汗而洪濤血赤；半規猶隱，洪彤而青帝朱殷。及其旋轉將升，睢盱萬狀。散五彩而錦章已出，照三山而鼎足相向。杲杲茲始，規規滿望。火輪上碾，燒碧落之氛埃；金汁下融，躍洪爐之波浪。觀夫巨浸無際，踆烏上搏。萬家昭著，二儀霍寬。驚魚龍之蟄，銷昧穀之寒。散入圃畦，想葵藿之俱靡；稍分林嶺，見木石之同壇。獨立嵯峨，曠瞻晷度。躔次一道，暉華四布。赫曦而六合貞明，吞納而百川奔赴。不假濬沖之目，盡見元虛之賦。赫奕昭宣，層巖之巔。赤玉之盤燭地，黃金之鏡帖天。海若奪魄，羲和振鞭。濕光而長波初沃，暖氣而孤峰最先。美潤呈祥，重光賦彩。帶環抱之珥，照不波之海。陰火之微茫已沉，土圭之盈縮屢改。則知大明之麗天兮，可捧而升；高山之橫空兮，作鎮不崩。儻躋攀之有路，願觀光而一登。

——《全唐文》卷719《符載·奉送良郢上人游羅浮山序》，第7076頁。

紇干俞《登天壇山望海日初出賦》

配乎地者惟山，麗呼天者為日。登□岧嶤之峻極，見曈曨之初出。廓靈海百川之宗，孕金烏千里之質。浮圓光於沆瀁，煥鮮耀而灩溢。雖騰輝於碧浪之中，詎侔色於紅萍之實。觀夫烈霾曀，赫炎精。擘洪波，歊太清。馮夷駭躍，罔象奔驚。照灼兮驪珠潛吐，曭朗兮龍燭忽生。愕群仙於金鏡，驚天雞於玉京。巨浸半涵，猶韜普天之美；人寰尚暝，孰識未融之明。懿其千仞可躋，四目斯在。危岫陵乎碧落，日域遼乎滄海。既登陟以遐觀，知濛汜之浴彩。晨光乍分，夜色未改。升黃道而將始，臨下土而有待。晝明夕晦，徒觀其躔次之常；出有入無，孰測夫陰陽之宰。氣澄霧卷，月落星殘。流暉電曜，散彗虹攢。將煥爛以下燭，出浩淼而上干。挂扶桑而杲杲，升暘谷而團團。敷九華而赩奕，燦三山之峰巒。且幾升天，無憂於見沫；已能烜物，寧患乎祁寒。順寅賓而不忒，爍溟漲之無端。乘變化而復往，得沐浴乎波瀾。於是遊太極，辭殘夜。羲和敬導，運行有舍。得天能久，克彰乎真明；委照無私，不間於夷夏。嘗傾藿而久俟，冀餘光之一借。

——《全唐文》卷 723《紇干俞·登天壇山望海日初出賦》，第 7438—7439 頁。

紇干俞《海日照三神山賦》

海日飛光，神山之陽。流一氣於天表，自三峰而景彰。龍車回馳，麗於高而特異；金闕互映，混其彩以交相。原夫出巨浸以貞明，次崇岡而久照。當峻極之離立，滅塵氛而引曜。遂使授人之曆，分乎命以正其方；涉海之倫，駭乎目以觀其徼。遲隱見於危壁，藹晶熒於遠嶠。披道接靈之府，含華蘊粹之仙。秉至陽而不極，體元氣於自然。駭景克存，訝魯陽揮戈於在側；騰精獨往，疑羲和弭節於其巔。

於以系時，於焉絕俗。幽莫可辨，明之所燭。異景暫凝乎地首，奇峰載列於鼎足。影搖林樹，漸升桑野之躔；色動鯨波，尚想甘泉之浴。且霞標建其南服，日觀揭其東隅。雖照臨之等類，亦重深之道殊。豈若丹極赫以戒晨，仙宮朗而增煥。方運行而不息，乃曈曨而未旰。森瓊樹之離離，曳羽衣之爣爣。此日而御，惟山有輝。諒難徵於紀牒，思載瞻乎海沂。彼或棲真，方丈必期乎悠久；如將處代，崦嵫且懼於浸微。是以養志忘形，馳暉以寧。福地無阻，無門寢扃。哲將越渤澥，陵杳冥。仰無私之照，窮不死之庭。願參光而有待，庶群仙兮是聽。

——《全唐文》卷 723《紇干俞·海日照三神山賦》，第 7439 頁。

柳喜《日浴咸池賦》

海日赫赫，出暘谷以騰輝，過咸池而浴色。宛轉波動，回還影側。昭晰兮泉源漸沸，掩映兮津涯乍黑。紅光下射，疑萍實之欲沉；赤氣上浮，訝林雲之不息。當其玉漏未盡，金波正凝。背崦嵫而六龍騁騖，望穹蒼而三足飛騰。經厚地而休光暫匿，連巨浸而暖氣潛蒸。當晷度之未至，信輝赫之徒增。洎夫良夜欲闌，繁星漸沒。轉紅輪於沙礫，濯朱輝於溟渤。映龍川之華洞，照天壇而秀發。遠岸燭曜而乍明，長波蹙縮而未歇。觀其蕩水府，滌踆烏。重輪輝煥而增潤，雙翼翩翻而盡濡。勢動雲端，運規規而未止；影搖波底，潛赫赫而不渝。逝矣莫及，皦然可望。照蜃樓於圻岸，寫蛟室於溟漲。由是發五色，煥九圍。歷渤澥而羲和整馭，映島嶼而光耀傍飛。碧浪沸騰，罷浴貞明之質；洪漣瀰漫，難留畏愛之輝。時也天地漸分，雲霞屢改。違細柳而已遠，拂扶桑而猶在。聊將出地，辭潤澤於波瀾；從此麗天，布輝華於寰海。既而迥出崟岑，高懸萬尋。杲杲而光無停晷，炎炎而色欲流金。始素波而將滌，倏黃道而是臨。信終古而不昧，長曜景於天心。

——《全唐文》卷 740《柳喜·日浴咸池賦》，第 7656 頁。

張良器《海人獻冰蠶賦》

圓嶠之人兮，回踴遐壤，旁臨窮海。嘉冰蠶之底貢，彰遠人之無怠。原其稟氣斯異，含靈有特。鱗角是帶，育七寸之殊形；雪霜載加，發五彩之異色。資纖縷以成績，弄杼攸勤；美重錦之可持，女工能即。施勞且異於三盆，為用寧同於五緎。致美之厚，罔差其妍不；入獻之先，必資於善良。驚楫雲邁，懿筐是將。涉三山之重阻，辭萬里之遐荒。越溟漲，屆帝鄉。升玉殿，薦明堂。示彼有誠，則申屈膝之贄；樂我無事，願充垂拱之裳。蓋威靈之有及，故珍物之不藏。懿乎生乃因地，育乃非時。四氣平分，屆嚴冬而成止；五方異俗，在中國之莫為。自堯年而效美，暨今日而來思。足以彰德風之普洽，表王道之清夷。不然，則修路崎嶇，洪漣㶁濞。較道里而累億，罹寒暑而數四。匪化理而無虞，曷員來之可致。彼躬桑載育，獻繭為均。浴濯龍之水，漲川館之春。而後羅紈是緝，筐筥攸陳。固在常而可悅，殊自遠而為珍。是知化之所被，物無不臻；德之所加，人無或阻。托茲賦以極思，致皇猷之焯敘。

——《全唐文》卷762《柳喜·日浴咸池賦》，第7922頁。

盧肇《海潮賦（有序)》

夫潮之生，因乎日也；其盈其虛，繫乎月也。古君子所未究之，將為之辭。猶憚人有所未通者，故先序以盡之。

肇始窺《堯典》，見曆象日月以定四時，乃知聖人之心，蓋行乎渾天矣。渾天之法著，陰陽之運不差。陰陽之運不差，萬物之理皆得。萬物之理皆得，其海潮之出入，欲不盡著，將安適乎？近代言潮者，皆驗其及時而絕，過朔乃興，月弦乃小羸，月望乃大至。以為水為陰類，牽於月而高下隨之也。遂為濤志，定其朝夕，以為萬古之式，莫之逾也。殊不知月之與海同物也。物之同，能相激乎？《易》

曰："天地睽而其事同也，男女睽而其志通也。"夫物之形相睽，而後震動焉，生植焉。譬猶烹飪，置水盈鼎，而不爨之，欲望膳羞之熟，成五味之美，其可得乎？潮亦然也。天之行健，晝夜復焉。日傅於天，天右旋入海，而日隨之。日之至也，水其可以附之乎？故因其灼激而退焉。退於彼，盈於此，則潮之往來，不足怪也。其小大之期，則制之於月。大小不常，必有遲有速。故盈虧之勢，與月同體。何以然？日月合朔之際，則潮殆微絕。以其至陰之物，邇於至陽，是以陽之威不得肆焉，陰之輝不得明焉。陰陽敵，故無進無退，無進無退，乃適平焉。是以月之與潮，皆隱乎晦，此潮生之實驗也。其朒其朓，則潮亦隨之。乃知日激水而潮生，月離日而潮大。斯不刊之理也。古之人或以日如平地執燭，遠則不見。何甚謬乎！夫日之入海，其必然之理乎。且自朔之後，月入不盡，晝常見焉，以至於望。自望之後，月出不盡，晝常見焉，以至於晦。見於晝者，未嘗有光，必待日入於海，隔以映之。受光多少，隨日遠近，近則光少，遠則光多，至近則甚虧，至遠則大滿。此理又足證夫日至於海，水退於潮，尤較然也。

肇適得其旨，以潮之理，未始著於經籍間，以類言之，猶乾坤立，則易行乎其中，易行乎其中，則物有象焉。物有象而後有辭，此聖人之教也。肇觀乎日月之運，乃識海潮之道，識海潮之道，亦欲推潮之象，得其象亦欲之辭。非敢炫於學者，蓋欲請示千萬祀，知聖代有苦心之士如肇者焉。賦曰：

開圓靈於混沌，包四極以永貞。䆑至陽之元精，作寒暑與晦明。截穹崇以高步，涉浩漾而下征。回龜鳥於兩至，曾不愆乎度程。其出也，天光來而氣曙；其入也，海水退而潮生。何古人之守惑，謂玆濤之不測。安有夫虞泉之鄉，沃焦之域。棲悲谷以成暝，浴濛汜而改色。巨鰌隱見以作規，介人呼吸而為式。陽侯玩威於鬼工，伍胥泄怒乎忠力。是以納人於聾昧，遺羞乎後代。曾未知海潮之生兮自日，而太陰裁其小大也。今將考之以不惑之理，著之於不刊之辭。陳其本則晝夜之運可見其影響，言其徵則朔望之候不爽乎毫釐。豈不謂乎有耳目之疾，而燿將判乎神醫者也。粵若太極，分陰分陽。陽為日，故節之以分至啟閉；陰為水，故霏之以雨露雪霜。雖至賾而可見，雖至大而可量。豈謂居其中而不察乎渺漠，亡其外而不考其茫洋者哉。故水者陰之母，日者陽之祖。陽不下而昏曉之望不得成，陰不升而雲雨之施不得睹。因上下之交泰，識洪濤之所鼓。胡為乎曆象取其枝葉而迷其本根也，策其涓滴而喪其泉源也。於是欲抉其所迷而論之，采其所長而存之。光乎廓乎，汩磅礴乎。差瀴溟之無際，曷鴻濛而可以盡度乎。乃知夫言潮之初，心遊六虛。索蜿蜒乎乾龍，駕轇轕乎坤輿。知六合之外，洪波無所泄；識四海之內，至精有所儲。不然，何以使百川赴之而不溢，萬古揆之而靡餘也。是乃察乎濤之所由生也。

駭乎哉！彼其為廣也，視之而蕩蕩矣；彼其為壯也，欿乎其沆沆矣。其增其贏，其難為狀矣。當夫巨浸所稽，視無巔倪。洶湧鴻洞，窮東極西。浮厚地也體定，半圓天而勢齊。謂無物可以激其至大，故有識而皆迷。及其碧落右轉，陽精西入。抗雄威之獨燥，卻眾柔之繁濕。高浪瀑以旁飛，駭水洶而外集。霏細碎以霧散，屹奔騰以山立。巨泡邱浮而迭起，飛沫電烶以驚急。且其日之為體也，若熾堅金，圓徑千里。土石去之，稍邇而必焚；魚龍就之，雖遠而皆靡。何海水之能逼，而不澎濞沸渭以四起。故其所以淩鑠，其所以薄激者，莫不魄落焯爍，如爨巨鑊。赩兮不可探乎瀇瀇之內，呀焉若天地之有齦齶。其始也，漏光迸射，虹截宇縣。拂長庚而尚隱，帶餘霞而未殄。其漸沒夠兮，若後羿之時，平林載馳。驅貙虎與兕象，懾千熊及萬羆；呀偃蹇而矍鑠，忽劃礫而差宜。其少進也，若兆人繽紛，填城溢郭。蹄相蹂蹙，轂相摩錯。閧闐澶漫，淩強侮弱。倏皇輿之前蹕，孰不奔走而揮霍。及其勢之將極也，沓兮若牧野之師，昆陽之眾。定足不得，駭然來奔。騰千壓萬，蹴搏沸亂。雄稜後鬨，懦勢前判。懾仁兵而自僵，焱穀呀而巘斷。此者皆海濤遇日之形，聞者可以識其畔岸也。

賦未畢，有知元先生諷之曰："斯義也，古人未言，吾將揮乎文墨之場，以貽永久，為天下稱揚。"爰有博聞之士，駭潮之義，始盱衡而抵掌，俄繩齗而愕眙。攬衣下席，蹈足掀臂，將欲致詰，領畫天地。久之而乃謂先生曰："伊潮之源，先賢未言。枚乘循涯而止記其極，木華指近而未考其垠。焉有末學後塵，遽荒唐而敢論。"先生矍然而疑，乃因其後，推車捧席，執腒伺顏。言之少間，請見徵之所如。客乃曰："人所不知而不言，不謂之訥；人所未職而不道，不謂之愚。彼亦何敢擅談天之美，斡究地之揄。指溢漭之難悟，欲蠱聽於群儒。今將盡索乎波潮之至理，何得與日月而相符。且大章所步，東西有極。容成叩元，陰陽已測。陽秀受乎江政，元冥佐乎水德。莫不窮海運，稽日域。及周公之為政也。則土圭致晷，周髀作則。裨竈窮情乎天象，子雲贊數於幽默。張衡考動以鑄儀，淳風述時而建式。彼皆凝神於經緯之間，極思乎圓方之壼。胡不立一辭於茲潮，以明乎系日之根本也？先生苟奇之，胡不思之？先生將寶之，胡不考之？苟由日升，當若准若繩，何春夏差小，而秋冬勃興？其逾朔也當少進，何遽激而斗增？其過望也當少退，何積日而馮陵？晝何常微？夜何常大？何錢塘洶然以獨起，殊百川之進退？何仲秋忽爾而自興，異三時之霶霈？日之赫焉，猶火之烈，火至水中，其威乃絕。入洪溟以深漬，何日光而不滅？潮之往來，既云因日，日惟一沉，潮何再出？萬流之多，匪江匪河，發自畎澮，往成天波，終古不極，盍沉四國，何成彼潮，而小大一式？為潮之外，水歸何域？又云水實浮地，在海之心，日潛其下，而逢彼太陰。且其土厚石重，山峻川深，投塊置水，靡有不沉。豈同其芥葉，而泛以蹄涔，緊块圠之至大，何水力之能任？吾闻之，天地噫氣，有吸有呼，晝夜成候，潮乃不逾。豈由日月之所運，作誇誕以相誣者哉！"先生閱賦之初，深通厥旨。及聞客論，欣然啟齒。於是謂客徐坐，善聽厥辭。蓋聞南越無頒冰之禮，鄭人有市璞之嗤。常桎梏於獨見，終沉溺於群疑。既別白而不悟，爰提耳而告之。然事有至理，無爭無勝。猶權衡之在懸，審錙銖而必應。稽海潮之奧旨，諒余心之足證。當為子窮幽而洞冥，豈止於揆物而稱哉！

夫日北而燠，陽生於復。離南斗而景長，邇中都而夜促。當是時也，氣蒸川源，潤歸草木。既作雲而泄雨，乃襄陵而溢谷。魚龍發坼於胎卵，鳥獸含滋於孕育。且水生之數一，而得土之數六。不測者雖能作於溟渤，苟窮之當無羨於升掬。其散也為萬物之腴，其聚也歸四海之腹。歸則視之而有餘，散則察之而不足。春夏當氣散之時，故潮差而小也。及其日南而涼，陰生於姤。退東井而延夕，遠神州而減晝。當是時也，草木辭榮，風霜入候。水泉閉而土涸，滋液歸而下湊。瘁萬物以如焬，運大澤而若漏。縮於此者盈於彼，信吾理之非謬。秋冬當氣聚之時，故潮差而大也。兩曜之形，大小唯敵。既當朔以制威，陽雖盛而難迫。其離若爭，其合如擊。始交綏而並鬥，終摩壘而先釋。日沮其雄，水凝其液。既冒威於一朝，信畜怒乎再夕。且潮之所恃者月，所畏者日。月違日以漸遙，水畏威而乃溢。亦猶群后納職，來造王門。獲命以出，望寧而奔。引百寮而盡退，何一跡之敢存。此潮象之所以逾朔二日而斗增也。黃道所遵，遐邇已均。肆極陽而不礙，故積水而皆振。自朔而退，退為順式；自望而進，進為干德。伊坎精之既全，將就晦而見逼。勢由望而積壯，故信宿而乃極。此潮之所以後望二日而方盛也。自曉至昏，潮終復始。陽光一潛，水復迸起。復來中州，逾八萬里。其勢涵澮，無物能弭。分晝於戌，作夜於子。子之前日下而陰滋，子之後日上而陽隨。滋於陰者，故鑠之於水而不能甚振；隨於陽者，故迫之為潮而莫肯少衰。此潮之所以夜大而晝稍微也。嘗信彼東游，亦聞其揆。賦之者究物理，盡人謀。水無遠而不識，地無大而不搜。觀古者立名而可驗，何天之造物而難籌。且浙者折也，蓋取其潮出海屈折而倒流也。夫其地形也，則右蟠吳而大江覃其腹，左挾越而巨澤灌其喉。獨茲水也，夾群山而遠入，射一帶而中投。夫潮以平來，百川皆就。浙入既深，激而為鬥。此一覽而可知，又何索於詳究。群陰既歸，水與天違。當宵分之際，避至烈之輝。因圓光之既對，引大海以群飛。夫秋之中而陰盛，亦猶春之半而陽肥。事苟稽於已著，理必辨於猶微。故濤生於八月之望者，尤岌岌而巍巍也。萬物之中，分日之熱。叩琢鑽研，其火乃烈。吹煙得焰，傳薪就爇。附於堅則難消，焚於槁則易絕。所依無定，遇水乃滅。太陽之精，火非其匹。至威無焰，至精無質。入四海而水不敢濡，照八紘而物莫能屈。就之者咸得其光輝，仰之者不知其何物。其體若是，豈比夫寒灰死炭，遇濕而同漂汨哉！方輿之下，陽祖所回，歷亥子而右盛，逾丑寅而左來。右激之遠兮遠為朝，左激之遠兮遠為夕。既因月而大小成，亦隨時而前後隔。此日之所以一沉，而潮之所以兩析也。天地一氣也，陰陽一致也。其虛其盈，隨日之經。界寒暑之二道，將無差於萬齡。故小大可法，而乾坤永寧也。若夫雲者雨者，風者霧者，為雪為霜者，為雹為露者，雷之所鼓者，龍之所赴者，群生之所賦者，萬物之所附者。彼皆與日而推移，所以就其衰而成其茂也。然後九圍無餘，而萬流為之長輔。

談未竟，客又剿而言曰：若乃寒暑定而風雨均也。吾聞之《洪範》云：豫常燠，急常寒。狂乃陰雨為沴，僭則陽氣來干。苟日月之躔一定，又何遠於王政之大端？彼有後問，姑紓前言。夫三才者，其德之必同。天以陽為主，地以陰為宗。參二儀之道，在一人之功。一人行之，三才皆協。德順時則雨露均，行逾常則凶荒接。僭慢所以犯陽德也，故暴尩莫之哀；狂急所以犯陰德也，故離畢為之災。此則為政之所致，非可以常度而剸裁也。客曰："唯其餘如何？"復從而解之曰：惟坤與乾，余常究焉。清者浮於上，濁者積於淵。濁以載物為德，清以不極為元。載物者以積鹵負其大，不極者以上規奠其圓。故知鹵不積則其地不能載，元不運則其氣無以宣。夫如是，山嶽雖大，地載之而不知其重；華夷雖廣，鹵承之而不知其然也。氣之輕者，其升乃高，故積雲如嶽，不駐鴻毛，輕而清也，而物莫能勞。及其干霄勢窮，霏然下墜，隨坳壑而虛受，任畎澮之疏潰，著則重也，故舟楫可以浮寄。至夫離九天，堙九地，作重陰之膠固，自堅冰以馴致，固可以乘鴻溟以自安，受萬有而不圮者也。聽茲言，較茲道，定一陽之所宗，何眾理之難考。且合昏知暮，而翰音司晨。安有懷五常之美，預率土之濱，苟無諒乎此旨，亦何足齒於吾人。子以天地之中，元氣噫噦。為夕為朝，且登且沒。泛辭波而甚雄，處童蒙而未發。孰觀地喙乎深泉之涯，孰指天吭乎巨海之窟。既無究於茲源，寧有因其呼吸而騰勃者哉！客謝曰："辭既已矣，欲入壺奧，願申一問，先生幸以所聞教之。嘗居海裔，覿潮之勢。或久往而方來，或合沓而相際。曷舛互之若斯，今幸指乎所制。”先生撰屨旁眄，亦窮其變。吾因訊夫墨客，當大索其所見。彼亦告於余曰：日往月來，氣回天轉。其激也大，則體甚而相疏；其作也小，則勢接而相踐。惟體勢之可准，故合沓而有羨。其何怪焉！

客乃跽軀斂色，交袂而辭。彼圓元方賾，古惑今疑。歎載籍之不具，恨象數之尚遺。方盡迷於閫域，非先生親得於學者，而孰肯論之。於是乎若卵判雛生，鼓擊聲隨。雷電至而幽蟄起，蛟龍升而雲雨滋。形開夢去，醒至酲離。既手之舞之，足之蹈之。乃避席而稱詩為賀，演知元先生之辭。辭曰：噫哉古人，迷潮源兮。刓編鬣翰，曾未言兮。羅虛列怪，無藩垣兮。名儒幽討，理可尊兮。高駕日域，窺天門兮。潮疑一釋，永立言兮。若和與扁，祛吾惛兮。昔之論者，何其繁兮。意摩心揣，只為讙兮。陰陽數定，水長存兮。進退與日，遊混元兮。一升一降兮寒暑成，下凝濁兮上浮清。隨盈任縮兮浮四溟，釜鬲蒸爨兮擬厥形。願揚此辭兮顯為經，高誇百氏兮貽億齡。先生曰：彼能賦之，子能演之。非文鋒之破鏑，何以解乎群疑。客乃酣然自得，由然而退也。

——《全唐文》卷768《盧肇·海潮賦（有序）》，第7988—7993頁。

盧肇《海潮賦後序》

夫以璿樞顯視，週四七而成文；玉琯潛聆，載十二而分統。肇有憑翼，生乎象先。雖迷放屬之源，終識跾躔之數。是以迎推洞乎三合，分至貞乎四禽。既測洪荒，瞭分清濁。於是九圍所沓，必揆於靈台；萬古無差，可徵於幽贊。且彤車白馬，先命羲和；紫極黃龍，次分甘石。雖東流不溢，天問猶疑；而北戶承陽，地維何隱。稽乎儒氏之業也，莫不咸思蟻轉，盡愧雞如。安可命曰三靈，或至迷其二大。愚以始聞方數，側揆元黃。亦嘗以大寶酬嘲，敢云早慧。既不用蛉膠習戲，自鄙童心。及竊譽里中，拘塵長者。執經堂奥，避席嚴師。自悟牖間，愧非胡廣；頻依廡下，虛感伯通。而日月居諸，榆槐屢改。管窺之心妄切，瞽史之學難修。而又爛額焦頭，方思馬褐；捉襟見肘，久困牛衣。颯垂領以若驚，顧生髀而增歎。信天人之際，難可究思；考經緯之文，固有宗旨。竊以海潮之事，代或迷之。今於賦中，盡抉疑滯。輒依洛下閎、張平子、何承天等以渾天為法，水與地居其半，日月繞乎其下，以證夫激而成潮之理。並納華夷郡國，環以二十八宿，黃道所交及。立北極為上規，南極為下規。以正乎日月之所由升降，其理昭然可辨，謂之潮圖。施諸粉繢，庶將無闕。緬螢囊之已久，撫魚網而多慚。敢避識者之譏，固受不知之罪云耳。

——《全唐文》卷768《盧肇·海潮賦後序》，第7996—7997頁。

盧肇《日至海成潮入圖法》

八月之望，日在翼軫之間，此時潮最大。今立此望之夕，日入初於時在戌，見潮初生候。

——《全唐文》卷768《盧肇·日至海成潮入圖法》，第7997頁。

盧肇《渾天載地及水法》

地浮於水，天在水外。天道右轉，七政左旋。日入則晚潮激于左，日出則早潮激於右。潮之小大，則隨於月，月近則小，月遠則大。

右，此賦中具論之矣。

《新定海潮集解渾天古今正法圖》。自古說天有六，一曰渾天（張衡所述），二曰蓋天（周髀以為法），三曰宣夜（無師法），四曰安天（虞喜作），吾曰昕天（姚信作），六曰穹天（虞聲作。自蓋天以下並好奇徇異之說，非至說也。先儒亦不重其術也）。

右。經撰賦及圖，定取渾天為法，其增立渾天之術。自張平子始言天地狀如雞子，天包於地，周旋無端，其形渾渾。故曰渾天也。

——《全唐文》卷768《盧肇·渾天載地及水法》，第7997頁。

盧肇《渾天法》與《潮圖》

晉葛洪謂天形如雞子，地如雞子之黃。周天三百六十五度四分度之一，半覆地上，半繞地下。二十八宿半隱半見。宋何承天云，廼觀渾儀，研求天意，乃悟天形正圓，水居其半，中高外卑，水周其下。梁祖暅雲，渾天之形，內圓如彈丸，其半出地上，半隱地下。

右。今撰圖正用此法。但諸家能言天形，而未知日之激水而成潮也。又按《周易》，離為日，坤為地。日出地上，於卦在晉；日入地下，卦為明夷。乾為天，坎為水。天右旋入水為夕，則天在水下，於卦為需。天左旋升出為潮，於卦在訟。又離為日，坎為水。日出水上，卦為未濟。濟之言涉也，日東出而未西涉水，此其象也。日入水下，卦為既濟，言日右隨天入，已涉於海。則《周易》之象，其事較然。

右。今撰潮圖，探於《周易》，合乎渾天，推於爻象。故賦指復姤二卦，以定陰陽。

言不及渾天而乖誕者凡五家，《莊子》（逍遙篇）、《元中記》、王仲任《論衡》（言日不入地）、《山經》，釋氏言四天（《乙巳占》具解訖）。

右。並無證驗，不可究尋。王仲任徒肆談天，失之極遠。桓君山攻之已破，此不復云。莊生則假物為喻，以論真宗，而學者多誤，故列之為難信之首。《元中》、《山經》，一無可取。釋氏俱舍，乃自立心法，非可以表測而度量也。又按吳王蕃法云，余因《周禮》鄭眾、鄭元之言，用勾股之術，以求天之里數。夏至之日，以八尺之表，求晷於陽城，表南得影一尺五寸，南至日南，下無影，則日南去陽城一萬五千里。立八十而旁十五，則日高八萬里，日南邪去，以勾股法得八萬一千二百九十四里有奇，蓋天頂至地之數也。倍之得十六萬二千五百八十八里有奇，即天徑之數也，以周徑之法乘得五十一萬三千六百八十七里有奇，即周天之數也。

右。肇始學渾天法於度支推官監察御史太原王軒，軒以王蕃之術授焉。自後因演而成圖。既知夫天地之薄厚，則日月之行，寒暑之候，皆由自得之。遂用覃思巨溟，稽萬流之升降，果見潮生之候。由是博考群言，以證遇晦。而自得之旨，無所疑焉。

渾儀之制，渾儀法，肇得自虞舜以璿璣玉衡以齊七政。鄭康成云：其轉運者為璣，其止息者為衡，皆玉為之。七政者，日月五星也。則渾儀之本法。晉侍中劉智云：顓頊造渾儀，黄帝為蓋天。則此二器，皆古聖王之製作也，但學者失其用耳，說者乃云始自張衡。今考其事，張乃巧述其法而揆之，非始造者也。虞喜又云：洛下閎為漢武帝於地中轉渾天定時，修太初曆。又知此術在張平子前也。後漢左中郎將賈逵以永元十五年造黄道渾儀，張衡以延熹七年更造銅儀。以四分為度，於密室中，以漏水轉之。令伺者閉戶而唱，以告司天者云：璿璣所加，某星已中，某星今沒。皆如合符契。其後吳王蕃修之。如陸績及後魏太史令晁崇、隋河間劉焯，皆修渾儀之法。李淳風因為游儀，蓋與靈憲同也。

右以物象天，謂之渾儀。則日月四海，在渾儀之內。日月盈縮之度可察，而獨迷潮水生來之候，豈古人未之思乎？肇秪於此術，究而得之，不為怪誕無據之說。猶恐時之學者，尚有所疑，故以著之。

——《全唐文》卷768《盧肇·渾天載地及水法》，第7997—7999頁。

盧肇《進海潮賦狀》

右。臣聞神農立極，先定乾坤；軒後統天，始宏曆象。蓋以大聖有作，而大法乃明。必自臣子之所為，克成君父之至德。只如陳韶奏夏，允諧聖帝之音；而伐鼓鏗鐘，元在工人之手。業雖成於微賤，事乃表於皇王。臣今所陳竊用此道。

伏惟睿文明聖孝德皇帝陛下德邁伊嬀，道包覆徒。垂衣而九有無外，執契而萬國來庭。日月貞明，天地交泰。珍圖瑞物，允膺得一之符；伯益皋繇，共佐千年之聖。臣實陋賤，亦忝方州。而微臣始自知書，志在稽古。或觀天地之道，得於經史之間。既察置圭，亦聞測管。究黃鍾於玉律，窺碧落於璿樞。伏念司馬遷則書載天官，張平子則儀鈞地動。臣仰遵前哲，輒揆圓虛，偶識海潮，深符易象。理皆摭實，事盡揣摩。既當鳳紀之朝，願陳蠡測之見。臣肇誠惶誠恐頓首頓首！

臣又聞天垂象而六合成，道生一而三才具。皆由日月運乎陰陽，是謂神明分乎晝夜。伏知此道，盡在陛下睿鑒之中，故不俟微臣因此別白。然自古以來，莫不以地厚難測，日既入而人不見其行；海大無涯，潮潛生而人不知其候。上古聖人則之於八卦，學者演之成六家。而有講論未明，根本不圖。天垂大法，假乎微臣。獲在聖朝，彰此愚見。

臣門地衰薄，生長江湖。志在為儒，弱不好弄。研求近代寒苦，莫甚於斯。臣伏念為業之初，家空四壁。夜無脂燭，則燃薪蘇；曉恨頑冥，亦嘗懸刺。在名場則最為孤立，於多士則時負獨知。累竊皇恩，遽變白屋。臣於會昌三年應進士舉，故山南節度使同中書門下平章事王起擢臣為進士狀頭。筮仕之初，故鄂岳節度使盧商自中書出鎮，辟臣為從事。自後故江陵節度使贈太尉裴休，故太原節度使贈左僕射盧簡求，皆將相重臣，知臣苦心，謂臣有立。全無親黨，不能吹嘘。悉賞微才，奏署門吏。臣前年二月，蒙恩自潼關防禦判官除秘書省著作郎。其年八月，又蒙恩除倉部員外郎充集賢院直學士。去年五月，又蒙恩除歙州刺史。臣謹行陛下法令，常懼愆違。理郡周星，未有政績。濳被百姓詣闕，以臣粗能緝理，求欲留臣。奉七月二十二日敕，又蒙聖恩賜臣金紫。臣素無強近之援，不異草澤之人。忽荷寵光，及此叨忝。臣不以平生志業，上奏於宸慈，實懼犬馬之微，忽先於溝壑。則臣積年無所闡揚，非唯自負片心，實亦上辜聖代。是敢竊以所撰前件《潮賦》並《圖》進上。臣為此賦以二十餘年，前後詳參，實符象數。願漢汙之水，輒赴溟渤之流。而雕蟲所為，刻鵠難肖。塵冒天聽，罪當鼎鑊。今差軍事押衙盧師洎隨狀奉進，上瀆宸嚴，敢期睿覽。臣肇無任惶懼戰越屏營之至！謹錄奏以聞，伏俟誅責。

——《全唐文》卷 768《盧肇·進海潮賦狀》，第 8000 頁。

高駢《請開本州海路表》

人牽財利，石陷衡津。才登一去之舟，便作九泉之計。今若稍加疏鑿，以導往來，貨殖貿遷，華戎利涉。

——《全唐文》卷 801《高駢·請開本州海路表》，第 8429 頁。

徐寅《鮫人室賦》

斯室誰見，伊人盡傳。浩渺而洪波有象，深沉而碧浪無邊。異彼鮫人，處乎鯨海。儲晶蓄素，刮銀兔之秋光；矗浪凝波，刷金烏之晝彩。露洗霜融，涵虛湛空。鑿戶牖以非匹，飾椒蘭而不同。度木何人，範環堵於琉璃地上；作嬪誰氏，纖輕綃於玳瑁窗中。鬼瞰終無，神功自偶。雙闕標百尺，岧嶢而貝闕淩前；萬戶列千門，洞達而龍宮在後。光攢琥珀千樹，花折珊瑚萬枝。控巨鯉之真人，方能到此；泛靈槎之上客，莫入於斯。電落窮陰，雲閑大廈。誰為欺暗之士，盡是泣珠之者。霏霏瑞彩，凝成蝴蝀之梁；漠漠飛煙，化作鴛鴦之瓦。鏡瀉奫淪，波澄垢氛。瓊窗而鼇頂均岫，綺楝而壺中借雲。二十四里之漢宮，何曾足數；三十六般之仙洞，未得相聞。允矣神化規模，天然異質。吾欲乾北海而涸南溟，探驪龍於此室。

——《全唐文》卷 801《徐寅·鮫人室賦》，第 8750—8751 頁。

張寶《加錢鏐爵敕》

皇帝若曰：王者惠濟黎元，輯寧方夏，重名器，任股肱。忠而能力則禮崇，賞不失勞則人勸。所以啟周公之土宇，裂漢祖之膏腴者，錄彼茂勳，置之異數，登進賢哲，焜燿事功也。諮爾天下兵馬都元帥尚父守尚書令吳越國王錢鏐，潮海靈源，承天峻岳，以英風彰德望，以勇氣贊忠貞。往因義舉之徒，盛推韜略，遂著襲封之績，高步藩維。挺魚鯤鳥鳳之姿，擁岸貢水龍之眾。居方面任，將五十年。宣導休聲，攘除凶醜。擁堅奮鋭，鄙許東固圉之謀；阜俗頒條，廣冀北安居之頌。環塹浙江之要，雲滋星紀之墟。聞禮敦詩，位崇元帥。前茅後勁，名重中原。守畫一之規，奉在三之節。信立靡移於風雨，義行曷倦於津塗。效珍則那顧險難，薦幣則常歸宰府。振英謨而端右弼，鍾懿號而異列藩。可謂職貢不乏，梯航時至。翼戴天子，加之以恭也。載念尊獎，爰示徽章。今遣正議大夫守尚書令吏部侍郎上柱國贊皇縣開國男食邑三百戶賜紫金魚袋李德林、副使朝議郎守起居郎充史館修撰賜緋魚袋聶璵持節備禮，胙土苴茅，冊爾為吳越國王。於戲！地奄數圻，賦過千乘。墨守闔閭之境，範圍勾踐之封。子弟量才敘進，多分於棨戟；土疆漸海方輸，豈限於魚鹽。貴盛富強，雖古之封建諸侯，禮優夾輔，不加於此。慎厥終始，無以位期驕，無以欲敗度。欽承賜履，協於一人。汝嘉可檢校太師守中書令。

——《全唐文》卷 843《張寶·加錢鏐爵敕》，第 8868 頁。

呂咸休《請令閩浙貢物自出腳乘奏》

臣見前朝閩浙入貢物色，下船之後，官差腳乘，搬送到京。臣悉諳知，害民尤甚。比來貢奉，自是勤王。差擾貧民，貢之何益。以臣管見，凡此數處貢物，並令自出腳乘。不困貧民，於理無爽。

——《全唐文》卷 856《呂咸休·請令閩浙貢物自出腳乘奏》，第 8979 頁。

楊凝式《大唐故天下兵馬都元帥尚父吳越國王謚武肅神道碑銘（並序）》

聖朝神武文德恭孝皇帝御極之七載，歲在執徐三月二十八日，天慘東南，星昏牛斗。……望高於周召，業盛於桓文。越前代以成家，冠群後而為德者，吳越國王蓋其人也。王姓錢氏，諱鏐，字具美，杭州安國人。其先出自黃帝，武德中陪葬功臣潭州大都督巢國九隴之八代孫。……值庚子之亂離，同戊辰之俶擾。入夜則日高三丈，當參則暈結七重。見蚩尤之張旗，逢王良之策馬。人煙斷絕，原野有厭肉之謠。山嶽沸騰，黎庶無息肩之地。兵興之苦，江東尤深。王以出眾之才，膺冠軍之號。八都倡義，張正正之旌旗；一呼連衡，結堂堂之行陣。深明去就，多識變通。或開君子營，或坐將軍樹。斬嚴殺厲，孰為貞律之師。靖亂平妖，獨有勤王之志。時彭城漢宏，亂常干紀……為患滋多，尋戈未已。王刑牲釁鼓，按劍陳師。若李廣之飛來，效賈複之深入。長風破浪，得艅艎於水中；利刃捪喉，取螌弧於城上。士怒未泄，賊壘俄平。有壯戎容，遂光霸業。不久仙芝竊發，黃巢暴興……盜淮南之郡邑，為世上之瘡痍。人苦倒懸，力疲奔命。王英謀電發，銳氣星馳。應高駢之羽書，舉臨安之組甲。舳艫所至，烈火之燎鴻毛。旌旃所及，太華之壓鳥卵。國家方虞多壘，克賴藎臣。並錄奇功，遐頒好爵。乃命為杭州刺史，尋移潤州，鎮海軍額，授節制焉。名登王府，位列侯藩。……

多難識忠臣，疾風知勁草。昭宗聞名早歎，見節彌嘉。得竇融於西河，既寧天保。倚安國於東界，尋輟宵衣。遂命兼領越州，仍頒鐵契。……九武訓戎，屢喪敵人之膽。廢興由其指顧，遠近憚其威聲。況俯接閩川，遐通楚塞。琅琊則時稱賢帥，扶風則世號寵王。皆戰艦淩空，征旗蔽野。據東甌而保大，處南海以稱雄。莫不欣接犬牙，請徵於盟會。願為龍虎，以詑於輔車。而乃楊氏阻兵，據廣陵作梗。繼渝鄰好，屢警邊烽。頃常全率車徒，擅侵封部。王妙東三覆，宏肆七擒。才揮善戰之師，遽見數奔之眾。示武經而戡定，取戎首以凱旋。……及梁園興僭，皇運中微。前在列藩，敦魯衛之兄弟。洎當新室，修秦晉之婚姻。……以長興五年歲次甲午正月壬申朔十一日壬午，葬於吳越國杭州都督府安國縣衣錦鄉勳貴里，禮也。

——《全唐文》卷858《楊凝式·大唐故天下兵馬都元帥尚父吳越國王謚武肅神道碑銘（並序）》，第8995—9001頁。

邱光庭《海潮論（並序）》

夫元功美宰，神物混成，不可以智知，不可以情詰者。聖人皆置之度外，略而不論。而後之學者，獨以不論海潮為闕事，多著文以窮之。今其遺文得見者三數家。《山海經》以“海鰍出入穴而為潮”，王充《論衡》以“水者，地之血脈，隨氣進退而為潮”，竇叔蒙《海濤志》以“月，水之宗，月有虧盈，水隨消長而為潮”，盧肇《海潮賦》以“日出入於海，衝擊而為潮”。斯乃俱無據驗，各以其意而為言也。然而潮之所生元矣，尋其源而不可究其極，睹其末而不可窺其端。苟或是非，無所勘會。唯其近理，則謂得之。今觀諸家之說。咸盡乎善，不可備陳其短。輒以管見自立一家之言，名曰《海潮論》。其意以為水之性，衹能流濕潤下，不能乍盈乍虛。靜而思之，直以地有動息上下，致其海有潮汐耳。乃立漁翁隱者更相答，凡四十問，分為十篇，成一卷，冀其窮理盡性，多言或中者也。又以析理之書，不宜染尚文字，但以理明義白為善也。故今之所論，直言其歸趣而已，所貴精微朗暢，覽讀無煩者焉。

一、論潮汐由來大略。東海漁翁訪於西山隱者曰：“余生於海上，若風雨雲霞雷電霜雪之自（自者所從來之謂也），余皆略知宗旨矣。至於海潮之來，朝聞夕見，終莫曉其所由然也。遐觀竹帛（古者未有紙，或書於竹簡，或書繒帛，故呼經史為竹帛），博考古今，海經（夏禹治水之時記山川百物，其書名《山海經》也）論衡之文（後漢王充著書考論物理，其書名曰《論衡》），竇氏（浙東處士竇叔蒙著《海濤志》）盧侯之說（袁州刺史盧肇著《海潮賦》），雖多端指諭，咸於義未安。聞君子志學能文，精智辯物。願為余明白而陳之。”西山隱者曰：“僕岩居林處，遙海遠江，安能知濤潮之所起乎？且天地廣大，誰能睹其根源！請為子遠取諸經，近取諸物以考之。雖其至廣至大，亦不能逃於理矣。今按《易》稱水流濕（《周易》乾卦之文），《書》稱水潤下（《尚書・洪范》之文），俱不言水能盈縮。斯則聖人之情可見矣。水既不能盈縮，則海之潮汐（音夕，潮之落也，今人呼為澤），不由於水，蓋由於地也。地之所處，於大海之中，隨氣出入而上下（音暇，後意同者皆仿此）。氣出則地下，氣入則地上。地下則滄海之水入於江河，地上則江河之水歸於滄海。入於江河之謂潮，歸於滄海之謂汐。此潮汐之大略備矣。”問曰：“古今言潮汐者多矣，皆以海水盈縮而為之，未有言由地之上下者也。子之獨見，深得其源。然其必非海水之盈縮，從何理以知之？”答曰：“視百川則知之矣。百川亦水也，不能盈縮（此破竇氏言。月為水之宗，水隨月盈縮者），海豈獨能盈縮乎？假令海異百川，獨能盈縮，則海水既盈，地亦隨盈而升，百川隨地而上。彼此俱上，則無潮矣。海水既縮，則地亦隨縮而降，百川亦隨地而下。彼此俱下，則無汐矣。固以百川居地之上，地居海之上。地動而海靜，動靜相違，則潮汐生矣。以斯知非海水之盈縮也。”

二、論地浮於大海中。漁翁問曰：“《中庸》云（《禮記》篇名也）‘地之廣厚，振河海而不泄（鄭元注云：振，收也。）。’則是海居地上。子云地浮於海中，何也？”答曰：“作《記》之人（作《禮記》之人也），欲明積小致大，極言地之廣厚，非實也（《中庸》云：‘今夫地一撮土之多也，及其廣厚，載華嶽而不重，振河海而不泄。萬物生焉。’為其意言積小致大，地從撮土之多，遂能收河海而不泄，此立教之文非窮理也）。按《洪範》五行，一曰水，水曰潤下，潤下作鹹，指言海水。水之本位，位在北方。自北直南，以土及火（水在北，土居中，火在南也）。推而立之（從南推起而立之），則火上土中水下也。亦如人之五臟，心上脾中腎下也（心屬火脾屬土腎屬水也）。故《志》曰（《志》者，古書之通稱）：‘天以乘氣而立，地以居水而浮。’由是而論，地居海之上，亦已明矣。”問曰：“地必居海之上，則是地浮而不沉。今將土塊置之於水則沉，何也?”答曰：“地含氣塊不？含氣故也。且子不見陶器乎（陶器、瓦器、盆甕之屬）？夫陶之於水也，全之則雖重必浮（含氣故也），片之則雖輕必沉（片之者，打一小片置之於水，則必沉者，不含氣故也）。質性同而浮沉異者，氣之所存則浮，氣之所去則沉。子曰土塊之不浮，亦猶器片之沉矣。”問曰：“如子之言，地則浮矣。然則海中洲島，其獨立乎？其居於地乎？”答曰：“地形中聳而邊下，海中洲島，猶居地之垂處也。”問曰：“若如所論，則是天下一海而地浮於中。然經史有四海之文，何也?”答曰：“經史之文，據其所由而為言也。居之中而指四方，故言四海。其實一耳。”

三、論地有動息上下。漁翁問曰：“吾聞地道安靜，子曰隨氣出入而上下，何也?”答曰：“《周易》云：‘坤元亨，利牝馬之貞。’《彖》曰：‘牝馬地類，行地無疆。’然則乾象以龍，坤象以馬。觀其所象，地非不動之物。《河圖括地象》云：‘地常動而不止（地周遊於八紘之中，未嘗暫息也）。’春東（東方木氣時曰少陽，所以暄和），夏南（南方火氣時曰太陽，所以暑熱），秋西（西方金氣時曰少陰，所以淒涼），冬北（北方水氣時曰太陰，所以嚴凝）。冬至極上，夏至極下。其故何哉？由於氣也。夫夏至之後，陰氣漸長。陰氣主閉藏，則衰於上而盛於下。氣盛於下，則海溢而上（陽氣歸於海，下氣多，故溢而上也）。故及冬至而地隨海俱極上也（從夏至後陽氣漸退，陰氣漸長，地亦漸上，陰進故也。及至秋分地面與天不齊，故晝夜等也。秋分之後，及至冬至，地面上過天心，上之極也，所以晝短而夜長也）。冬至之後，陽氣漸長。陽氣主舒散，則衰於下而盛於上。氣盛於上，則海斂而下（陽氣散出於海，上氣少故斂於下）。故及夏至而地隨海俱極下也（冬至之後，陽氣漸長，陰氣漸退。地亦漸下，陰退故也。及於春分，地面與天不齊，故晝夜等也。春分後，及於夏至，地面下過天心，下之極也，所以晝長而夜短也）。此一年之內動息上下也。”問曰：“其一日之內，動息上下，可得聞乎?”答曰：“繫辭云：‘夫坤，其靜也翕（韓康伯注云：翕，斂也。止則翕，斂其氣也）。’其動也闢（注云：動則開，辟以生物也。），翕者物之收斂，闢者氣之散出。氣收斂則地上，氣散出則地下。何異人之呼吸歟?又《莊子》云：‘大塊噫氣（大塊，地也），其名曰風。’彼言噫氣，亦呼吸之類也。”問曰：“一晝一夜兩潮汐，則是一晝一夜，兩闢兩翕。將何驗之哉?”答曰：“驗魚獸之皮，則知之矣（魚獸出海中，形如牛）。按《毛詩》蟲魚疏云：‘魚獸之皮，乾之經年，每天陰及潮來，則毛皆起。若表晴及潮還，則毛伏如故。雖在數千里外，可以知海水潮。’然則潮之來去，與天之陰晴相類，氣散出則天陰，氣收斂則天晴。即知是氣散出則潮來，氣收斂則潮落。故知魚獸之毛起伏者，非識天之陰晴，及潮之來去，自應氣之出入耳。毛起者氣出也，氣出則地下，地下則潮來。毛伏者氣入也，氣入則地上，地上則潮落。故魚獸之毛，一晝一夜，兩起兩伏。足以驗其氣之兩闢兩翕矣。”問曰：“此翕闢之氣，是何氣也?”答曰：“地中之氣也。故此氣一出一入，則地獨上獨下，不由於水也。若一年之氣，則是天之元氣，其氣周於水，故水隨於氣而地隨於水也。”問曰：“地之廣厚，不知幾千萬里也（今算術之家言地之里數，皆虛妄也。何者?地之四面垂入海中，不可知其涯際也）。言能隨氣動息，不亦誣乎?”答曰：“神無方，豈論巨細?且天大於地，逾數倍焉，尚能空中旋運也。況地比於天，殊為小者，豈不能隨氣動息哉?但人自不思之耳。吾子視日月之回，則信天之能旋。而視濤潮之至，不信地之能動（日月東行，天體西轉。今日月西回者，天運之也。水性本靜，為潮汐者，地使之然。此理昭然，但人不思之耳），豈不冥哉?豈不昧哉（冥者無知之貌，昧者暗晦之辭）?”問曰：“若如所論，則地有動息上下矣。然則人不覺之，何也?”答曰：“不睹日月，則不覺天之旋。

不睹濤潮，則不覺地之動。故《河圖括地象》云：‘夫人居大舟之中，閉牖而坐，則不知舟之動也。’且人居大舟中，尚不知舟動，而況地之廣大，曾不睹其邊，何以知其上下哉？且子不聞南中之潮雞乎（出《山海經》）？雞鳴則潮至，雞不睹潮之至而先鳴者，蓋覺地之動也。是知物有所長，人或不及。”問曰：“地震人則覺之，何也？”答曰：“動安和而震戰悚也。震甚則人覺，微亦不覺也。昔張衡作地震儀，以龍銜銅丸，地震則丸落（張衡，後漢人也。儀者，狀貌之稱也。其形如酒樽，外鑄銅，為八龍，龍銜銅丸，各置一方。其機關在樽內，東方地震，則東龍丸落，他皆仿此也）。嘗一丸落而不覺震，人皆以為無驗。經數日而隴西奏地震，與丸落時同，人始服其工妙。然則震微人尚不覺，況闢翕上下微而和者乎？”問曰：“地震何為者也？”答曰：“亦氣也。《周語》云：‘陽伏而不能出，陰迫而不能升，則有地震（此伯陽甫之辭也，伯陽甫，老子也）。’言陽氣伏於下，而陰氣迫於上。故陽氣不能升出而地為之震，其言陽伏陰迫，皆迫伏於地中焉（推此而言，是知地中之氣能使地之上下也）。”

四、論潮汐名義。漁翁問曰：“若如所論，則是地自上下，水乃去來，而為之潮。何也？”答曰：“潮者朝也（潮音朝廷之朝），潮本無名，強名之曰潮。至江漢之流，自歸於海，而《夏書》謂之朝宗於海（《尚書·禹貢》文也），其意言百川之赴海，如諸侯之朝天子也。古人見海來朝百川，亦名之曰潮。如天子出而見諸侯，亦謂之朝。故《明堂位》云（《明堂位》，《禮記》篇名）：‘昔者周公朝諸侯於明堂之位。’意同於此矣（周公，周成王之叔父也，成王年幼周公攝行天子之事，而受諸侯之朝也）。”問曰：“謂之汐，何也？”答曰：“汐者水歸於海，如臣夕見於君然（早見於君曰朝，晚見於君曰夕）。故《左傳》曰：‘國家無事，則朝（音朝廷之朝也）而不夕（務閑也）’，《詩》云：‘邦君諸侯，莫肯朝夕（《小雅·雨無正》篇）’，此其義也。”問曰：“謂之濤，何也？”答曰：“濤，大波也。凡風之駕水皆謂之濤，不得專於潮也（考其義理則竇氏盧侯謂潮為濤失之矣）。”

五、論潮有大小。漁翁問曰："潮來有大小，何也?"答曰："二月八月，陰陽之氣交，月朔月望，天地之氣變。交變之時，其氣必盛。氣盛則出甚（如人行步則喘急），氣出甚則地下甚（下，者暇。意同者仿此），地下甚則潮來大。其非交變之時，其氣安靜則出微，氣微則地下微，地下微則潮來小。故二月八月，其潮遂大於諸月，月朔月望，其潮遂大於諸潮。"問曰："大不正當朔望之日，常於朔望之後何也（朔大於初二、初三、初四，望大於十六、十七、十八）?"答曰："凡物之動，先感而後應，先微而後盛，朔望之氣雖至，而地動之勢猶微，故潮來大常於朔望之後也。"問曰："何知二月八月陰陽之氣交者?"答曰："陽氣生於子（謂十一月也），出於卯（謂二月也），浮於午（浮者盛於地上，謂五月也），入於酉（謂八月也）。陰氣生於午，出於酉，浮於子，入於卯（子午卯酉皆謂月建也）。故曰卯酉者，陰陽出入之門戶也（二月陽氣出而陰氣入，八月陰氣出而陽氣入）。是知二月八月，陰陽之氣交也。"問曰："何知月朔月望，天地之氣變者?"答曰："日，天倫也（俱陽物也）。月，地類也（俱陰物也）。朔，形交焉（日月周旋故曰形交）。望，光偶焉（月望光滿，故曰光偶。光偶者，團圓盛大，與日相對）。光偶形交，其變如一（所以朔望之時天地之氣皆有變動，朔望無異故曰如一也）。故陰陽書占正月之朔，知一歲之祥（祥者善惡之通變，今人占歲旦雲物風氣，知一年之內水旱豐荒也）。又稱五月、十一月望為天地牝之辰（牝者陰陽交接之名也）。彼其諸月，猶此一隅（言諸月之朔望皆於正月、十一月之朔，舉此二月，則諸月可知。故曰猶此一隅，猶如也。隅，角也）。是知月朔月望，天地之氣變也。故《洪範》云：'星有好風（箕星好風），星有好雨（畢星好雨，《詩》云：月離於畢，俾滂沱矣。離，麗也，麗，著也）。'月之從星，則以風雨。然則月從其箕畢之星，天地尚為之風雨，豈其交接而氣不變者乎?"

六、論潮候漸差。漁翁問曰："潮來或午或未，漸差何也?"答曰："晝夜系日，翕闢隨月。月臨子午則地闢，故潮之來，月皆臨子臨午（夜潮月臨子，晝潮月臨午）。天體西轉，日月東行。日遲而月速，每二十九日過半而月及日。日月同會，謂之月朔。故月朔之夜潮，日月俱臨於子，晝潮，日月俱臨於午。自此之後，月速漸東，至午漸遲。故潮亦漸遲也（天體西轉，日月東行，月速而日遲，從月朔之後，月去日漸遠，初二初三，日至未而月方至午，故潮來在午後未時也。所謂晝夜系日，翕闢隨月者也）。又夜於海下而論，則天體東轉，日月西行，月速漸西，至子漸遲，故潮來亦漸遲（月朔夜半潮來者，日月俱在子，至初二初三，月去日漸遠，日已至醜而月方至子，故潮來在子後丑時也），是以晝潮入夜（一日午時，二日午後，三日未時，四日未後，五日申時，六日申後，七日酉時，八日酉後，此謂晝潮入夜也）。"問曰："何謂月臨子午，夜潮入晝（一日子時，二日子後，三日丑時，四日丑後，五日寅時，六日寅後，七日卯時，八日卯後，所謂夜潮入晝也），則地闢乎？"答曰："《禮運》云（《禮記》篇名）'地秉陰竅於山川，播五行於四時（鄭元云：竅，孔也。言地持陰氣，出內於山川以舒五行於四時也）。'和而後月生也(言此氣和乃月生也)。是以三五而盈，三五而闕。則是月為地類也。《易》說陽氣生於子，陰氣生於午（《易》說者《周易》之義也），故月臨子午則地氣生，地氣生則闢而出也。"問曰："說卦云（《周易》下系也）：'離為日，坎為月。'則是月為水類。而《禮運》月為地類，與說卦不同，何也？"答曰："地、水皆屬於陰，俱主於月。故《禮運》《說卦》，互而言之，以相顯也。且日為群陽之精，非獨專於火也；月為群陰之精，非獨專於水也。何以言之？按五行，天一生水於北，地二生火於南。是故火為雌，水為雄也。若以日專主火，月專主水，則亦日雌而月雄也。今按《禮》說云（《禮記》之義）：'日為君象，月為臣象。'觀其所象，正與水火相違。故知日非專火，月非專水也。《易》曰：'乾，天也。'有君父之道焉（《周易》說卦云：'乾為天，為君，為父。'）。坤，地也，有妻臣之道焉（坤文云，地道也，妻道也，臣道也）。然則日象與乾同（日為君象），月象與坤同（月為臣象），故曰三五而盈，三五而闕。三五者，水一火二木三金四土五（此五行生數也），合其數為十五。滿十五而盈（月望也），盡十五而闕（月晦也）。既與坤道同象，總五行之氣，非地類而何（地亦總五行也）？與說卦參而求之，足表群陰之義。”問曰：“陽燧開而火出（陽燧者，五月丙午日午時，鑄銅錫為之，其形如鏡，舉之照日以艾燃，得其火也），陰鑒舉而水流（陰鑒者，用十一月壬子日子時鑄銅錫為之，其形如蚌殼，舉之照月，以物取之，得水者也）。則似月專於水矣。何以釋之？”答曰：“所言不專於水，豈謂全無水也？但其兼主諸陰，水亦在其中矣。舉陰鑒而得水，與掘地而得泉，何以異也？”問曰：“五行云：陽數奇，陰數偶。水一土五奇數，子云皆屬於陰，何也？”答曰：“水成數六，土成數十，然則水之與土，屬陽而終屬於陰，陰極則陽陽極則陰之義。”

七、論浙潮。漁翁問曰：“浙江之潮特大，何也？”答曰：“諸江淮河，發源皆遠，其水多（按楚江出岷山，淮出桐柏山，河出昆崙山）。江水既多，則海水入少。水入既少，其潮皆小也。而浙江發源獨近，其水少（浙江之源，近者三四百里，遠者不過千里）。江水既少，則海水入多。水入既多，故其潮特大也。”問曰：“潮來有頭，何也？”答曰：“地勢廣遠，垂入海中（今人見海岸謂之海際，非也。殊不知地勢漸低為海水所漫，其際不可見也）。地下則潮生（下音暇），潮生於地際自際湧，湧則蹙，蹙則奔，奔則有頭，水之常勢也。”漁翁問曰：“浙江之潮，或東或西，何也？”答曰：“夫水之性，攻其盈而流其虛。沙隨其流而積其虛。積而不已，變虛為盈。盈則受攻，終而復始。所以或東或西也。”問曰：“何故浙江之水，獨能攻其盈乎？”答曰：“大川皆然，非獨浙江也。凡水之回折之處，涯岸皆迭盈迭虛，或三十五十年而一變，水勢使之然也（今黃河及諸大川之岸皆有移易是也）。《易》曰‘地道變盈而流謙’，此之謂也。”

八、論氣水相周日月行運。漁翁問曰：“子言氣盛於下，則海溢而上。氣盛於上，則海斂而下。則是海之下有氣，從何理以知之？”答曰：“《抱朴子》云（葛洪所著書名）：‘從地向上，四千里之外，其氣剛勁，居物不落。’以此推之，則周天之氣皆剛，非獨地之上也。是知日月星辰，無物維持而不落者，乘剛氣故也。內物既不能出，而外物亦不能入。則日月星辰，雖從海下而回，莫得與水相涉（此言乃見盧氏所言出入於海衝擊而為潮之謬也）。若其海下無氣，則日月星辰，併入於水。按星月無光，假日光而明。若日夜入於水，則星月無由明矣。故知日居元氣之內，光常周遍於天。雖當夜半之時，天中亦不昏黑（日在上則光照下，在下則光照上，故雖通夜，光常遍於天，所以星月明也）。以斯知海之下，有氣必矣。故人之氣海，亦在水藏之下，其取象於天地焉（氣海在臍下）。”問曰：“海之下既有氣，海之邊際則如何？”答曰：“亦氣也（海之外，際無涯岸，皆剛氣捍其水，所謂周天之氣皆剛者也）。氣之外有天，天周於氣，氣周於水，水周於地，內地而外天，天地相將，形如雞卵（黃即地也，白即水也，膜即剛氣，殼即天也）。”問曰：“《虞書》謂東方之地曰暘谷，西方之地曰昧谷（《尚書·堯典》文也）。則似日之出入，皆從地穴中也。今子言日居元氣之內，而與《虞書》不同，何也？”答曰：“《易》離卦彖云：‘日月麗乎天。’麗，著也。言日月之行，附著於天也，則所言日居元氣之內，無乃是乎？而《虞書》所稱暘谷者，皆在九州之域，此乃指其所見而為言也。凡平地以望日出日入，皆如近在山谷間，故以谷言之耳。”問曰：“《周易》《虞書》，俱為正典，安知《易》是而《書》非乎？”答曰：“視日月之行，則知之矣。按日月右旋而天左轉，日月行遲而天轉速。故日月隨天皆西邁，非著天而何？故知《易》是也。”問曰：“前篇云日遲而月速，此云日月遲而天轉速，何也？”答曰：“日行三百六十六日而一周天，月行不及三十日而一周天。天則一日一夜而轉一周，是月行速於日，遲於天也。比日言之則月速，比天言之則月遲。與前篇非相矛盾也（矛盾者，相違背之辭。矛，槍也。盾，干杆也。今人謂之傍牌，事見《列子》）。”

九、論渾蓋軒宣諸天得失。漁翁問曰：“如子所謂，是用渾天為說也。蓋天、軒天、宣夜之是否，可得聞乎？”答曰：“此三者之說皆非（自古說天地之形者，都有七家：一曰渾天，二曰宣夜，三曰蓋天，四曰軒天，五曰穹天，六曰安天，七曰方天。諸說既繁，難以備舉。今略舉四者也)。蓋天者，言天形如車蓋也。軒天者，言天勢南低北軒也。宣夜者，言天唯空碧無形質也。唯渾天言天地之形如雞卵，北聳而南下（南小北大，故終日旋運而不離其所)。故北極常不沒，南極常不見。其轉如車軸（以車軸喻雞卵之轉，非真如車軸也)，日月星辰皆不回。故先儒皆以渾天為得也。”問曰：“何知渾天為得乎?”答曰：“按《周易》‘乾下坤上為泰’，其彖曰：‘天地交而萬物通也。’又‘震下坤上為復’，其彖曰：‘復其見天地之心，陽氣在下。’推此則見渾天之形也。昔張衡作渾天儀（儀者，狀貌之稱，鑄銅為之，雕鏤日月星辰於上)，於密室之中，以儀浮於水上，滴水而轉之，以視日出月沒，昏中曉中（正月之節，昏昴中，曉心中)，於室內唱之，與室外觀之，天不差晷刻。由是論，故知渾天為得也。”問曰：“何知蓋軒之屬非乎?”答曰：“彼蓋軒者，皆言天轉如磨盤，日月星俱北回。如人把火，夜行遠則不見。故先儒咸以其說為非也。凡把火夜行，漸遠漸小，然後不見。今日落之時尤大，故知非遠不見也。又以破鏡之狀，辯其日落之時，益見北回之謬。何以言之?若日落之時，如豎破鏡，即是日回於北。今日落之時，如橫破鏡，故知日入於下也。且月之生明，向日為始。若月從北明，即日回於北。今月從下起，得非日居其下乎（看月之初明，即日之所在)?是知蓋軒之論，無所取裁。在易卦，坤下乾上為否。”問：“宣夜之說，其理如何?”答曰：“亦非也。《易》曰：‘天行健（《周易》乾卦象辭)。’既稱行健，則有形矣。《道經》云：‘天無以清，將恐裂（老子五千言之文也)。’又史書每稱天開天裂（史書者，《史記》以下之通稱。漢孝惠二年天開東北二十餘丈)，天若無形，將何開裂?宣夜言天無形質，謬矣。”問曰：“天必有形，其形之外，可得聞乎?”答曰：“列子云：‘天地者，空中之一細物，有中之最巨者也。’然則天形之外，但空而無物。”漁翁問窮，作而喜曰：“問少得多，問潮聞汐，又聞天地之元理也，昭昭乎若夜之且曉，夢之醒矣。非奥學精識，其孰能臻此哉!”

——《全唐文》卷 899《邱光庭·海潮論（並序)》，第 9379—9386 頁。

毛勝《水族加恩簿》

令諮爾獨步王江殊（江瑤之文名），鼎鼐仙姿，瓊瑤紺體。天賦巨美，時稱絕佳。宜以流碧郡為靈淵國，追號玉柱仙君，稱海珍元年。令章邱大都督忠美侯滄浪頭（章舉），隱浪色奇，入甌稱最。杜口中郎將白中隱（車螯），負乃厚德，韜其雄姿。殊形中尉兼靈甘尹淡然子（蚶菜），體雖詭異，用實芳鮮。玉德公季遐（鰕魁），純潔內含，爽妙外濟。滄浪頭可靈淵國上相無比，白中隱可含珍大元帥豐甘上柱國兼脆尹。淡然子可天味大將軍遠勝王，季遐可清銷內相頡羹郡王。令多黃尉權行尺一令南寵（蠘），截然居海，天付巨材，宜授黃城監遠珍侯。復以爾專盤處士甲藏用（蝤蛑），素稱蠘副。眾許蟹師，宜授爽國公圓珍巨美功臣。復以爾甘黃州甲杖大使咸宜作解蘊中（蟹），足材腴妙，螯德充盈，宜授糟邱常侍兼美君。復以爾解微子（彭越），形質肖祖，風味專門，咀嚼謾陳，當置下列，宜授爾郎黃少相。令合州刺史仲扃（蛤蜊），重負雙宅，閉藏不發，既命之為含津令，升之為慤誠君矣。粉身功大，償之實難，宜授紫暉將軍甘鬆左右丞監試甘圓內史。令靈蛻先生（文），外無排脅之皴，內無鯁喉之亂，宜授紅鐺祭酒清腴館學士。令惟爾清臣（鱸），銷酲引興，鱗鬣之鄉，宜授橙齏錄事守招賢使使者。令珍曹必用郎中時充（鰣），鐺材本美，妙位無高，宜授諸衙效死軍使持節雅州諸軍事。令惟爾白圭夫子（鱭），貌則清臞，材極美俊，宜授骨鯁卿。令甘鼎（黿），究詳爾調鼎之材，咽舌潮津，宜封醉舌公。令甲拆翁（鱉），挾彈於中，巧也；負擔於外，禮也。介胄自防，不問寒暑，智也；步武懦緩，不逾規繩，仁也。故前以擐甲尚書榮其跡，顯其能，宜授金丸丞相九肋君。令長尾先生（鱟），惟吳越人以謂用先生治醬，華夏無敵，宜授典醬大夫仙衣使者。令元鎮（石首），區區枕石子孫，德甚富焉，宜授新美舍人。令和羹長朱子房（石決明），酒方沈酣，臭薰一座，挑箸少進，神明頓還。至於七孔賦形，治目為最，宜授懷奇令史。令甘盤校尉（烏賊），吐墨自衛，白事有聲，宜授噀墨將軍。令元介卿（龜），爾卜灼之效，吉凶了然，所主大矣，宜授通幽博士。令惟爾借眼公（水母），受體不全，兩相藉賴，宜授同體合用功臣左右衛駕海將軍。令李藏珍（真珠），照乘走盤，厥價不貲，斑希（玳瑁）裁簪制器，不在金銀珠玉之下，藏珍宜授圓輝隱士，斑希宜授點花使者。令房叔化（牡蠣），粉廁湯丸，裹護丹器，屈突通（梵響），振聲遠聞，可知佛樂。阮用光（研光螺），運體施功，物皆滑瑩。羅幼文（珂），類乎貝孫，點綴鞍勒，粲然可觀，小有文采。叔化可豪山太守樂藏監固濟，突通可曲沃郎梵響參軍攝玉塔金舍，用光可檢校大輝光宜充掌書記，幼文可馬衣丞。令惟爾田青（螺螄），微藏淺味，無所取材，世或烹調，以為怪品。申潔（蛙），蒼皮癮疹，矮股跳樑。江伯夷（鮾鮧），宋帝酷好，鰾則別名。屯江小尉（江豘），漁工得雋，亦號甘肥。田青授具體郎，申潔宜授濟饞都護行水樂令，伯夷宜授宋珍都尉南海詹事，屯江小尉宜授追風使試湯波太守。令以爾錦袍氏（鱖），骨疏肉緊，體具文章，宜授蘇腸御史仙盤游奕使。以爾李本（鯉），三十六鱗，大烹允尚，宜授跨仙君子世美公。以爾鮮於羹（鯽），斫鱠精妙，見稱杜陵，宜授輕薄使銀絲省饜德郎。以爾楚鮮（白魚），隱釜沈糟，價傾淮甸，宜授傾淮別駕。以爾縮項仙人（鯿），鬼腹星鱗，道亨襄漢，宜授槎頭刺史。以爾食寵侯（鱘鰉），支節斑駁，標緻高爽，宜授添廚太監。以爾單長福（鱓），曲直靡常，鮮載具美，宜授泥蟠掾。以爾管統（蔥管），省象菜伯，可備煎和，宜授長白侯同盤司箸局平章事。以爾備員居士（東崇），腥粗無狀，見取俗人，宜授煉身公子。以爾唐少連（崇連），池塘下格，代匱充庖，宜授保福軍節度使。令黃薦可（河魨），爾澤嫩可貴，然失於經治，敗傷厥毒，故世以醇疵隱士為爾之目，特授三德尉兼春榮小供奉。令新餐氏（鰒），爾療饑無術，清醉有材，莽新妖亂，臨盤肆餐，物以人污，百代寧洗，爾之得氏，累有由矣，宜特補輔庖生。令蓋頑，生乎泥沙，薄有可采，宜授表堅郎。

——《全唐文》卷899《毛勝・水族加恩簿》，第9387—9389頁。

朱閲《扶桑賦》

木臨大壑，名曰扶桑，厭洪波之萬里，在青帝之一方。受浩氣以生成，那倫眾木；挺仙才之秀麗，能戴朝陽。塵外風吟，天涯雨泣，山晴而瑞氣初動，海晚而潮痕乍濕。幾千歲月，標下界之無雙；迥拔榮枯，倚高空而獨立。霧折煙融，孤光在東，長迎旭日，先得春風。吾將原太極之意，考真宰之功。不產奇異，安分混同？物欲萌焉，我則與三才並起；田云化矣，我則與太樸無窮。卓出古今，莫逾貞固，當乾坤之上位，瞰魚龍之要路。至若玉漏聲殘，銀蟾影度。收人間之瞑色，未遍群山；聳海底之紅輪，先經此樹。露戢雲驚，珠懸焰生，雖淩厥熾，寧奪茲榮？豈若常材，隨大匠之雕刻；自如良輔，契吾君之聖明。巢之者不可得其窺，蠹之者不可得其噬；陽烏象擇木之狀，晴虹作掛弓之勢。名大天下，身高水際，掩彩翠於蟠桃，病虧盈於月桂。非海也不足以容其大，非日也不足以升其高，葉茂而雲垂霽景，根深而龍撼驚濤。卑沃焦於尺土，微鄧林以秋毫，巨影倒空而漠漠，寒聲吹夜以颼颼。靈境難尋，人寰罕測，性欺霜雪，心藏正直。故能齊眾甫而據滄溟，永佐東君之德。

——《全唐文》卷 901《朱閲·扶桑賦》，第 9397—9398 頁。

大海雖難計里，商舶慣者准知

諸部流派，生起不同，西國相承，大綱唯四。其間離分出没，部别名字，事非一致，如餘所論，此不繁述。故五天之地及南海諸洲，皆云四種尼迦耶。然其所欽，處有多少。摩揭陁則四部通習，有部最盛。羅荼、信度則少兼三部，乃至正量尤多。北方皆全有部，時逢大衆。南面則咸遵上座，餘部少存。東裔諸國，雜行四部。師子洲並皆上座，而大衆斥焉。然南海諸洲有十餘國，純唯根本有部，正量時欽，近日已來，少兼餘二。斯乃咸遵佛法，多是小乘，唯末羅遊少有大乘耳。

諸國周圍，或可百里，或數百里，或可百驛。大海雖難計里，商舶慣者准知。良爲掘倫初至交廣，遂使揔喚崑崙國焉。唯此崑崙，頭捲體黑，自餘諸國，與神州不殊。赤脚敢曼，揔是其式，廣如《南海録》中具述。驩州正南步行可餘半月，若乘船纔五六潮，即到匕景。南至占波，即是臨邑。此國多是正量，少兼有部。西南一月至跋南國，舊云扶南，先是裸國，人多事天，後乃佛法盛流。惡王今並除滅，迥無僧衆，外道雜居，斯即贍部南隅，非海洲也。

然東夏大綱，多行法護。關中諸處，僧祇舊兼。江南嶺表，有部先盛。而云《十誦》、《四分》者，多是取其經夾，以爲題目。詳觀四部之差，律儀殊異，重輕懸隔，開制迢然。出家之侶，各依部執，無宜取他輕事，替己重條，用自開文，見嫌餘制。若爾則部別之義不著，許遮之理莫分。豈得以其一身，遍行於四？裂裳金仗之喻，乃表證滅不殊。行法之徒，須依自部。其四部之中，大乘小乘區分不定。北天南海之郡，純是小乘。神州赤縣之鄉，意在大教。自餘諸處，大小雜行。

——《全唐文》卷914《義淨·南海寄歸內法傳序》，第9520—9523頁。

常暉《舟賦》

昔者帝軒，君臣道叶，刳木為舟，剡木為楫。洪水以之徑度，大川於焉利涉，疑夏日之初蓮，似秋風之落葉。動而必利其物，居而必虛其心。善蘭桂之得性，惡泥滓之陸沈。清流澈影，岸狹波深，直容與而孤運，非軌轍之能尋。動而何極，居而不測，以謙虛而受盈，尚樸素而思飾。為而不有，質而能力，不以克己辭於功，不以利物矜其德。夫潛行不離於水，有似智焉；虛已以濟於物，有似仁焉。不畏蛟龍之浦，不恥魚鱉之泉，任規模於匠者，隨物理之推遷。橫不測之流，無慚於勇決；指送歸之路，有類於神仙。爾其渡遼按甲，伏波受命，絕島如雲，長川似鏡。值衝風之颯起，引孤帆而高映。榜人奇唱，棹聲不一，赴海淩川，箭馳風疾，臨地角而長逝，望天涯而迴出。飄遙畫鷁，決孤影而排風；迢遞檣烏，轉危竿而就日。且夫履有常道，濟無不通，嘉守義於共伯，慚棄仁於衛公。安而不傾，得性江湖之上；悠哉獨運，托質浮沉之浪。為用也大，為德也廣，操楫則津女輕歌，畫土則廩君孤往。襄城帶其寶劍，神亭飛乎銀仗，惟傅岩之版築，臨巨川而長想。

——《全唐文》卷 953《常暉・舟賦》，第 9893—9894 頁。

常暉《大舟賦》

崇崇大舟，內谽谺而坑谷，外突兀以山邱。長百尋，受萬斛，淺淮泗，滯原陸。兀若簸大海以出鯨魚，邈如漂崑崙而橫地軸。及夫縱大壑，鼓雄風，疊高濤，肇蒼穹，連山業於天外，疾雷吼於地中。當此時也，忽然湧出，漫若乘空。挺無何之鄉，樹摩天之檣，檜楫不舉，雲帆高張。平林倏閃以藏沒，群島飛動而相望。兩儀混沌，萬象渺茫，崇山成秋毫，滿月猶隙光。一日二日，經岷峨而歷扶桑。外甚馳騖，中唯虛閒，所以望之者勢同累卵，居之者安如泰山。借如唐堯洪水，大浸桑田，包山上陵，刮地滔天。無巨舟矣，人其魚焉！有若漢武習戰，羽衛雲陳，鑿昆明者四十里，坐豫章者一萬人，夫其為大，與世殊倫。暨乎巨象初來，輪囷其貌；錙銖犀兕，蠛蠓貔豹，向非刻舟鑒其淺深，殆輕重而難較。岑彭西伐，杜預南征，千里江漢，三軍甲兵，若非廣艘宏舸，何以蜀滅吳平？稽前代之為用，信殊途而同軌。以古況今，相去遠矣！何者？我後無唐堯洪水，懲漢武昆池，笑魏家秤象，偃晉國興師。則大舟之用，殊於昔時。乃令守在海外，化漸無垠，浮三江以實倉廩，繞四溟以周乾坤。既而飛鳳詔，宣鴻恩，或西盡月窟，東臨朝暾，南國徂遊，北極馳奔，窮水路以適遠，為大舟之用存。

於戲！向者將遊萬里之外，滯一曲之內，故知德有所長，皆以拙於用大。今以濟渡為功，適天下而皆通，假其風水之力，不離江漢之中。向使移舟為人，以海為主，元首契合，大舟夾輔，則傅說之濟川同功，軒皇之刳木何取？客有扣舷而歌曰：“是舟也，非大匠則無以成，非大水則膠而傾，非大風則道不行。”此皆大匠之則，大海之德，一日千里者，風之力也。

——《全唐文》卷 953《常暉·大舟賦》，第 9894 頁。

《登天壇山望海日初出賦》

客有曉躡棱層，高山獨登，覽煙嵐之忽斂，見海日之初升。赫彩旁照，炎光上騰，影乍搖而滿目霞碎，波不動而長空血疑。由是倚危巒，立天壇，夜色既啟，炎精始團，赤氛上煥於雲路，朱輪乍碾於波瀾。照耀一海之中，剖開萍實；分明百丈之外，洗出金盤。浩渺無涯，瞳昽在望，高居崢嶸之頂，下視赫曦之狀。焚燃巨浸，浮沉奔浪，陽烏浴羽而載飛，羲和按轡而直上。不沉乎泉，將麗乎天，爍雲濤而有曜，類庭燎而無煙。赫赫光滿，規規質圓，才湧出於溟渤之底，已盡見乎岩嶺之巔。所以躋高峰，翫丹彩，明暗既分，升沉斯在。望若木之初出，疑槎泛於天河；想陰火之潛照，見焰燒於滄海。山水未遠，騰輝已殷，托高跡於巉崪之際，指大明於顧盼之間。湧上扶桑，謂蟠桃之有蕊；照出仙島，疑燭龍之映山。欻赫滿空，淵渟沃日，當銀漢而炫晃，泛金波以洋溢，巨鯨之冥目霍張，洪爐之鑄鏡飛出。及登乎軌度，射破氛霧，洗光華而不濕，沖塵埃而寧污。倚九天以照臨，見百川之奔赴，故遊者徙倚遐望，徘徊久駐。因物屬詞，媿升高而能賦。

——《全唐文》卷 960《闕名·登天壇山望海日初出賦》，第 9971 頁。

崔仁渷《新羅國故兩朝國師教謚朗空大師白月棲雲之塔碑銘》

大師法諱行寂，俗姓崔氏，其先周朝之尚父遐苗，齊國之丁公遠裔。其後使乎兔郡，留寓雞林，今為京萬河南人也。……大中九年，於福泉寺官壇受其具戒。……每於坐臥，只念游方。遂於咸通十一年，投入備朝使金公緊榮（闕一字）笑之心，備陳所志。金公情深傾蓋，許以同舟。無何，利涉大川，達於西岸。此際不遠千里，至於上都，尋蒙有司特具事由，奏聞天聽，降敕宜令左街寶堂寺孔雀子院安置。大師所喜神居駐足，勝境棲心。未幾降誕之辰，敕徵入內，懿宗皇帝遽宏至化，虔仰元風。問大師曰："遠涉滄溟，有何求事？"大師對敕曰："貧道幸獲觀風上國，問道中華。今日叨沐鴻恩，得窺盛事。所求遍遊靈跡，追尋赤水之珠；還耀吾鄉，更作青邱之印。"天子厚加寵賚，甚善其言，猶如法秀之逢晉文，曇鸞之對梁武，古今雖異，名德尤同。以後至五臺山，投花嚴寺，求感於文殊大聖。先上中台，忽遇神人，鬢眉皓爾，叩頭作禮，膜拜祈恩，謂大師曰："不易遠來，善哉佛子！莫淹此地，速向南方。認其五色之霜，必沐曇摩之雨。"

大師含悲頂別，漸次南行。乾符二年，至成都府，巡謁到靜眾精舍，禮無相大師影堂。大師新羅人也，因謁寫真，具聞遺美，為唐帝導師，元宗之師。同鄉唯恨異其時，後代所求追其跡。企聞石霜慶諸和尚，啟如來之室，演迦葉之宗，道樹之陰，禪流所聚。大師殷勤禮足，曲盡虔誠，仍棲方便之門，果得摩尼之寶。俄而追游衡岳，參知識之禪居；遠至曹溪，禮祖師之寶塔。傍東山之遐秀，采六葉之遺芳，四遠參尋，無方不到，雖觀空色，豈忘偏陲？以中和五年，來歸故國。時也至於崛嶺，重謁大師。大師云："且喜早歸，豈期相見。"後學各得其賜，念茲在茲，所以再托扉蓮，不離左右。中間忽攜瓶缽，重訪水雲。或錫飛於五嶽之初，暫棲天柱；或杯渡於三河之後，方住水精。至文德二年四月中，崛山大師寢疾。便往故山，精勤侍疾，至於歸化，付囑傳心者，惟在大師一人而已。……貞明元年春，大師遽攜禪眾，來至帝鄉，依前命南山實際寺安之。……至明年春二月初，大師覺其不悆，稱染微痾。至十二日詰旦，告眾曰："生也有涯，吾將行矣！守而勿失，汝等勉旃。"趺坐繩床，儼然就滅。報齡八十五，僧臘六十一。

——《全唐文》卷 1000《崔仁渷·新羅國故兩朝國師教謚朗空大師白月棲雲之塔碑銘》，第 10358—10361 頁。

錢鏐《祭潮神禱詞》

六丁神君，玉女陰神，從官兵六千萬人，鏐以此丹羽之矢，射蛟滅怪，渴海枯淵，千精百鬼。勿使妄干。唯願神君，佐我助我，令我功行早就。

——《全唐文·唐文拾遺》卷 2《錢鏐·祭潮神禱詞》，第 10490 頁。

崔致遠《有唐新羅國故知異山雙溪寺教謚真鑒禪師碑銘（並序）》

夫道不遠人，人無異國，是以東人之子，為釋為儒，□也西浮大洋，重譯從學，……禪師法諱慧昭，俗姓崔氏，其先漢族，冠蓋山東，隋師□遼，多沒驪貊，有降志而為遐甿者。爰及聖唐，囊括四郡，今為全州金馬人也。父曰昌元，在家有出家之行。母顧氏，嘗晝假寐，夢一梵僧謂之曰："吾願為阿孁之子。"因以琉璃罌為寄，未幾娠禪師焉。生而不啼，乃夙挺銷聲息言之勝牙也。既齔從戲，必焚葉為香，採花為供，或西向危坐，移晷未嘗動容，是知善本固百千劫前所栽植，非可跂而及者。自丱□弁，志切反哺，跬步不忘。而家無斗儲，又無尺壤可盜天時者，口腹之養，惟力是視。乃裨販娵隅，為贍滑甘之業。手非勞於結網，心已契於忘筌，能豐啜菽之資，允葉采蘭之詠。暨鍾蘬棘，負土成墳，乃曰："鞠育之恩，聊將力報，希微之旨，盍以心求，吾豈匏瓜，壯齡滯跡。"遂於貞元廿年，詣歲貢使，求為榜人，寓足西泛，多能□事，視險如夷，揮楫慈航，超截苦海。及達彼岸，告國使曰："人各有志，請從此辭。"遂行至滄州，謁神鑒大師。投體方半，大師怡然曰："戲別匪遙，喜再相遇。"遽令削染，頓受印契，若火沾燥艾，水注卑遼然。徒中相謂曰："東方聖人，於此復見。"禪師形皃黯然，眾不名而目為黑頭陀……元和五年，受具於嵩山少林寺琉璃壇，則聖善前夢，宛若合符。既瑩戒珠，復歸横海，聞一知十，茜絳藍青，雖止水澄心，而斷雲浪跡。粵有鄉僧道義，先訪道於華夏，邂逅適願，西南得朋，四遠參尋，證佛知見。義公前歸故國，禪師即入終南。登萬仞之峰，餌松實而止觀，寂寂者三年。後出紫閣，當四達之道，織芒屩而廣施，憧憧者又三年。

於是苦行既已修，他方亦已遊，雖曰觀空，豈能忘本，乃於大和四年來歸。大觉上乘，昭我仁域，兴德大王飞凤笔迎劳曰："道义禅师艘压橹梗上人继至，为二菩萨，昔闻黑衣之杰，今见缕褐之英，弥天慈威，举国欣赖，寡人行当以东鸡林之境，成吉祥之宅也。"始憩锡于尚州露岳长柏寺，医门多病，来者如雲。方丈虽宽，物情自隘，遂步至康州知异山……

大中四年正月九日詰旦，告門人曰："萬法皆空，吾將行矣，一心為本，汝等勉之，無以塔藏形，無以銘紀跡。"言竟坐滅，報年七十有七，積夏四十一。

——《全唐文・唐文拾遺》卷44《崔致遠・有唐新羅國故知異山雙溪寺教諡真鑒禪師碑銘（並序）》，第10864—10867頁。

崔致遠《有唐新羅國故兩朝國師教諡大朗慧和尚白月葆光之塔碑銘並序》

帝唐剪亂，以武功易元，以文德之年暢月，月蘸之七日，日蘸咸池，時海東兩朝國師禪和尚盥浴已，趺坐示滅。國中人如喪左右目，矧門下諸弟子乎！嗚呼！應東身者八十九春，服西戎者六十五夏，去世三日，倚繩座儼然，面如生。門人詢乂等，號奉遺體，假殯禪室中。上聞之震悼，使馹吊以書，賻以穀，所以資淨供而贍元福。

越二年，攻石封層冢，聲聞玉京，菩薩戒弟子武州都督蘇判鎰、執事侍郎寬柔、貝江都護威雄、全州別駕英雄，皆王孫也。維城輔君德，險道賴師恩，何必出家，然後入室。遂與門人昭元大德釋通賢、四天王寺上座釋慎符議曰："師云亡，君為慟，奈何吾儕忍灰心木舌，鼓緣飾在弍之義乎?"乃白黑相應，請贈諡暨銘塔。教曰："可。"旋命王孫夏官正卿禹珪，召桂菀行人侍御史崔致遠至蓬萊宮，因得並琪樹，上瑤墀，跽俟命珠箔外。上曰："故聖住大師，真一佛出世，昔文考康王咸師事，福國家為日久。余始克纘承，願繼餘先志，而天不慭遺，益用悼厥心。余以有大行者授大名，故追諡曰大朗慧，塔曰白月葆光。"……

於是乎管述曰：……我大師其人也，法號無染，于圓覺祖師為十世孫。俗姓金氏，以武烈大王為八代祖。……九歲始鼓篋，目所覽，口必誦，人稱曰海東神童。跨一星終，有隘九流意入道……遂零染雪山五色石寺，口精嘗藥，力銳補天。有法性禪師，嘗扣楞伽門於中夏者。大師師事數年，撢索無孑遺。性歎曰："迅足駸駸，後發前至，吾於子驗之。吾心爽矣，無餘勇可賈於子矣，如子者宜西也。"大師曰："惟夜繩易惑，空縷難分，魚非緣木可求，兔非守株可待。故師所教，已所悟，互有所長，苟珠火斯來，則蜯燧可弃。凡志于道者，何常師之有。"尋迻去，問驃訶健拏于浮石山釋燈大德，曰："敵三十夫，藍茜沮本色，顧坳杯之譬日，東面而望，不見西牆，彼岸不遙，何必懷土。”遽出山，並海覗西泛之緣。

會國使歸瑞節象魏下，侂足而西。及大洋中，風濤欻顛怒，巨艑壞人，不可復振。大師與心友道亮，跨只板，恣業風通星。半月餘，飄至劍山島，爬行之碕上，悵然甚久，曰：“魚腹中幸得脱身，龍頷下庶幾攙手，我心匪石，其退轉乎？”洎長慶初，朝正王子昕艤舟唐恩浦，請寫載，許焉。既達之罘山麓，顧先難後易，土揖海若曰：“戰風珍重，鯨浪好魔。”行至大興城南山至相寺，遇說雜花者，猶在浮石時。有一毉顔耆年言提之曰：“遠欲取諸物，孰與認而佛。”大師舌底大悟，自是置翰墨，遊歷佛光寺，問道如滿。滿佩江西印，為香山白尚書樂天空門友者，而應對有慚色，曰：“吾閲人多矣，罕有如是新羅子。他日中國失禪，將問之東夷耶？”去謁麻谷寶澈和尚，服勤無所擇，人所難，已心易，眾目曰禪門庾異行。澈公賢苦節，嘗一日告之曰：“昔吾師馬和尚語我曰：‘春花繁，秋實寡，攀道樹者所悲吒。今授若印，異日徒中有奇功可封者封之，無使刓。’復云：‘東流之說，蓋出鉤讖，則彼日出處，善男子根殆熟矣。若若得東人可目語者畎道之，俾惠水丕冒於海隅，為德非淺。’師言在耳，吾善若徠，今印焉，俾冠禪侯於東土，往欽哉！則我當年作江西大兒，後世為海東大父，其無慚先師矣乎！”居無何，□師化去，墨巾離首，乃曰：“筏既舍矣，舟何系焉！”自爾浪遊，飄飄然勢不可遏，志不可奪。于渡汾水，登崞山，跡之古必尋，僧之真必詣。凡所止舍，遠人煙火，要在安其危，甘其苦……會昌五年來歸，帝命也。國人相慶曰：“連城璧復還，天實為之，地有幸也。”自是請益者，所至稻麻矣。入王城省母，社大歡喜曰：“顧吾疇昔夢，乃非優曇之一顯耶？願度來世，吾不復撓倚門之念也。”已矣，乃北行，擬回選終焉之所。

——《全唐文·唐文拾遺》卷44《崔致遠·有唐新羅國故兩朝國師教謚大朗慧和尚白月葆光之塔碑銘並序》，第10867—10870頁。

新羅文武王金法敏《報薛仁貴書》

我先王於貞觀二十三年入朝，面奉太宗文皇帝恩敕：“朕今伐高麗，非有他故，憐你新羅攝乎兩國，每被侵陵，靡有寧歲。我平定兩國，平壤已南百濟土地，並乞你新羅，永為安逸。”新羅百姓具聞恩敕，人人思奮。大事未終，文帝先崩。今帝踐祚，復繼前恩，頻蒙慈造，兄弟及兒，懷金拖紫，榮寵之極，夐古未有，粉身碎骨，望報萬一。

至顯慶五年，聖上感先志之未終，成曩日之遺緒，命將徂征，大發船兵。先王年衰力弱，不堪行軍，追感前恩，勉強至於界首，遣其領兵應接大軍，水陸俱進，共平一國。蘇大總管留漢兵一萬，新羅亦遣弟仁泰領兵七千，同鎮熊津。大軍回後，賊臣福信起於河西，取集餘燼，圍逼府城，先破外柵，總奪軍資，復攻府城，幾將陷沒。又於府城側近，四處作城圍守。某領兵往赴，以解其圍，遂破賊城，復運糧餉，使一萬漢兵免虎吻之危。……至龍朔三年，總管孫仁師領兵來救府城，我兵亦發，同至同留城下。時倭人來助百濟，兵船千艘，泊於白沙，百濟精騎，陣於岸上。我以驍騎，先破岸陣，周留失膽，遂即降下。南方已定，回軍北伐，任存一城，執迷不降，我軍欲還。杜大夫承敕欲與百濟共盟，我謂百濟奸詐，反覆百端，今雖共盟，後恐有悔，奏請停盟。至麟德元年，復降嚴敕。盟會之事，雖非所願，不敢違敕，乃於就利山築壇，對敕使劉仁願歃血相盟，山河為誓，畫界立封，永為疆界。

至乾封二年，聞大總管英國公征遼。某往漢山州，遣兵集於界首。……至乾封三年，遣太監金寶嘉入海，稟英公約束，我來赴集平壤。至五月，劉右相來。繼發兵馬，同赴平壤，某亦往漢城州點檢兵馬。此時蕃漢諸軍，總集蛇水，男建出兵，欲決一戰。我兵獨為前鋒，先破大陣，平壤城中，挫鋒縮氣。英公更取我國驍騎五百人，先入城門，遂破平壤，克成大功。我兵士並云：“征伐已經九年，人力殫盡，兩國之平，今日乃成，必當國蒙盡忠之恩，人受效力之賞。”英公乃謂我軍前失軍期，及其入朝，反謂我兵無功。又早克之城，本是我國之地，陷於高麗三十餘年，今還得之，置官以守，又以此城歸於高麗。

夫我國自平百濟，迄定高麗，盡忠效力，不負天朝，未知何故，一朝見絕。至總章元年，百濟渝盟，越境侵犯，又致書云：“天朝修理戰艦，外托征倭，欲伐新羅。”至咸亨元年六月，高麗謀叛，以殲留鎮朝官。我欲發兵，先報熊津云：“高麗既叛，不可不伐。”百濟司馬禰軍來云：“發兵即恐彼此相疑，宜令兩國互相交質。”至七月，入朝使金欽純等至，將百濟舊地，總令割還。曾未數年，一與一奪，我國臣民，罔不失望。去年九月，具事奏聞，遭風未達。後百濟構釁，誣我反叛，前失貴臣之心，後被百濟之譖，進退惟谷，未申忠款。

使人琳潤至，辱書，仰承總管犯冒風波，遠來海外，理須發使郊迎，致其牛酒。遠居異城，未獲致禮，披讀來書，專以我國稱為叛逆，既非本心，惕然驚懼。今略陳冤枉，具錄無叛。太陽雖不回光，葵藿猶懷向日。總管稟英雄之秀氣，抱將相之高材，天兵未出，先問元由，緣此來書，敢陳不叛。請加商量，具狀申奏。

——《全唐文·唐文拾遺》卷 68《新羅文武王金法敏·報薛仁貴書》，第 11124—11127 頁。

金柱弼《請牒傍海州縣任新羅良口歸國奏》

先蒙恩敕，禁賣良口，使任從所適。有老弱者，栖栖無家，多寄傍海村鄉，願歸無路。伏乞牒諸道傍海州縣，每有船次，便賜任歸，不令州縣制約。

——《全唐文·唐文拾遺》卷 68《金柱弼·請牒傍海州縣任新羅良口歸國奏》，第 11133 頁。

金穎《新羅國武州迦智山寶林寺諡普照禪師靈塔碑銘》

聞夫禪境元寂，正覺希夷……禪師諱體澄，宗姓金，熊津人也。……登齠齔之歲，永懷舍俗之緣。……投花山勸法師座下，聽□為業……至開成二年丁巳，與同學真育、虛會等，路出滄波，西入華夏。参善知識，歷三五州，知其法界嗜欲共同，性相無異。乃曰："祖師所說，無以為加，何勞遠適，止足意興。"五年春二月，隨平盧使歸舊國化故鄉。於是檀越傾心，釋教繼踵，百川之朝黿壑，群領之宗鷲山，未足為喻也。遂次武州黄壑蘭若，時大中十三祀，龍集於析木之津，憲安大王即位之後年也。……廣明元年三月九日，告諸依止曰："吾今生報業盡，就木兆成。汝等當善護持，無至隳怠。"至孟夏中旬二日，雷電一山，自西至戌。十三日子夜，上方地震，及天曉，右脅臥終。享齡七十有七，僧臘五十二。

——《全唐文·唐文拾遺》卷68《金穎·新羅國武州迦智山寶林寺諡普照禪師靈塔碑銘》，第11133—11135頁。

庾黔弼《上高麗王王建書》

臣雖負罪在貶，聞甄萱侵我海鄉，臣已選本島及包乙島丁壯，以充軍隊，又修戰艦以禦之，願上勿憂。

——《全唐文·唐文拾遺》卷69《庾黔弼·上高麗王王建書》，第11138頁。

崔彦撝《有唐高麗國海州須彌山廣照寺故教謚真澈禪師寶月乘空之塔碑銘》

昔者肉身菩薩惠可禪師，每聞老生談天竺吾師夫子達摩大師，乃總持之林菀，不二之川澤也。……大師法諱利嚴，俗姓金氏，其先雞林人也。……中和六年，受具足戒於本寺道堅律師。既而油鉢無傾，浮囊不漏，桑門記位，不唯守夏之勤；草系懸心，寧止終年之懇。其後情深問道，志在觀□，結瓶下山，飛錫沿海。乾寧三年，忽過入浙。後崔藝熙大夫方將西泛，侂跡而西，所以高懸雲帆，遽超雪浪。不銷數日，得抵鄞江。於時企聞雲居道膺大師，禪門之法胤也，不遠千里，直詣元關。大師謂曰：“曾別匪遙，再逢何早？”師對云：“未曾親侍，寧導復來？”大師默而許之，潛愜元契。所以服勤六載，寒苦彌堅。大師謂曰：“道不遠人，人能宏道，東山之旨，不在他人，法之中興，唯我與汝。吾道東矣，念兹在兹。”師不勞圯上之期，潛受法王之印，以後嶺南河北，巡禮其六窣堵波；湖外江西，遍參其諸善知識。……十二年，途出沙火，得至遵岑，永同郡南，靈覺山北，尋謀駐足，乍此踟躕，緇素聞風歸心者眾矣。……清泰三年八月十七中夜，順化於當寺法堂，俗年六十有七，僧臘四十有八。

——《全唐文·唐文拾遺》卷69《崔彦撝·有唐高麗國海州須彌山廣照寺故教謚真澈禪師寶月乘空之塔碑銘》，第11139—11141頁。

崔彥撝《有晉高麗中原府故開天山淨土寺教諡法鏡大師慈燈之塔碑銘（並序）》

原夫曉月遐升，照雪於四方之外；春風廣被，揚塵於千嶺之旁。然則木星著明，散發生之元霧；青暈回耀，浮芳序之法雲。……

大師法諱元暉，俗姓李氏……遠祖初自聖唐，遠征遼左，從軍到此，苦役忘歸，今為全州南原人也。……乾寧五年，受具於伽邪山寺。即而戒珠更淨……天祐三年，獨行沿海，尋遇乘槎之者，請以俱西。以此寓載淩洋，達於彼岸。邐迤西上，行道遲遲。路出東陽，經過彭澤，遂至九峰山下，虔謁道乾大師。廣庭望座，膜拜方半，大師問曰："闍梨頭白?"對曰："元暉目不知闍梨，自己為什勿不知。"對曰："自己頭不白，追思別汝，稍似無多，寧期此中。"更以相遇，所喜升堂睹奧，入室能禪，才留一旬，密付心要。……其後況復北抵幽燕，西致邛蜀，或假徒諸道，或偷路百城。

以此偶到四明，忽逢三島，只齎音信，至自東方。竊承本國祁山霧收，漸海波息，皆銷外難，再致中興。乃於同光二年，來歸舊國，國人相慶，歡響動天。可謂交趾珠還，趙邦璧返，唯知優曇一現，摩勒重榮。上乃特遣使臣，奉迎郊外，寵榮之盛，冠絕當時。……天福六年十一月二十六日，……竟坐滅，俗年六十有三，僧臘四十有一。

——《全唐文·唐文拾遺》卷69《崔彥撝·有晉高麗中原府故開天山淨土寺教諡法鏡大師慈燈之塔碑銘（並序）》，第11141—11145頁。

崔彥撝《高麗國彌智山菩提寺故教諡大鏡大師元機之塔碑銘（並序）》

釋氏之宗，其來久矣。……大師法諱麗嚴，俗姓金氏，其先雞林也。遠祖出於華冑，蕃衍王城，其後隨宦西征，徙居藍浦。……年登九歲，志切離塵。父母不阻所求，便令削染，往無量壽寺，投住宗法師……廣明元年，始具大戒，……大師師事殷勤，服膺數歲，由是擲守株之志，抛緣木之心，挈瓶下山，沿其西海，乘查之客，邂逅相逢，托足而西，滥淩巨浸，珍重夷洲之浪，直沖禹穴之煙。……以同光七年十一月二十八日示疾，明年二月十七日善化於法堂，春秋六十有九，僧臘五十。

——《全唐文·唐文拾遺》卷 69《崔彦撝·高丽国弥智山菩提寺故教谥大镜大师元机之塔碑铭（并序)》，第 11145—11147 頁。

吳顗《送最澄上人還日本國詩序》

過去諸佛，為求法故，或碎身如塵，或捐軀強虎，嘗聞其説，今睹其人。日本沙門最澄宿植善根，早知幻影，處世界而不著，等虛空而不凝。於有為而證無為，在煩惱而得解脱。聞中國故大師智顗，傳如來心印於天臺山，遂齎黄金，涉巨海，不憚滔天之駭浪，不怖映日之驚鰲，外其身而身存，思其法而法得。大哉其求法也！以貞元二十年九月二十六日，臻於臨海郡，謁太守陸公，獻金十五兩、築紫斐紙二百張、築紫筆二管、築紫墨四挺、刀子一、加斑組二、火鐵二、加火石八、蘭木九、水精珠一貫。陸公精孔門之奥旨，藴經國之宏才，清比冰囊，明逾霜月。以紙等九物，達於庶使，返金于師。師譯言請貨金貿紙，用以書《天臺止觀》。陸公從之，乃命大師門人之裔哲曰道邃，集工寫之，逾月而畢。邃公亦開宗指審焉。最澄忻然瞻仰，作禮而去。三月初吉，遐方景濃，酌新茗以餞行，對春風以送遠。上人還國謁奏，知我唐聖君之御宇也。貞元二十年三月巳日，台州司馬吳顗敘。

——《全唐文·唐文續拾》卷 5《吳顗·送最澄上人還日本國詩序》，第 11223—11224 頁。

管原道真《請令諸公卿議定遣唐使進止狀》

謹案在唐僧中瓘，去年三月附商客王訥等，所到之錄記大唐凋弊，載之具矣。更告不朝之問，終停入唐之人。中瓘雖區區之旋僧，為聖朝盡其誠，代馬越鳥，豈非習性。臣等伏檢舊記，度度使等或有渡海不堪命者，或有遭賊遂亡身者，唯未見至唐有難阻饑寒之悲。如中瓘所申報，未然之事，推而可知。臣等伏願以中瓘錄記之狀，遍下公卿博士詳被，定其可否。國之大事，不獨為身，且陳款誠，伏請處分。寬平六年九月十四日。

——《全唐文·唐文續拾》卷 16《管原道真·請令諸公卿議定遣唐使進止狀》，第 11349 頁。

《張説集》

雷州大首領之女羅州大首領之妻

潁川郡太夫人者，諱某，字某，雷州大首領陳玄之女，羅州大首領楊曆之妻，驃騎大將軍兼左驍騎（大將軍）虢國公思勗之母。陳氏家富兵甲，世首嶠外，夫人誕靈豪右，淑問幽閑。六行天至，不因師氏之學；四德生知，無待公宫之教。原夫陳本嬀水，楊承赤泉，九貞爲郡，良史出乎中國；五馬浮江，僑人占乎南海。兩州接畛，二門齊望，卜妻鳴鳳，擇對乘龍。楊公有聘玉之祥，應姬獲探金之慶。虢公弱冠昇仕，鞠躬禁闈，正性本乎胎教，剛腸形乎義色。神龍三年七月五日，北軍作難，西華失守，騎入宫壼，兵纓御樓，公孤劍凌鋒，群兇奪氣，倉卒之際，安危是屬。既立殊常之勳，遂蒙超次之命，授銀青光禄大夫、上柱國、弘農縣公，行内常侍。其後改拜將軍，太夫人是加爵邑。高堂九仞，重禄萬鍾，朝廷美其揚名，州黨尊其遠聽。夫人富而好儉，貴而能勤，身却錦繡，手親紡績。公每昏定晨省，夫人必誡之忠孝，勸學文武。嘗謂汝稱思勗，當心念其義，父母名之，欲汝三思而勗勵也。故虢公便習干戈，漁獵書史，致命伐罪，擒叛獠於百越；寫誠誓衆，破狂蠻於五溪。鬬子弟如使手足，請風雷若應期契。聖朝答高秩於驃騎，酬大封於虢略，豈非以辭第之懇忠，成斷織之明訓？臣節立矣，君恩厚矣，子孝成矣，母慈著矣。備此四者，善孰加焉？抑神道祐心，而人倫興行，詩曰：母氏聖善。又曰：宜爾子孫。斯實潁川太君之有也。享年若干，開元九年四月八日，薨於長安之翊善里。先公早世，丘墳故域，古無合葬，禮有從宜。夫以體歸下地，萬里豈殊乎黄壤；魂何不之，雙棺幸同於玄室，以其年十一月十六日，招魂祔葬於萬年縣龍首鄉神鹿里，申孝子不忍隔親之情也。恩敕賜錢十萬，絹布皆百段。日磾忠厚，漢武知其母教；馮勤寵貴，世祖稱其母德。克軫天情，頗爲連類。虢公生盡其禮，歿盡其哀，嗟閱水之日逝，懼藏山之夜徙，追鏤碑板，遠貽圖傳。蒸蒸至意，有足感人；悾悾信言，固無愧色。銘曰：

陳公舜後，楊侯周裔，去國何人，南遷幾世。鄙浸嶂表，珠崖海際，兩族相京，財雄兵鋭。猗歟邦媛，儷兹國士，友若琴瑟，華如桃李。心契法度，容和愠喜。資敬從夫，移忠訓子。嘉此令子，南溟北歸，於天鶴唳，拔湔鴻飛。朱宫退敵，銅柱來威，國安家寵，魚軒翟衣。子封虢國，五公前宇，母邑潁川，二君舊土。感激榮慶，踟蹰今古，高堂夜空，吊客朝聚。龍首山前，前臨灞川，招魂五嶺，合葬三泉。山山丘墓，樹樹風烟，孝碑不滅，慈墳永傳。

——《張説集校注》卷21《碑·潁川郡太夫人陳氏（神道）碑（銘並序）》，第1044—1046頁

《韓愈文集》

蠻胡賈人，舶交海中

《送鄭權尚書序》：嶺之南，其州七十，其二十二隸嶺南節度府。其四十餘分四府，府各置帥，然獨嶺南節度爲大府。大府始至，四府必使其佐啓問起居，謝守地不得即賀以爲禮。歲時必遣賀問，致水土物。大府帥或道過其府，府帥必戎服，左握刀，右屬弓矢，帕首袴鞾，迎于郊。及既至，大府帥先入據館。帥守屏，若將趨入拜庭之爲者。大府與之爲讓，至一至再，乃敢改服以賓主見。適位、執爵皆興拜，不許乃止。虔若小侯之事大國。有大事，咨而後行。隸府之州離府遠者至三千里，懸隔山海，使必數月而後能至。蠻夷悍輕，易怨以變。其南州皆岸大海，多洲島，颿風一日踔數千里，漫瀾不見蹤跡。控御失所，依險阻，結黨仇，機毒矢以待將吏。撞搪呼號，以相和應。蜂屯蟻雜，不可爬梳。好則人，怒則獸。故常薄其征入，簡節而疎目。時有所遺漏，不究切之，長養以兒子。至紛不可治，乃草薙而禽獮之，盡根株痛斷乃止。其海外雜國若躭浮羅、流求、毛人，夷、亶之州，林邑、扶南、真臘、干陀利之屬，東南際天地以萬數，或時候風潮朝貢。蠻胡賈人，舶交海中。若嶺南帥得其人，則一邊盡治，不相寇盜賊殺。無風魚之災，水旱癘毒之患。外國之貨日至，珠香象犀玳瑁奇物溢於中國，不可勝用。故選帥常重於他鎮，非有文武威風知大體可畏信者，則不幸往往有事。

長慶三年四月，以工部尚書鄭公爲刑部尚書兼御史大夫，往踐其任。鄭公嘗以節鎮襄陽，又帥滄景德棣，歷河南尹、華州刺史，皆有功德可稱道。入朝爲金吾將軍、散騎常侍，工部侍郎、尚書。家屬百人，無數畝之宅，僦屋以居。可謂貴而能貧，爲仁者不富之效也。及是命，朝廷莫不悦。將行，公卿大夫士苟能詩者咸相率爲詩，以美朝政，以慰公南行之思。韻必以來字者，所以祝公成政而來歸疾也。

——《韓愈文集彙校箋注》卷 11《送鄭權尚書序》，第 1205—1206 頁。

《南海神廟碑》

海於天地間爲物最鉅，自三代聖王，莫不祀事。考於傳記，而南海神次最貴，在北東西三神河伯之上，號爲祝融。天寶中，天子以爲古爵莫貴於公侯，故海岳之祀，犧幣之數，放而依之，所以致崇極於大神。今王亦爵也，而禮海岳尚循公侯之事，虛王儀而不用，非致崇極之意也。由是册尊南海爲廣利王，祝號祭式，與次俱升。因其故廟，易而新之，在今廣州治之東南，海道八十里，扶胥之口，黄木之灣。常以立夏氣至，命廣州刺史行事祠下，事訖驛聞。而刺史常節度五嶺諸軍，仍觀察其郡邑，於南方事無所不統，地大以遠，故常選用重人。既貴而富，且不習海事。又當祀時，海常多大風。將往，皆憂戚；既進，觀顧怖悸。故常以疾爲解，而委事於其副，其來已久。故明宫齋廬，上雨旁風，無所蓋障；牲酒瘠酸，取具臨時；水陸之品，狼籍籩豆；薦裸興俯，不中儀式；吏滋不恭，神不顧享。盲風怪雨，發作無節，人蒙其害。

元和十二年，始詔用前尚書右丞國子祭酒魯國孔公爲廣州刺史，兼御史大夫，以殿南服。公正直方嚴，中心樂易，祇慎所職。治人以明，事神以誠。内外單盡，不爲表襮。至州之明年，將夏，祝册自京師至，吏以時告。公乃齋祓視册，誓羣有司。曰：“册有皇帝名，乃上所自署。且其文曰：‘嗣天子某謹遣某官某敬祭。’其恭且嚴如是。敢有不承！明日，吾將宿廟下，以供晨事。”明日，吏以風雨白，不聽。於是州府文武吏士凡百數，交謁更諫，皆揖而退。公遂陞舟，風雨少弛，櫂夫奏功。雲陰解駮，日光穿漏，波伏不興。省牲之夕，載暘載陰。將事之夜，天地開除，月星明概。五鼓既作，牽牛正中。公乃盛服執笏，以入即事。文武賓屬，俯首聽位，各執其職。牲肥酒香，樽爵淨潔，降登有數，神具醉飽。海之百靈祕怪，慌惚畢出，蜿蜿虵虵，來享飲食。闔廟旋艫，祥飈送颿，旗纛旄麾，飛揚晻藹。鐃鼓嘲轟，高管嗷譟，武夫奮棹，工師唱和。穹龜長魚，踊躍後先，乾端坤倪，軒豁呈露。祀之之歲，風災熄滅。人厭魚蟹，五穀胥熟。明年祀歸，又廣廟宮而大之，治其庭壇，改作東西兩序，齋庖之房，百用具脩。明年其時，公又固往，不懈益虔。歲仍大和，耋艾歌詠。

始公之至，盡除他名之稅，罷衣食於官之可去者。四方之使，不以資交，以身爲帥。燕享有時，賞與以節。公藏私畜，上下與足。於是免屬州負逋之緡錢廿有四萬，米三萬二千斛。賦金之州，耗金一歲八百，困不能償，皆以丐之。加嶺南守長之俸，誅其尤無良不聽令者，由是皆自重慎法。人士之落南不能歸者，與流徙之胄百廿八族，用其才良，而廩其無告者。其女子可嫁者，與之錢財，令無失時。刑德並流，方地數千里，不識盜賊。山行海宿，不擇處所。事神治人，其可謂備至耳矣。咸願刻廟石，以著厥美，而繫以詩。乃作詩曰：

南海陰墟，祝融之宅，即祀于旁，帝命南伯。吏惰不躬，正自今公，明用享錫，右我家邦。惟明天子，惟慎厥使，我公在官，神人致喜。海嶺之陬，既足既濡，胡不均弘，俾執事樞？公行勿遲，公無遽歸，匪我私公，神人具依。

——《韓愈文集彙校箋注》卷 21《南海神廟碑》，第 2245—2247 頁。

孔戣與歲貢蕃舶諸事

孔子之後三十八世有孫曰戣，字君嚴，事唐爲尚書左丞。年七十三，三上書去官。天子以爲禮部尚書，禄之終身，而不敢煩以政。吏部侍郎韓愈常賢其能，謂曰：“公尚壯，上三留，奚去之果?”曰：“吾敢要吾君? 年至，一宜去；吾爲左丞，不能進退郎官，唯相之爲，二宜去。”愈又曰：“古之老於鄉者，將自佚，非自苦。閭井田宅具在，親戚之不仕與倦而歸者，不在東阡在北陌，可杖屨來往也。今異於是，公誰與居? 且公雖貴而無留資，何恃而歸?”曰：“吾負二宜去，尚奚顧子言?”愈面歎曰：“公於是乎賢遠於人!”明日奏疏曰：“臣與孔戣同在南省，數與相見。戣爲人守節清苦，議論正平。年纔七十，筋力耳目未覺衰老。憂國忘家，用意至到。如戣輩，在朝不過三數人，陛下不宜苟順其求，不留自助也。”不報。明年長慶四年正月己未，公年七十四，告薨於家。贈兵部尚書。

始以進士佐三府，官至殿中侍御史。元和元年以大理正徵，累遷江州刺史、諫議大夫。事有害於正者，無所不言。加皇太子侍讀，改給事中。言京兆尹阿縱罪人，詔奪京兆尹三月之俸。權知尚書右丞，明年拜右丞，改華州刺史。明州歲貢海蟲淡菜、蛤、蚶可食之屬，自海抵京師，道路水陸遞夫，積功歲爲四十三萬六千人。奏疏罷之。下邽令笞外按小兒，繫御史獄，公上疏理之，詔釋下邽令。行自華州刺史爲大理卿。十二年，自國子祭酒拜御史大夫、嶺南節度等使。約以取足，境内諸州負錢至二百萬，悉放不收。蕃舶之至，泊步有下碇之税；始至有閱貨之燕。犀珠磊落，賄及僕隸，公皆罷之。絶海之商有死于吾地者，官藏其貨，滿三月，無妻子之請者，盡没有之。公曰：“海道以年計往復，何日月之拘! 苟有驗者，悉推與之，無筭遠近。”厚守宰俸，而嚴其法。嶺南以口爲貨，其荒阻處，父子相縛爲奴，公一禁之。有隨公之吏得無名兒，蓄不言官，有訟者，公召殺之。山谷諸黄世自聚爲豪，觀吏厚薄緩急，或叛或從。容、桂二管利其虜掠，請合兵討之。冀一有功，有所指取。當是時，天子以武定淮西、河南北，用事者以破諸黄爲類，向意助之。公屢言：“遠人急之則惜性命，相屯聚爲寇；緩之則自相怨恨而散，比禽獸耳。但可自計利害，不足與論是非。”天子入先言，遂斂兵江西、岳鄂、湖南、嶺南，會容桂之吏以討之。被霧露毒，相枕藉死，百無一還。安南乘勢殺都護李象古，桂將裴行立、容將陽旻皆無功，數月自死，嶺南囂然。祠部歲下廣州祭南海廟。廟入海口，爲州者皆憚之，不自奉事，常稱疾命從事自代。惟公歲常自行，官吏刻石爲詞美之。十五年，遷尚書吏部侍郎。公之北歸，不載南物，奴婢之籍不增一人。長慶元年，改右散騎常侍，二年而爲尚書左丞。

曾祖諱務本，滄州東光令。祖諱如珪，海州司户參軍，贈尚書工部郎中。皇考諱岑父，秘書省著作佐郎，贈尚書左僕射。公夫人京兆韋氏，父种，大理評事。有四子：長曰温質，四門博士。遵孺、遵憲、温裕，皆明經。女子長嫁中書舍人平陽路隋，其季者幼。公之昆弟五人：載、戡、戢、戳。公於次爲第二。公之薨，戢自湖南入爲少府監。其年八月甲申，戢與公子葬公於河南河陰廣武原先公僕射墓之左。銘曰：

孔世卅八，吾見其孫。白而長身，寡笑與言。其尚類也，莫與之倫。德則多有，請考於文。

——《韓愈文集彙校箋注》卷 23《唐故正議大夫尚書左丞孔公墓誌銘》，第 2516—2519 頁。

明州貢海物積功歲爲四十三萬六千人

孔戣始以進士佐三府，官至殿中侍御史。元和元年以大理正徵，累遷江州刺史、諫議大夫。事有害於正者，無所不言。加皇太子侍讀，改給事中。言京兆尹阿縱罪人，詔奪京兆尹三月之俸。權知尚書右丞，明年拜右丞，改華州刺史。明州歲貢海蟲淡菜、蛤、蚶可食之屬，自海抵京師，道路水陸遞夫，積功歲爲四十三萬六千人。奏疏罷之。下邽令笞外按小兒，繫御史獄，公上疏理之，詔釋下邽令。行自華州刺史爲大理卿。

——《韓愈文集彙校箋注》卷 23《唐故正議大夫尚書左丞孔公墓誌銘》，第 2517 頁。

蕃舶下碇之税与閲貨之燕

元和十二年，孔戣自國子祭酒拜御史大夫、嶺南節度等使。約以取足，境内諸州負錢至二百萬，悉放不收。蕃舶之至，泊步有下碇之税；始至有閲貨之燕。犀珠磊落，賄及僕隸，公皆罷之。絶海之商有死于吾地者，官藏其貨，滿三月，無妻子之請者，盡没有之。公曰："海道以年計往復，何日月之拘！苟有驗者，悉推與之，無筭遠近。"厚守宰俸，而嚴其法。嶺南以口爲貨，其荒阻處，父子相縛爲奴，公一禁之。有隨公之吏得無名兒，蓄不言官，有訟者，公召殺之。……長慶元年，改右散騎常侍，二年而爲尚書左丞。

——《韓愈文集彙校箋注》卷 23《唐故正議大夫尚書左丞孔公墓誌銘》，第 2517—2518 頁。

唐使海外者賣官受錢

《唐故江西觀察使韋公墓誌銘（并序)》：公諱丹，字文明，姓韋氏。六世祖孝寬仕周有功，以公開號於鄖。鄖公之子孫世爲大官，唯公之父政卒雒縣丞，贈虢州刺史。公既孤，以甥孫從太師魯公真卿學，太師愛之。舉明經第，選授峽州遠安令。以讓其庶兄，入紫閣山事從父熊。

通五經登科，歷校書郎、咸陽尉，佐邠寧軍，自監察御史爲殿中侍御史。徵拜太子舍人，益有名，遷起居郎。吴少誠襲許州，拜河陽行軍司馬。未行，少誠退，改駕部員外郎。新羅國君死，公以司封郎中兼御史中丞，紫衣金魚往弔，立其嗣。故事：使外國者常賜州縣官十員，使以名上，以便其私，號私覿官。公將行，曰："吾天子吏，使海外國。不足於資，宜上請，安有賣官以受錢耶?"即具疏所以。上以爲賢，命有司與其費。至鄆州，會新羅告所當立君死，還。

——《韓愈文集彙校箋注》卷 15《唐故江西觀察使韋公墓誌銘（并序)》，第 1660 頁。

潮州鱷魚

維元和十四年四月二十四日，潮州刺史韓愈使軍事衙推秦濟以羊一猪一投惡谿之潭水，以與鱷魚食。而告之曰：昔先王既有天下，列山澤，網繩擉刃，以除蟲蛇惡物爲民害者，驅而出之四海之外。及後王德薄，不能遠有，則江漢之間尚皆棄之以與蠻夷楚越；況潮嶺海之間，去京師萬里哉？鱷魚之涵淹卵育於此，亦固其所。

今天子嗣唐位，神聖慈武。四海之外，六合之内，皆撫而有之。況禹跡所揜，楊州之近地，刺史縣令之所治，出貢賦以供天地宗廟百神之祀之壤者哉？鱷魚其不可與刺史雜處此土也。刺史受天子命，守此土，治此民。而鱷魚睅然不安谿潭，據食民畜熊豕鹿麞以肥其身，以種其子孫，與刺史亢拒爭爲長雄。刺史雖駑弱，亦安肯爲鱷魚低首下心，伈伈睍睍，爲民吏羞，以偷活於此邪？且承天子命以來爲吏，固其勢不得不與鱷魚辯。鱷魚有知，其聽刺史。

潮之州，大海在其南，鯨鵬之大，蝦蟹之細，無不容歸，以生以食，鱷魚朝發而夕至也。今與鱷魚約：盡三日，其率醜類，南徙于海，以避天子之命吏。三日不能，至五日；五日不能，至七日。七日不能，是終不肯徙也，是不有刺史聽從其言也。不然，則是鱷魚冥頑不靈，刺史雖有言，不聞不知也。夫傲天子之命吏，不聽其言，不徙以避之；與冥頑不靈，爲民物害者皆可殺。刺史則選材技吏民，操彊弓毒矢，以與鱷魚從事，必盡殺乃止。其無悔。

——《韓愈文集彙校箋注》卷 26《鱷魚文》，第 2752—2753 頁。

《潮州刺史謝上表》中的漲海

臣某言：臣以狂妄戇愚，不識禮度，上表陳佛骨事。言涉不敬，正名定罪，萬死猶輕。陛下哀臣愚忠，恕臣狂直，謂臣言雖可罪，心亦無他。特屈刑章，以臣爲潮州刺史。既免刑誅，又獲禄食。聖恩弘大，天地莫量。破腦刳心，豈足爲謝？臣某誠惶誠恐，頓首頓首。

臣以今年正月十四日蒙恩除潮州刺史，即日奔馳上道。經涉嶺海，水陸萬里，以今月二十五日到州上訖，與官吏百姓等相見。具言朝廷治平，天子神聖威武慈仁，子養億兆人庶，無有親疎遠邇。雖在萬里之外，嶺海之陬，待之一如畿甸之間，輦轂之下。有善必聞，有惡必見，早朝晚罷，兢兢業業。惟恐四海之内，天地之中，一物不得其所。故遣刺史面問百姓疾苦，苟有不便，得以上陳。國家憲章完具，爲治日久。守令承奉詔條，違犯者鮮。雖在蠻荒，無不安泰。聞臣所稱聖德，惟知鼓舞讙呼，不勞施爲，坐以無事。臣某誠惶誠恐，頓首頓首。臣所領州在廣府極東界上，去廣府雖云纔二千里，然來往動皆經月。過海口，下惡水，濤瀧壯猛，難計程期。颶風鱷魚，禍患不測。州南近界，漲海連天，毒霧瘴氛，日夕發作。臣少多病，年纔五十，髮白齒落，理不久長。加以罪犯至重，所處又極遠惡，憂惶慙悸，死亡無日。單立一身，朝無親黨，居蠻夷之地，與魑魅爲羣。苟非陛下哀而念之，誰肯爲臣言者？臣受性愚陋，人事多所不通。惟酷好學問文章，未嘗一日暫廢，實爲時輩所見推許。臣於當時之文，亦未有過人者。至於論述陛下功德，與《詩》、《書》相表裏；作爲歌詩，薦之郊廟；紀泰山之封，鏤白玉之牒。鋪張對天之閎休，揚厲無前之偉績，編之乎《詩》、《書》之策而無愧，措之乎天地之間而無虧。雖使古人復生，臣亦未肯多讓。

伏以大唐受命有天下，四海之内，莫不臣妾，南北東西，地各萬里。自天寶之後，治政少懈，文致未優，武尅不剛。孽臣姦隸，蠹居棊處，摇毒自防，外順内悖。父死子代，以祖以孫，如古諸侯自擅其地，不貢不朝，六七十年。四聖傳序，以至陛下。陛下即位以來，躬親聽斷，旋乾轉坤，關機闔開，雷厲風飛，日月清照。天戈所麾，莫不寧順，大宇之下，生息理極。高祖創制天下，其功大矣，而治未太平也；太宗太平矣，而大功所立，咸在高祖之代。非如陛下承天寶之後，接因循之餘，六七十年之外赫然興起，南面指麾，而致此巍巍功治也。宜定樂章，以告神明，東巡泰山，奏功皇天，具著顯庸，明示得意。使永永年代，服我成烈。當此之際，所謂千載一時不可逢之嘉會。而臣負罪嬰釁，自拘海島，戚戚嗟嗟，日與死迫。曾不得奏薄伎於從官之内、隸御之間，窮思畢精，以贖罪過。懷痛窮天，死不閉目。瞻望宸極，魂神飛去。伏惟皇帝陛下天地父母，哀而憐之。無任感恩戀闕慚惶懇迫之至，謹附表陳謝以聞。

——《韓愈文集彙校箋注》卷 29《潮州刺史謝上表》，第 2921—2923 頁。

《白居易集》

大曆中餘姚海寇

公諱某，字士寬，其先出自周靈王太子晉。凡二十一代而生翦，翦爲秦將軍。又三世而生珣，珣居太原，故今爲太原人。……（王士寬）好學，善屬文。天寶中，應明經舉及第，選授婺州義烏尉，以清幹稱。刺史韋之晉知之，署本州防禦判官。無何，租庸轉運使元載又知之，假本州司倉，專掌運務。歲終，課績居多，遂奏聞真授。永泰中，勅遷越府户曹。屬邑有不理者，公假領之，所至必理。大曆中，本道觀察使薛兼訓以公清白尤異，表奏之。有詔，權知餘姚縣令。時海寇初殄，邑焚田荒。公乃營邑室，創器用，復流庸，闢菑畬；凡江南列邑之政，公冠其首。其制邑闢田、增户之績，則會稽之諜，地官之籍載焉。

——《白居易集》卷 42《墓誌銘·唐楊州倉曹參軍王府君墓誌銘》，第 927—928 頁。

元和年间大林寺海東僧人

《遊大林寺序》：余與河南元集虚、范陽張允中、南陽張深之、廣平宋郁、安定梁必復、范陽張特、東林寺沙門法演、智滿、士堅、利辯、道建、神照、雲皋、息慈、寂然凡十七人，自遺愛草堂、歷東西二林，抵化城，憩峯頂，登香爐峯，宿大林寺。大林窮遠，人迹罕到。環寺多清流蒼石，短松瘦竹。寺中唯板屋木器。其僧皆海東人。山高地深，時節絶晚：于時孟夏月，如正二月天，梨桃始華，澗草猶短；人物風候，與平地聚落不同。初到，恍然若别造一世界者。因口號絶句云："人間四月芳菲盡，山寺桃花始盛開。長恨春歸無覓處，不知轉入此中來。"既而周覽屋壁，見蕭郎中存、魏郎中弘簡、李補闕渤三人姓名文句。因與集虚輩歎且曰：此地實匡廬間第一境，由驛路至山門，曾無半日程；自蕭、魏、李遊，迨今垂二十年，寂寥無繼來者。嗟乎！名利之誘人也如此！時元和十二年，四月九日，樂天序。

——《白居易集》卷第43《記序·遊大林寺序》，第941—942頁。

明州歲進海物淡蚶

公諱稹，字微之，河南人。六代祖巖，隋兵部尚書，封平昌公。五代祖弘，隋北平太守。高祖義端，魏州刺史。曾祖延景，岐州參軍。祖諱悱，南頓縣丞，贈兵部員外郎。考諱寬，比部郎中、舒王府長史，贈尚書右僕射。妣滎陽鄭氏，追封陳留郡太夫人。公卽僕射府君第四子，後魏昭成皇帝十五代孫也。公受天地粹靈，生而晚然，孩而嶷然。九歲能屬文。十五，明經及第。二十四，調判入四等，署秘省校書。二十八，應制策，入三等，拜左拾遺。卽日獻教本書，數月間，上封事六七，憲宗召對，言及時政。執政者疑忌，出公爲河南尉。……上嘉之，數召與語，知其有輔弼才，擢授中書舍人，賜紫金魚袋，翰林學士承旨。尋拜工部侍郎，旋守本官同中書門下平章事。公既得位，方將行己志，答君知。無何，有憸人以飛語搆同位。詔下按驗，無狀。上知其誣，全大體，與同位兩罷之，出爲同州刺史。始至，急吏緩民，省事節用，歲收羡財千萬，以補亡户逋租。其餘因弊制事，贍上利下者甚多。二年，改御史大夫、浙東觀察使。將去同，同之耆幼鰥獨泣戀如别慈父母，遮道不可遏。送詔使導呵揮鞭，有見血者，路闢而後得行。先是，明州歲進海物，其淡蚶，非禮之味，尤速壞；課其程，日馳數百里。公至越，未下車，趨奏罷。自越抵京師，郵夫獲息肩者萬計，道路歌舞之。明年，辯沃瘠，察貧富，均勞逸，以定税籍；越人便之，無流庸，無逋賦。又明年，命吏課七郡人，冬築陂塘，春貯水雨，夏溉旱苗：農人賴之，無凶年，無餓殍。在越八載，政成課高；上知之，就加禮部尚書，降璽書慰諭，以示旌寵。又以尚書左丞徵還。旋改户部尚書、鄂岳節度使。

——《白居易集》卷70《銘誌贊序祭文記辭傳·唐故武昌軍節度處置等使、正議大夫、檢校户部尚書、鄂州刺史兼御史大夫、賜紫金魚袋、贈尚書右僕射、河南元公墓誌銘》，第1466—1468頁。

《柳宗元集》

海中大蠻夷浮舶聽命

《曹溪第六祖賜謚大鑒禪師碑》：扶風公廉問嶺南三年，以佛氏第六祖未有稱號，疏聞于上，詔謚大鑒禪師，塔曰靈照之塔。元和十年十月十三日下尚書祠部，符到都府，公命部吏洎州司功掾，告于其祠。幢蓋鐘鼓，增山盈谷，萬人咸會，若聞鬼神。其時學者千有餘人，莫不欣踴奮厲，如師復生，則又感悼涕慕，如師始亡。因言曰：自有生物，則好鬬奪相賊殺，喪其本實，誖乖淫流，莫克返于初。孔子無大位，没以餘言持世，更楊、墨、黄、老益雜，其術分裂，而吾浮圖説後出，推離還源，合所謂生而静者。梁氏好作有爲，師達摩譏之，空術益顯。六傳至大鑒。大鑒始以能勞苦服役，一聽其言，言希以究，師用感動，遂受信具。遁隱南海上，人無聞知。又十六年，度其可行，乃居曹溪，爲人師，會學去來嘗數千人。其道以無爲爲有，以空洞爲實，以廣大不蕩爲歸。其教人，始以性善，終以性善，不假耘鋤，本其静矣。中宗聞名，使幸臣再徵，不能致，取其言以爲心術。其説具在，今布天下。凡言禪皆本曹溪。大鑒去世百有六年，凡治廣部而以名聞者以十數，莫能揭其號，乃今始告天子，得大謚。豐佐吾道，其可無辭。

公始立朝，以儒重。刺虔州，都護安南，由海中大蠻夷連身毒之西，浮舶聽命，咸被公德。受旂纛節戟，來涖南海，屬國如林。不殺不怒，人畏無噩，允克光于有仁。昭列大鑒，莫如公宜。其徒之老，乃易石于宇下，使來謁辭。其辭曰：

達摩乾乾，傳佛語心。六承其授，大鑒是臨。勞勤專默，終揖于深。抱其信器，行海之陰。其道爰施，在溪之曹。厖合猥附，不夷其高。傳告咸陳，惟道之褒。生而性善，在物而具。荒流奔軼，乃萬其趣。匪思愈亂，匪覺滋誤。由師內鑒，咸獲于素。不植乎根，不耘乎苗。中一外融，有粹孔昭。在帝中宗，聘言于朝。陰翊王度，俾人逍遥。越百有六祀，號謚不紀，由扶風公告今天子，尚書既復，大行乃誄。光于南土，其法再起。厥徒萬億，同悼齊喜。惟師教所被，洎扶風公所履，咸戴天子。天子休命，嘉公德美。溢于海夷，浮圖是視。師以仁傳，公以仁理。謁辭圖堅，永胤不已。

——《柳宗元集校注》卷第6《碑·曹溪第六祖賜謚大鑒禪師碑》，第443—444頁。

安南都護患浮海之役事

《唐故中散大夫檢校國子祭酒兼安南都護御史中丞充安南本管經略招討處置等使上柱國武城縣開國男食邑三百户張公墓誌銘》：漢光中興，馬援雄絶域之志；晉武一統，陶璜布殊俗之恩。理隨德成，功與時並。今皇帝載新景命，丕冒海隅，時惟公祗復厥績，交趾之理，續于前人。

公諱某，字某，某郡人也。曾祖彦師，朝散大夫、尚書駕部郎中。祖瑾，懷州武德縣令。考清，朝議郎、試大理寺丞，贈右贊善大夫。咸有懿美，積爲餘慶。公以忠肅循其中，以文術昭于外，推經旨以飾吏事，本法理以平人心。始命蘄州蘄春主簿，句會敏給，厥聲顯揚。仍以左領軍衛兵曹爲安南經略巡官，申固扞衛，有聞彰徹。轉金吾衛判官，三歷御史，績用弘大，揚于天庭。加檢校尚書禮部員外郎，换山南東道節度判官。復轉郎中，爲安南副都護，賜紫金魚袋，充經略副使。遷檢校太子右庶子兼安南都護、御史中丞，充本管經略招討處置等使。

公自爲吏，習于海邦，凡其比較勤勞，利澤長久，去之則夷獠稱亂，復至而寇攘順化。及受命專征，得陳嘉謨，誓拔禍本，納于夷軌。乃命一其貢奉，平其斂施，牧人盡區處之方，制國備刑體之法。道阻而通百貨，地偏而具五人。儲偫委積，師旅無庚癸之呼；繕完板榦，控帶兼戊己之位。文單環王，怙力背義，公于是陸聯長轂，海合艨艟，再舉而克殄其徒，廓地數圻，以歸于我理。烏蠻酋帥，負險蔑德，公于是外申皇威，旁達明信，一動而悉朝其長，取州二十，以被于華風。易皮卉以冠帶，化姦宄爲誠敬，皆用周禮，率由漢儀。公患浮海之役，可濟可覆，而無所恃，乃刳連烏，以闢垣途。鬼工來并，人力罕用，沃日之大，束成通溝。摩霄之阻，磛爲高岸，而終古而蒙利。公患疆埸之制，一彼一此，而不可常，乃復銅柱爲正制。鼓鑄既施，精堅是立，固圉之下，明若白黑。易野之守，險逾丘陵，而萬世無虞。奇琛良貨，溢于玉府，殊俗異類，盈于藁街。優詔累旌其忠良，太史嗣書其功烈，就加國子祭酒，封武城男，食邑三百户。凡再策勳，至上柱國，三增秩至中散大夫。某年月薨于位，年若干。天子震悼，傷辭有加。明年，其孤某官與宗人號奉裳帷，率其家老，咨于叔父延唐令某，卜宅于潭州某原，葬用某月某日，人謀皆從，龜兆襲吉。乃刻兹石，著公之閥，以志于丘窴，以告于幽明。銘曰：

周限荆衡，秦開百粵。交州之治，炎劉是設。德大來服，道消自絕。伏波南征，漢威載烈。宛陵北附，晉政爰發。我唐流澤，光于有截。皇帝中興，武城授鉞。肅肅武城，惟夫之哲。更歷毗贊，顯揚彰徹。既受休命，秉兹峻節。度其謀猷，守以廉潔。厚農薄征，匪貊匪桀。通商平貨，有來胥悦。踐山跨海，堅其鶴列。製器足兵，潰兹蟻結。烏蠻屈服，文單翦滅。柔遠開疆，會朝天闕。銅柱乃復，環山以磛。海無邅迍，寇罔踰越。琛賮之獻，周于窮髪。帝嘉成德，載旌茂閥。增秩策勳，土封斯裂。位厄元侯，年虧大耋。邦人號呼，夷裔悽咽。卜葬長沙，連岡啟穴。書銘薦辭，德音罔缺。

——《柳宗元集校注》卷10《誌·唐故中散大夫檢校國子祭酒兼安南都護御史中丞充安南本管經略招討處置等使上柱國武城縣開國男食邑三百户張公墓誌銘》，第645—647頁。

押番舶使海鹽增筭

《唐故嶺南經略副使御史馬君墓誌》：元和九年月日，扶風馬君卒。命于守龜，祔于先君食，卜葬明年某月庚寅亦食。其孤使來以狀謁銘，宗元刪取其辭，曰：

君凡受署，往來桂州、嶺南、江西、荆南道，皆大府。凡命官，更佐軍衛、録王府事、番禺令、江陵户曹録府事、監察御史，皆爲顯官。凡佐治，由巡官、判官至押番舶使、經略副使，皆所謂右職。凡所嚴事，御史中丞良、司徒佑、嗣曹王皋、尚書胄、尚書伯儀、尚書昌，皆賢有勞諸侯。其善事，凡管嶺南五府儲跱，出卒致穀，以謀叶平哥舒晃，假守州邑，民以便安。殄火訛，殺吏威，海鹽增筭，邦賦大減，所至皆用是理。年七十，不肯仕，曰："吾爲吏逾四十年，卒不見大者。今年至慮耗，終不能以筋力爲人贏縮。"因罷休，以經書教子弟，不問外事。加七年，卒。

——《柳宗元集校注》卷第10《唐故嶺南經略副使御史馬君墓誌》，第679—680頁。

北浮于碣石求大鯨

《設漁者對智伯》：智氏既滅范、中行，志益大，合韓、魏圍趙，水晉陽。智伯瑶乘舟以臨趙，且又往來觀水之所自，務速取焉。群漁者有一人坐漁，智伯怪之，問焉，曰："若漁幾何?"曰："臣始漁于河，中漁于海，今主大兹水，臣是以來。"曰："若之漁何如?"曰："臣幼而好漁。始臣之漁于河，有魦鱮鱣鰋者，不能自食，以好臣之餌，日收者百焉。臣以爲小，去而之龍門之下，伺大鮪焉。夫鮪之來也，從魴鯉數萬，垂涎流沫，後者得食焉，然其飢也，亦返吞其後。愈肆其力，逆流而上，慕爲螭龍。及夫抵大石，亂飛濤，折鰭禿翼，顛倒頓踣，順流而下，宛委冒懵，環坻溆而不能出。嚮之從魚之大者，幸而啄食之，臣亦徒手得焉，猶以爲小。聞古之漁有任公子者，其得益大，于是去而之海上，北浮于碣石，求大鯨焉。臣之具未及施，見大鯨驅群鮫，逐肥魚于渤澥之尾，震動大海，簸掉巨島，一啜而食若舟者數十，勇而未已，貪而不能止，北蹙于碣石，槁焉。嚮之爲食者，反相與食之，臣亦徒手得焉，猶以爲小。聞古之漁有太公者，其得益大，釣而得文王，于是捨而來。”

智伯曰：“今若遇我也如何?”漁者曰：“嚮者臣已言其端矣。始晉之侈家，若欒氏、祁氏、郤氏、羊舌氏，以十數，不能自保，以貪晉國之利而不見其害，主之家與五卿，嘗裂而食之矣，是無異鮒、鱮、鱣、鰋也。腦流骨腐于主之故鼎，可以懲矣，然而猶不肯寤。又有大者焉，若范氏、中行氏，貪人之土田，侵人之勢力，慕爲諸侯而不見其害。主與三卿又裂而食之矣，脱其鱗，鱠其肉，刳其腸，斷其首而棄之，鯤鮞遺胤，莫不備俎豆，是無異夫大鮪也。可以懲矣，然而猶不肯寤。又有大者焉，吞范、中行以益其肥，猶以爲不足，力愈大而求食愈無饜，驅韓、魏以爲群鮫，以逐趙之肥魚，而不見其害。貪肥之勢，將不止于趙，臣見韓、魏懼其將及也，亦幸主之蹙于晉陽，其目動矣，而主乃傲然，以爲咸在機俎之上，方磨其舌。抑臣有恐焉。今輔果捨族而退，不肯同禍，段規怨深而造謀，主之不寤，臣恐主爲大鯨，首解于邯鄲，鬣摧于安邑，胸披于上黨，尾斷于中山之外，而腸流于大陸，爲鱻薨，以充三家子孫之腹。臣所以大懼。不然，主之勇力强大，于文王何有?”智伯不悦，然終以不寤。于是韓、魏與趙合滅智氏，其地三分。

——《柳宗元集校注》卷第14《設漁者對智伯》，第885—887頁。

《招海賈文》

《招海賈文》：咨海賈兮，君胡以利易生而卒離其形？大海盪汩兮顛倒日月，龍魚傾側兮神怪隳突。滄茫無形兮往來遽卒，陰陽開闔兮氛霧滃渤，君不返兮逝怳惚。舟航軒昂兮下上飄鼓，騰踔嶢嵲兮萬里一覩。崒入泓坳兮視天若畝，奔螭出抃兮翔鵬振舞。天吴八首兮更笑迭怒，垂涎閃舌兮揮霍旁午，君不返兮終爲虜。黑齒鈥鬛鱗文肌，三角駢列耳離披。反斷叉牙踔嶔崖，蛇首豨鬛虎豹皮。群没互出讙遨嬉，臭腥百里霧雨瀰，君不返兮以充飢。溺水蓄縮，其下不極，投之必沉，負羽無力。鯨鯢疑畏，淫淫嶷嶷，君不返兮卒自賊。怪石森立涵重淵，高下迾置滔危顛。崩濤搜疏剡戈鋋，君不返兮砉沉顛。其外大泊泙㵐淪，終古迴薄旋天垠。八方易位更錯陳，君不返兮亂星辰。東極傾海流不屬，泯泯超忽紛盪沃。殆而一跌兮沸入湯谷，舳艫霏解梢若木，君不返兮魂焉薄？海若嗇貨號風雷，巨鼇頷首丘山頹。猖狂震虩翻九垓，君不返兮糜以摧。

咨海賈兮，君胡樂出幽險而疾平夷，悔駭愁苦而以忘其歸？上黨易野恬以舒，蹈蹂厚土堅無虞。歧路脈布彌九區，出無入有百貨俱。周游傲睨神自如，撞鐘擊鮮恣歡娱，君不返兮欲誰須？膠鬲得聖捐鹽魚，范子去相安陶朱。吕氏行賈南面孤，弘羊心計登謀謨。煮鹽大冶九卿居，禄秩山委收國租。賢智走諸爭下車，逍遥縱傲世所趨，君不返兮謚爲愚。

咨海賈兮，賈尚不可爲，而又海是圖，死爲險魄兮生爲貪夫。亦獨何樂哉？歸來兮，寧君軀。

——《柳宗元集校注》卷第18《招海賈文》，第1283—1284頁。

東海旦則浴日出夜則滔列星

《東海若》：東海若陸遊，登孟諸之阿，得二瓠焉。刳而振其犀以嬉，取海水雜糞壤蟯蚘而實之，臭不可當也。窒以密石，舉而投之海。逾時焉而過之，曰："是故棄糞耶?"其一徹聲而呼曰："我大海也。"東海若呀然笑曰："怪矣。今夫大海，其東無東，其西無西，其北無北，其南無南，旦則浴日而出之，夜則滔列星，涵太陰，揚陰火珠寶之光以爲明，其塵霾之雜不處也，必泊之西澨。故其大也深也潔也光明也，無我若者。今汝，海之棄滴也，而與糞壤同體，臭朽之與曹，蟯蚘之與居，其狹咫也，又冥暗若是，而同之海，不亦羞而可憐哉！子欲之乎？吾將爲汝抉石破瓠，蕩群穢於大荒之島，而同子於向之所陳者，可乎?"糞水泊然不悦曰："我固同矣，吾又何求於若？吾之性也，亦若是而已矣。穢者自穢，不足以害吾潔；狹者自狹，不足以害吾廣；幽者自幽，不足以害吾明。而穢亦海也，狹亦海也，幽亦海也，突然而往，于然而來，孰非海者？子去矣，無亂我。"其一聞若之言，號而祈曰："吾毒是久矣，吾以爲是固然不可異也，今子告我以海之大，又目我以故海之棄糞也，吾愈急焉。涌吾沫不足以發其窒，旋吾波不足以穴瓠之腹也，就能之，窮歲月耳。願若幸而哀我哉!"東海若乃抉石破瓠，投之孟諸之陸，蕩其穢於大荒之島，而水復於海，盡得向之所陳者焉。而向之一者，終與臭腐處而不變也。

今有爲佛者二人，同出於毗盧遮那之海，而汩於五濁之糞，而幽於三有之瓠，而窒於無明之石，而雜於十二類之蟯蚘。人有問焉，其一人曰："我佛也。毗盧遮那、五濁、三有、無明、十二類，皆空也，一也。無善無惡，無因無果，無脩無證，無佛無衆生，皆無焉。吾何求也?"問者曰："子之所言，性也，有事焉。夫性與事，一而二、二而一者也。子守而一定，大患者至矣。"其人曰："子去矣，無亂我。"其一人曰："噫！吾毒之久矣。吾盡吾力而不足以去無明，窮吾智而不足以超三有、離五濁，而異夫十二類也。就能之，其大小劫之多不可知也，若之何?"問者乃爲陳西方之事，使修念佛三昧一空有之説。於是聖人憐之，接而致之極樂之境，而得以去群惡，集萬行，居聖者之地，同佛知見矣。向之一人者，終與十二類同而不變者也。夫二人之相違也，不若二瓠之水哉！今不知去一而取一，甚矣！

——《柳宗元集校注》卷第20《東海若》，第1427—1429頁。

大海蠻夷統于押蕃舶使

《嶺南節度饗軍堂記》：唐制：嶺南爲五府，府部州以十數，其大小之戎，號令之用，則聽于節度使焉。其外大海多蠻夷，由流求、訶陵，西抵大夏、康居，環水而國以百數，則統于押蕃舶使。内之幅員萬里，以執秩拱稽，時聽教命；外之羈屬數萬里，以譯言贄寶，歲帥貢職。合二使之重，以治于廣州，故賓軍之事，宜無與校大。且賓有牲牢饔餼，嘉樂好禮，以同遠合疏；軍犒饋宴饗，勞旅勤歸，以群力一心。於是治也，閈閎階序，不可與他邦類。必厚棟大梁，夷庭高門，然後可以上充於揖讓，下周於步武。

今御史大夫扶風公廉廣州，且專二使，增德以來遠人，申威以脩戎政。大饗宴合樂，從其豐盈。先是爲堂於治城西北陬，其位，公北向，賓衆南向，奏部伎于其西，視泉池于其東。隅奥庳側，庭廡下陋，日未及晡，則赫炎當目，汗眩更起，而禮莫克終。故凡大宴饗、大賓旅，則寓于外壘，儀形不稱。公於是始斥其制，爲堂南面，橫八楹，縱十楹，嚮之宴位，化爲東序，西又如之。其外更衣之次，膳食之宇，列觀以游目，偶亭以展聲，彌望極顧，莫究其往。泉池之舊，增濬益植，以暇以息，如在林壑。問工焉取，則師輿是供；問役焉取，則蠻隸是徵；問材焉取，則隙宇是遷。或益其闕，伐山浮海，農賈拱手，張目視具。乃十月甲子克成，公命饗于新堂。幢牙茸纛，金節析羽，旆旗旟旞，咸飾于下。鼓以鼖晉，金以鐸鐃。公與監軍使肅上賓，延群僚，將校士吏，咸次于位。卉裳罽衣，胡夷蜑蠻，睢盱就列者，千人以上。鉶鼎體節，燔炮胾炙，羽鱗貍互之物，沉泛醍盎之齊，均飫于卒士。興王之舞，服夷之伎，揳擊吹鼓之音，飛騰幻怪之容，寰觀於遠邇。禮成樂遍，以叙而賀，且曰："是邦臨護之大，五人合之，非是堂之制不可以備物，非公之德不可以容衆。曠于往初，肇自今兹，大和有人，以觀遠方，古之戎政，其曷用加此。"

華元，名大夫也，殺羊而御者不及；霍去病，良將軍也，餘肉而士有飢色。猶克稱能，以垂到今。矧兹具美，其道不廢，願訪于金石，以永示後祀。遂相與來告，且乞辭。某讓不獲，乃刻于兹石云。

——《柳宗元集校注》卷第26《嶺南節度饗軍堂記》，第1745—1746頁。

台州有人過海遇王遠知

《上帝追攝王遠知易總》：上元中，台州一道士王遠知善《易》，於觀感間曲盡微妙，善知人死生禍福，作《易總》十五卷，世祕其本。一日，因曝書，雷雨忽至，陰雲騰沓，直入卧内。雷殷殷然，赤電遶室，暝霧中一老人下，身所衣服，但認青翠，莫識其制作也。遠知焚香再拜伏地，若有所待。老人叱起，怒曰："所泄者，書何在？上帝命吾攝六丁雷電追取。"遠知方惶懼據地起。旁有六人青衣，已捧書立矣。老人責曰："上方禁文，自有飛天保衛。玉笈金科，祕藏玄都，汝是何者，輒混藏緗帙，據其所得？實以告我。"遠知戰悸對曰："青丘元老，以臣不逮，故傳授焉。"老人頤頷，頃曰："上帝敕下，汝仙品已及於授受，期展二十四年，二紀數也。"遠知拜命次，旋風飈起，坼帷裂幕，時已二鼓。明月在東，星斗燦然，俱無影響。所取將書，乃《易總》耳。遠知志頗自失，後閉户不出，經歲不食。人因窺關中，但聞勸酬交歡，竟不知爲誰也。光宅中，召至京玉清觀安泊。間或逃去，如此者數次。天后封金紫光禄大夫，但笑而不謝。一日告殂，遺言屍赴東流湍水中。天后不允其語，敕葬開明原上。後長壽中，台州有人過海，阻風飄蕩，船欲坼，妄行不知所止。忽見畫船一葉，渺自天末來，驚視之，乃遠知也。漸相近，台人拜而呼之，遠知曰："君陟險，何至於此？"告台人，此洋海之東十萬里也。台人問："歸計奈何？"遠知曰："借子迅風正西，一夕可到登州。爲傳語天壇觀張光道士。"台人既辭去，舟回如飛羽，但覺風罒罒而過。

明日至登州，方知遠知死久矣。訪天壇道士，其徒云："死兩日矣。"方驗二人皆仙去。

——《柳宗元集校注》之《龍城録卷上·上帝追攝王遠知易總》，第 3415—3416 頁。

李太白得仙北海

《李太白得仙》：退之嘗言，李太白得仙去。元和初，有人自北海來，見太白與一道士在高山上，笑語久之。頃，道士於碧霧中跨赤虬而去，太白聳身健步追及，共乘之而東去。此亦可駭也。

——《柳宗元集校注》之《龍城録卷上·李太白得仙》，第 3421—3422 頁。

海上方士胡宗道

《晉哀帝著書深闡至理》：晉哀帝著《丹青符經》五卷、《丹臺籙》三卷。青符子，即神丘先生也，深闡至理。而近世有胡宗道，海上方士，亦得其術。

——《柳宗元集校注》之《龍城録卷上·晉哀帝著書深闡至理》，第 3438 頁。

《劉禹錫全集》

波那賴耶國僧廣照浮海至夔州

佛薪盡于乾竺，而像教東行。是法平等，故所至爲浄土；是身應供，故隨念如降生。先是，魚復人有以利金爲彌勒像者，重千鈞，睟容瑞相，人天兩足。凫氏卒事而它工未備，故寓于西偏，不知其幾年矣。

寺僧法照，瞻禮發信，赤肩白足，入諸大城，乃至聚落，無空過者，積十餘年，得信財無量。繇是購工以嘗巧，募徒而畢力，四輩增增，工麾以肱。中樞外脈，陰轉陽動，欻如地踴，岌如山行。大匠無言，尊容嚮明。青蓮承趺，金獸捧持，藻井花鬘，葱籠四垂。邑人膜拜，如佛出世。法照以願力能就，泣于佛前，因持片石，乞詞以示後。

按此寺始於宇文周，初瀕江埤庳，皇唐神龍中，爲水所壞。有波那賴耶國僧廣照，浮海而至，頓錫不去，遂移於今道場所。山曰磨刀，嶺曰虎岡，其經始與克修，皆蕃僧是力。後之有志者，豈無人哉！

法照夔人，姓穆氏，年十有五出家，依江陵名僧受具。肇自貞元二十年甲申歸此寺，願崇建有爲，凡修大殿，立菩薩大弟子侍佛左右，逮長慶癸卯有成，其善植德本者歟。

——《劉禹錫全集編年校注》卷 16《夔州始興寺移鐵像記》，第 1818—1819 頁。

閩負海而家桴筏者與華言不通

貞元中，上方與丞相調兵食，思得通吏事而習邊事者，計相以公爲對，乃授監察御史裹行，充京兆水運使。局居雁門，主穀糴，具舟楫，募勇壯且便弓矢者爲榜夫千有餘人，隸尺籍伍符，制如舟師。詔以中貴人護之，聲震塞上。每發粟，泝河北行，涉戎落，以餽緣邊諸軍及乘障者。雖河塞回遠，必克期如合符。一歲中，省費萬計。累加侍御史内供奉，賜緋魚袋。有司條白其勞，入拜殿内史。未幾，淮海節將以戎倅缺聞，事下丞相、御史擇可者，僉曰公政事已試，遂授檢校户部外郎，兼侍御史、淮南軍司馬。尋轉駕部郎中，錫以金紫。遇府遷，申命真相趙國公帶中書侍郎代之，公主行臺留務。趙公文茵及境，視置郵供帳，及郊，視將迎部伍，下車，視籐幃器備，乃曰："信奇才也，此不足以展驥。"朝廷知之，擢爲泗濱守。既報政，就加御史中丞。俄遷福建都團練觀察使。閩有負海之饒，其民悍而俗鬼，居洞砦、家桴筏者，與華言不通。公兼戎索以治之，五州民咸説。

——《劉禹錫全集編年校注》卷 19《唐故福建等州都團練觀察處置使福州刺史兼御史中丞贈左散騎常侍薛公神道碑》，第 2097—2098 頁。

《元稹集》

舶主腰藏寶

我自離鄉久，君那度嶺頻。一盃魂慘澹，萬里路艱辛。江館連沙市，瀧船泊水濱。騎田迴北顧，銅柱指南鄰。大壑浮三島，周天過五均。波心踴樓閣，規外布星辰。狒狒穿筒格，猩猩置屐馴。貢兼蛟女絹，俗重語兒巾。舶主腰藏寶，（南方呼波斯爲舶主。胡人異寶，多自懷藏，以避强丐。）黄家砦起塵。歌鍾排象背，炊爨上魚身。電白雷山接，旗紅賊艦新。島夷徐市種，廟覡趙佗神。鳶跕方知瘴，蛇蘇不待春。曙潮雲斬斬，夜海火燐燐。冠冕中華客，梯航異域臣。果然皮勝錦，吉了舌如人。風黖秋茅葉，煙埋曉月輪。定應玄髮變，焉用翠毛珍。句漏沙須買，貪泉貨莫親。能傳稚子術，何患隱之貧？

——《元稹集》卷 12《律詩·和樂天送客遊嶺南二十韻》，第 160 頁。

舶來多賣假珠璣

我是北人長北望，每嗟南雁更南飛。君今又作嶺南别，南雁北歸君未歸。洞主參承驚豸角，島夷安集慕霜威。黄家賊用鑹刀利，白水郎行旱地稀。蜃吐朝光樓隱隱，鼇吹細浪雨霏霏。毒龍蜕骨轟雷鼓，野象埋牙劚石磯。火布垢塵須火浣，木綿温軟當綿衣。桄榔麪磣檳榔澀，海氣常昏海日微。蛟老變爲妖婦女，舶來多賣假珠璣。此中無限相憂事，請爲殷勤事事依。

——《元稹集》卷17《律詩·送嶺南崔侍御》，第231頁。

海物多肥腥啖之好嘔泄

古朋友别皆贈以言。況南方物候飲食與北土異。其甚者，夷民喜聚蠱，祕方云：以含銀變黑爲驗，攻之重雄黄。海物多肥腥，啖之好嘔泄，驗方云：備之在鹹食。嶺外饒野菌，視之蟲蠹者無毒；羅浮生異果，察其鳥啄者可餐。大抵珠璣玳瑁之所聚，貴潔廉；湮鬱暑濕之所蒸，避溢慾。其餘道途所慎，離愴之懷，盡之二百言矣，敘不復云。

——《元稹集》卷11《律詩·送崔侍御之嶺南二十韻并序》，第144頁。

珠爲海物海屬神

海波無底珠沉海，採珠之人判死採。萬人判死一得珠，斛量買婢人何在？年年採珠珠避人，今年採珠由海神。海神採珠珠盡死，死盡明珠空海水。珠爲海物海屬神，神今自採何況人？

——《元稹集》卷23《樂府·採珠行》，第295頁。

一身偃市利突若截海鯨

估客無住着，有利身則行。出門求火伴，入户辭父兄。父兄相教示："求利莫求名。求名莫所避，求利無不營。"火伴相勒縛："賣假莫賣誠。交關但交假，本生得失輕。"自兹相將去，誓死意不更。一解市頭語，便無鄰里情。鍮石打臂釧，糯米吹項瓔。歸來村中賣，敲作金石聲。村中田舍娘，貴賤不敢爭。所費百錢本，已得十倍贏。顔色轉光静，飲食亦甘馨。子本頻蕃息，貨販日兼并。求珠駕滄海，採玉上荆衡。北買党項馬，西擒吐蕃鸚。炎洲布火浣，蜀地錦織成。越婢脂肉滑，奚僮眉眼明。通算衣食費，不計遠近程。經遊天下遍，卻到長安城。城中東西市，聞客次第迎。迎客兼説客，多財爲勢傾。客心本明黠，聞語心已驚。先問十常侍，次求百公卿。侯家與主第，點綴無不精。歸來始安坐，富與王者勍。市卒醉肉臭，縣胥家舍成。豈唯絶言語，奔走極使令。大兒販材木，巧識梁棟形。小兒販鹽鹵，不入州縣征。一身偃市利，突若截海鯨。鈎距不敢下，下則牙齒横。生爲估客樂，判爾樂一生。爾又生兩子，錢刀何歲平？

——《元稹集》卷 23《樂府·估客樂》，第 307—308 頁。

貞元之歲南海貢馴犀

馴犀（《李傳》云：貞元丙子歲，南海來貢，至十三年冬，苦寒，死於宛中。）

建中之初放馴象，遠歸林邑近交廣。獸返深山鳥構巢，鷹鵰鷂鶻無羈鞅。貞元之歲貢馴犀，上林置圈官司養。玉盆金棧非不珍，虎啖狴牢魚食網。渡江之橘踰汶貉，反時易性安能長？臘月北風霜雪深，踡跼鱗身遂長往。行地無疆費傳驛，通天異物罹幽枉。乃知養獸如養人，不必人人自敦獎。不擾則得之於理，不奪有以多於賞。脱衣推食衣食之，不若男耕女令紡。堯民不自知有堯，但見安閑聊擊壤。前觀馴象後觀犀，理國其如指諸掌。

——《元稹集》卷 24《樂府·馴犀》，第 326 頁。

古稱南海爲難理

敕，王師魯等：古稱南海爲難理，蓋蠻蜒獠俚之雜俗，有珠璣瑇瑁之奇貨。爲吏者不能潔身，無以格物。是以非吴處默之清德，不可以耀遠人；非孫子荆之長才，不可以參密畫。爾等皆當茂選，取重元戎。更職命官，各如來奏。可依前件。

——《元稹集》外集補遺卷5《制·授王師魯等嶺南判官制》，第774頁。

《桂苑筆耕集》

《安南開海路圖》

第五，《安南開海路圖》一面。《西川羅城圖》一面，並八幅紫綾緣。

右竊以事畏人知，功慚自衒，孟側奔殿，終著美於魯論；郤至驟稱，果興譏於晉乘。妍媸可鑒，今古何殊。頃者銅柱南標，金墉西建，開八百里之險路，則雲將驅石，雷師劈山；築四十里之新城，則水神滲泉，地媪供土。蓋乃感忠誠於上鑒，標壯觀於外藩。敢言簡在帝心，實匪率由人力。今則八蠻歸化，萬乘省方，既能有備無虞，亦所當仁不讓。去年嘗傳雅旨，欲覽微功，乃徵於墨妙筆精，遍寫彼長途峻壘。宛如縮地，不止移山。遠遣寄呈，略希展閱，必謂桂陽衛颯，誠瑣瑣焉；亦知蜀國張儀，是區區者。恃深眷而不拘小節，激壯圖而無訝大言。伏惟云云。

——崔致遠撰、党銀平校注：《桂苑筆耕集校注》卷 10

《幽州李可舉太保五首·第五》，

第 302—303 頁。

本國使船過海欲賈茶藥寄附家信

某啓：某頃者西笑傾懷，南音著操。蓬飛萬里，迷玉京之要路通津；桂折一名，作金榜之懸疣附贅。乃是常常之事，徒云遠遠而來。海隅未覺於榮家，江徽况勞於佐邑。由是詠南陔而引咎，望東道以知歸。伏蒙太尉念掃德門，許遷代舍，濡毫染牘，深慚雪苑之清才；頂豸腰魚，遽忝霜臺之峻秩。傳天上披衷之命，榮日邊垂白之親。以宣父見知，則實同陳隼；以遠人多幸，則不讓漢貂。雖乖就養無方，久想宗族稱孝。然而烟波阻絶，難申負米之心；風雨淒凉，空灑梁山之泣。既疏温凊，又闕旨甘，但切責躬，敢言養志。况又無鄉使，難附家書，唯吟陟岵之詩，莫遇渡溟之信。今有本國使船過海，某欲買茶藥，寄附家信。伏緣蹄涔易渴，溝壑難盈，不避嚴誅，更陳窮懇。伏惟太尉念以依門館次三千客，别庭闈已十八年。既免行傭，有希反哺。特賜探給三個月料錢，所冀禄遂及親，遠分光於異域；志能求己，永投迹於仙鄉。干瀆臺階，下情伏增感泣兢悸懇迫之至。其請錢狀别具上呈云云。

——《桂苑筆耕集校注》卷18《謝探請料錢狀》，第645頁。

崔致遠《謝許歸覲啓》

某啓：早來員外郎君奉傳尊旨，伏蒙恩慈，念以某久别庭闈，許令歸覲者。仰銜金諾，虔佩玉音。雖尋海島以榮歸，古今無比；且望烟波而感泣，去住難安。伏緣某自年十二離家，今已二九載矣。百生天幸，獲託德門，驟忝官榮，仍叨命服。一身遭遇，萬里光輝。是以遠親稍慰於倚門，遊子倍榮於得路。唯仰趙衰之冬日，深暖旅懷；豈吟張翰之秋風，遽牽歸思。且緣辭鄉歲久，泛海程遥。住傷烏鳥之情，去懷犬馬之戀。唯願暫謀東返，迎待西來，仰託仁封，永安卑迹。今即將期理棹，但切戀軒。下情無任感戴兢灼涕泣之至。謹奉啓陳謝云云。

——《桂苑筆耕集校注》卷20《謝許歸覲啓》，第718頁。

崔栖遠假新羅國入淮海使録事歸國

某啓：某堂弟栖遠，比將家信，迎接東歸，遂假新羅國入淮海使録事職名，獲詣雄藩，將歸故國。昨者伏蒙仁恩，特賜錢三十貫者。

伏以崔栖遠遠涉烟波，大遭風浪，僅存微命，唯有空身。雖志切鶺鴒，竊慕在原之義；而譽慚騏驥，難期得路之秋。銜蘆而但喜聯行，泛梗而免虞失所。今者某已榮奉使，則遂寧親。貨泉沾潤之名，實稱子母；歸路光榮之事，皆屬善人。下情無任感恩欣躍兢惕之至。

——《桂苑筆耕集校注》卷20《謝賜弟栖遠錢狀》，第725頁。

鄉使金仁圭登海艦去

某啓：昨以鄉使金仁圭員外已臨去路，尚闕歸舟，懇求同行，仰候尊旨，伏蒙恩造，俯允卑誠。今則共別淮城，齊登海艦，雖慚李郭之譽，免涉胡越之言。遠路無虞，不假琴高之術；巨川能濟，唯懷傅説之恩。下情無任感戀之至云云。

——《桂苑筆耕集校注》卷20《上太尉別紙五首·第一》，第727頁。

冬節候風海師進難

第四。某舟船行李自到乳山，旬日候風，已及冬節，海師進難，懇請駐留。某方忝榮身，唯憂辱命。乘風破浪，既輸宗慤之言；長楫短篙，實涉惠施之説。雖仰資恩煦，不憚險艱；然正值驚波，難逾巨壑。今則已依曲浦，暫下飛廬，結茅茨以庇身，糝藜藿而充腹。候過殘臘，決撰行期。若及春日載陽，必無終風且暴。便當直帆，得遂榮歸。謹具別狀咨申，伏惟云云。

——《桂苑筆耕集校注》卷20《上太尉別紙五首·第四》，第731頁。

海多大風冬暖

第五。某啓：自叨指使，唯欲奮飛，必期不讓秋鷹，便能截海；

豈料翻成跂鱉，尚類曳泥。雖慎三思而行，且乖一舉之儁。既勞淹久，合具啓陳。某嘗讀國語，見海鳥爰居，止於魯東門之外，展禽曰：今玆海有災乎？夫廣川之鳥獸，常知而避其災。是歲也，海多大風，冬暖，伏見今年自十月之交，至於周正月，略無霿發，倍覺温燠。必恐魯修濫祠，鄙改成詩。静思漢祖之興歌，大風可懼；遥想田横之竄迹，絶島難依。遂於登州，近浦止泊。籠鵠無失，藩羊自安。唯願時然後行，必當利有攸往。泛艆艘而不滯，指渤澥而非遥。冀申專對之能，早遂再來之望。伏惟云云。

——《桂苑筆耕集校注》卷 20《上太尉别紙五首・第五》，第 732—733 頁。

藥袋子懸船頭不畏風浪

第三。伏奉尊誨，藥袋子懸於船頭，不畏風浪，慎勿開之者。仰掛青囊，遠逾碧海，必使天吴息浪，水伯迎風。既無他慮於葭津，可訪仙遊於蓬島。唯願往來無滯，忠孝克全。萬里安流，永賴濟川之力；百年苦節，不欺臨谷之心。下情無任感戴兢灼之至。

——《桂苑筆耕集校注》卷 20《上太尉别紙五首・第三》，第 730 頁。

《藝文類聚》

海濤大波也

《廣雅》曰：“陽候濤，大波也。”

《吳越春秋》曰：“吳王賜子胥劍，遂伏劍而死。吳王乃取子胥之尸，盛以鴟夷之器，投之江海。子胥因隨流揚波，成濤激岸，隨潮來往。”

《論衡》曰：“儒書曰吳王夫差殺伍子胥，煮之於鑊，盛之以囊，投之于江。子胥恚恨，臨水為濤，溺殺人。夫言吳王殺伍子胥投之於江，實也；言其恚恨臨水為濤者，虛也。衛菹子路而漢烹彭越，子胥勇猛不過子路彭越，然二士不能發怒於鼎鑊之中，子胥亦然。自先入鼎鑊後乃入江，在鑊之時其神豈怯而勇於江水哉，何其怒氣前後不相副也。”

《博物志》曰：“東海中有牛魚，其形如牛。剝其皮懸之，潮水至則毛起，潮去則伏。”

［詩］晉蘇彥於《西陵觀濤》詩曰：“洪濤奔逸勢，駭浪駕丘山，訇隱振宇宙，漰濞津雲連。”梁徐昉《賦得觀濤》詩曰：“雲容雜浪起，楚水漫吳流。漸看遙樹沒，稍見遠天浮。漁人迷舊浦，海鳥失前洲。不測滄溟曠，輕鱗幸自遊。”

［賦］晉顧愷之《觀濤賦》曰：“臨浙江以北眷，壯滄海之宏流。水無涯而合岸，山孤映而若浮。既藏珍而納景，且激波而揚濤。其中則有珊瑚明月，石帆瑤瑛，彫鱗采介，特種奇名。崩巒填壑，傾堆漸

隅。岑有積螺，嶺有懸魚。謨茲濤之為體，亦崇廣而宏浚；形無常而參神，斯必來以知信。勢剛淩以周威，質柔弱以協順。”晉曹毗《觀濤賦》曰：“伊山水之遼迥，何秋月之淒清。瞻滄津之騰起，觀雲濤之來征。爾其勢也，發源溟池，回沖天井，灑拂倉漢，遙櫟星景。伍子結誓於陰府，洪湍應期而來騁。汩如八風俱臻，隗若昆侖抗嶺。”晉伏滔《望濤賦》曰：“若夫金祇理轡，素月告望，宏濤於是鬱起，重流於是電驤。起沙渟而迅邁，觸橫門而剋壯，灌江津而砰濭，鼓赤岸而激揚。鬱律煙騰，隗兀連崗，重疊巘而天竦，洄湍澼而起漲。

——《宋本藝文類聚》卷9《水部下·濤》，第268—270頁。

海水及八種“海賦”

《尚書》曰：江漢朝宗於海。

《山海經》曰：無皋之山，南望幼海。郭璞注曰：即少海水。又曰：“發鳩之山，有鳥名曰精衛，是炎帝之女，往游於東海，溺而不反，是故精衛常取西山之木石，以填東海。又曰：大荒中有山，名曰天臺，海水之入焉。

《老子》曰：江海所以能為百谷王者，以其善下，故能為百谷王。

《淮南子》曰：海不讓水，積以成其大。

謝承《後漢書》曰：汝南陳茂，嘗為交阯別駕。刺史周敞涉海遇風，舡欲覆沒。茂拔劍呵罵水神，風即止息。

《博物志》曰：舊說，天河與海通。近世有居海渚者，年年八月有浮楂來過，甚大，往反不失期。此人乃多賫糧，乘楂去。忽忽不覺晝夜，奄至一處，有城郭屋舍。望室中，多見織婦。見一丈夫，牽牛渚次飲之。此人問此為何處，答曰問嚴君平。此人還，問君平，君平曰：“某年某月，有客星犯牛斗，即此人乎？”

王隱《晉書》曰：慕容晃上言曰：“臣躬征平郭，遠假陛下之威，將士竭命，精誠感靈，海為結冰，淩行海中三百餘裡。臣自立國，及問諸故老，初無海水冰凍之歲。”

《神仙傳》曰：麻姑謂王方平曰：自接侍以來，見東海三為桑田。向到蓬萊，水乃淺於往者略半也，豈復為陵乎。

《論語》曰：道不行，乘桴浮於海，從我者，其由也與。

《莊子》曰：南海之帝為儵，北海之帝為忽，中央之帝為渾沌。儵與忽時相與遇於渾沌之地，渾沌待之甚厚。儵與忽謀報渾沌之德，曰：“人皆有七竅，以視聽食息，此獨無有。”常試鑿一竅，七日而渾沌死。又曰：窮髮之北，有溟海者，天池也。有魚名曰鯤，化而為鳥，名曰鵬。又曰：東海之鱉，謂埳井之蛙曰：“夫海，千里之遠不足以舉其大，千仞之高不足以極其深。禹之時，十年九潦而水弗加益。湯之時，八年七旱而涯不減損。夫不為頃久推移，不以多少進退者，此亦東海之大樂也。”又曰：海水三歲一周，流波相薄，故地動。

《韓詩外傳》曰：成王時，有越裳氏重三譯而朝，曰：“吾受命國之黄髮，曰：久矣，天之不迅風雨，海之不波溢也，三年於兹矣，意者中國有聖人乎，盍往朝之。”

《十洲記》曰：扶桑在碧海之中，地一面萬里。太帝之宫，太真東王君所治處。

《玄中記》曰：天下之強者，東海之惡燋焉，水灌而不已。惡燋者，山名也，在東海南方三萬里，海水灌水而即消。

《博物志》曰：漢使驃騎將軍霍去病北伐單于，至瀚海而還。

周景式《孝子傳》曰：管寧避地遼東，經海遇風，船人危懼，皆叩頭悔過。寧思愆，念向曾如廁不冠，即便稽首，風亦尋靜。

《西域傳》曰：蒲昌海一名鹽澤。

［詩］宋謝靈運《游赤石進帆海》詩曰：首夏猶清和，芳草亦未歇。水宿淹晨暮，陰霞屢興沒。周覽倦瀛壖，況乃淩窮髮。川后時安流，天吳靜不發。揚帆採石華，掛席拾海月。

齊謝朓《望海》詩曰：滄波不可望，望極與天平。往往孤山映，處處春雲生。差池遠雁沒，颯沓群鳧驚。

梁劉孝標《登郁洲山望海》詩曰：滄潦聯霄岫，曾嶺鬱巑崱。下盤鹽海底，上轉靈烏翼。滇㴔非可辯，鴻溶信難測。輕塵久弭飛，驚浪終不息。雲錦曜石嶼，羅綾文水色。

北齊祖孝徵《望海》詩曰：登高臨巨壑，不知千萬里。雲島相接連，風潮無極已。時看遠鴻度，乍見驚鷗起，無待送將歸，自然傷客子。

［賦］後漢班叔皮《覽海賦》曰：余有事於淮浦，覽滄海之茫茫。悟仲尼之乘桴，聊從容而遂行。馳鴻瀨以縹騖，翼飛風而回翔。顧百川之分流，煥爛漫以成章。風波薄其裔裔，邈浩浩以湯湯。指日月以為表，索方瀛與壺梁。曜金璆以為闕，次玉石而為堂。蓂芝列於階路，湧醴漸於中唐。朱紫彩爛，明珠夜光，松喬坐於東序，王母處於西箱，命韓眾與岐伯，講神篇而校靈章。原結旅而自讬，因離世而高遊，騁飛龍之驂駕，歷八極而回周。遂竦節而響應，忽輕舉以神浮。遵霓霧之掩蕩，登雲塗以淩厲。乘虛風而體景，超太清以增逝。麾天閽以啟路，辟閶闔而望余。通王謁於紫宮，拜太一而受符。

魏王粲《遊海賦》曰：乘菌桂之方舟，浮大江而遙逝。翼驚風而長驅，集會稽而一睨。登陰隅以東望，覽滄海之體勢。吐星出日，天與水際，其深不測，其廣無臬，章亥所不極，盧敖所不届。懷珍藏寶，神隱怪匿，或無氣而能行，或含血而不食，或有葉而無根，或能飛而無翼。鳥則爰居孔鵠，翡翠鷫鸘，繽紛往來，沉浮翱翔。魚則橫尾曲頭，方目偃頷，大者若山陵，小者重鈞石。乃有賁蛟大貝，明月夜光，蠵鼊玳瑁，金質黑章。若夫長洲別島，旗布星峙，高或萬尋，近或千里，桂林藂乎其上，珊瑚周乎其趾。群犀代角，巨象解齒，黃金碧玉，名不可紀。

魏文帝《滄海賦》曰：美百川之獨宗，壯滄海之威神。經扶桑而遐逝，跨天崖而讬身。驚濤暴駭，騰踴澎湃，鏗訇隱鄰，湧沸淩邁。於是黿鼉漸離，汜濫淫遊，鴻鸞孔鵠，哀鳴相求。楊鱗濯翼，載沉載浮，仰唼芳芝，俯漱清流。巨魚橫奔，厥勢吞舟。爾乃釣大貝，采明珠，搴懸黎，收武夫。窺大麓之潛林，睹搖木之羅生。上蹇產以交錯，下來風之泠泠。振綠葉以葳蕤，吐分葩而揚榮。

晉木玄《虛海賦》曰：昔在帝媯臣唐之世，洪濤瀾汗，萬里無際，江河既導，萬穴俱流。掎拔五嶽，竭涸九州，於廓靈海，長為委輸。其為恠，則乃浟湙瀲灩，浮天無岸，波如連山，乍合乍散，噓吸百川，洗滌淮漢。若乃霾翳潛消，莫振莫竦，輕塵不飛，纖羅不動，猶尚呀呷，餘波獨湧。若乃邊荒速告，王命急宣，飛迅鼓楫，泛海淩山，於是候勁風，揭百尺，維長梢，掛帆席，望濤遠決，冏然鳥逝，一越三千，不終朝而濟所屆。若乃負穢臨深，虛誓愆祈，則有海童邀路，馬銜當蹊，天吳乍見而仿佛，罔象暫曉而閃屍。爾其大量也，則南瀸朱崖，北洗天墟，東演析木，西薄青徐。經綸瀴溟，萬萬有餘，吐雲霓，含龍魚，隱鯤鱗，潛雲居。其垠則有天琛水怪，鮫人之室，瑕石詭暉，鱗甲異質。繁采揚華，萬色隱鮮，陽冰不治，陰火潛燃。其魚則橫海之鯨，突杌孤遊，茹鱗甲，吞龍舟。若其毛翼產觳，剖卵成禽，鳧雛離褷，鶴子淋滲，群飛侶浴，戲廣浮深。且其為器也，苞乾之奧，括坤之區，唯神是宅，亦祇是廬，何奇不有，何怪不儲，茫茫積流，含形內虛，曠哉坎德，卑以自居。

晉潘岳《滄海賦》曰：徒觀其狀也，則湯湯蕩蕩，瀾漫形沉，流沫千里，懸水萬丈。測之莫量其深，望之不見其廣，無遠不集，靡幽不通。群谿俱息，萬流來同，含三河而納四瀆，朝五湖而夕九江。陰霖則興雲降雨，陽霽則吐霞曜日。煮水而鹽成，剖蚌而珠出。其中有蓬萊名嶽，青丘奇山，阜陵別島，崐環其間。其山則累崔嵬崒，嵯峨隆屈，披滄流以特起，擢崇基而秀出。其魚則有吞舟鯨鯢，烏賊龍鬚，蜂目豺口，狸班雉軀，怪體異名，不可勝圖。其蟲獸則素蛟丹虯，元龜靈鼉，脩黿巨鱉，紫貝螣蛇，玄螭蚴虯。赤龍焚蘊，遷體改角，推舊納新，舉扶搖以抗翼，泛陽侯以濯鱗。其禽鳥則鷗鴻鶤鶊，鴐鵝鶟鶄，朱背煒燁，縹翠蔥青。詳察浪波之來往，遍聽奔激之音響，力勢之所回薄，潤澤之所彌廣，普天之極大，橫率土而莫兩。

晉庾闡《海賦》曰：昔禹啟龍門，群山既鑿，高明澄氣而清浮，厚載勢廣而盤礴。灌注百川，控清引濁，始乎濫觴，委輸大壑，若夫長風鼓怒，湧浪碎濭，飇波於萬里之間，漂沫於扶桑之外。於是百川輻凑，四瀆横通，回罘泱漭，聳散穹隆，映曉雲而色暗，照落景而俱紅。驚浪嶢峩，眇漫瀄汩，瀇漭潺湲，浮天沃日，鯨鯢蘊而乍見，伏螭湧而競遊。靈黿朱鱉，出沒爭浮，騰龍掣水，巨鱗吞舟。

晉孫綽《望海賦》曰：五湖同浸，九江叢溉，抱河含濟，吞淮納泗，南控沅湘，西引涇渭。洲渚迢遞以疏屬，島嶼綿邈以牢羅。殖嵬崔之碣石，構穹隆之牂柯。玄奥之府，重刃之房，鱗匯萬殊，甲產無方，包隨珠，銜夜光，玳瑁熠爍以泳遊，蟕蠵煥爛以映漲，靈貝含素而表紫，蠳螺絡舟而帶緗，青甲芬飈以微扇，玄木杳眇以舒芳。其卉木則綠苔石發，蔓以流綿，紫莖萇綜，解以被渚，華組依波而錦披，翠綸扇風而繡舉。長鯨嶽立以截浪，蚼鮨揚鬐以排流。巨鼇贔屭以冠山，烏鸌呼吸以吞舟。鵬為羽桀，鯤稱介豪，翼遮半天，背負重霄，舉翰則宇宙生風，抗鱗則四瀆起濤。考萬川以周覽，亮天池之綜緯，彌綸八荒，亙帶九地，昏明注之而不溢，尾閭泄之而不匱。

齊張融《海賦》曰：爾其海之狀也，則窮區沒渚，萬里藏岸，控會河濟，朝總江漢。湍轉則日月似驚，浪動則星河如覆。輾轉從横，揚珠起玉。峰勢崇高，岫形參錯，或如前而未進，乍非遷而已卻。卻瞻無後，向望何前。長尋高眺，唯水與天。若乃山横蹙浪，風倒摧波，磊若驚山碣嶺以竦石，鬱若飛煙奔雲以振柯。連瑤光而交彩，接玉繩以通華。爾其奇名出錄，詭物無書。高岸乳鳥，横開產魚，蟕蠵玳瑁，綺貝繡螺，玄珠互采，綠紫相華

——《宋本藝文類聚》卷 8《水部上・海水》，第 247—255 頁。

螺及海中鸚鵡螺

《爾雅》曰：蠃小者蜬。

《易》曰：離為蠃。剛在外也。

《魏書》曰：自遭荒亂，率乏糧穀。袁紹河北軍，人仰棗椹。袁術在江淮，取蛤蒲蠃，民人相食，州部蕭條。

《搜神記》曰：晉安謝端，侯官人，少孤，年十八，恭謹自守。後於邑下得一大螺，如斗許。取貯甕中，每早至野還，見有飲飯湯火。端疑之，於籬外窺，見一少女從甕中出，至灶下燃火。便入問之，女答曰："妾天漢中白素女，天帝哀卿少孤，使我權相為守舍炊煮。待卿取婦，當還去。今無故相伺，不宜復留。今留此殼貯米穀，可得不乏。"忽有風雨而去。

《南州異物志》曰：扶南海有大螺，如甌。從邊直旁截破，因成杯形，或合而用之。螺體蜿蛇委曲，酒在內自注，傾覆終不盡，以伺誤相罰為樂。

又曰：鸚鵡螺，狀如覆杯，頭如鳥頭，向其腹，視似鸚鵡，故以為名。肉離殼出食，飽則還殼中。若為魚所食，殼乃浮出。人所得，質白而紫，文如鳥形，與觴無異。故因其象鳥，為作兩目兩翼也。

又曰：寄居之蟲，如螺而有腳，形如蜘蛛。本無殼，入空螺殼中。戴以行，觸之縮足如螺閉戶也。火炙之乃出走，始知其寄居也。

王韶《始興記》曰：桂陽貞女峽，傳云，秦世有數女取螺於此，遇風雨，一女忽化為石人。今形高七尺，狀如女子。

《異苑》曰：鸚鵡螺形似鳥，故以為名。

——《宋本藝文類聚》卷 97《鱗介部下・螺》，第 2477—2478 頁。

蚌及漲海珠蚌

《易》曰：離為蚌。

《大戴禮》曰：十一月，雉入淮為蜃。蜃，蒲盧。

《呂氏春秋》曰：月者，群陰盈。晦則蚌蛤虛，群陰缺。

《戰國策》曰：趙且伐燕，蘇代為燕謂趙惠王曰："川蚌方出曝，而鷸啄其肉，蚌合而相其啄。鷸曰：'今日不雨，明日不雨，即有蚌脯。'蚌亦謂鷸曰：'今日不出，明日不出，必見死鷸。'"

《淮南子》曰：明月之珠，螺蚌之病，而我之利也。虎爪象牙，禽獸之利，而我之害也。

徐衰《南方記》曰：珠蚌殼長三寸，在漲海中。

盛弘之《荊州記》曰：馬牧城東三里，有蚌城。相傳云：饑年，民結侶采蚌，止憩其中，故因為名。

又云：城隨洲勢，上大尖，其形似蚌，故有蚌號。

《汝南先賢傳》曰：周燮好潛養靖志，唯典籍是樂。有先人草廬，廬於東坑，其下有陂，魚蚌生焉。非身所耕漁，則不食也。

——《宋本藝文類聚》卷 97《鱗介部下・蚌》，第 2478—2479 頁。

蛤有三皆生於海

《說文》曰：蛤有三，皆生於海。蛤蠣，千歲鳥所化也。海蛤，百歲燕所化也。魁蛤，一名復老，服翼所化。

《本草經》曰：文蛤，表有文。又曰：馬刀，一曰名蛤。

《禮記》曰：季冬，雀入水為蛤。

《漢武內傳》曰：西王母曰仙藥次有白水靈蛤。

《南越志》曰：凡蛤之屬，開口聞雷鳴，不復閉口。

——《宋本藝文類聚》卷 97《鱗介部下・蛤》，第 2479 頁。

蛤蜊東海波臣王母藥

《淮南子》曰：若士乃卷龜殼而食蛤蜊。

《論衡》曰：若士食蛤蜊之肉，乃與民同食，安能升天。

《抱樸子》曰：蛤蜊各煮炙，凡人所能啖，況君子與士乎。

《臨海土物記》曰：蛤蜊殼薄且小。

［啟］梁元帝《謝賚車螯蛤蜊啟》曰：車螯，味高食部，名陳物志。蛤蜊，聲重前論，見珍若士。並東海波臣，西王母藥。雀文始化，燕羽猶在。體潤珠胎，形隨月減。

陳徐陵《謝東宮賚蛤蜊啟》曰：舡俗嚴戈，漁人資設。于彼海童，冒茲水豹。望樓闕之氣，得波潮之下。

——《宋本藝文類聚》卷 97《鱗介部下·蛤蜊》，
第 2479—2480 頁。

烏賊懷黑而知禮

《本草經》曰：烏賊魚骨，治寒熱驚氣。

《南越記》曰：烏賊魚有碇，遇風浪，便虯前一須，不碇而住。腹中血及膳，正黑，中以書也。世謂烏賊懷黑而知禮，故俗云是海君白事小史，或曰古之諸生。常自浮水上，烏見以為死，便往啄之，乃卷取烏，故謂烏化為之。

《臨海異物志》曰：烏賊之骨，其大如楯居者。一枚作鮓滿器，受五升。

——《宋本藝文類聚》卷 97《鱗介部下·烏賊》，第 2480 頁。

石劫亦蚌蛤類

［賦］梁江淹《石劫賦》曰：石劫一名紫藾，蚌蛤類也。春而發華，有足翼者。夫海君之小臣，具品色於滄溟。既爐天而論形，先避伏而不曜。知理冥而難發，何弱命之不禁。永至於天代，請去人之仄陋，充公子之嘉客。儻委身於土盤，從風雨其何惜。

——《宋本藝文類聚》卷 97《鱗介部下·石劫》，
第 2480—2481 頁。

《初學記》

海魚變黃雀時有黃雀風

白鶴雲，黃雀風。(《易通卦驗》曰：立春青陽，雲出房如積水。春分正陽，雲出張如白鶴。周處《風土記》曰：五月大雨，名爲濯枝。五月風發，六日乃止。黃雀風，是時海魚變爲黃雀，因以名之。)

——《初學記》卷1《天部上·天第一》，第4頁。

海鳥曰爰居恆知避大海风災

爰居避災，鳥鵲識歲。(《國語》曰：海鳥曰爰居，止於魯國東門之外，臧文仲使國人祭之。展禽曰："今茲海島有災乎。"夫廣川鳥獸，恆知避其災也。是歲也，海多大風。虞翻注曰：是爰居之所避也。《淮南子》曰：鳥鵲識歲之多風，去喬木而巢扶枝。)

——《初學記》卷1《天部上·風第六》，第18—19頁。

四海神名號

周闕，齊宮。(《太公伏符陰謀》曰：武王伐紂，都洛邑。天大陰寒，雨雪十餘日。甲子朝，五車騎止王門之外，欲謁武王。師尚父使人出北門而道之曰："天子未有出時。"武王曰："諸神各有名乎?"

師尚父曰："南海神名祝融，北海名玄■，東海神名勾芒，西海神名蓐收，河伯名馮修。"使謁者各以名召之，神皆警而見武王。王曰："何以敎之?"神曰："天伐殷立周，謹來受命，各奉其使。"武王曰："予歲時亦無廢禮焉。")

——《初學記》卷2《天部下·雪第二》，第28頁。

海人獻冰蠶文錦以爲黼黻

踐馬蹄，覆蠶繭。(《莊子》曰：馬蹄可踐霜雪，毛可以禦風寒。王子年《拾遺記》曰：員嶠之山名環丘，有冰蠶，以霜雪覆之，然後作繭，其色五采。織爲文錦，入水不濡，以之投火，經宿不燎。唐堯之代，海人獻以爲黼黻。)

——《初學記》卷2《天部下·霜第三》，第31頁。

武帝臨大海是歲如虹氣集城陽宮上

若鳥飛，似龍降。(《漢書》曰：武帝東遊東萊，臨大海，是歲如虹氣，蒼黃若飛鳥，集城陽宮上。漢名臣蔡邕奏曰：奉詔云，五月二十九日有黑氣墮溫殿東庭中，黑如車蓋，騰起奮迅，五色有頭，體長十餘丈，形宛似龍。占者以虹蜺對，虹著於天而降於庭。以臣之聞，則天所投虹也。)

——《初學記》卷2《天部下·虹蜺第七》，第39頁。

地不滿東南百川歸爲渤海

絕維，演絡。(《列子》曰：共工氏與顓頊爭爲天子，怒而觸不周山，天柱折，地維絕，地不滿東南，故百川歸焉，而爲渤海。)

——《初學記》卷5《地理上·總載地第一》，第88頁。

海中三山形如壺

員嶠，方壺。(《列子》曰：渤海之東有壑，其中山曰員嶠。《拾遺記》曰：海中三山，一名方壺方丈，二曰蓬壺蓬萊，三曰瀛洲。形如壺，上廣下狹。)

——《初學記》卷5《地理上·總載地第二》，第92頁。

地胏山在樂城縣東大海中

天目，地胏。(山謙之《吳興記》曰：於潛舊縣天目山，極高險，且長遠，與宣城懷安並分山爲界。謝靈運《遊名山志》曰：地胏山者，王演山記謂之木榴山，一名地胏。《永嘉郡記》曰：地胏山在樂城縣東大海中，去岸百餘里。)

——《初學記》卷5《地理上·總載地第二》，第92頁。

秦始皇作石橋欲過海看日出

神鞭，仙跡。(《三齊略記》曰：秦始皇作石橋，欲過海看日出處。有神人能駈石下海，石去下不速。神輒鞭之，皆流血。酈元《注水經》曰：思陽川水東有獨山，北有崗，崗上有人坐跡。山腹石上有兩手跡，山下石上有兩脚跡，俗名之爲仙人石也。)

——《初學記》卷5《地理上·石第九》，第108—109頁。

大波之神曰陽侯濤之神曰靈胥

大水有小口別通曰浦，風吹水涌曰波，大波曰濤，小波曰淪，平波曰瀾，直波曰涇，水朝夕而至曰潮。風行水成文曰漣，水波如錦文曰漪。水行曰涉，逆流而上曰泝洄，順流而下曰泝游，絕流而渡曰亂，以衣涉水曰厲，繇膝以下曰揭，繇膝以上曰涉。渡水處曰津，潛行水下曰泳。水神曰天吳，大波之神曰陽侯，（《博物志》曰：昔陽國侯溺水，因爲大海之神。）濤之神曰靈胥。（《博物志》云：昔吳相伍子胥，爲吳王夫差所殺，浮之於江，其神爲濤。）

——《初學記》卷6《地部中·總載水第一》，第112頁。

東有碧海水不鹹苦

碧海，絳河。（東方朔《十洲記》曰：東有碧海，廣狹浩汗，與東海等，水不鹹苦，正作碧色。王子年《拾遺記》曰：絳河去日南十萬里，波如絳色，多赤龍，赤色魚，而肥美可食。上仙服得之，則後天而死。）

——《初學記》卷6《地部中·總載水第一》，第112頁。

《初学记》总论海與漲海

[敘事]《釋名》云：海，晦也，主引穢濁，其水黑而晦。《博物志》云：天地四方，皆海水相通，地在其中，蓋無幾也。

七戎六蠻九夷八狄，形類不同，總而言之，謂之四海，言皆近於海也。四海之外，皆復有海云。

按東海之別有渤澥，故東海共稱渤海，又通謂之滄海。《博物志》云：滄海之中，有蓬萊、方丈、瀛洲三神山，金銀爲宮闕，仙人所集。《列子》稱渤海之東有大壑，名曰歸塘，其中有岱輿、員嶠、方壺、瀛洲、蓬萊五山。《十洲記》曰：東海之別，又有溟海、員海。（《十洲記》曰：扶桑在碧海之中，有太帝宮，太眞東王所居。有蓬萊山，周迴五千里，山外有員海繞其山，海水色正黑色，謂之溟海。按《莊子》有北溟，則四海皆稱溟也。）《山海經》有岐海、幼海、少海。（《山海經》云；甌閩皆在岐海中。又云：無皐之山，南望幼海。郭璞注云：幼海，少海也。）

按南海大海之別有漲海。(謝承《後漢書》曰：交阯七郡貢獻，皆從漲海出入。又《外國雜傳》云：大秦西南漲海中，可七八百里，到珊瑚洲，洲底大盤石，珊瑚生其上，人以鐵網取之。)

按西海大海之東，小水名海者，則有蒲昌海、蒲類海、青海、鹿渾海、潭彌海、陽池海。(《漢書》曰：蒲昌海一名鹽澤，廣袤三百里，其水渟，冬夏不減，皆以潛行地下，南出積石。又郭義恭《廣志》云：蒲類海在西域東北，竇固擊伊吾，戰於蒲類海。《十三州記》曰：允吾縣西，有卑禾羌海，代謂之青海。《後魏書》曰：太祖西征次鹿渾海。郭義恭《廣志》云：羌中之西，有潭彌海、陽池海。)

按北海，大海之別有瀚海，瀚海之南小水名海者，則有勃鞮海、伊連海、私渠海。(《漢書》：霍去病伐匈奴，北至瀚海。後漢竇憲伐匈奴，至勃鞮海。郭義恭《廣志》曰：匈奴中北有伊連海。後漢梁諷說北單于，單于喜，即將人衆與諷俱還到私渠海。)

凡四海通謂之裨海，裨海外復有大瀛海環之。(鄒子曰：所謂中國者，天下八十一分之一耳。中國名曰赤縣，内自有九州，禹之九州是也，不得爲州數。中國外如赤縣州者，亦謂之九州，有裨海環之，如一區中者乃爲一洲，如此者九。都有大瀛海環其外，此謂八極。而天下際焉。)

海曰百谷王，海神曰海若。海一云朝夕池，一云天池，亦云大壑巨壑。

海中山曰島，海中洲曰嶼。(東方朔《十洲記》曰：有祖洲、瀛洲、玄洲、炎洲、長洲、元洲、鳳麟洲、聚窟洲、流洲、生洲。其生洲、瀛洲在東海，炎洲在南海，鳳麟洲、聚窟洲皆在西海，元洲、玄洲在北海。已上凡十洲也。)

[事對] 委輸，朝宗。(木玄《虛海賦》曰：於廓靈海，長爲委輸。《尚書》曰：江漢朝宗于海。注云：宗，尊也，有似於朝。)

委水，積流。(《禮記》曰：三王之祭川也，皆先河而後海。或源也，或委也，此之謂務本。又曰：洗之在阼，其水在洗東，祖天地之左海也。鄭玄注曰：海水之所委也。孫卿子曰：不積跬步，無以至千里。不積小流，無以成江海。）

叢桂，扶桑。（王粲《遊海賦》曰：若夫長洲別島，旗布星峙。桂蘭叢乎其上，珊瑚周乎其址。東方朔《十洲記》曰：扶桑在碧海中，樹長數千丈，一千餘圍。兩幹同根，更相依倚，是以名扶桑。）

地脉，天池。（關令《內傳》曰：天有五億五萬五千五百五十里，地亦如之，各以四海爲脉。《莊子》曰：窮髮之北有溟海者，天池也。）

通天，動地。（張華《博物志》曰：舊說天河與海相通，近有人居海渚者，年年八月有浮槎來，甚大，往反不失期。此人乃立於槎上，多賫糧乘槎去。忽不覺晝夜，奄至一處，有城郭舍屋。望室中多見織婦，見一丈夫牽牛渚次飲之，驚問此人何由至此，此人卽問此爲何處？荅曰：君可詣蜀問嚴君平。此人還問君平，君平曰：某月日有客星犯斗牛，卽此人到天河也。《莊子》曰：海水三歲一周流相薄，卽爲之地動。）

滄嶼，碧津。（沈懷遠《南越志》曰：海安縣南有小水，南注乎海。極目滄嶼，渺望溟波。《十洲記》曰：處玄風於西北，坐王母於神鄉。昆吾錯於流澤，扶桑鎭於碧津。離合水精而光獸於炎野。坎總衆陰，是以仙都宅於海島。）

金宮，玉闕。（金宮事見敍事。崔琰《遂初賦》曰：蓬萊蔚其潛興，瀛壺森以駢羅。列金臺之筦嶉，方玉闕之嵯峨。）

鯷壑，鵬溟。（《漢書》曰：會稽海外有東鯷壑，分爲二十餘國，以歲時來獻見。左思《齊都賦》曰：其東則有滄溟巨壑，洪浩汗漫。《莊子》曰：北溟有魚，其名曰鯤。化爲鳥，其名曰鵬，將徙於南溟，擊水三千里。謝莊《赤鸚鵡賦》：禎流隴域，祥發鵬溟。）

窮髮，聶耳。（窮髮見天池下。《山海經》曰：聶耳國在無腸國東，兩手聶其耳，懸居赤水中。）

無爲，善下。（《文子》曰：古之善爲君者，法海以象其大，注下以成其廣。《老子》曰：江海所以能爲百谷王者，以其善下之故。）

負石，乘桴。（《漢書》曰：鄒陽上書，申屠狄蹈雍之河，徐衍負石入海，不容於世，義不苟取。應劭《風俗通》曰：姜肱字伯維，靈帝踐祚，徵肱爲太守。肱告人曰：“吾以虚獲實，蘊藉聲價。盛明之際，尚不委質。今政在私門，夫何爲哉。”遂乘桴浮於海，莫知其極。時人以爲非凡。）

蜃樓，鮫室。（《漢書》曰：海傍有蜃氣爲樓臺。木玄《虚海賦》曰：天深水怪，鮫人之室。）

蓬嶼，桑田。（李顒《凌仙賦》曰：瞻蓬萊之秀嶼，冀東叟之可尋。將乍至而反墜，患巨浪之相臨。葛洪《神仙傳》曰：麻姑謂王方平曰：“自接待以來，見東海三爲桑田。向到蓬萊，水乃淺於往者略半也。豈復將爲陵陸乎！”方平乃曰：“東海行，復揚塵耳。”）

秦橋，漢柱。（《三齊記》曰：青城山，秦始皇登此山，築城造石橋，入海三十里。張勃《吴錄》曰：象林海中有小洲，生柔金，自北南行三十里有西屬國，人自稱漢子孫，有銅柱，云漢之疆場之表。）

水伯，波臣。（《山海經》曰：朝陽之谷，神曰天吴，是爲水伯。其爲獸也，十八尾八首人面八足也。木玄《虚海賦》曰：天吴乍見而髣髴。《莊子》曰：周顧視車轍有鮒魚焉，曰我東海之波臣也，君豈有斗升之水活我哉。）

黄金闕，紫石室。（《史記》曰：燕王使人至蓬萊方丈瀛洲，此三神山在海中，去人不遠，有至者望之如雲。及到，三山反在水下，有仙人不死藥焉，黄金白銀爲宫闕。東方朔《十洲記》曰：滄海島中，有紫石宫室，九老仙都。）

不死草，反魂樹。（東方朔《十洲記》曰：祖洲在東海中，地方五百里。上有不死草，生瓊田中。草似菰，苗長三尺許。人已死者，以草覆之，皆活。又曰：聚窟洲在西海中，有大樹，與楓木相似，樹方花，香聞數百里，其名爲反魂樹。）

傾瀉百川，迴洑萬里。（劉楨《魯都賦》曰：巨海分焉，傾瀉百川。左思《吴都賦》曰：百川派别，歸海而會。潮波汩起，迴洑萬里。)

［賦］後漢王粲《遊海賦》。(含精純之至道，將輕舉而高厲。遊余心以廣觀兮，且彷徉乎西裔。乘蘭桂之輕舟，浮大江而遙逝。翼驚風以長駈，集會稽而一眂。登陰隅以東望兮，覽滄海之體勢。吐星出日，天與水際，其深不測，其廣無臯。尋之冥地，不見涯洩。章亥所不極，盧敖所不居。洪洪洋洋，誠不可度也。處嵎夷之正位兮，同色號於穹蒼。苞納汚之弘量，正宗廟之紀綱。總衆流而臣下，爲百谷之君王。)

晉木玄《虛海賦》。(昔在帝嬀巨唐之世，天綱浡潏，爲凋爲瘵；洪濤瀾汗，萬里無際。江河既導，萬穴俱流。椅居豈切拔五岳，竭涸九州。其爲廣也，其爲怪也，則乃浟湙瀲灩，浮天無岸。波如連山，乍合乍散。嘘吸百川，洗滌淮漢。若乃霾曀潛消，莫振莫竦。輕塵不飛，纖羅不動。猶尚呀呷，餘波溢涌。若乃偏荒速告，王命急宣，飛迅鼓楫，汎海凌川。於是候勁風，揭百尺，維長綃，掛帆席，望濤遠决，冏然鳥逝。一越三千，不終朝而濟所居。)

梁簡文帝《海賦》。(昔禹啓龍門，群山既鑿，高明澄氣而清浮，厚載勢廣而盤礴。坎德洊臻，水源深博。灌注百川，控清引濁。始乎濫觴，委輸大壑。測之渺而無際，望之杳而綿漠。鬱拂冥茫，往來日月。朏魄昏微，乍明乍沒。若夫長風鼓怒，涌浪砰磕。颺波於萬里之間，漂沫於扶桑之外。)

——《初學記》卷6《地部中・海第二》，第114—118頁。

九河合一而入海

［敘事］《說文》云：河者下也，隨地下流而通也。《援神契》曰：河者水之伯，上應天漢。《穆天子傳》曰：河與江淮濟三水爲四瀆，河曰河宗，四瀆之所宗也。按《水經注》及《山海經》注，河源出崑崙之墟，東流潛行地下，至規期山。北流分爲兩源，一出葱嶺，一出于闐。其河復合，東注蒲昌海，復潛行地下。南出積石山，

西南流。又東迴入塞，過燉煌酒泉張掖郡，南與洮河合。過安定北地郡，北流過朔方郡西。又南流過五原郡南。又東流過雲中西河郡東。又南流過上都河東郡西，而出龍門。至華陰潼關，與渭水合。又東迴過砥柱，及洛陽。至鞏縣與洛水合，成皋與濟水合。又東北流過武德，與沁水合，至黎陽信都，鉅鹿之北，遂分爲九河，又合爲一河而入海。

——《初學記》卷6《地部中・河第三》，第119頁。

长江入于海

［敘事］《釋名》云：江，公也，諸水流入其中，所公共也。《風俗通》云：江，貢也，所出珍物可獻貢也。《周官》：揚州其川三江。按三江，《漢書地理志》注：岷江爲大江，至九江爲中江，至徐陵爲北江。蓋一源而三目。按《水經》及《荆州記》云：江出岷山，其源若甕口，可以濫觴。在益州建寧滿江縣，潛行地底，數里至楚都，遂廣十里，名爲南江。初在犍爲，與青衣水、汶水合。至洛縣，與洛水合。東北至巴郡，與涪水、漢水、白水合。東至長沙，與澧水、沅水、湘水合。至江夏，與沔水合。至潯陽，分爲九道，東會于彭澤。經蕪湖，名爲中江。東北至南徐州，名爲北江而入海也。《尚書》稱岷山導江，東別爲沱。又東至于澧，過九江，至于東陵，東迤北會于滙。東爲中江，入于海是也。凡長江之別，有郫江、汶江、塾江、弱柳江、浙江、（《說文》云：江別流爲汜，至會稽山陰爲浙江。又顧野王云：浙江發源東陽新安之間，不與岷山之江相涉，至錢塘入于海。）松江。（劉澄之《揚州記》：吴縣有松江，自吴入海。今蘇州。）凡長江有别名，則有京江、瓜步江、烏江、曲江。凡江帶郡縣因以爲名，則有丹徒江、錢塘江、會牂江、山陰江、上虞江、廣陵江、鬱林江、廣信江、始安江、稽牱江、成都江。

——《初學記》卷6《地部中・江第四》，第123—124頁。

淮水近海數百里通朝夕潮

［敍事］《釋名》云：淮，圍也，圍繞揚州北界，東至海也。《周官》：青州其川淮泗。按《水經注》及《山海經》云，淮水出南陽平氏縣桐柏山，其源初則涌出，復潛流三十里，然後長鶩。東北經大復山，從義陽郡北，東過江夏平春縣北。又東過新息縣南、期思縣北。至厚鹿縣南，與汝水合。又東過廬江安豐縣，與決水合。東北至九江壽春縣東，與潁水合。壽春縣北，與淝水合。又東至當塗縣北，與渦水合。東北至下邳淮陰縣，與泗水合。東至廣陵淮浦縣而入海也。近海數百里，通朝夕潮。《尚書》稱導淮自桐柏，東會于泗沂，入于海。是也。……

［賦］後漢王粲《浮淮賦》，魏文帝《浮淮賦》，隋杜臺卿《淮賦序》（古人登高有作，臨水必觀焉。吟詠比賦，可得而言矣。《詩·周南》云：漢之廣矣，不可泳思。江之永矣，不可方思。《豳風》云：涇以渭濁，湜湜其沚。《衛風》云：河水洋洋，北流活活。《小雅》云：滔滔江漢，南國之紀。《大雅》云：豐水東注惟禹之績。《周頌》云：猗與漆沮，潛有多魚。有鱣有鮪，鰷鱨鰋鯉。《魯頌》云：思樂泮水，薄采其芹。此皆水賦濫觴之源也。後漢班彪有《覽海賦》，魏文帝有《滄海賦》，王粲有《游海賦》，晉成公綏有《大海賦》，潘岳有《滄海賦》，木玄虛孫綽並有《海賦》。楊泉有《五湖賦》，郭璞有《江賦》，唯淮未有賦者。魏文帝雖有《浮淮賦》，止陳將卒赫怒，至於兼包化產，略無所載。齊天統初，以教府詞曹，出除廣州長史，經淮陽赴鎮，頻經利涉。壯其淮沸浩蕩，且注巨海，南通曲江，水怪神物，于何不有。遂撰聞見，追而賦之，曰：美大川之爲德，諒在物而非假。決出元氏之鄉，濫流桐柏之下。始經營於赤位，終散漫於炎野。）

——《初學記》卷 6《地部中·淮第五》，第 127 頁。

濟水經齊郡東萊郡而入海

［敍事］《釋名》云：濟濟也，言源出河北，濟河而南也。《周官》：兗州其川河濟。按《水經注》及《山海經》云：濟水出河東垣縣王屋山，初名沇水，東出温縣西北，始名濟水。又東南流，當鞏縣之北，而南入河，與河並流。過成皐，溢出爲滎水。東流過陽武及封丘縣北。又東過寃朐縣南。至定陶縣南，又東北流，與菏水會。東至乘氏縣西分而爲二，其一東北流入鉅野澤，過壽張西，與汶水合。又北過穀城縣西，又東北過盧縣北，經齊郡東萊郡而入海也。《尚書》稱導沇水東流爲濟，入于河，溢爲滎。東出于陶丘北，又東北會于汶，又東北入于海。是也。又《水經注》云：初，濟水至乘氏縣西，分流爲二，其一東北流，今所入海者；其一東南流，東過昌邑縣北金鄉縣南，至方輿，爲沛水，過沛縣東北，至下邳而入淮。《淮南子》云：濟水宜麥。《周官》云：鸜鵒不踰濟。

——《初學記》卷6《地部中·濟第六》，第130—131頁。

冰的理論及海結冰

［敍事］《說文》云：冰，水堅也。《韓詩說》云：冰者，窮谷陰氣所聚，不洩則結而爲伏陰。《易》曰：履霜堅冰，陰始凝也。《詩》云：二之日鑿冰冲冲，三之日納于凌陰。二之日，夏之十二月。三之日，夏之正月。冲冲，聲也。凌陰，冰室也。十二月之時，天地大寒，水化爲冰。鑿取堅冰，至正月納藏於室之中。人君春夏祭祀，及其常食，卒有凶事則得以斂。人臣無冰室，其終卒，君錫之以冰。故《左傳》云：日在北陸而藏冰西陸，朝覿而出之。其藏冰也，深山窮谷，固陰沍寒，於是乎取之。其出之也，朝之祿位賓客喪祭，於是乎用之。其藏之也，黑牡秬黍，以享司寒。其出之也，桃弧棘矢，以除其災。祭司寒而藏之，獻羔而啓之，火出而畢賦。自命夫命婦，至於

老疾，無不受冰。夫冰以風壯而以風出，其藏之也周，其用之也徧。則冬無愆陽，夏無伏陰，人不夭札，是也。《風俗通》云：積冰曰凌，冰壯曰凍，冰流曰澌，冰解曰泮。

［事對］……北方鼠，東海蠶。（王子年《拾遺記》曰：東海員嶠山有冰蠶，長七寸，有鱗角，以霜雪覆之，始爲繭。其色五綵，織爲文錦，入水不濡，投火不燎。）……河流澌，海結凌。（薛瑩《後漢書》曰：光武至薊上，王郎使兵至。上發薊，晨夜馳騖，至下曲陽滹沱河，導吏還言河流澌，無船不可渡。遣王霸往視實然。霸念恐驚衆，即還曰："冰牢可渡。"比至冰可乘，帝遂得渡滹沱河。王隱《晉書》曰：慕容晃上言，正月十二日，躬征平郭，遠假陛下天地之威。將士竭命，精誠感靈，海爲冰結凌，行海中三百餘里。臣問故老，初無海冰之歲。）

——《初學記》卷7《地部下·冰第五》，第151頁。

扈業者濱海漁捕之名

［敍事］江南道者，禹貢揚州之域。又得荆州之南界，北距江東際海，南至嶺，盡其地也。蘇州爲吴泰伯之墟，泰伯卒，仲雍立，傳國至曾孫周章。武王克殷，因而封之也。越州爲越，夏少康封少子無餘，以奉禹祠。潤州，春秋之朱方。江寧縣，楚之金陵邑也。吴、晉、宋、齊、梁、陳六代都之。

［事對］……扈瀆，鹽田。（《吴都記》曰：松江東瀉海口，名曰扈瀆。《輿地志》曰：扈業者，濱海漁捕之名，插竹列於海中，以繩編之，向岸張兩翼。潮上即沒，潮落即出。魚隨潮礙竹不得去，名之云扈。又曰：海濱廣斥，鹽田相望，吴煑海爲鹽，即鹽官縣境也。）

——《初學記》卷8《州郡部·江南道第十》，第186—187頁。

潮雞及《南越志》中文魮朱鼈騂馬水犀等海物

［敍事］嶺南道者，禹貢揚州之南境，其地皆粵之分，自嶺而南至海，盡其地。

［事對］……文貝，錦虵。（《南越志》曰：潮陽南有小水，注海濱，帶層山，其中多文貝，可以解毒。《輿地志》曰：龍溪謂之盤龍，虵青黑色，赤帶錦文，隨瀆瀧水而入于海，有毒，傷人輒死。已上潮州。）

素女，青牛。（《發蒙記》曰：侯官謝端曾於海中得一大螺，中有美女，云："我天漢中白水素女，天矜卿貧，令我爲卿妻。"《南越志》：綏安縣北有連山，昔越王建德伐木爲船，其大千石，以童男女三千人牽之。既而入船俱墜於潭。時聞附船有唱喚督進之聲，往往有青牛馳迴與船俱，蓋神靈之至。）

靈江，神草。（《輿地志》云：從餘姚至海三十里，過溫麻江，有一江名靈江。道書云：霍山上有神草三十四種。已上泉州。）

……蟻漆，雞潮。（《吳錄》云：居風縣有蟻絮藤，人視土中知有蟻，因墾發，以木皮插其上，則蟻出，緣而生漆。《輿地志》曰：移風縣有潮雞，鳴長旦清如吹角，每潮至則鳴，一名林雞。）

石坻，金鐺。（《南越志》曰：馬援鑿通九眞山，又積石爲坻，以遏海波，由是不復過漲海。又曰：軍安縣女子趙嫗，嘗在山中，聚結羣黨，攻掠郡縣，著金箱齒鐺，恆居象頭鬬戰。已上愛州。）

……極外，海中。（《交廣二州記》曰：珠崖在大海中，南極之外。吳時復置太守，住徐聞縣遙撫之。《漢書》曰：武帝立珠崖郡，在南方大海中居，廣袤千里。）

……文魮，朱鼈。（《南越志》曰：海中有文魮，鳥頭尾，鳴似磬而生玉。又曰：海中多朱鼈，狀如肺，有四眼六脚而吐珠。）

騂馬，水犀。（《南越志》曰：平定縣東巨海有騂馬，似馬，牛尾一角。又云：平定縣巨海有水犀，似牛，其出入有光，水爲之開。

已上高州。）

［箴］揚雄《交州箴》：（交州荒裔，水與天際。越裳是南，荒國之外。爰自開闢，不褒不絆。周公攝祚，白雉是獻。昭王陵遲，周室是亂。越裳絶貢，荆楚逆叛。大漢受命，中國兼該。南海之宇，聖武是恢。稍稍受羈，遂臻黄支。牽來其犀，航海三萬。泉竭中虚，池竭瀨乾。牧臣司交，敢告執憲。）

——《初學記》卷 8《州郡部・嶺南道第十一》，第 192—194 頁。

鐘的分類及其花紋中的海物鯨魚蒲牢

［敍事］《釋名》曰：鐘，空也，空内受氣多故聲大。《白虎通》曰：鐘之爲言動也，陰氣用事，萬物動成。《五經通義》曰：秋分之音也。《世本》曰：倕作鐘。《爾雅》曰：大鐘謂之鏞，其中謂之剽，小者謂之棧。《周禮》曰：鳧氏爲鐘，兩欒謂之銑，銑間謂之于，于上謂之鼓，鼓上謂之鉦，鉦上謂之舞。鐘懸謂之旋，旋蟲謂之幹。鐘帶謂之篆，篆間謂之枚，枚間謂之景。凡鐘磬各有筍虡，寫鳥獸之形，大聲有力者以爲鐘虡，清聲無力者以爲磬虡。《釋名》云：橫曰簨，在上峻也。植曰虡，虡，舉也，從傍舉也。《尚書大傳》曰：天子左五鐘，右五鐘。《樂叶圖徵》曰：鐘有九乳。《三禮圖》曰：凡鐘十六枚，同爲一簨虡爲編鐘，特懸者謂之鎛。《古今樂録》曰：凡金爲樂器有六，皆鐘之類也，曰鐘，曰鎛，曰錞，曰鐲，曰鐃，曰鐸。鎛如鐘而大。錞，錞于也，圓如椎頭，上大下小，所謂金錞和鼓也。鐲，鉦也，形如小鐘，軍行爲鼓節。鐃如鈴而無舌，有柄而執之，鐸如大鈴。古鐘名有大林之鐘、景鐘、九龍之鐘、十龍之鐘、千石之鐘。

［事對］……發鯨，雊雉（張衡《西京賦》：發鯨魚，鏗華鐘。薛綜注曰：海中大魚名鯨，海島又有大獸名蒲牢。蒲牢畏鯨魚，鯨魚一擊，蒲牢輒大鳴吼。凡鐘欲令聲大，故作蒲牢於上，以所擊之者爲鯨魚。有篆刻文，故曰華鐘。《淮南子》曰：齊景公族鑄大鐘，撞之

於庭下，郊雉皆雊。許慎注曰：族，聚也，其鐘聲如雷震，雉皆應之。）

——《初學記》卷16《樂部下·鐘第五》，第395—396頁。

貢物總覽與海物

［敍事］《廣雅》曰：貢，稅也，上也。鄭玄曰：獻，進也，致也，屬也，奉也，皆致物於人，尊之義也。按《尚書》：禹別九州，任土作貢。其物可以特進奉者曰貢，盛之於筐而進者曰篚。若不常歲貢，須賜命乃貢者曰錫貢。故兖州厥貢漆絲，青州厥貢鹽絺，海物惟錯，岱畎絲枲，鉛松怪石。徐州厥貢惟土五色，羽畎夏翟，嶧陽孤桐，泗濱浮磬，淮夷蠙珠暨魚。揚州厥貢惟金三品，瑤琨篠簜，齒革羽毛，惟木。荆州厥貢羽毛齒革，惟金三品，杶榦栝柏，礪砥砮丹，惟箘簵楛。豫州厥貢漆枲絺紵。梁州厥貢璆鐵銀鏤砮磬，熊羆狐狸織皮。雍州厥貢球琳琅玕。兖州厥篚織文。青州厥篚檿絲。徐州厥篚玄纖縞。揚州厥篚織貝。荆州厥篚玄纁璣組。豫州厥篚纖纊。揚州錫貢厥包橘柚。豫州錫貢磬錯。荆州納錫大龜。是也。《周禮》以九貢致邦國之用，一曰祀貢，二曰嬪貢，三曰器貢，四曰幣貢，五曰財貢，六曰貨貢，七曰服貢，八曰斿貢，九曰物貢。是也。獻者，謂貢篚錫貢之外所進奉者也。《禮記》曰：獻車馬執綏，獻馬者執靮，獻人虜者操右袂，執琴瑟者上左手。獻几者拂之，獻杖者執其末。此其制也。

［事對］……江龜，海貝。（《尚書》曰：九江納錫大龜。孔《傳》云：尺二寸曰大龜，出九江水中。《尚書大傳》曰：夏成五服，外薄四海，南海魚革珠珍大貝。鄭注：所貢物也，貝，古以爲貨。）

青帶，白環。火鼠，冰蠶。（《魏志》：景初二年二月，西域獻火浣布。東方朔《神異經》曰：南荒之外有火山，晝夜火燃。火中有鼠，重百斤，毛長二尺餘，細如絲，可以作布。恆居火中，時時出外，而白色，以水逐而沃之，乃死。取緝其毛，織以爲布。王子年

《拾遺記》曰：冰蠶長十寸，有鱗角，以雪霜覆之，然後爲繭。其色五彩，織爲文錦，入水不濡，投火不燎。唐堯世，海人獻之，以爲黼黻。）

——《初學記》卷20《政理部·貢獻第三》，第474—475頁。

舟船種類總覽及海舸艆䑠

［敍事］《淮南子》曰：古人見窾木浮而知爲舟。《周易》曰：刳木爲舟，剡木爲楫。舟楫之利，以濟不通，蓋取諸渙。《呂氏春秋》曰：虞姁作舟。《物理論》曰：化狐作舟。《墨子》曰：巧倕作舟。《山海經》曰：番禺始作舟。束晳《發蒙記》曰：伯益作舟。《世本》曰：共鼓貨狄作舟，黄帝二臣也。揚雄《方言》曰：自關而東謂舟爲船，自關而西或謂之舟。《説文》曰：舟言周流也，船言循也，循水而行也。其上屋曰廬，重室曰飛廬，又在其上曰雀室，言於中候望，若鳥雀之驚視也。揔名船曰艘。《廣雅》曰：吴曰艑。李虔《通俗》曰：晉曰舶。《埤蒼》曰：海中船曰艆䑠。《説文》曰：江中舟曰艟。《釋名》曰：上下重版曰艦，外狹而長曰艨衝。二百斛曰舠，三百斛曰艇。《西京雜記》曰：太液池有鳴鶴舟、容與舟、清廣舟、採菱舟、越女舟。《晉令》曰：水戰有飛雲船、蒼隼船、先登船、飛鳥船。晉《宮閣記》曰：天泉池有紫宮舟、升進舟、曜陽舟、飛龍舟、射獵舟。靈芝池有鳴鶴舟、指南舟。舍利池有雲母舟、无極舟。都亭池有華泉舟、常安舟。

［事對］……雲母，海舸。（雲母具敍事。周遷《輿服雜事》曰：其人欲輕行，則乘海舸，合木船也。）

錦維，紼纍。鸀鳿，䴌鶋。（《蜀王本記》曰：蜀王有鸀鳿舟。周遷《輿服雜事》曰：遠國朝貢，越海則有大船，一名䴌鶋，合木爲槽。）

——《初學記》卷25《器物部·舟第十一》，第610—611頁。

燈種類海人乘霞舟獻龍膏

［敘事］呂静《韻集》曰：燈；無足曰燈；有足曰錠。《西京雜記》曰：漢高祖入咸陽宫，秦有青玉五枝燈，高七尺五寸，下作蟠螭，口銜燈，然則鱗甲皆動，煥炳若列星盈盈焉。又曰：長安巧工丁諼作恆滿燈，九龍五鳳，雜以芙蓉蓮藕之奇。王朗《秦故事》曰：百華燈樹，正月朔朝賀，殿下設于三階之間，端門外設三尺、五尺燈，月照星明，雖夜猶晝。張敞《東宫舊事》曰：太子有銅駝頭燈、銅倚燈。納妃，有金塗四尺長燈、銀塗二尺連盤短燈。《拾遺記》曰：海人乘霞舟，以雕囊盛數升龍膏，獻燕昭王。王坐通雲之堂，然龍膏爲燈火，色曜百里，煙色如丹。《洞冥記》曰：漢武帝然芳苡燈於閣上，光色紫。有白鳳黑冠，黑龍孱足，來戲於閣。又曰：丹豹髓，白鳳膏，磨青錫爲屑，以淳蘇油和之，照於神壇。夜暴雨，火光不滅。以麟鬚拂拂霜蛾赴燈者，芳苡草出奔盧國，霜蛾如蜂。《淮南子・萬畢術》曰：取蚖脂爲燈，置水中，卽見諸物。

——《初學記》卷25《器物部・燈第十三》，第614—615頁。

珠璣種類及漲海蚌珠三品

［敘事］《易・坤靈圖》曰：至德之盛，五星如連珠。《禮・斗威儀》曰：其政平，德至淵泉，則江海出明珠。樊文淵《七經義》曰：珠母者，大珠在中，小珠環之。《爾雅》曰：西方之美者，有霍山之多珠玉焉。《後漢書》曰：珠，蚌中陰精也。玓瓅，明珠色也。璣，珠不圓也。夫餘出珠，大如酸棗。常璩《華陽國志》曰：廣陽縣山出青珠。永昌郡博南縣有光珠穴，出光珠。珠有黄珠、白珠、青珠、碧珠。《後魏書》曰：河鈎羌國出金珠。伏無忌《古今注》曰：章帝元和元年，明珠出館陶，大如李，有光耀。三年，明珠出豫章海底，大如雞子，圍四寸八分。和帝永元五年，鬱林降人得大珠，圍五寸七

分。《山海經》曰：三珠樹生赤水上，其爲樹如柏，葉皆爲珠。徐衷《南方草物狀》曰：凡採珠常三月，用五牲祈禱，若祠祭有失，則風攪海水。或有大魚在蚌左右，白蚌珠長三寸半。在漲海中，其一寸五分有光色，一旁小形似覆釜爲第一。璫珠凡三品，其一寸三分雖有光色，形不圓正，爲第二。滑珠凡三品。郭義恭《廣志》曰：有珠稱夜光，有至圓珠，置地終日不停。有石珠，鑄石爲之，一名朝珠。

——《初學記》卷 27《寶器部·珠第三》，第 648 頁。

水苔種類及《南越志》記海藻生研石上

［敍事］周處《風土記》曰：石髮，水苔也，青綠色，皆生於石也。《爾雅》曰：薄，石衣也。又《廣雅》曰：石髮，石衣也。《說文》曰：苔，水衣也。沈懷遠《南越志》曰：海藻一名海苔，或曰海羅，生研石上。《廣志》曰：空室無人行則生苔蘚，或青或紫，一名圓蘚，一名綠錢。

——《初學記》卷 27《草部·苔第十六》，第 669 頁。

魚類總論及噴浪鯨魚

［敍事］《莊子》曰：朽瓜化爲魚，物之變也。

《列子》曰，終髮之北有溟海，魚廣千里，其身稱焉。

《廣志》曰：武陽小魚，大如針，號一斤千頭，蜀人以爲醬。

崔豹《古今注》曰：鯉之大者曰鱣，鱣之大者曰鮪。白魚，雄者魾，魚子好群浮水上，名曰萍。

《淮南子》曰：詹公之釣，千歲之鯉。

陶弘景《本草》曰：鯉最爲魚中之主，形既可愛，又能神變，乃至飛越山湖，所以琴高乘之。又鯉魚鮓，不可合小豆藿，食害人。又發諸瘡。鱧魚，一名鮦，味甘，無毒，主除水氣、面大腫及五痔。鮔魚，味甘，大温無毒，云是芹根變作。又曰，是人髮所化，作臛食之甚補。鮑魚，味辛，無毒，主逐痿蹷腕折瘀血。鰒魚，治青盲失精。鰻鱺魚，味甘，形似鮔，能緣樹食藤花，取作脯食之。

《廣州記》曰：魴魚，廣而肥甜，魚之美者也。鯨鯢長百丈，大亦稱之，雌曰鯢，雄曰鯨，目即明月珠，死不見，有眼睛，而噴浪翳於雲日。

《爾雅》曰：鯉、鱣、鰋、鮎、鯇，大鱯，小者鮡。鱦，小魚。魧魚，鯢大者謂之魧，似鮎，四足，聲似小兒。

《南越志》曰：鱣，魧屬也，長鼻輭骨，長數丈而骨可啖，似黃鮦而長。鯯魚，左右如鐵鋸。三牙魚，似石首，或曰雄石首也。鯸魚，肥美有餘，土人重之，魏武時四人食鯸。鱣魚大如五斗奩，長丈，口頷下，常三月中從河上，常於孟津捕之，黃肥，唯以作鮓，淮水亦有。

《毛詩義疏》曰：鮪魚出海，三月從河上來，今鞏縣東洛度北崖上山腹穴，舊說北穴與江湖通，鱣鮪從北穴而來，入河。鮪似鱣而色青黑，頭小而尖，如鐵兜鍪，口在頷下，大者七八尺，益州人謂之鮪。鱨，大者王鮪，小者叔鮪。一名鱒，肉色白，今東萊遼東人謂之尉魚，或謂之神明者。樂浪尉溺死海中，化爲此魚。鱮似魴而大頭，魚之不美者。故語曰："買魚得鱮，不如啗茹。"徐州謂之鰱。魦魚，吹沙也，似鯽魚狹小，常張口吹沙也，一名重脣蘥。鯊鱨魚，一名揚合，黃頰骨正，黃魚之大而有力者。魚貍，背上有斑文，腹下純青，今以飾弓鞬步文也。海水將潮及天將雨，毛皆起，潮還天晴，毛則伏，常千里外知海潮也。

《山海經》曰：鱖魚，大口而細鱗，有斑彩。鰩魚，狀如鯉，魚身鳥翼，蒼文，白首赤喙，常從西海游於東海，以夜飛，音如鸞，見大穰。何羅魚，一首而十身，其音如犬吠，食之已癕。鮨魚，身大首，音如嬰兒，食之已狂。鱄珠鱉，如肺而有目六足。有珠魚，狀如鮒，彘毛，其音如豚，見則天下旱。薄魚，其狀如鱣而一目，其音如歐，見則天下反。鯷魚，赤目赤鬣者，食之殺人。鯪魚，背腹皆有刺，如三角菱。

《吳録》曰：錯魚，魚子生後，朝出索食，暮皆入母腹中。

《水經》曰：海鰌魚，長數千里，穴居海底，入穴則海水爲潮，出穴則水潮退，出入有節，故潮水有期。《異物志》曰：鮫魚，皮可以飾刀，其子驚則入母腹中。

《吳地志》曰：石首魚，至秋化爲冠鳧，冠鳧頭中猶有石也。

《南越記》曰：烏賊魚，一名河伯度事小史，常自浮水上，烏見以爲死，便往啄之，乃卷取烏，故謂之烏賊，今疋烏化之。天牛魚，方員三丈，眼大如斗，口在脅中，露齒無脣，兩肉角如臂，兩翼長六尺，尾長五尺。比目魚，不比不行。昔越王爲膾，剖而未切，墮落于水，化爲魚。

《臨海異物志》曰：比目魚，似左右分魚，南越謂之板魚。人魚，似人，長三尺，不可噉。

張華《博物志》曰：牛魚，目似牛，形如犢子，剝皮懸之，潮水至則毛起，去則毛伏。

又《南方草物狀》曰：水豬魚，似猪形。又《異物志》曰：鹿魚，頭上有兩角如鹿。

［事對］有翼，無鱗。（劉向《列仙傳》曰：子莫者，舒鄉人也。善入水捕魚，得赤鯉魚，愛其色。持之著池中，數以米穀食之，一年長丈餘，遂生角，有翼。《河圖》曰：黄帝遊於洛，見鯉魚長三丈，青身無鱗，赤文成字。）

千斤，七里。（《大魏諸州記》曰：小平津有洞穴，鯉魚從穴中出入，大者重千斤。色青，皮如鮫魚皮。沈瑩《臨海水土異物志》曰：鯉魚長百步，俗傳有七里鱣魚。）

如鮫，似龍。（《大魏諸州記》曰：每至三月中，有鱣魚從穴出，入河，重千斤。色青，皮如鮫魚，皮有珠文，口在頷下。《毛詩義疏》曰：鱣身似龍，鋭頭，口在頷下，背上腹下有甲，大者千餘斤。）

北溟鯤，南海鯨。（《莊子》曰：北溟有魚，其名爲鯤，其大不知幾千里也。王子年《拾遺記》曰：黑河，北極也，其水濃黑不流，土雲生焉。有黑鯤魚，千尺如鯨，常飛往南海，或宕而失所，死於南海之濱，肉骨皆消，唯膽如石，上仙藥也。）

若獸，如虵。（山謙之《南徐州記》曰：鯪魚，若鯉魚四足。《吴都賦》曰：所謂鯪魚若獸。沈懷遠《南越志》曰：鯪魚，鯉也，形如蛇而四足，腹圍五六寸，頭似蜥蜴，鱗如鎧甲，《異物志》謂之鯪鯉。）

黑身，青目。（沈懷遠《南越志》曰：烏鰭魚，通身黑，長二丈。《臨海水土記》曰：鰭魚鹿文青目。）

虎形，蝦尾。（沈瑩《臨海水土異物志》曰：虎鰭，長五丈，黄黑斑，耳目齒牙有似虎形，唯無毛，或變乃成虎。沈懷遠《南越志》曰：蝦鰭長五丈，尾似蝦。）

白腹，斑文。（沈瑩《臨海水土異物志》曰：鰭，腹下正白，長五尺。又曰：虎鰭長三尺，黄色斑文。）

鋸齒，霜牙。（萬震《南州異物志》曰：鰐齒網羅，則斷如刀鋸，居水中，以食魚爲本。庾闡《吴都賦》曰：鰐鱗霜牙。）

珠文，毒尾。（劉欣期《交州記》曰：鮫魚出合浦，長三尺，背上有甲，珠文，堅強可以飾刀口，又可以鑢物。《山海經》曰：燕山，漳水出焉，其中多鮫魚。注曰：鮫有珠文，尾青，毒，皮可以飾刀劍口。）

春來，秋化。（《臨海異物志》曰：石首，小者名踏水，其次名春來，石首異種也。又有石頭，長七八寸，與石首同。張勃《吴錄》曰：婁縣有石首魚，至秋化爲鳧。）

片立，雙游。（《臨海水土記》曰：板魚片立，合體俱行，比目魚也。孫綽《望海賦》曰：王餘孤戲，比目雙游。）

象獺，似牛。（揚孚《臨海水土記》曰：魚牛象獺，大如犢子，毛青黄色，其毛似毡，知潮水上下。）

——《初學記》卷 30《鱗介部·魚第十》，第 740—743 頁。

《酉阳杂俎》

西南海中撥拔力國

撥拔力國，在西南海中，不食五穀，食肉而已。常針牛畜脈取血，和乳生食。無衣服，唯腰下用羊皮掩之。其婦人潔白端正，國人自掠賣於外國商人，其價數倍。土地唯有象牙及阿末香，波斯商人欲入此國，團集數千，齎緤布，没老幼共刺血立誓，乃市其物。自古不屬外國。戰用象牙排、野牛角爲矟，衣甲弓矢之器，步兵二十萬。大食頻討襲之。

——《酉陽雜俎校箋》前集卷四《境異》，第 445 頁。

馬伏波銅柱入海

馬伏波有餘兵十家不返，居壽泠縣，自相婚姻，有二百户。以其流寓，號馬流。衣食與華同。山川移易，銅柱入海，此民爲識耳。亦曰馬留

——《酉陽雜俎校箋》前集卷四《境異》，第 457 頁。

《拾遺記》言南海東海

王子年《拾遺記》言："漢武時，因墀國使，南方有解形之民，能先使頭飛南海，左手飛東海，右手飛西澤。至暮，頭還肩上，兩手

遇疾風，飄於海水外。”

——《酉陽雜俎校箋》前集卷四《境異》，第 470 頁。

往新羅海客被吹匙筯島

近有海客往新羅，吹至一島上，滿島悉是黑漆匙筯。其處多大木，客仰窺匙筯，乃木之花與鬚也。因拾百餘雙還，用之，肥不能使。後偶取攪茶，隨攪而消焉。

——《酉陽雜俎校箋》前集卷四《境異》，第 471 頁。

塔影倒海影翻

諮議朱景玄，見鮑容説：陳司徒在揚州，時東市塔影忽倒。老人言：“海影翻則如此。”

——《酉陽雜俎校箋》前集卷四《物革》，第 481 頁。

皇甫玄真海東獲寶物

高瑀在蔡州，有軍將田，知迴易折欠數百萬，迴至外縣，去州三百餘里。高方令錮身勘田，憂迫，計無所出，其類因爲設酒食開解之。坐客十餘，中有稱處士皇甫玄真者，衣白若鵝羽，貌甚都雅。衆皆有寬慰之辭，皇但微笑曰：“此亦小事。”衆散，乃獨留，謂田曰：“予嘗遊海東，獲二寶物，當爲君解此難。”田謝之，請具車馬，悉辭，行甚疾。其晚至州，舍於店中，遂晨謁高。高一見，不覺敬之。因謂高曰：“玄真此來，特從尚書乞田性命。”高遽曰：“田欠官錢，非瑀私財，如何？”皇請避左右，言：“某於新羅獲一巾子，辟塵，欲獻此贖田。”於懷中探出授高。高纔執，已覺體中虛涼，驚曰：“此非人臣所有，且無價矣，田之性命，恐不足酬也。”皇甫請試之。翌日，因宴於郭外。時久旱，埃塵且甚，高顧視馬尾鬣及左右騶卒數人，並無纖塵。監軍使覺，問高："何事尚書獨不霑塵坌？豈遇異人，獲至寶乎？"高不敢隱。監軍固求見處士，高乃與俱往。監軍戲曰："道者獨知有尚書乎？更有何寶，願得一觀。"皇甫俱述救田之意，且言藥出海東，今餘一針，力弱不及巾，可令一身無塵。監軍拜請曰："獲此足矣。"皇即於巾上抽與之。針，金色，大如布針。監軍乃劄於巾試之，驟於塵中，塵唯及馬騣尾焉。高與監軍日日禮謁，將討其道要。一夕，忽失所在矣。

——《酉陽雜俎校箋》前集卷六《器奇》，第 546—547 頁。

南海之秬

御宿青粲，瓜州紅𪎊，冀野之粱，芳菰精稗，會稽之菰，不周之稻，玄山之禾，陽山之穄，南海之秬，壽木之華，玄木之葉，夢澤之芹，具區之菁。陽樸之薑，招摇之桂，越駱之菌，長澤之卵，三危之露，崑崙之井。

——《酉陽雜俎校箋》前集卷七《酒食》，第 581 頁。

海上有石人

萊子國海上有石人，長一丈五尺，大十圍。昔秦始皇遣此石人追勞山，不得，遂立於此。

——《酉陽雜俎校箋》前集卷十《物異·石人》，第 775 頁。

石欄干生大海底

石欄干，生大海底，高尺餘，有根，莖上有孔如物點。漁人網罥取之，初出水正紅色，見風漸漸青色。主石淋。

——《酉陽雜俎校箋》前集卷十《物異》，第 787 頁。

南海生自然灰

《隱訣》言："太清外術：生人髪挂菓樹，烏鳥不敢食其實；苽兩鼻兩蔕，食之，殺人……凡飛鳥投人家，口中必有物，當拔而放之；赤脈，不可斷；井水沸，不可飲；酒漿無影者，不可飲；蝮與青蛙，蛇中最毒，蛇怒時，毒在頭尾；凡冢井間氣，秋夏中之殺人，先以雞毛投之，毛直下無毒，迴旋而下，不可犯，當以醋數斗澆之，方可入矣；頗梨，千歲冰所化也；琉璃、馬腦，先以自然灰煮之，令軟，可以雕刻，自然灰，生南海；馬腦，鬼血所化也。"

——《酉陽雜俎校箋》前集卷十一《廣知》，第817—818頁。

海神鎖接歷山

齊郡接歷山，上有古鐵鎖，大如人臂，繞其峰再浹。相傳本海中山，山神好移，故海神鎖之，挽鎖斷，飛來此矣。

——《酉陽雜俎校箋》前集卷十四《諾皋記上》，第1013頁。

新羅使被風吹至長鬚國

大足初，有士人隨新羅使，風吹至一處，人皆長鬚，語與唐言通，號長鬚國。人物茂盛，棟宇衣冠，稍異中國地，曰扶桑洲。其署官品，有正長、戢波、目役、島邏等號。士人歷謁數處，其國皆敬之。忽一日，有車馬數十，言大王召客。行兩日，方至一大城，甲士守門焉。使者導士人入，伏謁，殿宇高敞，儀衛如王者。見士人拜伏，小起。乃拜士人爲司風長，兼駙馬。其主甚美，有鬚數十根。士人威勢烜赫，富有珠玉，然每歸見其妻則不悦。其王多月滿夜則大會，後遇會，士人見姬嬪悉有鬚，因賦詩曰："花無蘂不妍，女無鬚亦醜。丈人試遣惣無，未必不如惣有。"王大笑曰："駙馬竟能忘情於小女頤頷間乎?”經十餘年，士人有一兒二女。忽一日，其君臣憂感。士人恠，問之。王泣曰：“吾國有難，禍在旦夕，非駙馬不能救。”士人驚曰：“苟難可弭，性命不敢辭也。”王乃令具舟，令兩使隨士人，謂曰：“駙馬一謁海龍王，但言東海第三汊第七島長鬚國有難求救。我國絶微，須再三言之。”因涕泣執手而別。士人登舟，瞬息至岸。岸沙悉七寶，人皆衣冠長大。士人乃前，求謁龍王。龍宫狀如佛寺所圖天宫，光明迭激，目不能視。龍王降階迎士人，齊級升殿。訪其來意，士人具説，龍王即令速勘。良久，一人自外白曰：“境内並無此國。”士人復哀祈，言長鬚國在東海第三汊第七島。龍王復叱使者細尋勘。食頃，使者返曰：“此島蝦合供大王此月食料，前日已追到。”龍王笑曰：“客固爲蝦所魅耳。吾雖爲王，所食皆稟天符，不得妄食。今爲客減食。”乃令引客視之，見鐵鑊數十如屋，滿中是蝦。有五六頭，色赤，大如臂，見客跳躍，似求救狀。引者曰：“此蝦王也。”士人不覺悲泣。龍王命放蝦王一鑊，令二使送客歸中國。一夕，至登州。回顧二使，乃巨龍也。

——《酉陽雜俎校箋》前集卷十四《諾臯記上》，第 1024—1025 頁。

魚龜海草關係總述

羽嘉生飛龍，飛龍生鳳，鳳生鸞，鸞生庶鳥。應龍生建馬，建馬生騏驎，騏驎生庶獸。介鱗生蛟龍，蛟龍生鯤鯁，鯤鯁生建邪，建邪生庶魚。介潭生先龍，先龍生玄黿，玄黿生靈龜，靈龜生庶龜。……海閭生屈龍，屈龍生容華，容華生蔈，蔈生藻，藻生浮草。……鱣魚三月上官於孟津。……鯿與鱀魚，車螯與移角，並相似。……魚滿三千六百，則爲蛟龍引飛去水。魚二千觔爲蛟。武陽小魚，一觔千頭。東海大魚，瞳子大如三斗盎。……德及幽隱，則比目魚至。

——《酉陽雜俎校箋》前集卷十六《廣動植之一・總叙》，第 1098—1120 頁。

東海大魚

東海大魚，瞳子大如三斗盎。

——《酉陽雜俎校箋》前集卷十六《廣動植之一·總叙》，第 1100 頁。

嗽金鳥翱翔於海

嗽金鳥，出昆明國。形如雀，色黄，常翱翔於海上。魏明帝時，其國來獻此鳥，飴以真珠及龜腦，常吐金屑如粟，鑄之，乃爲器服。宫人争以鳥所吐金爲釵珥，謂之辟寒金，以鳥不畏寒也。宫人相嘲弄曰：“不服辟寒金，那得帝王心；不服辟寒鈿，那得帝王憐。”

——《酉陽雜俎校箋》前集卷十六《廣動植之一·羽篇》，第 1160 頁。

南海舶主説取犀

犀之通天者，必惡影，常飲濁水。當其溺時，人趕不復移足。角之理，形似百物。或云犀角通者，是其病。然其理有倒插、正插、腰鼓插，倒者一半已下通，正者一半已上通，腰鼓者中斷不通。故波斯謂牙爲“白暗”，犀爲“黑暗”。成式門下醫人吴士皋，常職於南海郡，見舶主説，本國取犀，先於山路多植木如徂杙，云犀前腳直，常倚木而息，木欄折，則不能起。犀角，一名奴角。有鴆處，必有犀也。犀三毛一孔。劉孝標言：“犀墮角埋之，人以假角易之。”

——《酉陽雜俎校箋》前集卷十六《廣動植之一·毛篇》，第 1192—1193 頁。

東海漁人言魚龍

龍，頭上有一物，如博山形，名尺木。龍無尺木，不能昇天。

井魚，井魚腦有穴，每翕水，輒於腦穴蹙出，如飛泉，散落海中，舟人競以空器貯之。海水鹹苦，經魚腦穴出，反淡如泉水焉。成式見梵僧普提勝説。

異魚，東海漁人言："近獲魚，長五六尺，腸胃成胡鹿刀槊之狀，或號秦皇魚。"

——《酉陽雜俎校箋》前集卷十七《廣動植之二·鱗介篇》，第 1213—1215 頁。

海人言筭袋化爲烏賊魚

烏賊，舊説名河伯度事小吏。遇大魚，輒放墨，方數尺，以混其身。江東人或取墨書契，以脱人財物，書跡如淡墨，逾年字消，唯空紙耳。海人言："昔秦皇東遊，棄筭袋於海，化爲此魚。形如筭袋，兩帶極長。"一説烏賊有矴，遇風，則虬前一鬚下矴。

——《酉陽雜俎校箋》前集卷十七《廣動植之二·鱗介篇》，第 1217 頁。

鮥汚鮨鮫魚馬頭魚

鮥魚，凡諸魚欲産，鮥魚輒舔其腹，世謂之衆魚之生母。

鮨魚，章安縣出焉。出入鮨，腹子朝出索食，暮還入母腹。腹中容四子。頰赤如金，甚健，網不能制，俗呼爲"河伯健兒"。

鮫魚，鮫子驚，則入母腹中。

馬頭魚，象浦有魚，色黑，長五丈餘，頭如馬。伺人入水，食人。

印魚，長一尺三寸，額上四方如印，有字。諸大魚應死者，先以印封之。

——《酉陽雜俎校箋》前集卷十七《廣動植之二·鱗介篇》，第 1219 頁。

鱟乘風遊行

鱟，雌常負雄而行，漁者必得其雙，南人列肆賣之，雄者少肉。舊説過海輒相負於背，高尺餘，如帆，乘風遊行。今鱟殼上有一物，高七八寸，如石珊瑚，俗呼爲鱟帆，成式荆州常得一枚。至今閩、嶺重鱟子醬。鱟十二足，殼可爲冠，次於白角。南人取其尾爲小如意也。

——《酉陽雜俎校箋》前集卷十七《廣動植之二·鱗介篇》，第 1225 頁。

非魚非蛟大如船

蟹，八月，腹中有芒。芒，真稻芒也。長寸許，向東輸於海神。未輸，不可食。

奔鯚，奔鯚一名瀱，非魚非蛟，大如船，長二三丈，色如鮎，有兩乳在腹下，雌雄陰陽類人。取其子著岸上，聲如嬰兒啼。頂上有孔通頭，氣出嚇嚇作聲，必大風，行者以爲候。相傳嬾婦所化，殺一頭，得膏三四斛，取之燒燈，照讀書、紡績輒暗，照歡樂之處則明。

係臂，如龜。入海捕之，人必先祭，又陳所取之數，則自出，因取之。若不信，則風波覆船。

——《酉陽雜俎校箋》前集卷十七《廣動植之二·鱗介篇》，第 1230—1233 頁。

海島陀汗國爲海潮所淪

南人相傳，秦漢前有洞主吴氏，土人呼爲吴洞。娶兩妻，一妻卒。有女名葉限，少惠，善陶鈞，父愛之。末歲父卒，爲後母所苦，常令樵險汲深。時嘗得一鱗，二寸餘，赬鬐金目，遂潛養於盆水。日日長，易數器，大不能受，乃投於後池中。女所得餘食，輒沉以食之。女至池，魚必露首枕岸，他人至，不復出。其母知之，每伺之，魚未嘗見也。因詐女曰："爾無勞乎？吾爲爾新其襦。"乃易其弊衣。後令汲於他泉，計里數里也。母徐衣其女衣，袖利刃，行向池呼魚，魚即出首，因斤殺之。魚已長丈餘，膳其肉，味倍常魚，藏其骨於鬱棲之下。逾日，女至向池，不復見魚矣，乃哭於野。忽有人披髮麄衣，自天而降，慰女曰："爾無哭，爾母殺魚矣，骨在糞下。爾歸，可取魚骨藏於室，所須第祈之，當隨爾也。"女用其言，金璣衣食，隨欲而具。及洞節，母往，令女守庭菓。女伺母行遠，亦往，衣翠紡上衣，躡金履。母所生女認之，謂母曰："此甚似姊也。"母亦疑之。女覺，遽反，遂遺一隻履，爲洞人所得。母歸，但見女抱庭樹眠，亦不之慮。其洞臨海島，島中有國名陀汗，兵强，王數十島，水界數千里。洞人遂貨其履於陀汗國，國主得之，命其左右履之，足小者，履減一寸，乃令一國婦人履之，竟無一稱者。其輕如毛，履石無聲。陀汗王意其洞人以非道得之，遂禁錮而拷掠之，竟不知所從來。乃以是履棄之於道旁，即遍歷人家捕之，若有女履者，捕之以告。陀汗王恠之，乃搜其室，得葉限，令履之而信。葉限因衣翠紡衣，躡履而進，色若天人也。始具事於王，載魚骨與葉限俱還國。其母及女即爲飛石擊死，洞人哀之，埋於石坑，命曰懊女冢。洞人以爲媒祀，求女必應。陀汗王至國，以葉限爲上婦。一年，王貪求，祈於魚骨，寶玉無限。逾年，不復應。王乃葬魚骨於海岸，用珠百斛藏之，以金爲際。至徵卒叛，時將發以贍軍。一夕，爲海潮所淪。成式舊家人李士元所説。士元本邕州洞中人，多記得南中恠事。

——《酉陽雜俎校箋》續集卷一《支諾皋上》，第 1476 頁。

烏賊魚骨、章舉與海朮

烏賊魚骨，如通草，可以刻爲戲物。

章舉，每月三、八則多。

蝦姑，狀若蜈蚣，管蝦。

南海有水族，前左腳長，前右腳短，口在脅旁背上。常以左腳捉物，寘於右腳，右腳中有齒齧之，方内於口。大三尺餘。其聲“朮朮”，南人呼爲海朮。

——《酉陽雜俎校箋》續集卷八《支動》，第 2012 頁。

明州水族

衛公幼時，常於明州見一水族，有兩足，觜似雞，身如魚。

——《酉陽雜俎校箋》續集卷八《支動》，第 2014 頁。

祖州鯽魚

鯽魚，東南海中有祖州，鯽魚出焉。長八尺，食之宜暑而避風。此魚狀，即與江湖小鯽魚相類耳。潯陽有青林湖，魚大者二尺餘，小者滿尺，食之肥美，亦可止寒熱也。

——《酉陽雜俎校箋》續集卷八《支動》，第 2052 頁。

螃蛸與劍魚

螃蛸，傍海大魚，脊上有石十二時。一名籬頭溺，一名螃蛸，其溺甚毒。

劍魚，海魚千歲爲劍魚。一名琵琶魚，形似琵琶而喜鳴，因以爲名。虎魚老則爲蛟。江中小魚，化爲蝗而食五穀者，百歲爲鼠。

——《酉陽雜俎校箋》續集卷八《支動》，第 2055 頁。

東海倒生木

倒生木，此木依山生，根在上，有人觸則葉翕，人去則葉舒。出東海。

——《酉陽雜俎校箋》續集卷十《支植下》，第 2020 頁。

波斯舶上多養鴿

鴿，大理丞鄭復禮言："波斯舶上多養鴿，鴿能飛行數千里。輒放一隻至家，以爲平安信。"

——《酉陽雜俎校箋》前集卷十六《廣動植之一·羽篇》，第 1138 頁。

瑇瑁如舶上者

南中瑇瑁，斑點盡模糊，唯振州瑇瑁如舶上者。

——《酉陽雜俎校箋》續集卷八《支動》，第 2019 頁。

舶上那伽花

那伽花，狀如三春，無葉，花色白，心黄，六瓣。出舶上。

——《酉陽雜俎校箋》續集卷九《支植上》，第 20812 頁。

象浦水蟲攢木食船

水蟲，象浦，其川渚有水蟲，攢木食船，數十日船壞。蟲甚微細。

——《酉陽雜俎校箋》前集卷十七《廣動植之二·蟲篇》，第 1255 頁。

江東人樟木爲船

樟木，江東人多取爲船，船有與蛟龍鬬者。

——《酉陽雜俎校箋》前集卷十八《廣動植之三·木篇》，第 1289 頁。

《嶺表錄異》

南海舟人以虹為颶風候

南海秋夏，間或雲物慘然，則其暈如虹，長六七尺，比候則颶風必發，故呼為“颶母”。忽見有震雷，則颶風不能作矣。舟人常以為候，豫為備之。

——《嶺表錄異》卷上，第3頁。

南中夏秋多颶風

南中夏秋多惡風，彼人謂之颶。壞屋折樹，不足喻也。甚則吹屋瓦如飛蝶，或二三年不一風，或一年兩三風，亦系連帥政德之否臧者。然發則自午及酉，夜半必止。此乃飄風不終朝之義也。

——《嶺表錄異》卷上，第3頁。

沓潮俗呼為海翻

沓潮者：廣州去大海不遠二百里。每年八月，潮水最大，秋中復多颶風。當潮水未盡退之間，颶風作，而潮又至，遂至波濤溢岸，淹沒人廬舍，蕩失苗稼，沈溺舟船，南中謂之沓潮。或十數年一有之，亦系時數之失耳。俗呼為海翻為漫天。

——《嶺表錄異》卷上，第4頁。

廉州邊海采老蚌珠

廉州邊海中有洲島，島上有大池。每年刺史修貢，自監珠戶入池，采以充贡。池雖在海上，而人疑其底與海通。池水乃淡，此不可測也。《耆舊傳》云：太守貪，珠即逃去。采珠皆采老蚌，剖而取珠。如豌豆大者，常珠也；如彈丸者，亦時有得；徑寸照室之珠，但有其說，卒不可遇也。又取小蚌肉，貫之以篾，暴乾，謂之珠母。容桂人率將燒之，以薦酒也。肉中往往有細珠如粟糧。乃知珠池之蚌，隨其大小，悉胎中有珠矣。

——《嶺表錄異》卷上，第 5 頁。

瑇瑁解毒

瑇瑁形狀如龜，惟腹背甲有紅點。其大者悉似盤蓋。《本草》云：瑇瑁解毒。其大者，悉婆娑石。兼云辟邪。廣南盧亭（海島夷人也）獲活瑇瑁龜一枚，以獻連帥嗣薛王。王令生取背甲小者二片，帶于左臂上，以辟毒。龜被生揭其甲，甚極苦楚。後養於使宅後北池，俟其揭處漸生，復遣盧亭送於海畔。或云，瑇瑁若生，帶之有驗。凡飲饌中有蠱毒，瑇瑁甲即自搖動。若死，無此驗。

——《嶺表錄異》卷上，第 6 頁。

賈人船以橄欖糖泥之

賈人船不用鐵釘，只使桄榔須系縛，以橄欖糖泥之。糖幹甚堅，入水如漆也。

——《嶺表錄異》卷上，第 6 頁。

海島人以蠔蠣殼為牆壁

盧亭者：盧循昔據廣州，既敗，餘黨奔入海島，野居，惟食蠔蠣，壘殼為牆壁。

——《嶺表錄異》卷上，第 9 頁。

泛海歸閩飄行曆六國

陵州刺史周遇，不茹葷血。嘗語恂云：頃年自青社之海歸閩，遭惡風，飄五日夜，不知行幾千里也。凡曆六國，第一狗國，同船有新羅客，云是狗國，逡巡，果見如人裸形，抱狗而出，見船驚走。經毛人國，形小，皆被髮，而身有毛蔽如狖。又到野叉國，船抵暗石而損，遂搬人物上岸，伺潮落，閣船而修之。初，不知在此國，有數人同入深林采野蔬，忽為野叉所逐，一人被擒；餘人驚走，回顧，見數輩野叉同食所得之人。同舟者驚愕無計。頃刻，有百餘野叉，皆赤髮裸形，呀口怒目而至。有執木槍者，有雌而挾子者。篙工賈客五十餘人，遂齊將弓弩槍劍以敵之。果射倒二野叉，即舁拽朋嘯而遁。既去，遂伐木下寨以防再來。野叉畏弩，亦不復至。駐兩日，修船方畢，隨風而逝。又經大人國，其人悉長大而野，見船上鼓噪，即驚走不出。又經流虬國，其國人幺麽，一概皆服麻布而有禮，竟將食物求易釘鐵。新羅客亦半譯其語，遣客速過，言此國遇華人飄泛至者，慮有災禍。既而又行徑小人國，其人悉裸，形小如五六歲兒，船人食盡，遂相率尋其巢穴。俄頃見果，采得三四十枚以歸，分而充食。後行兩日，遇一洲島而取水；忽有群山羊，見人但聳視，都不驚避，既肥且偉，初疑島上有人牧養，而絕無人蹤。捕之，僅獲百口食之。

——《嶺表錄異》卷上，第 12—13 頁。

鹽醃山薑花可治冷氣

山薑花莖葉，即薑也。根不堪食，而于葉間吐花穗如麥粒，嫩紅色，南人選未開拆者，以鹽醃，藏入甜糟中。經冬如琥珀，香辛可重用為膾，無加也。以鹽藏曝幹，煎湯飲之，極能治冷氣。

——《嶺表錄異》卷中，第12—13頁。

海味小魚跳鉏

跳鉏，乃海味之小魚鉏也。以鹽藏䱜魚兒，一斤不啻千個，生擘點醋下酒，甚有美味。余遂問名跳之義，則曰："捕者以仲春于高處卓望，魚兒來如陣云，闊二三百步，厚亦相似者。既見，報魚師，遂將船爭前而迎之。船沖魚陣，不施罟網，但魚兒自驚跳入船，逡巡而滿。以此為鉏，故名之跳。"又云："船去之時，不可當魚陣之中，恐魚多壓沉故也。"即可以知其多矣。

——《嶺表錄異》卷下，第25頁。

嘉魚甚肥美

嘉魚，形如鱒，出梧州戎城縣江水口。甚肥美，眾魚莫可與比。最宜為鉏。每炙，以芭蕉葉隔火，蓋慮脂滴火滅耳。漁陽有鮇魚，亦此類也。

——《嶺表錄異》卷下，第25頁。

鱟魚雌常負雄而行

鱟魚，其殼瑩淨，滑如青瓷碗，鏊背，眼在背上，口在腹下。青黑色。腹兩傍為六腳，有尾長尺餘，三棱如棕莖，雌常負雄而行。捕者必雙得之。若摘去雄者，雌者即自止；背負之，方行。腹中有子如綠豆，南人取之，碎其肉腳，和以為醬，食之。尾中有珠如粟，色黃。雄小雌大，置之水中，即雄者浮，雌者沉。

——《嶺表錄異》卷下，第 25—26 頁。

黃臘魚鱟螢光達明

黃臘魚，即江湖之橫魚。頭嘴長而鱗皆金色，南人鱟為炙，雖美而毒。或煎□㷓幹，夜即有光如燭籠。北人有寓南海者，市此魚食之，棄其頭於糞筐中。夜後，忽有光明，近視之，益恐懼。以燭照之，但魚頭耳，去燭復明。以為不祥。乃取食奩，窺其餘鱟，亦如螢光達明。遍詢土人，乃此魚之常也。憂疑頓釋。

——《嶺表錄異》卷下，第 26 頁。

廣州邊海烏賊魚大如蒲扇

烏賊魚，只有骨一片，如龍骨而輕虛，以指甲刮之，即為末。亦無鱗，而肉翼前有四足，每潮來，即以二長足捉石，浮身水上。有小蝦魚過其前，即吐涎惹之，取以為食。廣州邊海人往往探得大者，率如蒲扇，炸熟，以薑醋食之，極脆美。或入鹽渾醃為幹，槌如脯，亦美。吳中人好食之。

——《嶺表錄異》卷下，第 26 頁。

石頭魚腦中有二石子

石頭魚，狀如鱅魚。隨其大小，腦中有二石子，如蕎麥，瑩白如玉。有好奇者，多市魚之小者，貯于竹器，任其壞爛，即淘之，取其魚腦石子，以植酒籌，頗為脫俗。

——《嶺表錄異》卷下，第 26—27 頁。

比目魚其名謂之鰈

比目魚，南人謂之鞋底魚，江淮謂之拖沙魚。《爾雅》云：東方有比目魚焉，不比不行，其名謂之鰈。狀如牛脾，細鱗，紫色。一面一目，兩片相合乃行。

——《嶺表錄異》卷下，第 27 頁。

雞子魚乘風飛於海上

雞子魚，口有觜如雞，肉翅，無鱗，尾尖而長。有風濤，即乘風飛於海上船梢，類鮐鰑魚。

——《嶺表錄異》卷下，第 27 頁。

李德裕船毁鱷魚窟

鱷魚，其身土黄色，有四足，修尾。形狀如鼉，而舉止趫疾。口森鋸齒，往往害人。南中鹿多，最懼此物。鹿走崖岸之上，群鱷嗥叫其下，鹿怖懼落崖，多為鱷魚所得，亦物之相攝伏也。故李太尉德裕貶官潮州，經鱷魚灘，損壞舟船，平生寶玩古書圖畫一時沉失，遂召舶上昆侖取之。但見鱷魚極多，不敢輒近，乃是鱷魚之窟宅也。

——《嶺表錄異》卷下，第 27 頁。

錐魚俗呼為生母魚

錐魚。南人云，魚之欲產子者，須此魚以頭觸其腹而產。俗呼為"生母魚"。

——《嶺表錄異》卷下，第 27 頁。

鹿子魚化為鹿肉腥

鹿子魚，赬色。其尾鬣皆有鹿斑，赤黄色。余嘗覽《羅州圖經》云：州南海中有洲，每春夏，此魚躍出洲，化而為鹿。曾有人拾得一魚，頭已化鹿，尾猶是魚。南人云：魚化為鹿，肉腥，不堪食。

——《嶺表錄異》卷下，第27—28頁。

鮭魚俚謂之狗瞌睡魚

鮭魚，形似鯿魚，而腦上突起，連背而圓身，肉甚厚。肉白如凝脂，止有一脊骨。治之以薑葱，炰之粳米，其骨自軟，食者無所棄。鄙俚謂之狗瞌睡魚。以其犬在盤下，難伺其骨，故云“狗瞌睡魚”也。

——《嶺表錄異》卷下，第28頁。

舍舟岸行避海鰍之難

海鰍魚，即海上最偉者也。其小者，亦千餘尺。吞舟之說，固非謬矣。每歲，廣州常發銅船過安南貨易，路經調黎（地名，海心有山，阻東海，濤險而急，亦黄河之西門也）深闊處，或見十餘山，或出或沒。篙工曰：“非山島，鰍魚背也。”果見雙目閃爍，鬐鬣若簸朱旗。危沮之際，日中忽雨霡霂，舟子曰：“此鰍魚噴氣，水散於空，風勢吹來若雨耳。”及近魚，即鼓船而噪，倏爾而沒。交趾回人，多舍舟，取雷州緣岸而歸，不憚苦辛，蓋避海鰍之難也。乃静思曰：“設使者老鰍瞋目張喙，我舟若一葉之墜眢井耳！為人寧得不皓首乎?”

——《嶺表錄異》卷下，第28—29頁。

蝦之細者

南人多買蝦之細者，生切倬萊蘭香蓼等，用濃醬醋，先潑活蝦，蓋似生萊，以熱釜覆其上，就口跑出，亦有跳出醋碟者，謂之蝦生。鄙俚重之，以為異饌也。

——《嶺表錄異》卷下，第 29 頁。

登海艟見海蝦巨殼

海蝦，皮殼嫩紅色，就中腦殼與前雙腳有鉗者，其色如朱。余嘗登海艟，忽見窗版懸二巨蝦殼，頭尾鉗足俱全，各七八尺，首占其一分。嘴尖利如鋒刃，嘴上有須如紅筋，各長二三尺，前雙腳有鉗，鉗粗如人大指，長三尺餘，上有芒刺如薔薇枝，赤而銛硬，手不可觸。腦殼烘透，彎環尺余，何止於杯盂也。

——《嶺表錄異》卷下，第 29 頁。

石矩亦章舉之類

石矩，亦章舉之類。身小而足長，入鹽，幹燒，食極美。又有小者，兩足如常，曝幹後似射踏子。故南中呼為“射踏子”也。

——《嶺表錄異》卷下，第 29 頁。

紫貝即砑螺也

紫貝，即砑螺也。儋振夷黎，海畔采以為貨。《南越志》云：土產大貝，即紫貝也。

——《嶺表錄異》卷下，第 29 頁。

鸚鵡螺殼裝為酒杯

鸚鵡螺，旋尖處屈而朱，如鸚鵡嘴，故以此名。殼上青綠斑文，大者可受二升。殼內光瑩如雲母，裝為酒杯，奇而可玩，又，紅螺大小亦類鸚鵡螺，殼薄而紅，亦堪為酒器。刳小螺為足，綴以膠漆，尤可佳尚。

——《嶺表錄異》卷下，第29—30頁。

蚶子吃多即壅氣

瓦屋子，蓋蚌蛤之類也。南中舊呼為“蚶子”。頃因盧鈞尚書作鎮，遂改為瓦屋子，以其殼上有棱如瓦壟，故名焉。殼中有肉，紫色而滿腹，廣人尤重之，多燒以薦酒，俗呼為“天臠炙”。吃多即壅氣，背膊煩疼，未測其本性也。

——《嶺表錄異》卷下，第30頁。

水蟹與黃膏蟹

水蟹，螯殼內皆咸水，自有味。廣人取之，淡煮，吸其鹹汁下酒。黃膏蟹，蟹殼內有膏如黃酥，加以五味，和殼煿之，食亦有味。

——《嶺表錄異》卷下，第30頁。

赤蟹

赤蟹，母殼內黃赤膏，如雞鴨子黃，肉白如豕膏，實其殼中。淋以五味，蒙以細面，為蟹饆饠，珍美可尚。

——《嶺表錄異》卷下，第30頁。

紅蟹與虎蟹

紅蟹，殼殷紅色，巨者可以裝為酒杯也。虎蟹，殼上有虎斑，可裝為酒器，與紅蟹皆產瓊崖海邊。雖非珍奇，亦不易采得也。

——《嶺表錄異》卷下，第 30 頁。

蝤蛑俗謂之撥掉子

蝤蛑，乃蟹之巨而異者。蟹螯上有細毛如苔，身有八足。蝤蛑則螯無毛，後兩小足薄而闊，俗謂之撥掉子。與蟹有殊，其大如升。南人皆呼為蟹。

——《嶺表錄異》卷下，第 30—31 頁。

海鏡腹中有活蟹子

海鏡，廣人呼為膏葉盤，兩片合以成形。殼圓，中甚瑩滑，日照如雲母光，內有少肉如蚌胎，腹中有紅蟹子，其小如黃豆，而螯足具備。海鏡饑，則蟹出拾食，蟹飽歸腹，海鏡亦飽。余曾市得數個，驗之，或迫之以火，則蟹子走出，離腸腹立斃。或生剖之，有蟹子活在腹中，逡巡亦斃。

——《嶺表錄異》卷下，第 31 頁。

海夷盧亭以蠔肉易酒

蠔，即牡蠣也。其初生海島邊，如拳石，四面漸長，有高一二丈者，巉岩如山。每一房內，蠔肉一片，隨其所生，前後大小不等。每潮來，諸蠔皆開房，伺蟲蟻入即合之。海夷盧亭，往往以斧揳取殼，燒以烈火，蠔即啟房。挑取其肉，貯以小竹筐，赴墟市以易酒。蠔肉大者醃為炙，小者炒食。肉中有滋味，食之即能壅腸胃。

——《嶺表錄異》卷下，第 31 頁。

彭蜞、竭樸與招潮子

彭蜞，吳呼為彭越。蓋語訛也。足上無毛，堪食。吳越間多以鹽藏，貨於市。竭樸，乃大蟛蜞也。殼有黑斑，雙螯一大一小，常以大螯捉食，小螯分以自食。

招潮子，亦蟛蜞之屬，殼帶白色。海畔多潮，潮欲來，皆出坎，舉螯如望，故俗呼招潮也。

——《嶺表錄異》卷下，第 32 頁。

水母以蝦為目也

水母，廣州謂之水母，閩謂之蛇。其形乃渾然凝結一物。有淡紫色者，有白色者。大者如覆帽，小者如碗。腹下有物如懸絮，俗謂之足，而無口眼。常有數十蝦寄腹下，咂食其涎。浮泛水上，捕者或遇之，即欻然而沒，乃是蝦有所見耳。《越絕書》云：海鏡，蟹為腹，水母即蝦為目也。南人好食之。云性暖，治河魚之疾。然甚腥，須以草木灰點生油，再三洗之，瑩淨如水晶紫玉。肉厚可二寸，薄處亦寸餘。先煮椒桂或豆蔻、生薑，縷切而炸之。或以五辣肉醋，或以蝦醋，如膾食之，最宜。蝦醋，亦物類相攝耳。水母本陰海凝結之物，食而暖補，其理未詳。

——《嶺表錄異》卷下，第 32 頁。

《海藥本草》

車渠

《韻集》云：生西國，是玉石之類，形似蚌蛤，有文理。大寒，無毒。主安神鎮宅，解諸毒藥及蟲螫。以玳瑁一片、車渠等，同以人乳磨服，極驗也。又《西域記》云：重堂殿梁簷，皆以七寶飾之，此其一也。

——《海藥本草》玉石部卷1，第2頁。

绿盐

謹按《古今錄》云：波斯國在石上生。味鹹、澀，主明目，消翳，點眼，及小兒無辜疳氣。方家少見用也。按舶上將來，為之石綠，裝色久而不變。中國以銅錯造者，不堪入藥，色亦不久。

——《海藥本草》玉石部卷1，第9頁。

紫矿

謹按《廣州記》云：生南海山谷。其樹紫赤色，是木中津液成也。治濕癢瘡疥，宜入膏用。又可造胡燕脂，餘滓則玉作家使也。

——《海藥本草》玉石部卷1，第9頁。

珊瑚

按《晉列傳》云：石崇金穀園珊瑚樹皮如花生蕊。味甘，平，無毒。主消宿血風癎 等疾。按其主治與金相似也。

——《海藥本草》玉石部卷 1，第 10 頁。

石蟹

生南海，又云是尋常蟹爾，年月深久，水沫相著，因化成石，每遇海潮即飄出。鹹，寒，無毒。主青盲目淫膚翳及丁翳、漆瘡。皆細研水飛過，入諸藥相佐，用之点目良。

——《海藥本草》玉石部卷 1，第 11 頁。

木香

謹按《山海經》云：生東海、昆侖山。

——《海藥本草》草部卷 2，第 14 頁。

草犀根

謹按《廣州記》云：生嶺南及海中，獨莖，對葉而生，如燈台草，根若細辛。平，無毒。主解一切毒氣，虎狼所傷，溪毒野蠱等毒，並宜燒研服，臨死者服之得活。

——《海藥本草》草部卷 2，第 14 頁。

薇

謹按《廣州記》云：生海、池、澤中。《爾雅》注云：薇，水菜。主利水道，下浮腫，潤大腸。

——《海藥本草》草部卷 2，第 15 頁。

海根

味苦，小溫，無毒。主霍亂，中噁心腹痛，鬼氣注忤，飛屍，喉痹，蠱毒，癰疽惡腫，赤白遊疹，蛇咬犬毒。酒及水磨服，傅之亦佳。生會稽海畔山谷，莖赤，葉似馬蓼，根似菝而小也。胡人采得蒸而用之。

——《海藥本草》草部卷 2，第 17 頁。

越王余筭

謹按《異苑記》云：昔晉安越王，因渡南海，將黑角白骨筭籌，所余棄水中，故生此，遂名筭。味咸，溫。主水腫浮氣結聚，宿滯不消，腹中虛鳴，並宜煮服之。

——《海藥本草》草部卷 2，第 18 頁。

海藻

主宿食不消，五鬲，痰壅，水氣浮腫，腳氣，賁㹠氣，並良。

——《海藥本草》草部卷 2，第 22 頁。

昆布

謹按《異志》，生東海水中，其草順流而生。新羅者黃黑色，葉細。胡人采得搓之為索，陰乾，舶上來中國。性溫，主大腹水腫，諸浮氣，並瘿瘤氣結等，良。

——《海藥本草》草部卷 2，第 22—23 頁。

蓽茇

謹按徐表《南州記》，本出南海，長一指，赤褐色為上。複有蓽撥，短小黑，味不堪。舶上者味辛，溫。又主老冷心痛，水瀉，虛痢，嘔逆，醋心，產後泄痢，與阿魏和合良。亦滋食味。得訶子、人參、桂心、乾薑，治臟腑虛冷，腸鳴泄痢神效。

——《海藥本草》草部卷 2，第 24 頁。

紅豆蔻

云是高良薑子，其苗如蘆，葉似薑，花作穗，嫩葉卷而生，微帶紅色。擇嫩者，加入鹽，纍纍作朵不散落，須以朱槿染，令色深善，醒于醉，解酒毒。此外無諸要使也。生南海諸谷。

——《海藥本草》草部卷 2，第 26 頁。

肉豆蔻

謹按《廣志》云：生秦國及昆侖。味辛，溫，無毒。主心腹蟲痛，脾胃虛冷氣，並冷熱虛泄，赤白痢等。凡痢以白粥飲服，佳。霍亂氣並以生薑湯服，良。

——《海藥本草》草部卷 2，第 27 頁。

蓽澄茄

謹按《廣志》云：生諸海，嫩胡椒也。青時就樹採摘造之，有柄粗而蒂圓是也。其味辛、苦，微溫，無毒。主心腹卒痛，霍亂吐瀉，痰癖冷氣。古方偏用染髮，不用治病也。

——《海藥本草》草部卷 2，第 31 頁。

白附子

按《南州記》云：生東海，又新羅國。苗與附子相似，大溫，有小毒。主治疥癬風瘡，頭面痕，陰囊下濕，腿無力，諸風冷氣，入面脂皆好也。

——《海藥本草》草部卷 2，第 34 頁。

瓶香

謹按陳藏器云：生南海山谷，草之狀也。味寒，無毒，主天行時氣，鬼魅邪精等，宜燒之。又于水煮，善洗水腫浮氣。與土薑、芥子等煎浴湯，治風瘧甚驗也。

——《海藥本草》草部卷 2，第 35 頁。

釵子股

謹按陳氏云：生嶺南及南海諸山。每莖三十根，狀似細辛。味苦，平，無毒。主解毒癰疽，神驗。忠萬州者佳，草莖功力相似，以水煎服。緣嶺南多毒，家家貯之。

——《海藥本草》草部卷 2，第 36 頁。

藒車香

按《廣志》云：生海南山谷。陳氏云：生徐州。微寒，無毒。主霍亂，辟惡氣，裛衣甚好。《齊民要術》云：凡諸樹木蛀者，煎此香冷淋之，善辟蛀也。

——《海藥本草》草部卷 2，第 37 頁。

冲洞根

謹按《廣州記》云：生嶺南及海隅。苗蔓如土瓜，根相似。味辛，溫，無毒。主一切毒氣及蛇傷。並取其根磨服之，應是著諸般毒悉皆吐出。

——《海藥本草》草部卷 2，第 37 頁。

沉香

按《正經》生南海山谷。味苦，溫，無毒。主心腹痛，霍亂，中惡邪鬼疰，清人神，並宜酒煮服之。諸瘡腫，宜入膏用。當以水試乃知子細，沒者為沉香，浮者為檀，似雞骨者為雞骨香，似馬蹄者為馬蹄香，似牛頭者為牛頭香，枝條細實者為青桂，粗重者為箋香。以上七件，並同一樹。梵云波律亦此香也。

——《海藥本草》木部卷 3，第 37 頁。

乳头香

謹按《廣志》云：生南海，是波斯松樹脂也，紫赤如櫻桃者為上。仙方多用辟穀，兼療耳聾，中風口噤不語，善治婦人血氣。能發粉酒。紅透明者為上。

——《海藥本草》木部卷 3，第 41 頁。

丁香

按《山海經》云：生東海及昆侖國。三月、二月花開，紫白色。至七月方始成實，大者如巴豆，為之母丁香；小者實為之丁香。主風疳，骨槽勞臭，治氣，烏髭髮，殺蟲，療五痔，辟惡去邪，治乳頭花，止五色毒痢，正氣，止心腹痛。樹皮亦能治齒痛。

——《海藥本草》木部卷 3，第 42 頁。

降真香

徐表《南州記》云：生南海山，又云生大秦國。味溫，平，無毒。主天行時氣，宅舍怪異，並燒悉驗。又按仙傳云：燒之，或引鶴降。醮星辰，燒此香甚為第一。度籙燒之，功力極驗；小兒帶之能辟邪惡之氣也。

——《海藥本草》木部卷 3，第 43 頁。

海紅豆

謹按徐表《南州記》云：生南海人家園圃中。大樹而生，葉圓，有莢。微寒，有小毒。主人黑皮花癬，頭面遊風。宜入面藥及藻豆。近右蜀中種亦成也。

——《海藥本草》木部卷 3，第 45 頁。

落雁木

謹按徐表《南州記》云：生南海山野中。藤蔓而生，四面如刀削，代州雁門亦有。藤蘿高丈餘，雁過皆綴其中，故曰落雁木。又云雁銜至代州雁門皆放落而生，以此為名。蜀中雅州亦出。味平，溫，無毒。主風痛，傷折，腳氣腫，腹滿虛脹。以粉木同煮汁蘸洗，並立效。又主婦人陰瘡浮疱，以椿木同煮之妙也。

——《海藥本草》木部卷 3，第 46 頁。

含水藤中水

謹按《交州記》云：生嶺南及諸海山谷。狀若葛，葉似枸杞。多在路旁，行人乏水處便吃此藤，故以為名。主煩渴，心躁，天行疫氣瘴癘，丹石發動，亦宜服之。

——《海藥本草》木部卷3，第51頁。

鼠藤

謹按《廣州記》云：生南海山谷，藤蔓而生。鼠愛食此，故曰鼠藤。咬處人即用入藥。彼人食之，如吃甘蔗。味甘美，主腰腳風冷，大補水臟，好顏色，長筋骨，並銼，濃煎服之。亦取汁浸酒更妙。

——《海藥本草》木部卷3，第51頁。

蜜香

謹按《內典》云：狀若槐樹。《異物志》云：其葉如椿。《交州記》云：樹似沉香無異。主辟惡，去邪鬼尸注心氣。生南海諸山中。種之五六年便有香也。

——《海藥本草》木部卷3，第52頁。

檳榔

謹按《廣志》云：生南海諸國。樹莖葉根幹，與大腹子異耳。又云如棕櫚也，葉茜似芭蕉狀。陶弘景云：向陽曰檳榔，向陰曰大腹。味澀，溫，無毒。主賁豘諸氣，五鬲氣，風冷氣，宿食不消。《腳氣論》云：以沙牛尿一盞，磨一枚，空心暖服，治腳氣壅毒，水腫浮氣。秦醫云：檳榔二枚，一生一熟擣末，酒煎服之，善治膀胱諸氣也。

——《海藥本草》木部卷 3，第 53 頁。

安息香

謹按《廣州記》云：生南海、波斯國。樹中脂也，狀若桃膠，以秋月采之。又方云：婦人夜夢鬼交，以臭黄合為丸，燒薰丹穴永斷。又主男子遺精，暖腎，辟惡氣。

——《海藥本草》木部卷 3，第 55 頁。

毗梨勒

謹按《唐志》云：生南海諸地，樹不與訶梨子相似，即圓而毗也。味苦、帶澀，微溫，無毒。主烏髭髮，燒灰，干血效。

——《海藥本草》木部卷 3，第 57—58 頁。

海桐皮

謹按《廣志》云：生南海山谷中。似桐皮，黄白色，故以名之。味苦，溫，無毒。主腰腳不遂，頑痹，腿膝疼痛，霍亂，赤白瀉痢，血痢，疥癬。

——《海藥本草》木部卷 3，第 57—58 頁。

天竹桂

謹按《廣州記》云：生南海山谷。補暖腰腳，破產後惡血，治血痢腸風，功力與桂心同，方家少用。

——《海藥本草》木部卷 3，第 60 頁。

椆木

謹按《廣志》云：生安南，及南海山谷，胡人用為床坐，性堅好。主產後惡露沖心，症瘕結氣，赤白漏下，並銼煎服之。

——《海藥本草》木部卷 3，第 62 頁。

黃龍眼

功力勝解毒子也。

——《海藥本草》木部卷 3，第 62 頁。

訶梨勒

按徐表《南州記》云：生南海諸地。味酸、澀，溫，無毒。主五鬲氣結，心腹虛痛，赤白諸痢，及嘔吐，咳嗽，並宜使。其皮主嗽。肉炙，治眼澀痛。方家使陸路訶梨勒，即六棱是也。按波斯將訶梨勒、大腹等，舶上用防不虞。或遇大魚放涎滑水中數里，不通舡也，遂乃煮此洗其涎滑，尋化為水。可量治氣功力者乎。大腹、訶子，性焦者，是近鐺下，故中國種不生。故梵云：訶梨恒雞，謂唐言天堂，未並只此也。

——《海藥本草》木部卷 3，第 63 頁。

蘇方木

謹按徐表《南海記》，生海畔，葉似絳，木若女貞。味平，無毒。主虛勞血癖氣壅滯，產後惡露不安，怯起沖心，腹中攪痛，及經絡不通，男女中風，口噤不語。宜此法，細研乳頭香細末方寸匕，酒煎蘇方，去滓，調服，立吐惡物，差。

——《海藥本草》木部卷 3，第 64 頁。

胡椒

謹按徐表《南州記》，生南海諸地。去胃口氣虛冷，宿食不消，霍亂氣逆，心腹卒痛，冷氣上沖，和氣。不宜多服，損肺。一云向陰者澄茄，向陽者胡椒也。

——《海藥本草》木部卷3，第64—65頁。

椰子

謹按《交州記》云：生南海。狀若海棕。實名椰子，大如碗許大。外有粗皮，如大腹子、豆蔻之類；內有漿，似酒，飲之不醉。主消渴，吐血，水腫，去風熱。雲南者亦好。武侯討雲南時，並令將士剪除椰樹，不令小邦有此異物，多食動氣也。

——《海藥本草》木部卷3，第65頁。

犀角

謹按《異物志》云：山東海水中，其牛樂聞絲竹，彼人動樂，牛則出來，以此采之。有鼻角、頂角，鼻角為上。大寒，無毒。主風毒攻心熱悶，癰毒赤痢，小兒麩豆，風熱驚癇。並宜用之。凡犀屑了，以紙裹於懷中良久，合諸色藥物，絕為易擣。又按通天犀，胎時見天上物命過，並形於角上，故云通天犀也。欲驗於月下，以水盆映，則知通天矣。《正經》云：是山犀，少見水犀。《五溪記》云：山犀者，食於竹木，小便即竟日不盡。夷僚家以弓矢而采，故曰黔犀。又劉孝標言：犀墮角，里人以假角易之，未委虛實。

——《海藥本草》獸部卷4，第72頁。

膃肭臍

謹按《臨海志》云：出東海水中。狀若鹿形，頭似狗，長尾。每遇日出，即浮在水面，昆侖家以弓矢而采之，取其外腎，陰乾百日。其味甘香美，大溫，無毒。主五勞七傷，陰痿，少力，腎氣衰弱虛損，背膊勞悶，面黑精冷，最良。凡入諸藥，先於銀器中酒煎後，方合和諸藥，不然以好酒浸炙入藥用，亦得。

——《海藥本草》獸部卷 4，第 74 頁。

牡蠣

按《廣州記》云：出南海水中。主男子遺精，虛勞乏損，補腎正氣，止盜汗，去煩熱，治傷陰熱疾，能補養，安神，治孩子驚癇。久服輕身。用之炙令微黃色熟後，研令極細，入丸散中用。

——《海藥本草》蟲魚部卷 5，第 76 頁。

鮫魚皮

謹按《名醫別錄》云：生南海。味甘、鹹，無毒。主心氣鬼疰，蠱毒，吐血。皮上有真珠斑。

——《海藥本草》蟲魚部卷 5，第 78 頁。

鯸鮧

謹按《廣州記》云：生南海。無毒，主月蝕瘡，陰瘡，瘻瘡，並燒灰用。

——《海藥本草》蟲魚部卷 5，第 79 頁。

甲香

和氣清神，主腸風瘻痔。陳氏云：主甲疽，瘡，蛇蠍蜂螫，疥癬，頭瘡，𩓐瘡。

——《海藥本草》蟲魚部卷5，第80頁。

小甲香

若螺子狀。取其蒂而修成也。

——《海藥本草》蟲魚部卷5，第81頁。

珂

謹按《名醫别錄》云：生南海，白如蚌。主消翳膜，及筋弩肉，並刮點之。此外無諸要用也。

——《海藥本草》蟲魚部卷5，第82頁。

郎君子

謹按《異志》云：生南海，有雄雌，青碧色，狀似杏仁。欲驗真假，先於口內含，令熱，然後放醋中，雄雌相趁，逡巡便合，即下其卵如粟粒狀，真也。主婦人難產，手把便生，極有驗也。乃是人間難得之物。

——《海藥本草》蟲魚部卷5，第83頁。

海蠶沙

謹按《南州記》云：生南海山石間。其蠶形，大如拇指。沙甚白，如玉粉狀。每有節。味咸，大溫，無毒。主虛勞冷氣，諸風不遂。久服令人光澤，補虛羸，輕身延年不老。難得真者。多隻被人以水搜葛粉、石灰，以梳齒隱成，此即非也，縱服無益，反損人，慎服之。

——《海藥本草》蟲魚部卷 5，第 84 頁。

真珠

謹按《正經》云：生南海，石決明產出也。主明目，除面皯，止泄。合知母療煩熱消渴。以左右根治兒子麩豆瘡入眼。蜀中西路女瓜亦出真珠，是蚌蛤產，光白甚好，不及舶上彩耀。欲穿，須得金剛鑽也。為藥，須久研如粉面，方堪服餌。研之不細，傷人臟腑。

——《海藥本草》蟲魚部卷 5，第 85 頁。

青蚨

謹按《異志》云：生南海諸山，雄雌常處不相舍。主秘精，縮小便。青金色相似，人采得，以法末之，用塗錢以貨易，晝用夜歸，亦是人間難得之物也。

——《海藥本草》蟲魚部卷 5，第 86 頁。

橄欖

謹按《異物志》云：生南海浦嶼間。樹高丈餘。其實如棗，二月有花生，至八月乃熟，甚香。橄欖木高碩難采，以鹽擦木身，則其實自落。

——《海藥本草》果米部卷 6，第 89 頁。

海松子

去皮，食之甚香美。與雲南松子不同。雲南松子似巴豆，其味不濃，多食發熱毒。

——《海藥本草》果米部卷6，第90頁。

萉草

其實如毬子，八月收之。彼民常食之物。主補虛羸乏損，溫腸胃，止嘔逆。久食健人。一名自然穀。中國人未曾見也。

——《海藥本草》果米部卷6，第93頁。

《八代談藪》

行海路，晝則揆日而行，夜則考星而泊

梁汝南周捨少好學，有才辯。顧諧被使高麗，以海路艱，問於捨。捨曰："晝則揆日而行，夜則考星而泊；海大便是安流，從風不足爲遠。"河東裴子野在晏筵，謂賓僚曰："後事未嘗薑食。"捨曰："孔稱不徹，裴曰未嘗。"一座皆笑。

——《八代談藪校箋》正編卷上《南朝・梁第七・九六・汝南周捨善對三則》，第254—255頁。

《大業雜記》

隋宫廷舟船類型及牽引

九月，車駕幸江都宫。發藻澗宫，日暮宿平樂園頓。自漕渠口，下乘小朱航，行次洛口，御龍舟，皇后御翔螭舟。其龍舟高四十五尺，闊五十尺，長二百尺。四重，上一重有正殿、内殿、東、西朝堂，周以軒廊。中二重有一百六十房，皆飾以丹粉，裝以金碧珠翠，雕鏤奇麗，綴以流蘇羽葆、朱絲網絡。下一重安長秋内侍及乘舟水手。以青絲大絛繩六條，兩岸引進。其引船人並名殿脚，一千八十人，並著雜錦綵裝襖子、行纏、鞋韤等，每繩一條百八十人，分爲三番，每一番引舟有三百六十人，其人並取江淮以南少壯者爲之。皇后御次水殿，名翔螭舟，制度差小，而裝飾無異。其殿脚有九百人。又有小水殿九，名浮景舟，並三重，朱絲網絡。已下殿脚爲兩番，一艘一番一百人。諸嬪妃所乘。又有大朱航三十六艘，名漾彩舟，並兩重，加網絡，貴人、美人及十六夫人所乘。每一艘一番殿脚百人。又有朱鳥航二十四艘，蒼螭航二十四艘，白虎航二十四艘，玄武航二十四艘，並兩重。其駕船人名爲船脚，爲兩番，一艘一番六十人。又有飛羽舫六十艘，一重，一艘一番四十人。又有青鳧舸十艘，淩波舸十艘，宫人習水者乘之，往來供脚。已上殿脚及船脚四萬餘人。有五樓船五十二艘，諸王、公主及三品以上坐，給黄衣夫，艘别四十人。三樓船一百二十艘，四品官人及四道場、玄壇僧尼、道士坐，給黄衣夫，船别三十人。又有二樓船二百五十艘，五品已上及諸國番官乘，黃衣夫船別二十五人。板艒二百艘，載羽儀服飾、百官供奉之物，黃衣夫船別二十人。黃篾舫二千艘，六品已下、九品以上從官並及五品已上家口坐，並船別給黃衣夫十五人。已上黃衣夫四萬餘人。又有平乘五百艘，青龍五百艘，艨艟五百艘，艚䑶五百艘，八櫂舸二百艘，舴艋舸二百艘，並十二衛兵所乘，並載兵器帳幕，兵士自引，不給夫。發洛口，部五十日乃盡，舳艫相繼二百餘里，照耀川陸。騎兵翊兩岸二十餘萬，旌旗蔽野。每行次諸部界，五百里之內，競造食獻，多者一州百舁，極水陸珍奇。後宮厭飫，將發之際，多棄埋之。於時天下豐樂，雖此差科，未足爲苦。文武百司並從，別有步騎十餘萬，夾兩岸翊舟而行。大駕羽衛有行漏車、鐘車、鼓車。

——《大業雜記輯校》，第 209—211 頁。

南海林邑有大蚌盈車

夏四月，征林邑國兵還，至獲彼國，得雜香、真檀、象牙百餘萬斤，沉香二千餘斤。南海林邑有大蚌盈車，明珠至寸不以爲貴，國人不采。

——《大業雜記輯校》，第 220 頁。

海際金荆貴於沉檀

南方置北景、林邑、海陰三郡。北景在林邑南大海中，與海陰接境。其地東西一千餘里，南北三百餘里，海水四絶，北去大岸三百餘里。或云馬援鑄柱尚存。地暑熱，多大林，木高者數百尋。有金荆生於高山峻阜，大者十圍，盤屈瘤蹙，文如美錦，色豔於真金，中夏時有於海際得之，工人數用，甚精妙，貴於沉檀。

——《大業雜記輯校》，第 225 頁。

東海作海鮸乾鱠之法

吴郡獻海鮸乾鱠四瓶，瓶容一斗，浸一斗可得徑尺盤十所，並狀奏作乾鱠法。帝示群臣云："昔術人介象於殿庭釣得海魚，此幻化耳，亦何足爲異。今日之鱠，乃是東海真魚所作，來自數千里，亦是一時奇味。"虞世基對曰："術人之魚既幻，其鱠固亦不真。"即出數盤以賜達官。作乾鱠之法：當五六月盛熱之日，於海取得鮸魚，大者長四五尺，鱗細而紫色，無細骨，不腥。捕得之，即於海船之上作鱠。去其皮骨，取其精肉縷切，隨成隨曬。三四日，須極乾，以新白瓷瓶未經水者盛之，密封泥，勿令風入。經五六十日，不異新者。後取啖之時，開，出乾鱠，以新布裹，大甕盛水漬之，三刻久，取出，帶布瀝卻水，則曒然矣。散置盤上，如新鱠無別。細切香菜葉鋪上，筯撥令調勻進之。海魚體性不腥，然鱕鮸魚肉軟而白色，經乾又和以青葉，皙然極可噉。

——《大業雜記輯校》，第 227—228 頁。

以末鹽作東海海蝦子之法

又獻海蝦子三十梃，梃長一尺，闊一寸，厚一寸許，甚精美。作之法：先取海中白蝦有子者，每三五斗置密竹籃中，於大盆內以水淋洗，蝦子在蝦腹下，赤如覆盆子，則隨水從籃目中下。通計蝦一石，可得子五升。從盆內漉出，縫布作小袋子，如徑寸半竹大，長二尺，以蝦子滿之，急繫頭，隨袋多少，以末鹽封之，周厚數寸。經一日夜出曬，夜則平板壓之，明旦又出曬，夜如前壓。十日，乾，則拆破袋，出蝦子梃，色如赤琉璃，光徹而肥美，勝於鯔魚子數倍。

——《大業雜記輯校》，第 228—229 頁。

作鮸魚含肚千頭法

又獻鮸魚含肚千頭，極精好。作之法：當六月七月盛熱之時，取鮸魚長二尺許，去鱗浄洗，停二日，待魚腹脹起，方從口抽出腸，去腮留目，滿腹納鹽竟，即以末鹽封周徧，厚數寸。經宿，乃以水浄洗，日則暴，夜則收還，安平板上，又以板置石壓之，明日又曬，夜還壓。如此五六日，乾，即納乾瓷甕，封口，經二十日出之。其皮色光徹，有如黄油；肉則如糗，又如沙棊之蘇者，微鹹而有味，味美於石首含肚。然石首含肚亦年常入獻，而肉彊不及。時有口味使大都督杜濟者作此等食法，以獻煬帝。濟會稽人，能別味，善於鹽梅，亦古之符郎，今之謝諷也。

——《大業雜記輯校》，第 229 頁。

作鱸魚乾鱠及蜜蟹等法

又獻松江鱸魚乾鱠六瓶，瓶容一斗。作鱠法一同鮸魚，然作鱸魚鱠須八九月霜下之時收鱸魚三尺以下者作乾鱠。浸漬訖，布裹瀝水令盡，散置盤内，取香菜花葉，相間細切，和鱠撥令調勻。霜後鱸魚肉白如雪，不腥，所謂金虀玉鱠，東南之佳味也。紫花碧葉，間以素鱠，亦鮮潔可觀。吴郡又獻蜜蟹三千頭，作如糖蟹法；蜜擁劒四甕，擁劒似蟹而小，一螯偏大，吴都賦所謂烏賊擁劒是也。

——《大業雜記輯校》，第 229—230 頁。

獻都念子樹及鯉腴鰿

四月，南海郡送都念子樹百株，敕付西苑十六院内種。此樹高一丈許，葉如白楊，枝柯長細，花心金色，花葉正赤，似蜀葵而大，其子小於柿子，甘酸至美，蜜漬爲粽益佳。吴郡獻鯉腴鏄，其純以鯉腴爲之，一瓶用魚四五百頭，味過鱣鮪。

——《大業雜記輯校》，第 248 頁。

#《朝野佥载》

劉仁軌知海運失船極多

青州刺史劉仁軌知海運，失船極多，除名爲民，遂遼東効力。遇病卧平壤城下，褰幕看兵士攻城。有一卒直來前頭背坐，叱之不去，仍惡駡曰：“你欲看，我亦欲看，何預汝事?”不肯去。須臾城頭放箭，正中心而死。微此兵，仁軌幾爲流矢所中。

——《朝野僉載》卷 1

雙陸客泛海遇風船破

咸亨中，貝州潘彦好雙陸，每有所詣，局不離身。曾泛海，遇風船破，彦右手挾一板，左手抱雙陸局，口銜雙陸骰子。二日一夜至岸，兩手見骨，局終不捨，骰子亦在口。

——《朝野僉載》補輯

朱寬征留仇國還

煬帝令朱寬征留仇國還，獲男女口千餘人，並雜物産，與中國多不同。緝木皮爲布，甚細白，幅闊三尺二三寸。亦有細斑布，幅闊一尺許。又得金荆榴數十斤，木色如真金，密緻而文彩盤蹙，有如美錦。甚香極精，可以爲枕及案面，雖沉檀不能及。彼土無鐵，朱寬還至南海郡，留仇中男夫壯者，多加以鐵鉗鎖，恐其道逃叛。還至江都，將見，爲解脱之，皆手把鉗，叩頭惜脱，甚於中土貴金。人形短小，似崑崙。

——《朝野僉載》補輯

嶺南首領甯氏走入南海

韋氏遭則天廢廬陵之後，后父韋玄貞與妻女等並流嶺南，被首領甯氏大族逼奪其女，不伏，遂殺貞夫妻，七娘等並奪去。及孝和即位，皇后當途，廣州都督周仁軌將兵誅甯氏，走入南海。軌追之，殺掠並盡。韋后隔簾拜，以父事之，用爲并州長史。後阿韋作逆，軌以黨與誅。

——《朝野僉載》補輯，第 171 頁。

符鳳妻自沉於海

玉英，唐時符鳳妻也，尤姝美。鳳以罪徙儋州，至南海，爲獠賊所殺，脅玉英私之。對曰："一婦人不足以事衆男子，請推一長者。"賊然之，乃請更衣。有頃，盛服立於舟上，罵曰："受賊辱，不如死。"遂自沉於海。

——《朝野僉載》補輯，第 180 頁。

《封氏闻见记》

海中星占天雞星動

武成帝即位，大赦天下，其日設金雞。宋孝王不識其義，問於光禄大夫司馬膺之曰："赦建金雞，其義何也?"答曰："按《海中星占》，'天雞星動，必當有赦'，由是赦以雞爲候。"

——《封氏聞見記校注》卷4《金雞》，第30頁。

論淮海海潮

海潮。余少居淮海，日夕觀潮。大抵每日兩潮，晝夜各一。假如月出潮以平明，二日三日漸晚，至月半則月初早潮飜爲夜潮，夜潮飜爲早潮矣。如是漸轉至月半之早潮復爲夜潮，月半之夜潮復爲早潮。凡一月旋轉一帀，周而復始。雖月有大小，魄有盈虧，而潮常應之，無毫釐之失。月，陰精也，水，陰氣也，潛相感致體於盈縮也。

——《封氏聞見記校注》卷7《海潮》，第64頁。

海中二朱山與句游島

二朱山。密州之東，臨海有二山，南曰"大朱"，北曰"小朱"，相傳云"仙人朱仲所居也"。

按，朱仲，漢時人，列仙傳所載不言所居，若爾，朱仲未居之前，山無名乎？此西北數十里，有春秋時淳于城。淳于，州國也。吳、楚之人謂“居”爲“于”，古謂“州”爲“朱”，然則此山當名“州山”也。漢末，崔琰於高密從鄭玄學，遇黃巾之亂，泛海而南，作述初賦。其序云“登州山以望滄海”，據其處所，正相合也。

大朱東南海中有句游島，去岸三十里，俗云“句踐曾游此島，故以名焉”。述初賦又云：“朝發兮樓臺，回盼兮句榆；頓食兮島山，暮宿兮郁州。”郁州，今海州東海縣，在海中。晉書：“石勒使季龍討青州刺史曹嶷，嶷欲死保根余山。”然則“句榆”“根余”皆是一山，亦聲之訛變耳。

——《封氏聞見記校注》卷 8《二朱山》，第 72 頁。

大魚腮毛與一丈蝦鬚

大魚腮。海州土俗工畫，節度令造海圖屏風二十合。予時客海上，偶於州門見人持一束黑物，形如竹篾。予問之？其人云：“海魚腮中毛，擬用作屏風貼。”因問所得？云：“數十年前，東海有大魚死於岸上，收得此。惟堪用爲屏風貼，前後所用無數。今官造屏風，搜求得此。”奇文異色，澤似水牛角，小頭似豬鬃，大頭正方，長四五尺，廣可一寸，亦奇物也。今人間大魚腮中翣毛長不盈寸，此物乃長四五尺，魚亦大矣。

《交廣記》云：“吳時滕脩爲廣州，人或言‘蝦鬚有一丈長’，脩不之信。其人後故至東海，取蝦鬚長四丈四尺封以寄脩。”魚腮長五尺，無足怪者。

——《封氏聞見記校注》卷 8《大魚腮》，第 77—78 頁。

魚龍畏鐵

海州南有溝水上通淮、楚，公私漕運之路也。寶應中，堰破水涸，魚商絕行。州差東海令李知遠主役脩復，堰將成輒壞，如此者數四，用費頗多，知遠甚以爲憂。或説“梁代築浮山堰，頻有闕壞，乃以鐵數萬斤墳積其下，堰乃成”。知遠聞之，即依其言而塞穴。

初，堰之將壞也，輒聞其下殷如雷聲；至是其聲移於上流數里。蓋金鐵味辛，辛能害目，蛟龍護其目，避之而去，故堰可成。

——《封氏聞見記校注》卷8《魚龍畏鐵》，第80頁。

《大唐新語》

薛大鼎引魚鹽於海

薛大鼎爲滄州刺史，界内先有棣河，隋末填塞，大鼎奏聞開之，引魚鹽於海。百姓歌曰：“新河得通舟檝利，直至滄海魚鹽至。昔日徒行今駢驷，美哉薛公德滂被。”大鼎又決長盧及漳衡等三河，分洩夏潦，境内無復水害。

——《大唐新語》卷之四《政能第八》，第64頁。

新創平虜渠以避海難

司農卿姜師度明於川途，善於溝洫，嘗於薊北約魏帝舊渠，傍海新創，號曰平虜渠，以避海難，餽運利焉。時太史令傅孝忠明於玄象，京師爲之語曰：“傅孝忠兩眼窺天，姜師度一心看地。”言其思穿鑿之利也。

——《大唐新語》卷之四《政能第八》，第65—66頁。

煮海爲鹽豐餘之輩也

開元九年，左拾遺劉彤上表論鹽鐵曰：“臣聞漢武帝爲政，廐馬三十萬，後宮數萬人，外討戎夷，内興宫室，殫費之甚，實百當今，然而財無不足者，何也？豈非古取山澤，而今取貧人哉！取山澤，則公利厚而人歸於農；取貧人，則公利薄而人去其業。故先王之作法也，山澤有官，虞衡有職，輕重有術，禁發有時，一則專農，二則饒富，濟人盛事也。臣實謂當今宜行之。夫煮海爲鹽，採山鑄錢，伐木爲室者，豐餘之輩也；寒而無衣，饑而無食，傭賃自資者，窮苦之流也。若能山海厚利，奪豐餘之人；薄斂輕傜，免窮苦之子。所謂損有餘益不足，帝王之道不可謂然。”文多不盡載。

——《大唐新語》卷之四《政能第八》，第 67—68 頁。

封德彝落海人救而免

封德彝在隋，見重於楊素，素乃以從妹妻之。隋文帝令素造仁智宫，引德彝爲土工監。宫成，文帝大怒曰：“楊素竭百姓之力，雕飾離宫，爲吾結怨於天下！”素惶恐，慮得罪。德彝曰：“公勿憂，待皇后至，必有恩賞。”明日，果召素，良久方入對，獨孤皇后勞之曰：“大用意，知吾夫妻年老，無以娱心，盛飾此宫室，豈非孝順。”賞賚甚厚。素退問德彝曰：“卿何以知之？”對曰：“至尊性儉，雖見而怒，〔五〕然雅聽后言。婦人唯麗是好。后心既悦，聖慮必移，所以知耳。”素歎曰：“揣摩之才，非吾所及也！”素時勳署在位，下唯激賞德彝，撫其牀曰：“封郎後時必據吾座。”後素南征，泊海曲。素夜召之，德彝落海，人救而免，乃易衣見素，深加嗟賞，亟薦用焉。

——《大唐新語》卷之六《舉賢第十三》，第 87—88 頁。

《東觀奏記》

李德裕委骨海上

太尉、衛國公李德裕，上即位後，坐貶崖州司户參軍，終於貶所。一日，丞相令狐綯夢德裕曰："某已謝明時，幸相公哀之，放歸葬故里。"綯具爲其子滈言。滈曰："李衛公犯衆怒，又崔、魏二丞相皆敵人也，見持政，必將上前異同，未可言之也。"後數日，上將坐延英，綯又夢德裕曰："某委骨海上，思還故里。與相公有舊，幸憫而許之。"既寤，召其子滈曰："向來見李衛公精爽尚可畏，吾不言，必掇禍！"明日，入中書，具爲同列言之。既於上前論奏，許其子蒙州立山縣尉護喪歸葬。

——《東觀奏記》中卷 54《李德裕得歸葬故里》，第 114 頁。

羅浮山軒轅集

羅浮山軒轅集，莫知何許人，有道術。宣宗召至京師。初若偶然，後皆可驗。舍於禁中，往往以竹桐葉滿手，再三挼之，成銅錢。或散髮箕踞，久之用氣上攻，其髮條直如植。忽思歸海上，上置酒内殿，召坐。上曰："先生道高，不樂喧雜，今不可留矣！朕雖天下主，在位十餘年，兢慄不暇。今海内小康矣，所不知者壽耳。"集曰："陛下五十年天子。"上喜。及帝崩，壽五十。

——《東觀奏記》附録三《唐宣宗遺聞軼事彙編》，第 184—185 頁。

南海奏先生歸羅浮山

羅浮先生軒轅集年過數百而顏色不老，立於牀前則髮垂至地，坐於暗室則目光可長數丈。每採藥於深巖峻谷，則有毒龍猛獸，往來衞護。或晏然居家，人有具齋邀之，雖一日百處無不分身而至。或與人飲酒，則袖出一壺，纔容一二升，縱客滿座而傾之彌日不竭。或他人命飲，即百斗不醉。夜則垂髮於盆中，其酒瀝瀝而出，麴糵之香輒無減耗。或與獵人同羣，有非朋遊者，俄而見十數人儀貌無不間別。或飛朱篆於空中，則可屆千里。有病者，以布巾拭之，無不應手而愈。及上（宣宗）召入內庭，遇之甚厚。每與從容論道，率皆叶於上意。因問曰："長生之道可致乎?"集曰："撤聲色，去滋味，哀樂如一，德施無偏，自然與天地合德，日月齊明，則致堯、舜、禹、湯之道，而長生久視之術何足難哉?"又問："先生之道孰逾於張果?"曰："臣不知其他，但少於果耳。"及退，上遣嬪御取金盆，覆白雀以試之。集方休於所舍，忽起謂中貴人曰："皇帝安能更令老夫射覆盆乎?"中貴人皆不喻其言，於時上召令速至。而集纔及玉階，謂上曰："盆下白鵲宜早放之。"上笑曰："先生早已知矣。"坐於御榻前，上令宫人侍茶湯。有笑集貌古布素者，而縝髮絳脣年纔二八，須臾忽變成老嫗，鷄皮鮐背，髮鬢皤然。宫人悲駭，於上流涕不已。上知宫人之過，促令謝告先生，而容質却復如故。上因語京師無荳蔻荔枝花，俄頃二花皆連枝葉各數百，鮮明芳潔如纔折下。又嘗賜甘子。集曰："臣山下有味逾於此者。"上曰："朕無復得之。"集遂取上前碧玉甌，以寶盤覆之，俄頃撤盤，即甘子至矣。芬馥滿殿，其狀甚大，上食之，嘆其甘美無匹。又問曰："朕得幾年天子?"即把筆書曰四十年，但十字挑脚。上笑曰："朕安敢望四十年乎!"及晏駕，乃十四年也。集初辭上歸山，自長安至江陵，於一布囊中探金錢以施貧者，約數十萬。中使從之，莫知其所出。既至，中路忽亡其所在，使臣惶恐不自安。後數日，南海奏先生歸羅浮山矣。

——《東觀奏記》附録三《唐宣宗遺聞軼事彙編》，第 196—197 頁。

《明皇雜録》

荔支香曲由來

六月一日，上幸華清宫，是貴妃生日，上命小部音樂，小部者，梨園法部所置，凡三十人，皆十五歲以下。於長生殿奏新曲，未名，會南海進荔支，因名荔支香。

——《明皇雜録》逸文63《荔支香曲由來》，第57頁。

《劉賓客嘉話録》

東海之大無所不容

慈恩塔題名。唐柳宗元與劉禹錫同年及第，題名於慈恩塔。談元茂秉筆。時不欲名字著彰，曰："押縫版子上者，率多不達，或即不久物故。"柳起草，暗斟酌之。張復元以下，馬徵、鄧文佐名盡著版子矣。題名皆以姓望，而幸南容人莫知之。元茂閣筆曰："請幸先輩言其族望。"幸君適在他處。柳曰："東海人。"元茂曰："争得知?"柳曰："東海之大，無所不容。"俄而幸至，人問其望，曰："渤海。"衆大笑。慈恩題名起自張莒，本於寺中閒游而題其同年，人因爲故事。

——《劉賓客嘉話録》佚文63《慈恩塔題名》，第87—88頁。

《唐語林》

海商避水火珠

崔樞應進士，客居汴半歲，與海賈同止。其人得疾既篤，謂崔曰：“荷君見顧，不以外夷見忽。今疾勢不起。番人重土殯，脱殁，君能終始之否?”崔許之。曰：“某有一珠，價萬緡，得之能蹈火赴水，實至寶也。敢以奉君。”崔受之，曰：“吾一進士，巡州邑以自給，奈何忽蓄異寶?”伺無人，置於柩中，瘗於阡陌。後一年，崔遊丐亳州，聞番人有自南來尋故夫，并勘珠所在，陳於公府，且言珠必崔秀才所有也，乃於亳來追捕。崔曰：“儻窀穸不爲盗所發，珠必無他。”遂剖棺得其珠。汴帥王彦謨奇其節，欲命爲幕，崔不肯。明年登第，竟主文柄，有清名。

——《唐語林校證》卷 1《德行》，第 21—22 頁。

裴度造大海船议

吴元濟亂淮西，以宰相裴度爲元帥，召對於内殿，曰：“蔡賊稱兵，昨晚擇帥甚難。天子用將帥，如造大船以越滄海，其功既多，其成也大，一日萬里，無所不留；若乘一葦而蹈洪流，卽其功也寡，其覆也速。朕今託卿以摧狂寇，可謂一日萬里矣。”度曰：“臣雖不才，敢以死効命。”因泣下霑衿，上亦爲之動容。

——《唐語林校證》卷 1《政事上》，第 66—67 頁。

南海使送西國異香

上元瓦官寺僧守亮，通周易，性若狂易。李衞公鎮浙西，以南朝舊寺多名僧，求知易者，因帖下諸寺，令擇送至府。瓦官寺衆白守亮曰：“大夫取解易僧，汝常時好説易，可往否?”守亮請行。衆戒曰：“大夫英俊嚴重，非造次可至，汝當慎之。”守亮既至，衞公初見，未之敬。及與言論，分條析理，出没幽賾，公凡欲質疑，亮已演其意。公大驚，不覺前席。命於甘露寺設館舍，自於府中設講席，命從事已下，皆横經聽之，逾年方畢。既而請再講。講將半，亟請歸甘露。既至命浴。浴畢，整巾屨，遣白公云：“大期今至，不及回辭。”言訖而終。公聞驚異，明日率賓客至寺致祭。適有南海使送西國異香，公於龕前焚之，其煙如弦，穿屋而上，觀者悲敬。公自草祭文，謂舉世之官爵俸禄，皆加於亮，亮盡受之，可以無愧。

——《唐語林校證》卷 2《文學》，第 152 頁。

进海味扰民事

孔戣爲華州刺史，奏江淮進海味，道路擾人，并其類十數條。後上不記其名，問裴晉公，亦不能對，久之方省。乃拜戣嶺南節度，有異政。南中士人死于流竄者，子女悉爲嫁娶之。

——《唐語林校證》卷 3《賞譽》，第 291 頁。

徐凝诗中海燕

尚書白舍人初到錢塘，令訪牡丹。獨開元寺僧惠澄近於京師得此花，始栽植于庭，欄圍甚密，他亦未知有也。時春景方深，惠澄設油幕覆其上。牡丹自東越分而種之也，會稽徐凝自富春來，未識白公，先題詩曰：“此花南地知誰種，慙愧僧門用意栽。海燕解憐頻睥睨，胡蜂未識更徘徊。虛生芍藥徒勞妬，羞殺玫瑰不敢開；唯有數苞紅萼在，含芳只待舍人來。”白尋到寺看花，乃命徐生同醉而歸。

——《唐語林校證》卷3《品藻》，第294—295頁。

海賊虬髯客侵略扶余

虬髯客，姓張氏，赤髮而虬髯。時楊素家紅拂妓張氏奔李靖，將歸太原。行次靈橋驛，既設牀，爐中煮肉。張氏以髮長垂地，立梳牀前，靖方刷馬，忽虬髯客乘驢而來，投革囊于爐前，取枕攲卧，看張氏梳頭。靖怒，未決。張氏熟視其面，一手映身摇示靖，令勿怒。急急梳頭畢，斂衽前，問其姓氏。卧客曰：“姓張。”張氏對曰：“妾亦姓張，合是妹。”遽拜之。問第幾，曰：“第三。”亦問第幾，曰：“最長。”遂喜曰：“今日幸逢一妹。”張氏遥呼曰：“李郎，且來拜三兄!”靖驟拜之，遂環坐。客曰：“煮者何肉?”曰：“羊肉，計已熟矣。”客曰：“飢。”靖出市胡餅，客抽腰間匕首切肉，共食之竟，以餘肉亂切飼驢。客曰：“何之?”曰：“將避地太原。”客曰：“有酒乎?”曰：“主人西，則酒肆也。”靖取酒一斗。既巡，客曰：“吾有少下酒物，李郎能同食乎?”靖曰：“不敢。”遂開革囊，取出一人頭，并心肝，卻以頭貯囊中，以匕首切心肝共食之，曰：“此天下負心者也。銜之二十年，今始獲之，吾憾釋矣!”又曰：“觀李郎儀形器宇，真丈夫也!亦聞太原有異人乎?”曰：“嘗識一人，余謂之真人也。其餘將相而已。”曰：“其人何姓?”曰：“某之同姓。”“年幾?”曰：“僅二十。”曰：“今何爲?”曰：“州將之子也。”曰：“李郎能致吾一見乎?”曰：“靖之友劉文静者與之善，因文静見之可也。然兄欲何爲?”曰：“望氣者云‘太原有奇氣’，使吾訪之。李郎何日到太原?”曰：“靖計之，某日當達。”曰：“達之明日方曙，候我于汾陽橋。”言訖，乘驢而去，其行如飛，迴顧已失矣。公與張氏且驚且懼。久之，曰：“烈士不欺人，固無畏也。”促鞭而行。及期，入太原，候之，相見大喜。偕詣劉氏，詐謂文静曰：“有善相者思見郎君，請迎之。”文静素奇其人，方議匡輔，一旦聞客有知人者，其心可知，遽致酒延之。使回而到，不衫不履，裼裘而來，神氣揚揚，貌與常異。虬鬚默然，于坐末見之，心死。飲數杯而起，招靖曰："真天子也！吾見之，十得八九矣。然須道兄見之。李郎宜與一妹復入京。某日午時，訪我于馬行東酒樓，下有此驢及瘦騾，即我與道兄俱在其上矣。"又別而去之。靖與張氏及期訪焉，宛見二乘，攬衣登樓，而虬鬚與道士方對飲。見靖驚喜，召對環飲十數巡，曰："樓下匱中有錢十萬，可擇一深隱處，駐一妹，某日復會我于汾陽橋下。"靖如期至，則道士與虬鬚已先到矣。仍俱詣文静。時方弈棊，揖起而話心焉。文静飛書迎文皇，看道士對弈，虬鬚與靖旁立焉。俄而文皇到來，精彩驚人，揖而坐。神氣清朗，滿坐風生，顧盼偉如也。道士一見慘然，失棊子曰："此局輸矣！輸矣！于此失卻局，奇哉！救無路矣！復奚言！"弈罷請去。既出，謂虬鬚曰："此世界非子世界，他方圖之可矣。勉之，勿以爲念。"因共入京。虬鬚曰："計李郎之程，某日方到。到之明日，可與一妹同詣某坊小宅相訪。欲令新婦祗謁，兼議從容，無前卻也。"言畢，吁嗟而去。靖策馬而歸，遂與張氏同往。見一小板門，扣之，有應者云："三郎令候李郎一娘子久矣。"延入重門，門愈壯麗。奴婢四十餘人，羅列庭前。奴二十人，引靖入東廳；婢二十人，引張氏入西廳。廳之陳設，頗極精異，巾箱、妝奩、冠蓋、首飾之盛，非人間之物。巾櫛既畢，又請更衣，衣甚珍奇。既畢，傳云："三郎來！"乃虬鬚也。紗帽裼裘，亦有龍虎之狀。歡然相見，催其妻出拜，蓋真天人也。于是四人對坐，牢饌畢陳，女樂列奏。其飲食妓樂，若自天降，非人間之物。食畢行酒，而家人自堂來舁出兩牀，各以錦繡帕覆之。既呈，盡去其帕，乃文簿鑰匙耳。虬鬚指謂曰："此珍寶貨泉之數，吾所有悉以充贈。向者本欲于此世界求事，或當一二十年，建少功業。今既有主，住亦何爲？太原李氏，真英主也。海内卽當太平。李郎以奇特之才，輔清平之主，竭忠盡行，必極人臣。一妹以天人之資，蘊不世之藝，從夫之貴，榮極軒裳。非一妹不能識李郎，亦不能存李郎；非李郎不能遇一妹，亦不能榮一妹。起陸之漸，際會如斯，虎嘯風生，龍吟雲起，固當然也。將予之贈，以佐真人，贊功業也。勉之哉！此後十餘年，東南數千里外有異事，是吾得志之秋也。妹與李郎可瀝酒相賀。”因命家僕列拜，曰：“李郎、一妹，是汝主也。”言畢，與其妻戎裝，從一奴，乘馬而去，數步乃不復見。靖據其宅，遂爲豪家，得以助文皇締構之資，遂匡大業。貞觀十年，靖以左僕射同平章事。東南蠻奏：“有海賊以千艘，帶甲者十萬人，入扶餘國，殺其主自立，國已定。”靖知虬鬚之得志也，歸告張氏，具禮相賀，瀝酒東南祝拜之。是知真人之興，非英雄所覬，況非英雄乎？人臣之謬思亂者，乃螗臂扼轍耳。我皇家垂福萬葉，豈虚言哉！或曰：“衛公兵法，半乃虬鬚所傳。”信哉！

——《唐語林校證》卷5《補遺》，第425—427頁。

海上釣鼇客李白

李白開元中謁宰相，封一板，上題曰：“海上釣鼇客李白。”宰相問曰：“先生臨滄海，釣巨鼇，以何物爲鉤綫？”白曰：“風波逸其情，乾坤縱其志。以虹蜺爲綫，明月爲鉤。”又曰：“何物爲餌？”白曰：“以天下無義氣丈夫爲餌。”宰相竦然。

——《唐語林校證》卷5《補遺》，第492頁。

海州巨鱼肋骨

平泉莊在洛城三十里，卉木臺榭甚佳。有虚檻，引泉水，縈迴穿鑿，像巴峡洞庭十二峯九派，迄于海門。有巨魚脇骨一條，長二丈五尺，其上刻云：“會昌二年海州送到。”在東南隅。平泉，卽徵士韋楚老拾遺别墅。楚老風韻高邈，好山水。衛公爲丞相，以白衣擢升諫官。後歸平泉，造門訪之，楚老避于山谷。衛公題詩云：“昔日徵黄綺，余慙在鳳池。今來招隱逸，恨不見瓊枝。”

——《唐語林校證》卷7《補遺》，第616頁。

江淮海鹽院

《清夜遊西園圖》者，晉顧長康所畫。有梁朝諸王跋尾處，云："圖上若干人，並食天廚。"唐貞觀中，褚河南裝背，題處具在。其圖本張維素家收得，傳至相國張公弘靖。元和中，準宣索幷鍾元常寫道德經同進入内。後中貴人崔潭峻自禁中將出，復流傳人間。維素子周封，前涇州從事，秩滿在京。一日，有人將此圖求售，周封驚異之，遽以絹數匹贖得。經年，忽聞款關甚急，問之，見數人同稱仇中尉傳語評事，知清夜圖在宅，計閒居家貧，請以絹三百匹易之。周封憚其逼脅，遽以圖授使人。明日果齎絹至。後方知詐僞，乃是一豪士求江淮海鹽院，時王涯判鹽鐵，酷好書畫，謂此人曰："爲余訪得此圖，當遂公所請。"因爲計取之耳。及十家事起，後落在一粉鋪家。未幾，爲郭侍郎家閽者以錢三百市之，以獻郭公。郭公卒，又流傳至令狐相家。宣宗一日嘗問相國有何名畫，相國具以圖對，復進入内。

——《唐語林校證》卷 7《補遺》，第 634 頁。

海上道人羅浮生

羅浮生軒轅集，莫知何許人，有道術。宣宗召至京師。初若偶然，後皆可驗。舍於禁中，往往以竹桐葉滿手，再三挼之，成銅錢。或散髮箕踞，久之用氣上攻，其髮條直如植。忽思歸海上，上置酒内殿，召坐。上曰："先生道高，不樂喧雜，今不可留矣！朕雖天下主，在位十餘年，兢慄不暇。今海内小康矣，所不知者壽耳。"集曰："陛下五十年天子。"上喜。及帝崩，壽五十。

——《唐語林校證》卷 7《補遺》，第 656 頁。

海岳晏咸通

宣宗製泰邊陲曲，其辭云“海岳晏咸通”，上即位，而年號“咸通”。

——《唐語林校證》卷7《補遺》，第659頁。

海東之子

春官氏每歲選升進士三十人，以備將相之任。是日，自狀元已下，同詣座主宅。座主立于庭。一一而進曰：“某外氏某家。”或曰“甥”，或曰“弟”。又曰：“某大外氏某家。”又曰：“外大外氏某家。”或曰“重表弟”，或曰“表甥孫”。又有同宗座主宜爲姪，而反爲叔。言敍既畢，拜禮得申。予輒議曰：“春官氏選士得其人，止供職業耳，而俊造之士以經術待聘，獲採拔于有司，則朝廷與春官氏皆何恩于舉子？今使謝之，則與選士之旨，豈不異乎？至有海東之子，嶺嶠之人，皆與華族敍中表，從使拜首而已。論諸事體，又何有哉？”

——《唐語林校證》卷8《補遺》，第718—719頁。

海舶養白鴿爲信

海舶，外國船也，每歲至廣州、安邑。師子國船最大，梯上下數丈，皆積百貨。至則本道輻輳，都邑爲喧闐。有番長爲主人，市舶使籍其名物，納船腳，禁珍異，商有以欺詐入牢獄者。船發海路，必養白鴿爲信，船沒則鴿歸。

——《唐語林校證》卷8《補遺》，第728頁。

海蜃飛樓城闕

海上居人，時見飛樓如結構之狀，甚壯麗者；太原以北晨行，則煙靄之中覩城闕狀，如女牆雉堞者：皆天官書所謂蜃也。

——《唐語林校證》卷 8《補遺》，第 729 頁。

俞大娘航船

凡東南郡邑無不通水，故天下貨利，舟楫居多。轉運使歲運米二百萬石以輸關中，皆自通濟渠入河也。淮南篙工不能入黄河。蜀之三峽，陜之三門，閩越之惡溪，南康贛石，皆絶險之處，自有本土人爲工。大抵峽路峻急，故曰“朝離白帝，暮宿江陵。”四月、五月尤險，故曰“灩澦大如馬，瞿唐不可下；灩澦大如牛，瞿唐不可留；灩澦大如襆，瞿唐不可觸。”揚子、錢塘二江，則乘兩潮發棹。舟船之盛，盡于江西，編蒲爲帆，大者八十餘幅。自白沙泝流而上，常待東北風，謂之“信風”。七月、八月有上信，三月有鳥信，五月麥信。暴風之候，有抛車雲，舟人必祭婆官而事僧伽。江湖語曰：“水不載萬。”言大船不過八九千石。大曆、貞元間，有俞大娘航船最大，居者養生送死婚嫁悉在其間。開巷爲圃，操駕之工數百。南至江西，北至淮南，歲一往來，其利甚大，此則不啻載萬也。洪、鄂水居頗多，與一屋殆相半。凡大船必爲富商所有，奏聲樂，役奴婢，以據舵樓之下。

——《唐語林校證》卷 8《補遺》，第 726—727 頁。

劉晏於揚州造轉運船

劉晏爲諸道鹽鐵轉運使。時軍旅未寧，西蕃入寇，國用空竭，始於揚州造轉運船，每以十隻爲一綱，載江南穀麥，自淮、泗入汴，抵河陰，每船載一千石。揚州遣軍將押至河陰之門，填闕一千石，轉相受給，達太倉，十運無失，即授優勞官。汴水至黄河迅急，將吏典主，數運之後，無不髮白者。晏初議造船，每一船用錢百萬。或曰："今國用方乏，宜減其費，五十萬猶多矣。"晏曰："不然。大國不可以小道理。凡所創置，須謀經久。船場既興，即其間執事者非一，當有贏餘及衆人。使私用無窘，即官物堅固，若始謀便朘削，安能長久？數十年後，必有以物料太豐減之者。減半，猶可也；若復減，則不能用。船場既墮，國計亦圮矣。"乃置十場於揚子縣，專知官十人，競自營辦。後五十餘歲，果有計其餘，減五百千者，是時猶可給。至咸通末，院官杜侍御又以一千石船，分造五百石船兩舸，用木廉薄。又執事人吴堯卿爲揚子縣官，變鹽鐵之制，令商人納榷，隨所送物料，皆計折納，勘廉每船板、釘、灰、油、炭多少而給之。物復賸長。軍將十家，即時委弊。

——《唐語林校證》卷1《政事上》，第60—61頁。

《紀聞》

日本國使十船五百人至海州

江夏李邕之爲海州也，日本國使至海州，凡五百人，載國信，有十船，珍貨直數百萬。邕見之，舍於館，厚給所須，禁其出入。夜中，盡取所載而沉其船。既明，諷所管人白云："昨夜海潮大至，日本國船盡漂失，不知所在。"於是以其事奏之。敕下邕，令造船十艘，善水者五百人，送日本使至其國。邕既具舟及水工，使者將發，水工辭邕，邕曰："日本路遥，海中風浪，安能却返？前路任汝便宜從事。"送人喜。行數日，知其無備，夜盡殺之，遂歸。邕又好客，養亡命數百人，所在攻劫，事露則殺之。後竟不得死，且坐酷濫也。

——《紀聞輯校》卷 6《李邕》，第 100 頁。

使人赴日本國海中遇風濤

天寶初，使贊善大夫魏曜使新羅，策立幼主。曜年老，深憚之。有客曾到新羅，因訪其行路。客曰："永徽中，新羅、日本皆通好，遣使兼報之。使人既達新羅，將赴日本國，海中遇風，波濤大起，數十日不止，隨波漂流，不知所届。忽風止波静，至海岸邊。日方欲暮，時同至者數船，乃維舟登岸，約百有餘人。岸高二三十丈，望見屋宇，争往趨之。有長人出，長二丈，身具衣服，言語不通。見唐人至，大喜，于是遮擁令入宅中。以石填門，而皆出去。俄有種類百餘，相隨而到。乃簡閱唐人膚體肥充者，得五十餘人，盡烹之，相與食噉。兼出醇酒，同爲宴樂。夜深皆醉，諸人因得至諸院。後院有婦人三十人，皆前後風漂爲所擄者。自言男子盡被食之，唯留婦人，使造衣服。‘汝等今乘其醉，何爲不去？吾請道焉。’衆悦。婦人出其練縷數百匹負之，然後取刀，盡斷醉者首。乃行至海岸，岸高，昏黑不可下，皆以帛繫身，自縋而下。諸人更相縋下，至水濱，皆得入船。及天曙船發，聞山頭叫聲，顧來處，已有千餘矣。絡繹下山，須臾至岸。既不及船，虓吼振騰。使者及婦人並得還。”

——《紀聞輯校》卷 10《海中長人》，第 177—178 頁。

《因話錄》

海溢水退嬰兒存活桑枝間

道士陶天活者，安南人。居瀕海，海溢，家人悉驚走避水。天活始生，其母挈去不得，舉族悲念。洎水退而歸，其嬰兒在桑之交枝，無恙，抱之啼乳如常，遂以“天活”為名。及長，聰慧簡率，真氣內充。自元和至大和，為供奉道士，朝野歸向。

——《因話錄》卷4《角部》，第93—94頁。

天河海槎與張騫槎

《漢書》載張騫窮河源，言其奉使之遠，實無天河之說。惟張茂先《博物志》，說近世有人居海上，每年八月，見海槎來不違時。齎一年糧，乘之到天河，見婦人織，丈夫飲牛。遣問嚴君平，云：“某年某月某日，客星犯牛斗，即此人也。後人相傳云：得織女支機石，持以問君平。都是憑虛之說。今成都嚴真觀有一石，俗呼為“支機石”，皆目云：當時君平留之。寶曆中，余下第還家，於京洛途中，逢官差遞夫舁張騫槎。先在東都禁中，今准詔索有司取進，不知是何物也。前輩詩往往有用張騫槎者，相襲謬誤矣。縱出雜書，亦不足據。

——《因話錄》卷5《徵部》，第108頁。

《大唐傳載》

泛海而歸載“鬱林石”

蘇州開元寺東有陸氏世居，門臨河涘，有巨石塊立焉。乃吴陸績爲鬱林郡守，罷秩，泛海而歸，不載寶貨，舟輕，用此石重之。人號“鬱林石”。陸氏自績及裔孫，國朝太子少保兗公，猶保其居。今子孫漸削，其居十不存一焉。

——《大唐傳載》，第 7 頁。

《幽閑鼓吹》

以海客遇之

丞相牛公應舉，知于頔相之奇俊也，特詣襄陽求知。住數月，兩見，以海客遇之，牛公怒而去。去後忽召客將，問曰："累日前有牛秀才，發未?"曰："已去。""何以贈之?"曰："與之五百。"受之乎?"曰："擲之于庭而去。"于公大恨，謂賓佐曰："某蓋事繁，有闕違者。"立命小將賫絹五百、書一函追之，曰："未出界即領來，如已出界，即送書信。"小將於界外追及，牛公不啓封，揖迴。

——《幽閑鼓吹》，第 71 頁。

《尚書故實》

張騫海槎

司馬天師名承禎，字紫微，形狀類陶隱居。玄宗謂人曰："承禎，弘景後身也。"天降車，上有字曰"賜司馬承禎"。尸解去日，白鶴滿庭，異香郁烈。承禎號白雲先生，故人謂車爲白雲車。至文宗朝，并張騫海槎同取入内。

——《尚書故實》，第 122 頁。

《唐摭言》

沈光夢海船見海圖[1]

沈光始貢於有司，嘗夢一海船；自夢後，咸敗於垂成，暨登第年亦如是。皆謂失之之夢，而特地不測。無何，謝恩之際升階，忽爾回飆吹一海圖，拂光之面，正當一巨舶，即夢中所睹物。

——《唐摭言》卷 8《夢》，第 1645 頁。

南海韋宙女金帛不可勝紀

李嶢及第，在偏侍下，俯逼起居宴，霖雨不止，遣賃油幕以張去之。嶢先人舊廬升平里，凡用錢七百緡，自所居連亘通衢，殆足一里。余參馭輩不啻千餘人。韉馬車輿，闐咽門巷。來往無有沾濡者，而金碧照耀，頗有嘉致。嶢時為丞相韋都尉所委，干預政事，號為“李八郎”。其妻又南海韋宙女。宙常資之，金帛不可勝紀。

——《唐摭言》卷 8《慈恩寺題名遊賞賦詠雜紀》，第 1608—1609 頁。

---

① 王定保撰、陽羨生校點：《唐摭言》，《唐五代筆記小說大觀》，上海古籍出版社 2000 年版。

鎮守南海者衣彩煥麗

咸通中，鄭愚自禮部侍郎鎮南海。時崔魏公在荊南，愚著錦襖子半臂袖卷謁之，公大奇之。會夜飲更衣，賓從間竊謂公曰：“此應是有，慚不稱耳！”既而復易之紅錦，尤加煥麗，眾莫測矣。”

——《唐摭言》卷12《設奇沽譽》，第1689頁。

《雲溪友議》

賈者馬行餘船被海風吹飄新羅國

登州賈者馬行餘，轉海擬取昆山路適桐廬，時遇西風而吹到新羅國。新羅國君聞行餘中國而至，接以賓禮，乃曰："吾雖夷狄之邦，歲有習儒者舉於天闕，登第榮歸，吾必禄之且厚。乃知孔子之道，被於華夏乎！"因與行餘論及經籍。行餘避位曰："庸陋賈豎，長養雖在中華，但聞土地所宜，不識詩書之義。熟詩書、明禮律者，其唯士大夫乎。非小人之事也。"遂乃言辭，揚舲背扶桑而去。新羅君訝曰："吾以中國之人，盡閑典教，不謂尚有無知之俗歟！"行餘還至鄉井，自以貪恡百味好衣，愚昧不知學道，爲夷狄所嗤，況於英哲也。

——《雲溪友議校箋》卷上《夷君誚》，第 46 頁。

《録異記》

海龍王宅無風而浪高數丈

海龍王宅，在蘇州東，入海五六日程，小島之前，闊百餘里。四面海水粘濁，此水清，無風而浪高數丈，舟船不敢輒近。每大潮，水漫没其上。不見此浪，船則得過。夜中遠望，見此水上紅光如日，方百餘里，上與天連。船人相傳，龍王宫在其下矣。

——《録異記》卷 5《龍・海龍王宅》，第 59 頁。

南海巨蛇

南海中有山，高數十里，周四百里。每年夏月有巨蛇繳山三四帀，飲海水，如此爲常。一旦飲海水之次，有大魚自海中來吞此蛇，天地晦暝，久之不復見。

——《録異記》卷 5《異蛇・南海巨蛇》，第 69 頁。

南海巨魚

南海中有山，高數千尺，兩山相去十餘里，有巨魚相鬬，鬐鬣挂山半，山爲之摧折。

——《録異記》卷 5《異魚・南海巨魚》，第 71 頁。

魚三度過海至勒漠

天復初，馮行襲侍中節制金州，洵陽縣永南鄉百姓栢君懷於漢江勒漠潭採得魚，長數尺，身上有字云：“三度過海，兩度上漢，行至勒漠，命屬栢君。”

——《録異記》卷 5《異魚·栢君》，第 71 頁。

錢塘潮

錢塘江潮頭。昔伍子胥累諫吴王，忤旨，賜屬鏤劍而死。臨終戒其子曰：“懸吾首於南門，以觀越兵來伐吴；以鮧魚皮裹吾尸投於江中，吾當朝暮乘潮以觀吴之敗。”自是，自海門山，潮頭洶湧，高數百尺，越錢塘過漁浦方漸低小，朝暮再來，其聲振怒，雷奔電激，聞百餘里。時有見子胥乘素車白馬，在潮頭之中，因立廟以祠焉。

——《録異記》卷 7《異水·錢塘潮》，第 83 頁。

《中朝故事》

海中有派水貫於新羅國

舊説海中有派水貫於新羅國，色清而甘。或彼國怠於進奉中華，則彼水濁而無味。又嶺南荔枝，明皇幸蜀後，江南之人使罕及此果，亦彼中不稔。乾符中，僖皇在蜀，洞庭柑橘、東都嘉慶李、睦仁柿，亦味醋而澀。

——《中朝故事》卷上，第 220 頁。

西明寺僧過海欲往新羅

西明寺中有僧名德真，過海欲往新羅。舟至海中山島畔避風，與同舟一道流行其島嶼間，見泉水一泓，中有赤鯉一頭。道士取之不得，乃念呪，禹步獲之。僧云："海中異物，不可拘也。"道士曰："海神吾無懼。"僧苦求免之，投於波内，乃往海東。明年，僧還京，復寓西明寺，乃能卜射，言事無不中者。由是謁請如市，一二年間，獲緡不知其數。一旦，有客詣之，見小柏木神堂内幡花填其中。客以手捫其中，得一小兒，長數寸，朱衣朱冠，眉目如畫，狀似欲語。忽脱手，飛去空中而不見。其僧歎惋久之，乃詬駡逐其客。客懼，走避之。經月，聞其僧言其事皆無憑也。

——《中朝故事》卷下，第 232 頁。

《金華子雜編》

海舶胡人論龜寶

徐太尉彦若之赴廣南，將渡小海，親隨軍將忽於淺瀨中，得一小琉璃瓶子，大如嬰兒之拳。其内有一小龜子，可長一寸許，旋轉其間，略無暫已。瓶口極小，不知所入之由也，因取而藏之。其夕，忽覺船一舷壓重。及曉視之，即有衆龜層疊乘船而上。大懼，以其將涉海，慮蹈不虞，因取所藏之瓶子，祝而投於海中，龜遂散。既而話於海舶之胡人，胡人曰："此所謂龜寶也。希世之靈物，惜其遇而不能得，蓋薄福之人不勝也。苟或得而藏於家，何慮寶藏之不豐哉!"胡客歎惋不已。

——《金華子雜編》卷下，第284—285頁。

鑄錢以鎮壓海眼

楊琢云北海縣中門前有一處地形微高，若小堆阜隱起。如是積有歲華，人莫敢鏟鑿。有一縣宰，乃特令平之。既去數尺土，即得小鐵錢散實其下，如是漸廣，衆力運取，僅深尺餘。東西延袤，西面際乃得一記云："此是海眼，故鑄錢以鎮壓之"。量其數不可勝計，又不明敘時代，其錢大小如五銖。闔縣畏慄，慮致災變，乃備祭酹，卻以所取錢皆填築如故，其後亦無他祥。

——《金華子雜編》卷下，第300頁。

《南部新書》

朱陽尉運米遼東入海遇風

白仁哲，龍朔中為虢州朱陽尉。差運米遼東，入海遇風，四望昏黑。仁哲憂懼，即念《金剛經》三百遍，忽如夢寐，見一梵僧，謂曰："汝念真經，故來救汝。"須臾風定，八十餘人俱濟。

——《南部新書·庚》，第 231 頁。

新羅册贈使船阻惡風登州却漂回青州

薛宜僚，會昌中為左庶子。充新羅册贈使，由青州泛海。船頻阻惡風雨，至登州却漂回青州，郵傳一年，節度烏漢貞加待遇。有籍中飲妓段東美者，薛頗屬情，連帥置於驛中。是春，薛發日祖筵，嗚咽流涕，東美亦然。乃於席上留詩曰："阿母桃花方似錦，王孫草色正如烟。不須更向滄溟望，惆悵歡娱恰一年。"薛到外國，未行册禮，旌節曉夕有聲，旋染疾，謂判官苗田曰："東美何故頻見夢中乎?"數日而卒，苗攝大使行禮。薛旅櫬還，及青州，東美乃請告至驛，素服奠，哀號撫柩，一慟而卒。情緣相感，頗為奇事。

——《南部新書·庚》，第 237 頁。

東海多茄樹膠

無名異自南海來。或云："燒炭竈下炭精，謂百木脂歸下成堅物也。”一云：“藥木膠所成。”然其功補損立驗。胡人多將雞鴨打脛折，將此藥摩酒沃之，逡巡能行爲驗。形如玉柳石，而黑輕爲真。或有橄欖作，嘗之粘齒者，僞也。驗之真者，取新生鹿子，安此藥一粒於腹臍中，其鹿立有肉角生，是真也。一云：“生東海者，樹名多茄，是樹之節膠採得，胡人鍊作煎乾。”緣生異，故有多説。

——《南部新書·辛》，第127—128頁。

食鳶肉人不可渡海

龍之性麤猛，而畏蠟，愛玉及空青，而嗜燒鳶肉，故食鳶肉人不可渡海。

——《南部新書·辛》，第129頁。

東海吴明國進奉

大曆八年，吴明國進奉。其國去東海數萬里，經挹婁、沃沮等國。其土宜五穀，多珎玉，禮樂仁義，無剽劫。人壽二百歲，俗尚神仙。常望黄氣如車蓋，知中國有土德君王，遂貢常然鼎，量容三斗，光潔類玉，其色純紫。每修飲饌，不熾火常然，有頃自熟，香潔異常。久食之，令人反老爲少，百疫不生。

——《南部新書·壬》，第143頁。

上好食蛤蜊沿海官吏先時遞進

大和中，上頗好食蛤蜊。沿海官吏先時遞進，人亦勞止。一旦，御饌中有擘不開者，即焚香禱之，俄變為菩薩，梵相具足。

——《南部新書·戊》，第210頁。

《北夢瑣言》

劉僕射家人鬻海珍珠翠于市

唐劉僕射崇龜，以清儉自居，甚招物論。嘗召同列餐苦蕒餺饠，朝士有知其矯，乃潛問小蒼頭曰："僕射晨餐何物？"蒼頭曰："潑生吃了也。"朝士聞而哂之。及鎮番禺，效吴隱之為人，京國親知貧乏者顒俟濡救，但畫荔枝圖，自作賦以遺之。後薨於嶺表，扶護靈櫬，經渚宫，家人鬻海珍珠翠于市，時人譏之。

——《北夢瑣言》卷 3《劉僕射荔枝圖》，第 63 頁。

飲海藻湯服知命丹

唐廣南節度使下元隨軍將鍾大夫，晚年流落，旅寓陵州，多止佛寺。有仁壽縣主簿歐陽衎，愍其衰老，常延待之。三伏間患腹疾，卧於歐陽之家，踰月不食。歐主簿慮其旦夕溘然，欲陳牒州衙，希取鍾公一狀，以明行止。鍾公曰："病即病矣，死即未也。既此奉煩，何妨申報。"於是聞於官中，爾後疾愈。葆光子時為郡倅，鍾公惠然來訪，因問所苦之由。乃曰："曾在湘潭，遇干戈不進，與同行商人數輩，就嶽麓寺設齋。寺僧有新合知命丹者，且云服此藥後，要退即飲海藻湯。或大期將至，即肋下微痛，此丹自下，便須指揮家事，以俟終焉。遂各奉一緡，吞一丸。他日入蜀，至樂温縣，遇同服丹者商人寄寓樂温，得與話舊，且説所服之藥大效。無何，此公來報肋下痛，不日其藥果下，急區分家事，後凡二十日卒。某方神其藥，用海藻湯下之，香水沐浴却吞之。昨來所苦，藥且未下，所以知未死。”兼出藥相示。然鍾公面色紅潤，强飲啗，似得藥力也。他日不知其所終。以其知命丹有驗，故記之。

——《北夢瑣言》卷 10《鍾大夫知命丹效》，第 229 頁。

渤海鮫綃軸之如帛

張建章為幽州行軍司馬，後歷郡守。尤好經史，聚書至萬卷，所居有書樓，但以披閲清浄為事。經涉之地，無不理焉。曾齎府戎命往渤海，遇風濤，乃泊其船。忽有青衣泛一葉舟而至，謂建章曰：“奉大仙命請大夫。”建章乃應之，至一大島，見樓臺巋然，中有女仙處之，侍翼甚盛，器食皆建章故鄉之常味也。食畢告退，女仙謂建章曰：“子不欺暗室，所謂君子人也。忽患風濤之苦，吾令此青衣往來導之。”及還，風濤寂然，往來皆無所懼。又迴至西岸，經太宗征遼碑，半在水中。建章則以帛包麥屑，置于水中，摸而讀之，不欠一字，其篤學也如此。薊門之人，皆能説之。于時亦聞於朝廷。葆光子曾遇薊門軍校姓孫，細話張大夫遇水仙，蒙遺鮫綃，自齎而進，好事者為之立傳，今亳州太清宫道士有收得其本者，且曰：“明宗皇帝有事郊丘，建章鄉人掌東序之寳，其言國璽外唯有二物，其一即建章所進鮫綃，篋而貯之，軸之如帛，以紅線三道劄之。亦云夏天清暑展開，可以滿室凛然。”邇來變更，莫知何在。

——《北夢瑣言》卷 13《張建章泛海遇仙》，第 277 頁。

附　录

引用書目版本

上編

司馬遷撰:《史記》,中華書局 1982 年版。

班固撰,顔師古注:《漢書》,中華書局 1962 年版。

范曄撰,李賢等注:《後漢書》,中華書局 1965 年版。

陳壽撰,裴松之注:《三國志》,中華書局 1982 年版。

周天遊輯注:《八家後漢書輯注》,上海古籍出版社 2020 年版。

劉珍等撰,吴樹平校注:《東觀漢記校注》,中華書局 2008 年版。

桓寬撰集,王利器校注:《鹽鐵論校注》,中華書局 1992 年版。

劉安編,何寧撰:《淮南子集釋》,中華書局 1998 年版。

郭璞注,周遠富、愚若點校:《爾雅》,中華書局 2020 年版。

許慎撰,陶生魁點校:《説文解字》,中華書局 2020 年版。

劉熙撰,愚若點校:《釋名》,中華書局 2020 年版。

王充著,黄暉撰:《論衡校釋》,中華書局 1990 年版。

曹操著:《曹操集》,中華書局 2013 年版。

諸葛亮著、段熙仲、聞旭初編校:《諸葛亮集》,中華書局 1960 年版。

吴普述、孙星衍等辑:《神農本草經》,中国医药科技出版社 2020 年版。

王明編:《太平經合校》,中華書局 2014 年版。

葛洪撰,周天游校注:《西京雜記》,三秦出版社 2006 年版。

東方朔撰,王根林校點:《海內十洲記》,《漢魏六朝筆記小説大觀》,上海古籍出版社 1999 年版。

劉向撰,王叔岷校箋:《列仙傳校箋》,中華書局 2007 年版。

趙曄撰，周生春輯校彙考：《吴越春秋輯校彙考》，中華書局 2019 年版。

中編

房玄齡等：《晉書》，中華書局 1974 年版。
沈約撰：《宋書》，中華書局 1974 年版。
蕭子顯撰：《南齊書》，中華書局 1972 年版。
姚思廉撰：《梁書》，中華書局 1973 年版。
姚思廉撰：《陳書》，中華書局 1972 年版。
崔鸿撰，汤球辑：《十六国春秋辑补》，聂溦萌等点校，中华书局 2020 年版。
魏收撰：《魏書》，中華書局 1974 年版。
李百藥撰：《北齊書》，中華書局 1972 年版。
令狐德棻等撰：《周書》，中華書局 1971 年版。
李延壽撰：《南史》，中華書局 1975 年版。
李延壽撰：《北史》，中華書局 1974 年版。
賈思勰著，石聲漢校釋：《齊民要術今釋》，中華書局 2009 年版。
酈道元著，陳橋驛校證：《水經注校證》，中華書局 2007 年版。
庾信撰，倪璠注，許逸民點校：《庾子山集注》，中華書局 1980 年版。
許嵩撰，張忱石點校：《建康實録》，中華書局 1986 年版。
蕭繹撰，許逸民校箋：《金樓子校箋》，中華書局 2011 年版。
崔豹撰，王根林校點：《古今注》，《漢魏六朝筆記小說大觀》，上海古籍出版社 1999 年版。
馬縞撰，吴企明點校：《中華古今注》，中華書局 2012 年版。
葛洪著，王明校釋：《抱朴子内篇校釋》，中華書局 1985 年版。
嵇含撰，王根林校點：《南方草木狀》，《漢魏六朝筆記小說大觀》，上海古籍出版社 1999 年版。
釋慧皎撰，湯用彤校注，湯一玄整理：《高僧傳》，中華書局 1992 年版。
道宣撰，郭紹林點校：《續高僧傳》，中華書局 2014 年版。
釋法顯撰，章巽校注：《法顯傳校注》，中華書局 2008 年版。
釋寶唱著，王孺童校注：《比丘尼傳校注》，中華書局 2006 年版。
楊衒之撰，周祖謨校釋：《洛陽伽藍記校釋》，中華書局 2010 年版。
刘徽：《海島算經》，錢寶琮點校：《算經十書》，中華書局 2021 年版。
劉義慶著，徐震堮校箋：《世説新語校箋》，中華書局 1984 年版。
張華撰，范寧校證：《博物志校證》，中華書局 2014 年版。
干寶撰，李劍國輯校：《搜神記輯校》，中華書局 2019 年版。
葛洪撰，胡守爲校釋：《神仙傳校釋》，中華書局 2010 年版。
陶弘景撰，趙益點校：《真誥》，中華書局 2011 年版。
陶弘景撰，王家葵校釋：《周氏冥通記校釋》，中華書局 2020 年版。

下編

魏征、令狐德棻撰：《隋書》，中華書局 1973 年版。
劉昫等撰：《舊唐書》，中華書局 1975 年版。
歐陽修、宋祁撰：《新唐書》，中華書局 1975 年版。
薛居正等撰：《舊五代史》，中華書局 1976 年版。
歐陽修撰，徐無黨注：《新五代史》，中華書局 1974 年版。
王溥：《唐會要》，中華書局 1960 年版。
李林甫等撰、陳仲夫點校：《唐六典》，中華書局 1992 年版。
杜佑撰，王文錦等點校：《通典》，中華書局 1988 年版。
李吉甫撰，賀次君點校：《元和郡縣圖志》，中華書局 1983 年版。
李泰等著，賀次君輯校：《括地志輯校》，中華書局 1980 年版。
宋敏求編：《唐大詔令集》，中華書局 2008 年版。
吴玉貴撰：《唐書輯校》，中華書局 2008 年版。
李肇撰、聶清風校注：《唐國史補》，中華書局 2021 年版。
真人元開著，汪向榮校注：《唐大和上東征傳》，中華書局 2000 年版。
慧超著，張毅箋釋：《往五天竺國傳箋釋》，中華書局 2000 年版。
義浄著，王邦維校注：《南海寄歸内法傳校注》，中華書局 1995 年版。
義浄著，王邦維校注：《大唐西域求法高僧傳校注》，中華書局 1988 年版。
圓仁著，白化文、李鼎霞、許德楠校注，周一良審閲：《入唐求法巡禮行記校注》，中華書局 2019 年版。
贊寧撰，范祥雍點校：《宋高僧傳》，中華書局 1987 年版。
董浩等编：《全唐文》，中華書局 1973 年版。
張説著，熊飛校注：《張説集校注》，中華書局 2013 年版。
韓愈著，劉真倫、岳珍校注：《韓愈文集彙校箋注》，中華書局 2010 年版。
白居易撰，顧學頡校點：《白居易集》，中華書局 1979 年版。
柳宗元撰，尹占華、韓文奇校注：《柳宗元集校注》，中華書局 2013 年版。
劉禹錫撰，陶敏等校注：《劉禹錫全集編年校注》，中華書局 2019 年版。
元稹撰，冀勤點校：《元稹集》，中華書局 2010 年版。
崔致遠撰，党銀平校注：《桂苑筆耕集校注》，中華書局 2007 年版。
歐陽詢：《宋本藝文類聚》，上海古籍出版社 2013 年版。
徐堅著：《初學記》，中華書局 2004 年版。
段成式撰，徐逸民校笺：《酉阳杂俎》，中華書局 2015 年版。
劉恂撰，魯迅校勘：《嶺表録異》，廣東人民出版社 1983 年版。
李珣著，尚志鈞輯校：《海藥本草》，人民衛生出版社 1997 年版。
陽玠撰，黄大宏校箋：《八代談藪校箋》，中華書局 2010 年版。
杜寶撰，辛德勇輯校：《大業雜記輯校》，中華書局 2020 年版。
張鷟撰，趙守儼點校：《朝野佥载》，中華書局 1979 年版。
封演撰，趙貞信校注：《封氏闻见记校注》，中華書局 2005 年版。

劉肅撰，許德楠、李鼎霞點校：《大唐新語》，中華書局 1984 年版。

裴庭裕撰，田廷柱點校：《東觀奏記》，中華書局 1994 年版。

鄭處誨撰，田廷柱點校：《明皇雜録》，中華書局 1994 年版。

韋絢撰，陶敏、陶紅雨校注：《劉賓客嘉話録》，中華書局 2019 年版。

王讜撰，周勛初校證：《唐語林校證》，中華書局 2008 年版。

牛肅撰，李劍國輯校：《紀聞輯校》，中華書局 2018 年版。

趙璘撰：《因話錄》，上海古籍出版社 1957 年版。

佚名撰，羅寧點校：《大唐傳載》，中華書局 2019 年版。

張固撰，羅寧點校：《幽閑鼓吹》，中華書局 2019 年版。

李綽撰，羅寧點校：《尚書故實》，中華書局 2019 年版。

王定保撰，陽羨生校點：《唐摭言》，《唐五代筆記小說大觀》，上海古籍出版社 2000 年版。

范攄撰，唐雯校箋：《雲溪友議校箋》，中華書局 2017 年版。

杜光庭撰，羅争鳴輯校：《録異記》，中華書局 2013 年版。

尉遲偓撰，夏婧點校：《中朝故事》，中華書局 2014 年版。

劉崇遠撰，夏婧點校：《金華子雜編》，中華書局 2014 年版。

錢易撰，虞雲國整理：《南部新書》，大象出版社 2019 年版。

孫光憲撰，賈二强校點：《北夢瑣言》，中華書局 2002 年版。

編後數語

我對漢唐時期海洋的研究瞭解不多，感謝寧波大學東海戰略研究院的項目支持，使我有機會對此一時期以正史記載為主體的海洋史料做了全面的搜輯，由此獲得鮮明生動的古代海上圖景，得以體會浩瀚海洋所承載的博大精神。諸事諸人，歷歷在目。立石東海為國之東門的秦皇、大言欺世煞有介事的方士仙人，前赴後繼貪得不亦樂乎的南海唐吏、花樣翻新以《合浦珠還》拍馬屁的政治投機者，唯唯諾諾被訓得土頭灰臉的海濱王者、奇珍異寶巨舶貨利的南海胡商，為民請命的耿介之士、九死一生的海上高僧，仰望星空苦心積慮尋找海潮規律的智者、抬著鹽鹵蜆子在通向朝廷的官道上疲於奔命的漁民，率船隊出海作戰的朝廷將軍、駕片舟出沒巨浪反抗壓迫的孤勇者……他們一一在浪濤洶湧的海洋上、在扁平的文字堆中默默地站起來，就那樣看著你。不能不嘆服，古代中國的史學體系真的好強大，層次豐富的歷史記載所庋藏的，不僅僅是宏大敘事的興致勃勃，更有社會百態的萬千氣象。

沒有想到，這種資料輯錄的工作，居然也能成為古今目光對接、心靈相交的過程。坐在電腦前用便捷的檢索手段打撈這些專題史料，會很奇妙地感受到那種鮮活生態的歷史場景和各色人物——這是不菲的收穫。另一個收穫是，得以借此機會將能在網上找到的關於海洋研究，尤其是東海研究的部分代表性成果、學術期刊等，做了搜羅購置的工作。搜買到的書籍資料雖然並不多，但是對於瞭解近幾年學界的古代海洋文化或海洋史的研究，至少是打開了一扇掃盲的視窗。今後將繼續努力，以不負稻粱於甬的職事本分。

在工作啟動之初，作為文獻課程訓練的一部分，我指導的研究生竇知遠、楊盛、鄧德志、王麗華、唐維維、代夢然、洪寅欣做了部分輯錄工作，謝謝他們的付出。責編宋燕鵬先生是多年的老朋友，助力甚多，感懷不已，正同右軍“欣於所遇，快然自足”之意。

輯錄此編，時生漠馬浮槎之歎，但願錯訛不繁，勉效豆燭蚊翮之力。

2023 年 2 月 23 日于吉林長春